配网不停电作业项目指导与风险管控

河南宏驰电力技术有限公司 组 编

高俊岭 王云龙 主 编

陈荣群 李 磊 陈德俊 副主编

内 容 提 要

本书依据相关国家标准和国家电网公司企业标准及规定，结合配网不停电作业现场实际工况编写而成。

本书共 7 章 39 节，主要内容包括：引线类常用项目指导与风险管控、元件类常用项目指导与风险管控、电杆类常用项目指导与风险管控、设备类常用项目指导与风险管控、旁路类常用项目指导与风险管控、临时取电类项目作业图解、消缺及装拆附件类常用项目指导与风险管控。

本书可作为配网不停电作业人员岗位培训和作业用书，可供从事配网不停电作业的相关人员学习参考，还可作为职业技术院校师生在不停电作业方面的培训教材与学习参考资料。

图书在版编目（CIP）数据

配网不停电作业项目指导与风险管控/河南宏驰电力技术有限公司组编；高俊岭，王云龙主编. —北京：中国电力出版社，2023.5（2024.7 重印）

ISBN 978-7-5198-7772-9

Ⅰ.①配…　Ⅱ.①河…②高…③王…　Ⅲ.①配电系统—带电作业—风险管理　Ⅳ.①TM727

中国国家版本馆 CIP 数据核字（2023）第 073017 号

出版发行：中国电力出版社
地　　址：北京市东城区北京站西街 19 号（邮政编码 100005）
网　　址：http://www.cepp.sgcc.com.cn
责任编辑：周秋慧（010-63412627）　马雪倩
责任校对：黄　蓓　王海南
装帧设计：郝晓燕
责任印制：石　雷

印　　刷：廊坊市文峰档案印务有限公司
版　　次：2023 年 5 月第一版
印　　次：2024 年 7 月北京第二次印刷
开　　本：710 毫米×1000 毫米　16 开本
印　　张：22.5
字　　数：386 千字
印　　数：1001—2000 册
定　　价：90.00 元

本书编委会

主　　编　高俊岭　王云龙

副主编　陈荣群　李　磊　陈德俊

参　　编　郭　君　张　栋　杨　峰　黄　鑫

宋二文　尚　德　窦孝祥　任　辉

陈兆飞　薛　雨　张宏琦　周伟民

刘鑫聪　李　辉　魏永军　余　敏

黄　强　程　嵩　张玉川　张　穹

李　龙　方　哲　霍妍妍　高帅军

张　磊　张宏伟

前言

服务客户守初心，人民电业为人民，全面取消计划停电，全面实现用户不停电，就必须多方举措加大带电作业、旁路作业、发电作业、合环操作等技术的推广与应用，确保配网不停电作业项目“全地形覆盖、全方位适应、全业务支撑”；开展配网不停电作业，必须筑牢安全风险防线，全面提升不停电作业本质安全，就必须多方举措不断强化现场作业风险管控措施。为此，针对配网不停电作业常用项目的推广与应用，为指导作业人员安全、规范、高效地开展配网不停电作业工作，本书依据 Q/GDW 10799.8—2023《国家电网有限公司电力安全工作规程　第 8 部分：配电部分》、GB/T 34577—2017《配电线路旁路作业技术导则》、Q/GDW 10520—2016《10kV 配网不停电作业规范》等标准，结合配网不停电作业现场实际工况编写而成。

本书由河南宏驰电力技术有限公司组织编写，国网河南省电力公司技能培训中心高俊岭、国网河南省电力公司郑州供电公司王云龙主编，国网河南省电力公司信阳供电公司陈荣群、国网河南省电力公司永城市供电公司李磊、国网河南省电力公司技能培训中心陈德俊副主编。参编人员有：国网河南省电力公司新乡供电公司郭君、张栋，国网河南省电力公司南阳供电公司杨峰，国网河南省电力公司商丘供电公司黄鑫，国网河南省电力公司焦作供电公司宋二文，国网河南省电力公司尚德，国网河南省电力公司郑州供电公司窦孝祥，国网河南省电力公司巩义市供电公司任辉，国网河南省电力公司新郑市供电公司陈兆飞，国网河南省电力公司洛阳供电公司薛雨，国网河南省电力公司濮阳供电公司张宏琦，国网河南省电力公司平顶山供电公司周伟民，国网河南省电力公司驻马店市遂平县供电公司刘鑫聪，国网河南省电力公司开封供电公司李辉，国网河南省电力公司新乡市获嘉县供电公司魏永军，国网江西省电力有限公司景德镇供电分公司余敏，国网江西省电力有限公司南昌供电分公司黄强，国网河南省电力公司信阳供电公司程嵩，国网河南省电力公司焦作供电公司张穹、李龙、方哲、霍妍妍、高帅军，河南宏驰电力技术有限公司张磊，河南启功建设有限公司张宏伟。全书由高俊岭、陈德俊统稿和定稿，全书插图由陈德俊主持开发，河南宏驰电力技术有限公司提供不停电作业工具装备支持，河南启功建设有限公司提供不停电作业技术应用支持。

本书的编写得到了国网配网不停电作业（河南）实训基地、国网河南省电力公司郑州供电公司、国网河南省电力公司信阳供电公司、国网河南省电力公司永城市供电公司的大力协助，同时对河南宏驰电力技术有限公司给予的工具装备支持、河南启功建设有限公司给予的技术应用支持，在此一并表示衷心的感谢。

由于编者水平有限，书中难免存在不足之处，恳请读者批评指正。

编　者

2023 年 3 月

目录

第 1 章　引线类常用项目指导与风险管控

1.1　带电断熔断器上引线（绝缘杆作业法，登杆作业）

1.1.1　项目概述

本项目指导与风险管控仅适用于如图 1-1 所示的直线分支杆（有熔断器，导线三角排列），采用拆除线夹法（绝缘杆作业法，登杆作业）带电断熔断器上引线工作。生产中务必结合现场实际工况参照适用，并积极推广绝缘手套作业法融合绝缘杆作业法在绝缘斗臂车的工作绝缘斗或其他绝缘平台上的应用。

1.1.2　作业流程

拆除线夹法（绝缘杆作业法，登杆作业）带电断熔断器上引线工作的作业

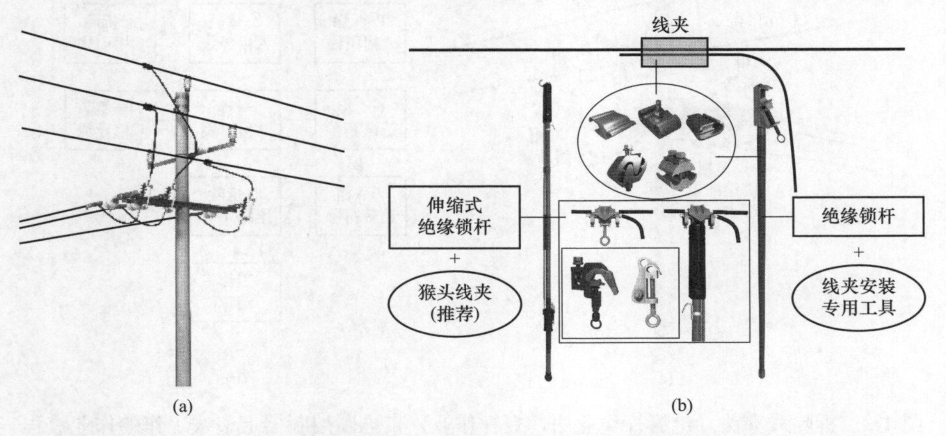

图 1-1　拆除线夹法（绝缘杆作业法，登杆作业）带电断熔断器上引线工作（一）

(a) 直线分支杆杆头外形图；(b) 线夹与绝缘锁杆外形图

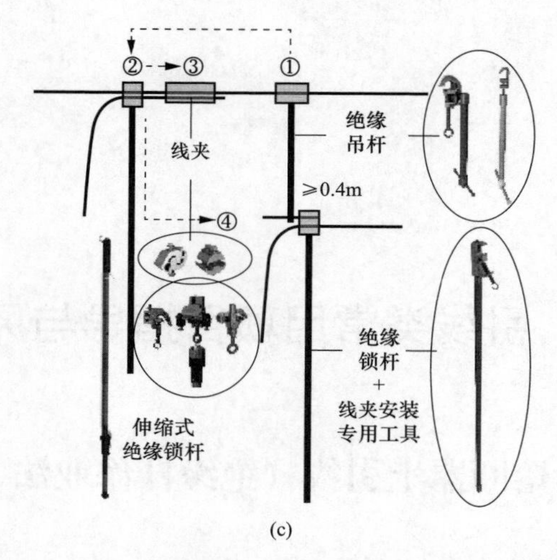

图 1-1　拆除线夹法（绝缘杆作业法，登杆作业）带电断熔断器上引线工作（二）

（c）拆除线夹法示意图

①—绝缘吊杆固定在主导线上；②—绝缘锁杆将待断引线固定；③—剪断引线或拆除线夹；④—绝缘锁杆（连同引线）固定在绝缘吊杆的横向支杆上，三相引线按相同方法完成断开操作

流程，如图 1-2 所示。现场作业前，工作负责人应当检查确认熔断器确已断开，熔管已取下，作业装置和现场环境符合带电作业条件，方可开始工作。

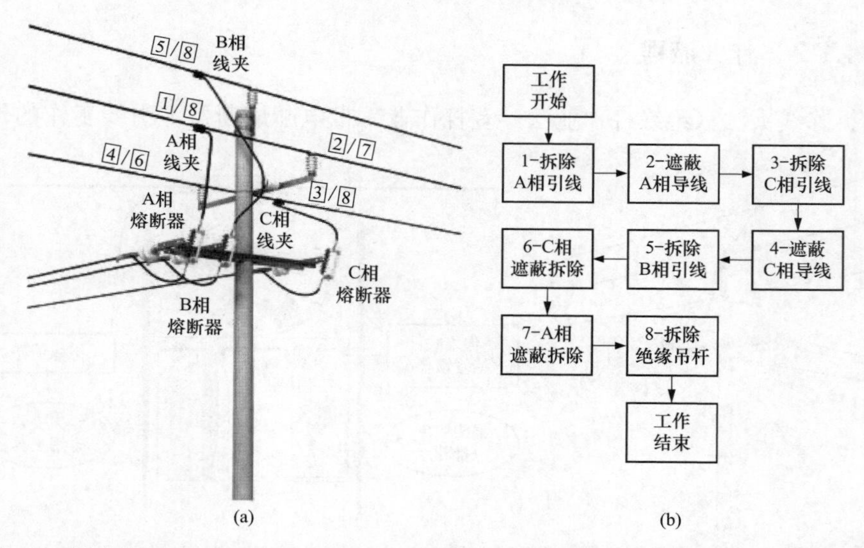

图 1-2　拆除线夹法（绝缘杆作业法，登杆作业）带电断熔断器上引线工作的作业流程

（a）示意图；（b）流程图

1.1.3　作业风险管控

现场作业必须严把安全作业风险（管控）关，严格依据工作票、安全交底会、作业指导书完成作业全过程，实现作业项目全过程风险管控。接受工作任务应当根据现场勘察记录填写、签发工作票，编制作业指导书履行审批制度；到达工作现场应当进行现场复勘，履行工作许可手续和停用重合闸工作许可后，召开现场站班会、宣读工作票履行签字确认手续，严格遵照执行作业指导书规范作业。

（1）工作负责人（或专责监护人）在工作现场必须履行工作职责和行使监护职责。

（2）杆上电工登杆作业应正确使用有后备保护绳的安全带，到达安全作业工位后（远离带电体保持足够的安全作业距离），应将个人使用的后备保护绳安全可靠地固定在电杆合适位置上。

（3）杆上电工在电杆或横担上悬挂（拆除）绝缘传递绳时，应使用绝缘操作杆在确保安全作业距离的前提下进行。

（4）采用绝缘杆作业法（登杆）作业时，杆上电工应根据作业现场的实际工况正确穿戴绝缘防护用具，做好人身安全防护工作。

（5）个人绝缘防护用具使用前必须进行外观检查，绝缘手套使用前必须进行充（压）气检测，确认合格后方可使用；带电作业过程中，禁止摘下绝缘防护用具。

（6）杆上电工作业过程中，包括设置（拆除）绝缘遮蔽（隔离）用具的作业中，站位选择应合适，在不影响作业的前提下，应确保人体远离带电体，手持绝缘操作杆的有效绝缘长度不小于 0.7m。

（7）杆上作业人员伸展身体各部位有可能同时触及不同电位（带电体和接地体）的设备时，或作业中不能有效保证人体与带电体最小 0.4m 的安全距离时，作业前必须对带电体进行绝缘遮蔽（隔离），遮蔽用具之间的重叠部分不得小于 150mm。

（8）杆上电工配合作业断引线时，应采用绝缘操作杆和绝缘（双头）锁杆防止断开的引线摆动碰及带电体；移动断开的引线时应密切注意与带电体保持可靠的安全距离；已断开的引线应视为带电，严禁人体同时接触两个不同的电位体。

1.1.4　作业指导书

1. 适用范围

本指导书仅适用于如图 1-1 所示的采用拆除线夹法（绝缘杆作业法，登杆作业）带电断熔断器上引线工作。生产中务必结合现场实际工况参照适用。

2. 引用文件

GB/T 18857—2019《配电线路带电作业技术导则》

Q/GDW 10520—2016《10kV 配网不停电作业规范》

Q/GDW 10799.8—2023《国家电网有限公司电力安全工作规程　第 8 部分：配电部分》

3. 人员分工

本作业项目工作人员共计 4 人，人员分工为：工作负责人（兼工作监护人）1 人、杆上电工 2 人、地面电工 1 人。

√	序号	人员分工	人数	职责	备注
	1	工作负责人（兼工作监护人）	1	执行配电带电作业工作票，组织、指挥带电作业工作，作业中全程监护和落实作业现场安全措施	
	2	杆上电工	2	杆上 1 号电工：负责带电断熔断器上引线工作。 杆上 2 号辅助电工：配合杆上 1 号电工作业	
	3	地面电工	1	负责地面工作，配合杆上电工作业	

4. 工作前准备

√	序号	内容	要求	备注
	1	现场勘察	现场勘察由工作负责人组织开展，根据勘察结果确定作业方法、所需工具及需采取的措施，并填写现场勘察记录	
	2	编写作业指导书并履行审批手续	作业指导书由工作负责人组织编写，现场作业人员必须严格遵照执行作业指导书进行规范作业，作业前必须履行相关审批手续	
	3	填写、签发工作票	工作票由工作负责人按票面要求逐项填写，并由工作票签发人审核、签发后才可开展本项工作	
	4	召开班前会	工作负责人组织班组成员召开班前会，认真学习作业指导书，明确作业方法、作业步骤、人员分工和工作职责等	

续表

√	序号	内容	要求	备注
	5	领用工器具和运输	领用工器具应核对电压等级和试验周期，检查外观确认完好无损，填写工器具出入库记录单，运输工器具应装箱入袋或放在专用工具车内	

5．工器具配备

√	序号	名称		规格、型号	数量	备注
	1	个人防护用具	绝缘手套	10kV	2 双	戴防护手套
	2		绝缘安全帽	10kV	2 顶	杆上电工用
	3		绝缘披肩（绝缘服）	10kV	2 件	根据现场情况选择
	4		护目镜		2 个	
	5		绝缘安全带		2 个	有后备保护绳
	6	绝缘遮蔽用具	导线遮蔽罩	10kV	4 个	绝缘杆作业法用
	7		绝缘子遮蔽罩	10kV	2 个	绝缘杆作业法用
	8	绝缘工具	绝缘滑车	10kV	1 个	绝缘传递绳用
	9		绝缘绳套	10kV	1 个	挂滑车用
	10		绝缘传递绳	10kV	1 根	
	11		绝缘锁杆	10kV	1 个	同时锁定两根导线
	12		绝缘锁杆	10kV	1 个	伸缩式
	13		绝缘吊杆	10kV	3 个	临时固定引线用
	14		绝缘操作杆	10kV	1 个	
	15		绝缘杆断线剪	10kV	1 个	
	16		线夹装拆工具	10kV	1 套	根据线夹类型选择
	17		绝缘支架		1 个	放置绝缘工具用
	18	金属工具	脚扣	水泥杆用	2 双	
	19	检测仪器	绝缘测试仪	2500V 及以上	1 套	
	20		高压验电器	10kV	1 个	
	21		工频高压发生器	10kV	1 个	
	22		风速湿度仪		1 个	
	23		绝缘手套检测仪		1 个	

6. 作业程序

（1）开工准备。

√	序号	作业内容	步骤及要求	备注
	1	现场复勘	步骤1：工作负责人核对线路名称和杆号，确认工作任务无误、安全措施到位、熔断器已断开、熔管已取下、作业装置和现场环境符合带电作业条件。 步骤2：工作班成员确认天气良好，实测风速__级（不大于5级）、湿度__%（不大于80%），符合作业条件。 步骤3：工作负责人根据复勘结果告知工作班成员：现场具备安全作业条件，可以开展工作	
	2	设置安全围栏和警示标志	步骤1：工作班成员依据作业空间设置硬质安全围栏，包括围栏的出口、入口。 步骤2：工作班成员设置“从此进出”“施工现场，车辆慢行或车辆绕行”等警示标志或路障。 步骤3：根据现场实际工况，增设临时交通疏导人员，疏导人员应穿戴反光衣	
	3	工作许可，召开站班会	步骤1：工作负责人向值班调控人员或运维人员申请工作许可和停用重合闸许可，记录许可方式、工作许可人和许可工作（联系）时间，并签字确认。 步骤2：工作负责人召开站班会宣读工作票。 步骤3：工作负责人确认工作班成员对工作任务、危险点预控措施和任务分工都已知晓，履行工作票签字、确认手续，记录工作开始时间	
	4	摆放和检查工器具	步骤1：工作班成员将工器具分区摆放在防潮帆布上。 步骤2：工作班成员按照分工擦拭并外观检查工器具完好无损，绝缘工具的绝缘电阻值检测不低于700MΩ，绝缘手套充（压）气检测不漏气，脚扣、安全带冲击试验检测的结果为安全	

（2）操作步骤。

√	序号	作业内容	步骤及要求	备注
	1	工作开始，进入带电作业区域，验电	步骤1：获得工作负责人许可后，杆上电工穿戴好绝缘防护服，携带绝缘传递绳登杆至合适位置，将个人使用的后备保护绳系挂在电杆合适位置上。 步骤2：杆上电工使用验电器对绝缘子、横担进行验电，确认无漏电现象汇报给工作负责人，连同现场检测的风速、湿度一并记录在工作票备注栏内。 步骤3：杆上电工在确保安全距离的前提下，使用绝缘操作杆挂好绝缘传递绳	

续表

√	序号	作业内容	步骤及要求	备注
	2	断熔断器上引线	【方法 1】：剪断引线法断熔断器上引线： 步骤 1：杆上电工使用绝缘锁杆将绝缘吊杆（推荐选用）固定在近边相线夹附近的主导线上。 步骤 2：杆上电工使用绝缘锁杆将待断开的熔断器上引线临时固定在主导线上。 步骤 3：杆上电工使用绝缘断线剪剪断上引线与主导线的连接。 步骤 4：杆上电工使用绝缘锁杆使引线脱离主导线并将上引线缓缓放下，临时固定在绝缘吊杆的横向支杆上。 步骤 5：杆上电工使用绝缘锁杆将导线遮蔽罩套在中间相引线侧的近边相主导线和绝缘子上。 步骤 6：按相同的方法拆除远边相熔断器上引线，完成后同样使用绝缘锁杆将导线遮蔽罩套在中间相引线侧的远边相主导线和绝缘子上。 步骤 7：按相同的方法拆除中间相熔断器上引线。 步骤 8：杆上电工使用绝缘断线剪分别在熔断器上接线柱处将上引线剪断并取下。 步骤 9：杆上电工使用绝缘锁杆拆除两边相主导线上的导线遮蔽罩和绝缘子遮蔽罩。 步骤 10：杆上电工拆除三相导线上的绝缘吊杆	
			【方法 2】：拆除线夹法断熔断器上引线： 步骤 1：杆上电工使用绝缘锁杆将绝缘吊杆（推荐选用）固定在近边相线夹附近的主导线上。 步骤 2：杆上电工使用绝缘锁杆将待断开的熔断器上引线临时固定在主导线上。 步骤 3：杆上电工相互配合使用线夹装拆工具拆除熔断器上引线与主导线的连接。 步骤 4：杆上电工使用绝缘锁杆将熔断器上引线缓缓放下，临时固定在绝缘吊杆的横向支杆上。 步骤 5：杆上电工使用绝缘锁杆将导线遮蔽罩套在中间相引线侧的近边相主导线和绝缘子上。 步骤 6：按相同的方法拆除远边相熔断器上引线，完成后同样使用绝缘锁杆将导线遮蔽罩套在中间相引线侧的远边相主导线和绝缘子上。 步骤 7：按相同的方法拆除中间相熔断器上引线。 步骤 8：杆上电工使用绝缘断线剪分别在熔断器上接线柱处将上引线剪断并取下。 步骤 9：杆上电工使用绝缘锁杆拆除两边相主导线上的导线遮蔽罩和绝缘子遮蔽罩。 步骤 10：杆上电工拆除三相导线上的绝缘吊杆。 【说明】：生产中如引线与主导线由于安装方式和锈蚀等原因不易拆除，可直接在主导线搭接位置处剪断引线的方式进行，同时做好防止引线摆动的措施	
	3	工作完成，退出带电作业区域	步骤 1：杆上电工向工作负责人汇报确认本项工作已完成。 步骤 2：检查杆上无遗留物，杆上电工返回地面，工作结束	

(3) 工作结束。

√	序号	作业内容	步骤及要求	备注
	1	清理现场	步骤1：工作班成员整理工具、材料，清洁后装箱、装袋。 步骤2：工作班成员清理现场：工完、料尽、场地清	
	2	召开收工会	步骤1：点评本项工作的完成情况。 步骤2：点评安全措施的落实情况。 步骤3：点评作业指导书的执行情况	
	3	工作终结	步骤1：工作负责人向值班调控人员或运维人员报告申请终结工作票，记录许可方式、工作许可人和终结报告时间，并签字确认，宣布本项工作结束。 步骤2：工作负责人组织工作班成员撤离现场，到达班组后将作业资料分类归档	

7. 验收总结

序号	作业总结	
1	验收评价	按指导书要求完成工作
2	存在问题及处理意见	

8. 指导书执行情况签字栏

作业地点：	日期： 年 月 日
工作班组：	工作负责人（签字）：
班组成员（签字）：	

9. 附录

略。

1.2 带电接熔断器上引线（绝缘杆作业法，登杆作业）

1.2.1 项目概述

本项目指导与风险管控仅适用于如图1-3所示的直线分支杆（有熔断器，导线三角排列），采用安装线夹法（绝缘杆作业法，登杆作业）带电接熔断器上引线工作。生产中务必结合现场实际工况参照适用，并积极推广绝缘手套作业法融合绝缘杆作业法在绝缘斗臂车的工作绝缘斗或其他绝缘平台上的应用。

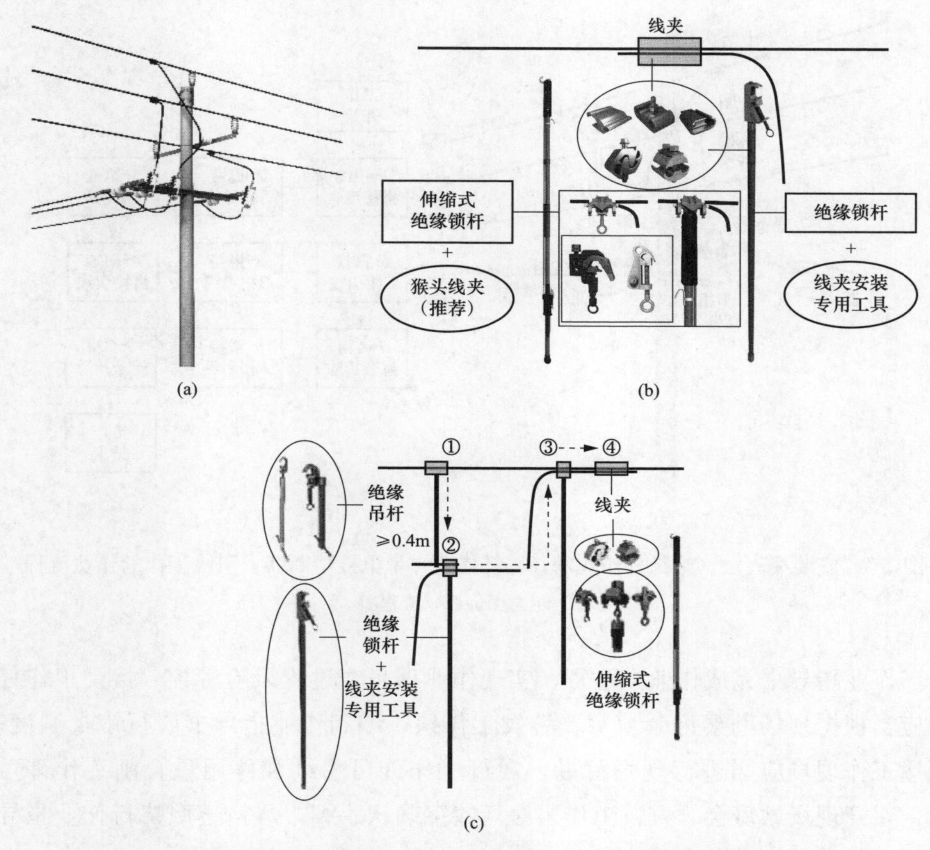

图 1-3　安装线夹法（绝缘杆作业法，登杆作业）带电接熔断器上引线工作

（a）直线分支杆杆头外形图；（b）线夹与绝缘锁杆外形图；（c）安装线夹法示意图

①—绝缘吊杆固定在主导线上；②—绝缘锁杆（连同引线）固定在绝缘吊杆的横向支杆上；③—绝缘锁杆将待接引线固定在导线上；④—安装线夹，三相引线按相同方法完成搭接操作

1.2.2　作业流程

安装线夹法（绝缘杆作业法，登杆作业）带电接熔断器上引线工作的作业流程，如图 1-4 所示。现场作业前，工作负责人应当检查确认负荷侧变压器、电压互感器已退出；熔断器已断开，熔管已取下；待接引流线已空载；作业装置和现场环境符合带电作业条件，方可开始工作。

1.2.3　作业风险管控

现场作业必须严把安全作业风险（管控）关，严格依据工作票、安全交底

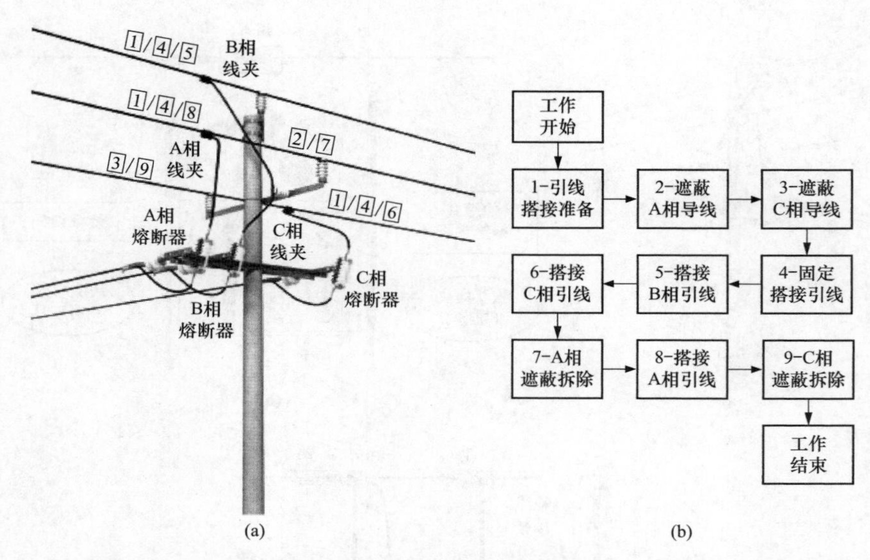

图 1-4 安装线夹法（绝缘杆作业法，登杆作业）带电接熔断器上引线工作的作业流程

（a）示意图；（b）流程图

会、作业指导书完成作业全过程，实现作业项目全过程风险管控。接受工作任务应当根据现场勘察记录填写、签发工作票，编制作业指导书履行审批制度；到达工作现场应当进行现场复勘，履行工作许可手续和停用重合闸工作许可后，召开现场站班会、宣读工作票履行签字确认手续，严格遵照执行作业指导书规范作业。

（1）工作负责人（或专责监护人）在工作现场必须履行工作职责和行使监护职责。

（2）杆上电工登杆作业应正确使用有后备保护绳的安全带，到达安全作业工位后（远离带电体保持足够的安全作业距离），应将个人使用的后备保护绳安全可靠地固定在电杆合适位置上。

（3）杆上电工在电杆或横担上悬挂（拆除）绝缘传递绳时，应使用绝缘操作杆在确保安全作业距离的前提下进行。

（4）采用绝缘杆作业法（登杆）作业时，杆上电工应根据作业现场的实际工况正确穿戴绝缘防护用具，做好人身安全防护工作。

（5）个人绝缘防护用具使用前必须进行外观检查，绝缘手套使用前必须进行充（压）气检测，确认合格后方可使用；带电作业过程中，禁止摘下绝缘防护用具。

（6）杆上电工作业过程中，包括设置（拆除）绝缘遮蔽（隔离）用具的作业中，站位选择应合适，在不影响作业的前提下，应确保人体远离带电体，手持绝缘操作杆的有效绝缘长度不小于 0.7m。

（7）杆上作业人员伸展身体各部位有可能同时触及不同电位（带电体和接地体）的设备时，或作业中不能有效保证人体与带电体最小 0.4m 的安全距离时，作业前必须对带电体进行绝缘遮蔽（隔离），遮蔽用具之间的重叠部分不得小于 150mm。

（8）杆上电工配合作业搭接引线时，应采用绝缘操作杆和绝缘（双头）锁杆防止搭接的引线摆动碰及带电体；移动搭接的引线时应密切注意与带电体保持可靠的安全距离（0.4m）；未搭接的引线应视为带电，严禁人体同时接触两个不同的电位体。

1.2.4　作业指导书

1. 适用范围

本指导书仅适用于如图 1-3 所示的安装线夹法（绝缘杆作业法，登杆作业）带电接熔断器上引线工作。生产中务必结合现场实际工况参照适用。

2. 引用文件

GB/T 18857—2019《配电线路带电作业技术导则》

Q/GDW 10520—2016《10kV 配网不停电作业规范》

Q/GDW 10799.8—2023《国家电网有限公司电力安全工作规程　第 8 部分：配电部分》

3. 人员分工

本作业项目工作人员共计 4 人，人员分工为：工作负责人（兼工作监护人）1 人、杆上电工 2 人、地面电工 1 人。

√	序号	人员分工	人数	职责	备注
	1	工作负责人（兼工作监护人）	1	执行配电带电作业工作票，组织、指挥带电作业工作，作业中全程监护和落实作业现场安全措施	
	2	杆上电工	2	杆上 1 号电工：负责带电接熔断器上引线工作。 杆上 2 号辅助电工：配合杆上 1 号电工作业	
	3	地面电工	1	负责地面工作，配合杆上电工作业	

4. 工作前准备

√	序号	内容	要求	备注
	1	现场勘察	现场勘察由工作负责人组织开展，根据勘察结果确定作业方法、所需工具及需采取的措施，并填写现场勘察记录	
	2	编写作业指导书并履行审批手续	作业指导书由工作负责人组织编写，现场作业人员必须严格遵照执行作业指导书进行规范作业，作业前必须履行相关审批手续	
	3	填写、签发工作票	工作票由工作负责人按票面要求逐项填写，并由工作票签发人审核、签发后才可开展本项工作	
	4	召开班前会	工作负责人组织班组成员召开班前会，认真学习作业指导书，明确作业方法、作业步骤、人员分工和工作职责等	
	5	领用工器具和运输	领用工器具应核对电压等级和试验周期，检查外观确认完好无损，填写工器具出入库记录单；运输工器具应装箱入袋或放在专用工具车内	

5. 工器具配备

√	序号	名称		规格、型号	数量	备注
	1	个人防护用具	绝缘手套	10kV	2双	戴防护手套
	2		绝缘安全帽	10kV	2顶	杆上电工用
	3		绝缘披肩（绝缘服）	10kV	2件	根据现场情况选择
	4		护目镜		2个	
	5		绝缘安全带		2个	有后备保护绳
	6	绝缘遮蔽用具	导线遮蔽罩	10kV	4个	绝缘杆作业法用
	7		绝缘子遮蔽罩	10kV	2个	绝缘杆作业法用
	8	绝缘工具	绝缘滑车	10kV	1个	绝缘传递绳用
	9		绝缘绳套	10kV	1个	挂滑车用
	10		绝缘传递绳	10kV	1根	
	11		绝缘锁杆	10kV	1个	同时锁定两根导线
	12		绝缘锁杆	10kV	1个	伸缩式
	13		绝缘吊杆	10kV	3个	临时固定引线用
	14		绝缘操作杆	10kV	1个	
	15		绝缘测量杆	10kV	1个	
	16		绝缘杆断线剪	10kV	1个	
	17		绝缘导线剥皮器	10kV	1套	绝缘杆作业法用
	18		线夹装拆工具	10kV	1套	根据线夹类型选择
	19		绝缘支架		1个	放置绝缘工具用

续表

√	序号	名称		规格、型号	数量	备注
	20	金属工具	脚扣	水泥杆用	2 双	
	21		断线剪或切刀		1 个	地面电工用
	22		液压钳		1 个	压接设备夹用
	23	检测仪器	绝缘测试仪	2500V 及以上	1 套	
	24		高压验电器	10kV	1 个	
	25		工频高压发生器	10kV	1 个	
	26		风速湿度仪		1 个	
	27		绝缘手套检测仪		1 个	

6. 作业程序

(1) 开工准备。

√	序号	作业内容	步骤及要求	备注
	1	现场复勘	步骤 1：工作负责人核对线路名称和杆号正确、工作任务无误、安全措施到位，确认负荷侧变压器、电压互感器已退出，熔断器已断开，熔管已取下，待接引流线已空载，作业装置和现场环境符合带电作业条件。 步骤 2：工作班成员确认天气良好，实测风速_级（不大于 5 级）、湿度_%（不大于 80%），符合作业条件。 步骤 3：工作负责人根据复勘结果告知工作班成员：现场具备安全作业条件，可以开展工作	
	2	设置安全围栏和警示标志	步骤 1：工作班成员依据作业空间设置硬质安全围栏，包括围栏的出口、入口。 步骤 2：工作班成员设置“从此进出”“施工现场，车辆慢行或车辆绕行”等警示标志或路障。 步骤 3：根据现场实际工况，增设临时交通疏导人员，疏导人员应穿戴反光衣	
	3	工作许可，召开站班会	步骤 1：工作负责人向值班调控人员或运维人员申请工作许可和停用重合闸许可，记录许可方式、工作许可人和许可工作（联系）时间，并签字确认。 步骤 2：工作负责人召开站班会宣读工作票。 步骤 3：工作负责人确认工作班成员对工作任务、危险点预控措施和任务分工都已知晓，履行工作票签字、确认手续，记录工作开始时间	
	4	摆放和检查工器具	步骤 1：工作班成员将工器具分区摆放在防潮帆布上。 步骤 2：工作班成员按照分工擦拭并外观检查工器具完好无损，绝缘工具的绝缘电阻值检测不低于 700MΩ，绝缘手套充（压）气检测不漏气，脚扣、安全带冲击试验检测的结果为安全	

（2）操作步骤。

√	序号	作业内容	步骤及要求	备注
	1	工作开始，进入带电作业区域，验电，设置绝缘遮蔽措施	步骤1：获得工作负责人许可后，杆上电工穿戴好绝缘防护服，携带绝缘传递绳登杆至合适位置，将个人使用的后备保护绳系挂在电杆合适位置上。 步骤2：杆上电工使用验电器对绝缘子、横担进行验电，确认无漏电现象汇报给工作负责人，连同现场检测的风速、湿度一并记录在工作票备注栏内。 步骤3：杆上电工在确保安全距离的前提下，使用绝缘操作杆挂好绝缘传递绳，检查三相熔断器安装，应符合验收规范要求。 步骤4：杆上电工使用绝缘锁杆将导线硬质遮蔽罩套在熔断器上方的近边相主导线和绝缘子上	
	2	（测量引线长度）接熔断器上引线	【方法】：安装线夹法接熔断器上引线： 步骤1：杆上电工使用绝缘测量杆测量三相引线长度，地面电工配合做好三相引线，包括剥除引线搭接处的绝缘层、清除氧化层和压接设备线夹等。 步骤2：杆上电工使用绝缘导线剥皮器依次剥除三相导线搭接处（距离横担不小于规定值）的绝缘层并清除导线上的氧化层。 步骤3：杆上电工使用绝缘锁杆将绝缘吊杆固定在待安装线夹附近的主导线上。 步骤4：杆上电工将三相引线一端安装在熔断器上接线柱上，另一端使用绝缘锁杆临时固定在绝缘吊杆的横向支杆上。 步骤5：杆上电工使用绝缘锁杆拆除近边相熔断器上引线侧的导线遮蔽罩。 步骤6：杆上电工使用绝缘锁杆将导线遮蔽罩套在中间相熔断器上引线侧的远边相主导线和绝缘子上。 步骤7：杆上电工使用绝缘锁杆锁住中间相熔断器上引线待搭接的一端，提升至引线搭接处的主导线上可靠固定。 步骤8：杆上电工配合使用线夹安装工具安装线夹，引线与导线可靠连接后撤除绝缘锁杆和绝缘吊杆。 步骤9：杆上电工使用绝缘锁杆拆除两边相主导线上的导线遮蔽罩和绝缘子遮蔽罩。 步骤10：其余两边相熔断器上引线的搭接按相同的方法进行，三相引线的搭接可按先中间相、再两边相的顺序进行，或根据现场工况选择	
	3	工作完成，退出带电作业区域	步骤1：杆上电工向工作负责人汇报确认本项工作已完成。 步骤2：检查杆上无遗留物，杆上电工返回地面，工作结束	

（3）工作结束。

√	序号	作业内容	步骤及要求	备注
	1	清理现场	步骤1：工作班成员整理工具、材料，清洁后装箱、装袋。 步骤2：工作班成员清理现场：工完、料尽、场地清	

续表

√	序号	作业内容	步骤及要求	备注
	2	召开收工会	步骤 1：点评本项工作的完成情况。 步骤 2：点评安全措施的落实情况。 步骤 3：点评作业指导书的执行情况	
	3	工作终结	步骤 1：工作负责人向值班调控人员或运维人员报告申请终结工作票，记录许可方式、工作许可人和终结报告时间，并签字确认，宣布本项工作结束。 步骤 2：工作负责人组织工作班成员撤离现场，到达班组后将作业资料分类归档	

7. 验收总结

序号	作业总结	
1	验收评价	按指导书要求完成工作
2	存在问题及处理意见	

8. 指导书执行情况签字栏

作业地点：	日期：　　年　　月　　日
工作班组：	工作负责人（签字）：
班组成员（签字）：	

9. 附录

略。

1.3　带电断分支线路引线（绝缘杆作业法，登杆作业）

1.3.1　项目概述

本项目指导与风险管控仅适用于如图 1-5 所示的直线分支杆（无熔断器，导线三角排列），采用拆除线夹法（绝缘杆作业法，登杆作业）带电断分支线路引线工作。生产中务必结合现场实际工况参照执行，并积极推广绝缘手套作业法融合绝缘杆作业法在绝缘斗臂车的工作绝缘斗或其他绝缘平台上的应用。

1.3.2　作业流程

拆除线夹法（绝缘杆作业法，登杆作业）带电断分支线路引线工作的作业

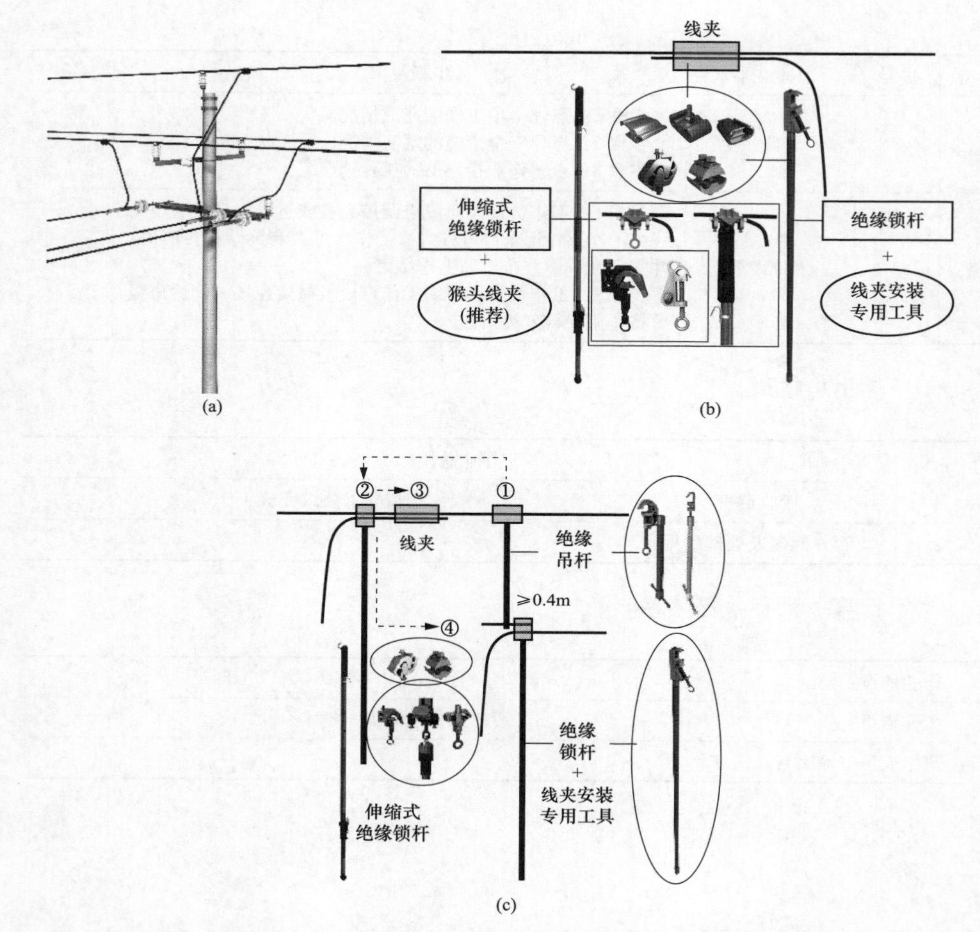

图 1-5　拆除线夹法（绝缘杆作业法，登杆作业）带电断分支线路引线工作

（a）直线分支杆杆头外形图；（b）线夹与绝缘锁杆外形图；（c）拆除线夹法示意图

①—绝缘吊杆固定在主导线上；② —绝缘锁杆将待断引线固定；③—剪断引线或拆除线夹；④—绝缘锁杆（连同引线）固定在绝缘吊杆的横向支杆上，三相引线按相同方法完成断开操作

流程，如图 1-6 所示。现场作业前，工作负责人应当检查确认待断引流线已空载，负荷侧变压器、电压互感器已退出，作业装置和现场环境符合带电作业条件，方可开始工作。

1.3.3　作业风险管控

现场作业必须严把安全作业风险（管控）关，以工作票、安全交底会、作业指导书为依据完成作业全过程，实现作业项目全过程风险管控。接受工作任

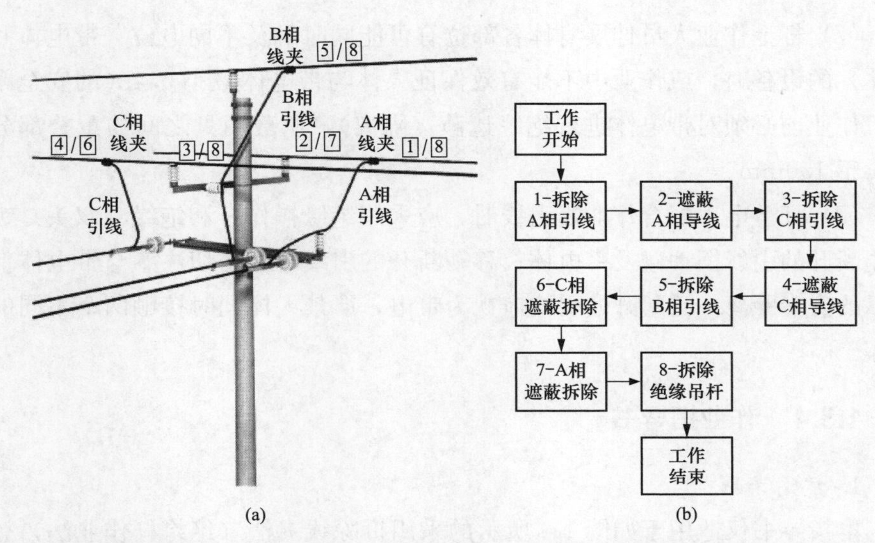

图 1-6　拆除线夹法（绝缘杆作业法，登杆作业）带电断分支线路引线工作的作业流程
（a）示意图；（b）流程图

务应当根据现场勘察记录填写、签发工作票，编制作业指导书履行审批制度；到达工作现场应当进行现场复勘，履行工作许可手续和停用重合闸工作许可后，召开现场站班会，宣读工作票，履行签字确认手续，严格遵照执行作业指导书规范作业。

（1）工作负责人（或专责监护人）在工作现场必须履行工作职责和行使监护职责。

（2）杆上电工登杆作业应正确使用有后备保护绳的安全带，到达安全作业工位后（远离带电体保持足够的安全作业距离），应将个人使用的后备保护绳安全可靠地固定在电杆合适位置上。

（3）杆上电工在电杆或横担上悬挂（拆除）绝缘传递绳时，应使用绝缘操作杆在确保安全作业距离的前提下进行。

（4）采用绝缘杆作业法（登杆）作业时，杆上电工应根据作业现场的实际工况正确穿戴绝缘防护用具，做好人身安全防护工作。

（5）个人绝缘防护用具使用前必须进行外观检查，绝缘手套使用前必须进行充（压）气检测，确认合格后方可使用；带电作业过程中，禁止摘下绝缘防护用具。

（6）杆上电工作业过程中，包括设置（拆除）绝缘遮蔽（隔离）用具的作业中，站位选择应合适，在不影响作业的前提下，应确保人体远离带电体，手持绝缘操作杆的有效绝缘长度不小于 0.7m。

（7）杆上作业人员伸展身体各部位有可能同时触及不同电位（带电体和接地体）的设备时，或作业中不能有效保证人体与带电体最小 0.4m 的安全距离时，作业前必须对带电体进行绝缘遮蔽（隔离），遮蔽用具之间的重叠部分不得小于 150mm。

（8）杆上电工配合作业断引线时，应采用绝缘操作杆和绝缘（双头）锁杆防止断开的引线摆动碰及带电体；移动断开的引线时应密切注意与带电体保持可靠的安全距离；已断开的引线应视为带电，严禁人体同时接触两个不同的电位体。

1.3.4 作业指导书

1. 适用范围

本指导书仅适用于如图 1-6 所示的采用拆除线夹法（绝缘杆作业法，登杆作业）带电断分支线路引线工作。生产中务必结合现场实际工况参照适用。

2. 引用文件

GB/T 18857—2019《配电线路带电作业技术导则》

Q/GDW 10520—2016《10kV 配网不停电作业规范》

Q/GDW 10799.8—2023《国家电网有限公司电力安全工作规程　第 8 部分：配电部分》

3. 人员分工

本作业项目工作人员共计 4 人，人员分工为：工作负责人（兼工作监护人）1 人、杆上电工 2 人、地面电工 1 人。

√	序号	人员分工	人数	职责	备注
	1	工作负责人（兼工作监护人）	1	执行配电带电作业工作票，组织、指挥带电作业工作，作业中全程监护和落实作业现场安全措施	
	2	杆上电工	2	杆上 1 号电工：负责带电断分支线路引线工作。 杆上 2 号辅助电工：配合杆上 1 号电工作业	
	3	地面电工	1	负责地面工作，配合杆上电工作业	

4. 工作前准备

√	序号	内容	要求	备注
	1	现场勘察	现场勘察由工作负责人组织开展，根据勘察结果确定作业方法、所需工具及需采取的措施，并填写现场勘察记录	

续表

√	序号	内容	要求	备注
	2	编写作业指导书并履行审批手续	作业指导书由工作负责人组织编写，现场作业人员必须严格遵照作业指导书进行规范作业，作业前必须履行相关审批手续	
	3	填写、签发工作票	工作票由工作负责人按票面要求逐项填写，并由工作票签发人审核、签发后才可开展本项工作	
	4	召开班前会	工作负责人组织班组成员召开班前会，认真学习作业指导书，明确作业方法、作业步骤、人员分工和工作职责等	
	5	领用工器具和运输	领用工器具应核对电压等级和试验周期、检查外观确认完好无损，填写工器具出入库记录单，运输工器具应装箱入袋或放在专用工具车内	

5. 工器具配备

√	序号	名称		规格、型号	数量	备注
	1	个人防护用具	绝缘手套	10kV	2 双	戴防护手套
	2		绝缘安全帽	10kV	2 顶	杆上电工用
	3		绝缘披肩（绝缘服）	10kV	2 件	根据现场情况选择
	4		护目镜		2 个	
	5		绝缘安全带		2 个	有后备保护绳
	6	绝缘遮蔽用具	导线遮蔽罩	10kV	4 个	绝缘杆作业法用
	7		绝缘子遮蔽罩	10kV	2 个	绝缘杆作业法用
	8	绝缘工具	绝缘滑车	10kV	1 个	绝缘传递绳用
	9		绝缘绳套	10kV	1 个	挂滑车用
	10		绝缘传递绳	10kV	1 根	
	11		绝缘锁杆	10kV	1 个	同时锁定两根导线
	12		绝缘锁杆	10kV	1 个	伸缩式
	13		绝缘吊杆	10kV	3 个	临时固定引线用
	14		绝缘操作杆	10kV	1 个	
	15		绝缘杆断线剪	10kV	1 个	
	16		线夹装拆工具	10kV	1 套	根据线夹类型选择
	17		绝缘支架		1 个	放置绝缘工具用
	18	金属工具	脚扣	水泥杆用	2 双	
	19	检测仪器	绝缘测试仪	2500V 及以上	1 套	
	20		电流检测仪	高压	1 套	
	21		高压验电器	10kV	1 个	
	22		工频高压发生器	10kV	1 个	
	23		风速湿度仪		1 个	
	24		绝缘手套检测仪		1 个	

6. 作业程序

(1) 开工准备。

√	序号	作业内容	步骤及要求	备注
	1	现场复勘	步骤1：工作负责人核对线路名称和杆号正确、工作任务无误、安全措施到位，确认待断引流线已空载，负荷侧变压器、电压互感器已退出，作业装置和现场环境符合带电作业条件。 步骤2：工作班成员确认天气＿良好＿，实测风速＿级（不大于5级）、湿度＿%（不大于80%），符合作业条件。 步骤3：工作负责人根据复勘结果告知工作班成员：现场具备安全作业条件，可以开展工作	
	2	设置安全围栏和警示标志	步骤1：工作班成员依据作业空间设置硬质安全围栏，包括围栏的出口、入口。 步骤2：工作班成员设置“从此进出”“施工现场，车辆慢行或车辆绕行”等警示标志或路障。 步骤3：根据现场实际工况，增设临时交通疏导人员，应穿戴反光衣	
	3	工作许可，召开站班会	步骤1：工作负责人向值班调控人员或运维人员申请工作许可和停用重合闸许可，记录许可方式、工作许可人和许可工作（联系）时间，并签字确认。 步骤2：工作负责人召开站班会宣读工作票。 步骤3：工作负责人确认工作班成员对工作任务、危险点预控措施和任务分工都已知晓，履行工作票签字、确认手续，记录工作开始时间	
	4	摆放和检查工器具	步骤1：工作班成员将工器具分区摆放在防潮帆布上。 步骤2：工作班成员按照分工擦拭并外观检查工器具完好无损，绝缘工具的绝缘电阻值检测不低于700MΩ；绝缘手套充（压）气检测不漏气；脚扣、安全带冲击试验检测的结果为安全	

(2) 操作步骤。

√	序号	作业内容	步骤及要求	备注
	1	工作开始，进入带电作业区域，验电	步骤1：获得工作负责人许可后，杆上电工穿戴好绝缘防护服，携带绝缘传递绳登杆至合适位置，将个人使用的后备保护绳系挂在电杆合适位置上。 步骤2：杆上电工使用验电器对绝缘子、横担进行验电，确认无漏电现象；使用电流检测仪检测分支线路电流确认空载汇报给工作负责人，连同现场检测的风速、湿度一并记录在工作票备注栏内。 步骤3：杆上电工在确保安全距离的前提下，使用绝缘操作杆挂好绝缘传递绳	

续表

√	序号	作业内容	步骤及要求	备注
	2	断分支线路引线	【方法 1】：剪断引线法断分支线路引线： 步骤 1：杆上电工使用绝缘锁杆将绝缘吊杆（推荐选用）固定在近边相线夹附近的主导线上。 步骤 2：杆上电工使用绝缘锁杆将待断开的分支线路引线与主导线可靠固定。 步骤 3：杆上电工使用绝缘断线剪剪断分支线路引线与主导线的连接。 步骤 4：杆上电工使用绝缘锁杆使分支线路引线脱离主导线并将引线缓缓放下，临时固定在绝缘吊杆的横向支杆上。 步骤 5：杆上电工使用绝缘锁杆将导线遮蔽罩套在中间相引线侧的近边相主导线和绝缘子上。 步骤 6：按相同的方法拆除远边相引线，完成后同样使用绝缘锁杆将导线遮蔽罩套在中间相引线侧的远边相主导线和绝缘子上。 步骤 7：按相同的方法拆除中间相引线。 步骤 8：杆上电工使用绝缘断线剪在分支线路耐张线夹处将引线剪断并取下。 步骤 9：杆上电工使用绝缘锁杆拆除两边相主导线上的导线遮蔽罩和绝缘子遮蔽罩。 步骤 10：杆上电工拆除三相导线上的绝缘吊杆	
			【方法 2】：拆除线夹法断分支线路引线： 步骤 1：杆上电工使用绝缘锁杆将绝缘吊杆（推荐选用）固定在线夹附近的主导线上。 步骤 2：杆上电工使用绝缘锁杆将待断开的分支线路引线临时固定在主导线上。 步骤 3：杆上电工相互配合使用线夹装拆工具拆除分支线路引线与主导线的连接。 步骤 4：杆上电工使用绝缘锁杆将分支线路引线缓缓放下，临时固定在绝缘吊杆的横向支杆上。 步骤 5：杆上电工使用绝缘锁杆将硬质遮蔽罩套在中间相引线侧的近边相主导线和绝缘子上。 步骤 6：按相同的方法拆除远边相引线，完成后同样使用绝缘锁杆将硬质遮蔽罩套在中间相引线侧的远边相主导线和绝缘子上。 步骤 7：按相同的方法拆除中间相引线。 步骤 8：杆上电工使用绝缘断线剪在分支线路耐张线夹处将引线剪断并取下。 步骤 9：杆上电工使用绝缘锁杆拆除两边相主导线上的导线遮蔽罩和绝缘子遮蔽罩。 步骤 10：杆上电工拆除三相导线上的绝缘吊杆。 生产中如引线与主导线由于安装方式和锈蚀等原因不易拆除，可直接在主导线搭接位置处剪断引线的方式进行，同时做好防止引线摆动的措施	
	3	工作完成，退出带电作业区域	步骤 1：杆上电工向工作负责人汇报确认本项工作已完成。 步骤 2：检查杆上无遗留物，杆上电工返回地面，工作结束	

（3）工作结束。

√	序号	作业内容	步骤及要求	备注
	1	清理现场	步骤1：工作班成员整理工具、材料，清洁后装箱、装袋。 步骤2：工作班成员清理现场：工完、料尽、场地清	
	2	召开收工会	步骤1：点评本项工作的完成情况。 步骤2：点评安全措施的落实情况。 步骤3：点评作业指导书的执行情况	
	3	工作终结	步骤1：工作负责人向值班调控人员或运维人员报告申请终结工作票，记录许可方式、工作许可人和终结报告时间，并签字确认，宣布本项工作结束。 步骤2：工作负责人组织工作班成员撤离现场，到达班组后将作业资料分类归档	

7. 验收总结

序号	作业总结	
1	验收评价	按指导书要求完成工作
2	存在问题及处理意见	

8. 指导书执行情况签字栏

作业地点：	日期：　　年　　月　　日
工作班组：	工作负责人（签字）：
班组成员（签字）：	

9. 附录

略。

1.4　带电接分支线路引线（绝缘杆作业法，登杆作业）

1.4.1　项目概述

本项目指导与风险管控仅适用于如图1-7所示的直线分支杆（无熔断器，导线三角排列），采用安装线夹法（绝缘杆作业法，登杆作业）带电接分支线路引线工作。生产中务必结合现场实际工况参照适用，并积极推广绝缘手套作业法融合绝缘杆作业法在绝缘斗臂车的工作绝缘斗或其他绝缘平台上的应用。

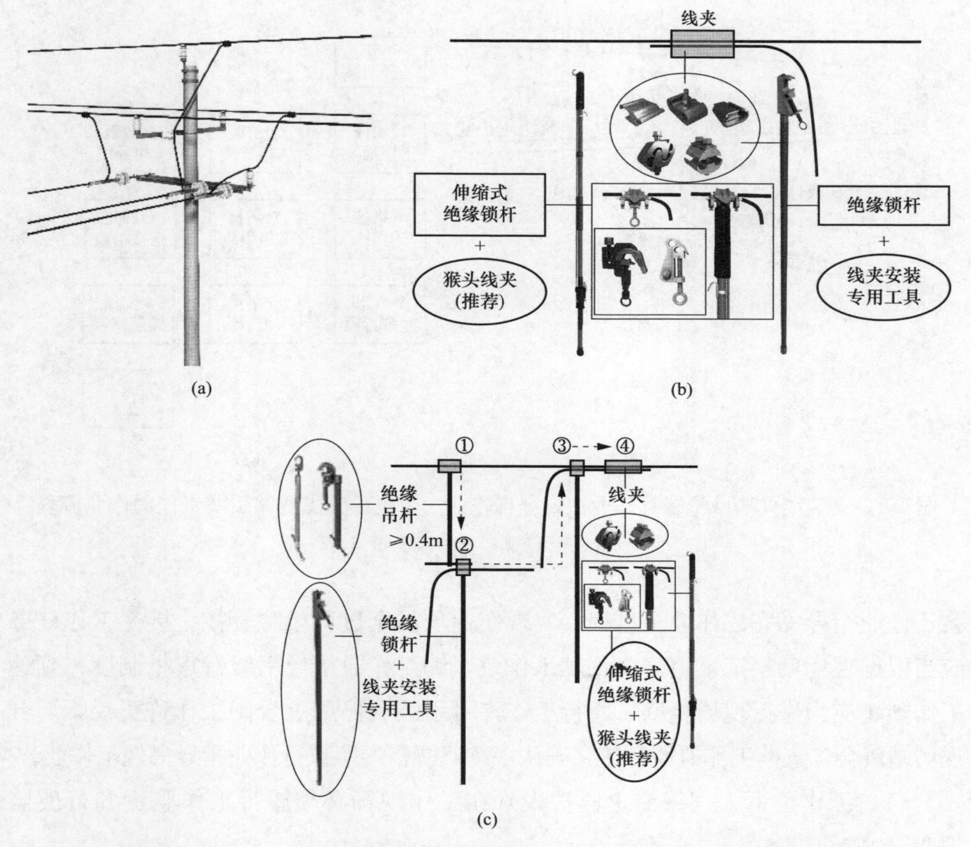

图 1-7　安装线夹法（绝缘杆作业法，登杆作业）带电接分支线路引线工作

（a）直线分支杆杆头外形图；（b）线夹与绝缘锁杆外形图；（c）安装线夹法示意图

①—绝缘吊杆固定在主导线上；②—绝缘锁杆（连同引线）固定在绝缘吊杆的横向支杆上；③—绝缘锁杆将待接引线固定在导线上；④—安装线夹，三相引线按相同方法完成搭接操作

1.4.2　作业流程

安装线夹法（绝缘杆作业法，登杆作业）带电接分支线路引线工作的作业流程图，如图 1-8 所示。现场作业前，工作负责人应当检查确认待接引流线已空载；负荷侧变压器、电压互感器已退出；作业装置和现场环境符合带电作业条件，方可开始工作。

1.4.3　作业风险管控

现场作业必须严把安全作业风险（管控）关，严格依据工作票、安全交底

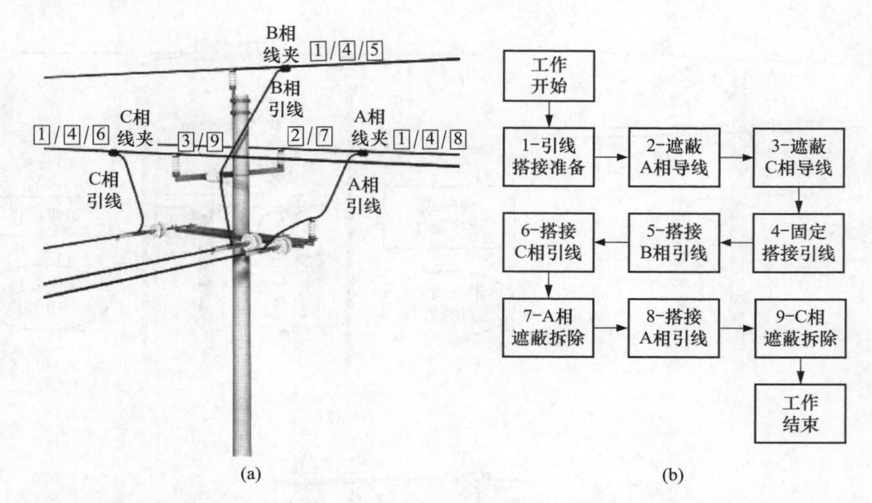

图 1-8　安装线夹法（绝缘杆作业法，登杆作业）带电接分支线路引线工作的作业流程

（a）示意图；（b）流程图

会、作业指导书完成作业全过程，实现作业项目全过程风险管控。接受工作任务应当根据现场勘察记录填写、签发工作票，编制作业指导书履行审批制度；到达工作现场应当进行现场复勘，履行工作许可手续和停用重合闸工作许可后，召开现场站班会、宣读工作票履行签字确认手续，严格遵照执行作业指导书规范作业。

（1）工作负责人（或专责监护人）在工作现场必须履行工作职责和行使监护职责。

（2）杆上电工登杆作业应正确使用有后备保护绳的安全带，到达安全作业工位后（远离带电体保持足够的安全作业距离），应将个人使用的后备保护绳安全可靠地固定在电杆合适位置上。

（3）杆上电工在电杆或横担上悬挂（拆除）绝缘传递绳时，应使用绝缘操作杆在确保安全作业距离的前提下进行。

（4）采用绝缘杆作业法（登杆）作业时，杆上电工应根据作业现场的实际工况正确穿戴绝缘防护用具，做好人身安全防护工作。

（5）个人绝缘防护用具使用前必须进行外观检查，绝缘手套使用前必须进行充（压）气检测，确认合格后方可使用；带电作业过程中，禁止摘下绝缘防护用具。

（6）杆上电工作业过程中，包括设置（拆除）绝缘遮蔽（隔离）用具的作业中，站位选择应合适，在不影响作业的前提下，应确保人体远离带电体，手持绝缘操作杆的有效绝缘长度不小于 0.7m。

(7) 杆上作业人员伸展身体各部位有可能同时触及不同电位（带电体和接地体）的设备时，或作业中不能有效保证人体与带电体最小 0.4m 的安全距离时，作业前必须对带电体进行绝缘遮蔽（隔离），遮蔽用具之间的重叠部分不得小于 150mm。

(8) 杆上电工配合作业搭接引线时，应采用绝缘操作杆和绝缘（双头）锁杆防止搭接的引线摆动碰及带电体；移动搭接的引线时应密切注意与带电体保持可靠的安全距离；未搭接的引线应视为带电，严禁人体同时接触两个不同的电位体。

1.4.4　作业指导书

1. 适用范围

本指导书仅适用于如图 1-7 所示的安装线夹法（绝缘杆作业法，登杆作业）带电接分支线路引线工作。生产中务必结合现场实际工况参照适用。

2. 引用文件

GB/T 18857—2019《配电线路带电作业技术导则》

Q/GDW 10520—2016《10kV 配网不停电作业规范》

Q/GDW 10799.8—2023《国家电网有限公司电力安全工作规程　第 8 部分：配电部分》

3. 人员分工

本作业项目工作人员共计 4 人，人员分工为：工作负责人（兼工作监护人）1 人、杆上电工 2 人、地面电工 1 人。

√	序号	人员分工	人数	职责	备注
	1	工作负责人（兼工作监护人）	1	执行配电带电作业工作票，组织、指挥带电作业工作，作业中全程监护和落实作业现场安全措施	
	2	杆上电工	2	杆上 1 号电工：负责带电接分支线路引线工作。 杆上 2 号辅助电工：配合杆上 1 号电工作业	
	3	地面电工	1	负责地面工作，配合杆上电工作业	

4. 工作前准备

√	序号	内容	要求	备注
	1	现场勘察	现场勘察由工作负责人组织开展，根据勘察结果确定作业方法、所需工具及需采取的措施，并填写现场勘察记录	

续表

√	序号	内容	要求	备注
	2	编写作业指导书并履行审批手续	作业指导书由工作负责人组织编写，现场作业必须严格遵照执行作业指导书规范作业，作业前必须履行相关审批手续	
	3	填写、签发工作票	工作票由工作负责人按票面要求逐项填写，并由工作票签发人审核、签发后才可开展本项工作	
	4	召开班前会	工作负责人组织班组成员召开班前会，认真学习作业指导书，明确作业方法、作业步骤、人员分工和工作职责等	
	5	领用工器具和运输	领用工器具应核对电压等级和试验周期、检查外观确认完好无损、填写工器具出入库记录单，运输工器具应装箱入袋或放在专用工具车内	

5. 工器具配备

√	序号	名称		规格、型号	数量	备注
	1	个人防护用具	绝缘手套	10kV	2双	戴防护手套
	2		绝缘安全帽	10kV	2顶	杆上电工用
	3		绝缘披肩（绝缘服）	10kV	2件	根据现场情况选择
	4		护目镜		2个	
	5		绝缘安全带		2个	有后备保护绳
	6	绝缘遮蔽用具	导线遮蔽罩	10kV	4个	绝缘杆作业法用
	7		绝缘子遮蔽罩	10kV	2个	绝缘杆作业法用
	8	绝缘工具	绝缘滑车	10kV	1个	绝缘传递绳用
	9		绝缘绳套	10kV	1个	挂滑车用
	10		绝缘传递绳	10kV	1根	
	11		绝缘锁杆	10kV	1个	同时锁定两根导线
	12		绝缘锁杆	10kV	1个	伸缩式
	13		绝缘吊杆	10kV	3个	临时固定引线用
	14		绝缘操作杆	10kV	1个	
	15		绝缘测量杆	10kV	1个	
	16		绝缘杆断线剪	10kV	1个	
	17		绝缘导线剥皮器	10kV	1套	绝缘杆作业法用
	18		线夹装拆工具	10kV	1套	根据线夹类型选择
	19		绝缘支架		1个	放置绝缘工具用

续表

√	序号	名称		规格、型号	数量	备注
	20	金属工具	脚扣	水泥杆用	2 双	
	21		绝缘测试仪	2500V 及以上	1 套	
	22		高压验电器	10kV	1 个	
	23	检测仪器	工频高压发生器	10kV	1 个	
	24		风速湿度仪		1 个	
	25		绝缘手套检测仪		1 个	

6. 作业程序

（1）开工准备。

√	序号	作业内容	步骤及要求	备注
	1	现场复勘	步骤 1：工作负责人核对线路名称和杆号正确、工作任务无误、安全措施到位，确认待断引流线已空载，负荷侧变压器、电压互感器已退出，作业装置和现场环境符合带电作业条件。 步骤 2：工作班成员确认天气__良好__，实测风速__级（不大于 5 级）、湿度__%（不大于 80%），符合作业条件。 步骤 3：工作负责人根据复勘结果告知工作班成员：现场具备安全作业条件，可以开展工作	
	2	设置安全围栏和警示标志	步骤 1：工作班成员依据作业空间设置硬质安全围栏，包括围栏的出口、入口。 步骤 2：工作班成员设置“从此进出”“施工现场，车辆慢行或车辆绕行”等警示标志或路障。 步骤 3：根据现场实际工况，增设临时交通疏导人员，疏导人员应穿戴反光衣	
	3	工作许可，召开站班会	步骤 1：工作负责人向值班调控人员或运维人员申请工作许可和停用重合闸许可，记录许可方式、工作许可人和许可工作（联系）时间，并签字确认。 步骤 2：工作负责人召开站班会宣读工作票。 步骤 3：工作负责人确认工作班成员对工作任务、危险点预控措施和任务分工都已知晓，履行工作票签字、确认手续，记录工作开始时间	
	4	摆放和检查工器具	步骤 1：工作班成员将工器具分区摆放在防潮帆布上。 步骤 2：工作班成员按照分工擦拭并外观检查工器具完好无损，绝缘工具的绝缘电阻值检测不低于 700MΩ，绝缘手套充（压）气检测不漏气，脚扣、安全带冲击试验检测的结果为安全	

（2）操作步骤。

√	序号	作业内容	步骤及要求	备注
	1	工作开始，进入带电作业区域，验电	步骤1：获得工作负责人许可后，杆上电工穿戴好绝缘防护服，携带绝缘传递绳登杆至合适位置，将个人使用的后备保护绳系挂在电杆合适位置上。 步骤2：杆上电工使用验电器对绝缘子、横担进行验电，确认无漏电现象。使用绝缘测试仪分别检测三相待接引流线对地绝缘良好，并确认空载汇报给工作负责人，连同现场检测的风速、湿度一并记录在工作票备注栏内。 步骤3：杆上电工在确保安全距离的前提下，使用绝缘操作杆挂好绝缘传递绳	
	2	（测量引线长度）接分支线路引线	【方法】：安装线夹法接分支线路引线： 步骤1：杆上电工使用绝缘测量杆测量三相分支线路引线长度，按照测量长度切断三相引线，剥除三相引线搭接处的绝缘层和清除其上的氧化层。 步骤2：杆上电工使用绝缘导线剥皮器依次剥除三相导线搭接处（距离横担不小于规定值）的绝缘层并清除导线上的氧化层。 步骤3：杆上电工使用绝缘锁杆将绝缘吊杆依次固定在引线搭接处附近的三相主导线上。 步骤4：杆上电工使用绝缘锁杆将三相引线固定在绝缘吊杆的横向支杆上。 步骤5：杆上电工使用绝缘锁杆分别将硬质遮蔽罩套在中间相引线侧的两边相主导线和绝缘子上。 步骤6：杆上电工使用绝缘锁杆锁住中间相引线待搭接的一端，提升至引线搭接处的主导线上可靠固定。 步骤7：杆上电工配合使用线夹安装工具安装线夹，引线与导线可靠连接后撤除绝缘锁杆和绝缘吊杆。 步骤8：杆上电工使用绝缘锁杆拆除两边相主导线上的导线遮蔽罩和绝缘子遮蔽罩。 步骤9：其余两边相引线的搭接按相同的方法进行，三相引线的搭接可按先中间相、再两边相的顺序进行，或根据现场工况选择	
	3	工作完成，退出带电作业区域	步骤1：杆上电工向工作负责人汇报确认本项工作已完成。 步骤2：检查杆上无遗留物，杆上电工返回地面，工作结束	

（3）工作结束。

√	序号	作业内容	步骤及要求	备注
	1	清理现场	步骤1：工作班成员整理工具、材料，清洁后装箱、装袋。 步骤2：工作班成员清理现场：工完、料尽、场地清	
	2	召开收工会	步骤1：点评本项工作的完成情况。 步骤2：点评安全措施的落实情况。 步骤3：点评作业指导书的执行情况	

续表

√	序号	作业内容	步骤及要求	备注
	3	工作终结	步骤 1：工作负责人向值班调控人员或运维人员报告申请终结工作票，记录许可方式、工作许可人和终结报告时间，并签字确认，宣布本项工作结束。 步骤 2：工作负责人组织工作班成员撤离现场，到达班组后将作业资料分类归档	

7. 验收总结

序号	作业总结	
1	验收评价	按指导书要求完成工作
2	存在问题及处理意见	

8. 指导书执行情况签字栏

作业地点：	日期：　　年　　月　　日
工作班组：	工作负责人（签字）：
班组成员（签字）：	

9. 附录

略。

1.5　带电断熔断器上引线（绝缘手套作业法，绝缘斗臂车作业）

1.5.1　项目概述

本项目指导与风险管控仅适用于如图 1-9 所示的变压器台杆（有熔断器，导线三角排列），采用拆除线夹法（绝缘手套作业法，绝缘斗臂车作业）带电断熔断器上引线工作。生产中务必结合现场实际工况参照适用，并积极推广绝缘手套作业法融合绝缘杆作业法在绝缘斗臂车的工作绝缘斗或其他绝缘平台上的应用。

1.5.2　作业流程

拆除线夹法（绝缘杆作业法，登杆作业）带电断熔断器上引线工作的作业

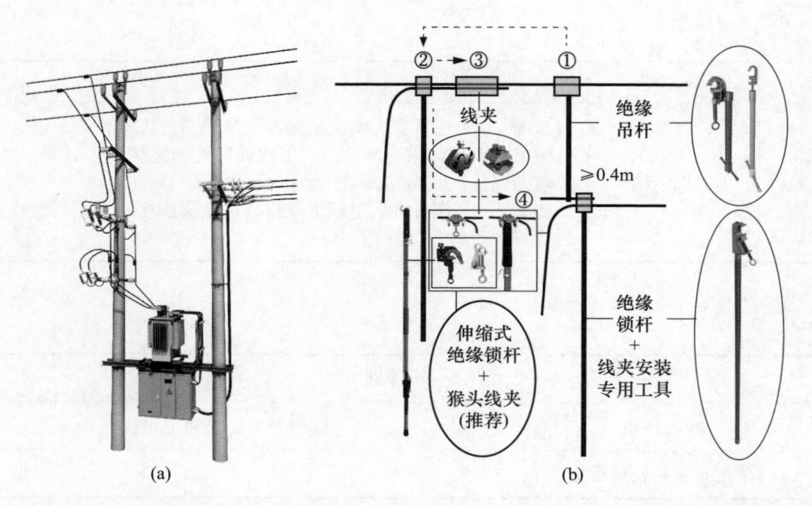

图 1-9　拆除线夹法（绝缘手套作业法，绝缘斗臂车作业）带电断熔断器上引线工作

（a）变压器台杆外形图；（b）绝缘手套作业法融合绝缘杆作业法示意图（推荐）

①—绝缘吊杆固定在主导线上；②—绝缘锁杆将待断引线固定；③—剪断引线或拆除线夹；④—绝缘锁杆（连同引线）固定在绝缘吊杆的横向支杆上，三相引线按相同方法完成断开操作

流程，如图 1-10 所示。现场作业前，工作负责人应当检查确认熔断器已断开，熔管已取下；作业装置和现场环境符合带电作业条件，方可开始工作。

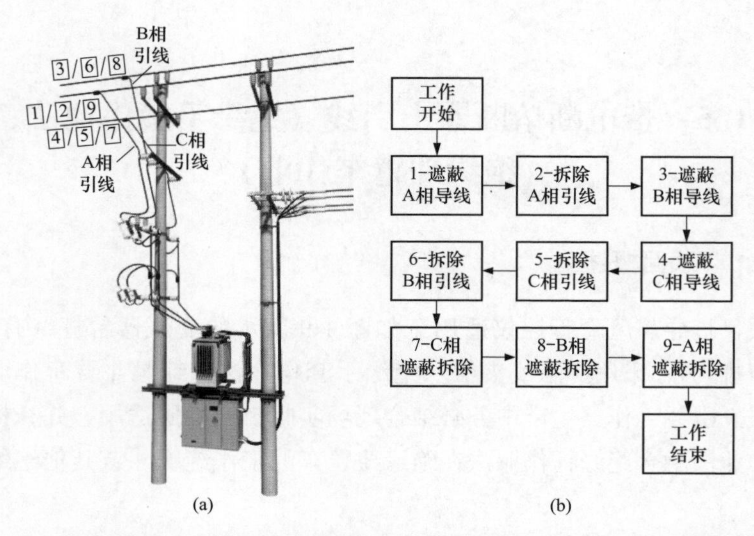

图 1-10　拆除线夹法（绝缘手套作业法，绝缘斗臂车作业）带电断熔断器上引线工作的作业流程

（a）示意图；（b）流程图

1.5.3　作业风险管控

现场作业必须严把安全作业风险（管控）关，严格依据工作票、安全交底会、作业指导书完成作业全过程，实现作业项目全过程风险管控。接受工作任务应当根据现场勘察记录填写、签发工作票，编制作业指导书履行审批制度；到达工作现场应当进行现场复勘，履行工作许可手续和停用重合闸工作许可后，召开现场站班会、宣读工作票履行签字确认手续，严格遵照执行作业指导书规范作业。

（1）工作负责人（或专责监护人）在工作现场必须履行工作职责和行使监护职责。

（2）进入绝缘斗内的作业人员必须穿戴个人绝缘防护用具（绝缘手套、绝缘服或绝缘披肩、绝缘安全帽以及护目镜等），使用的安全带应有良好的绝缘性能，起臂前安全带保险钩必须系挂在绝缘斗内专用挂钩上。

（3）个人绝缘防护用具使用前必须进行外观检查，绝缘手套使用前必须进行充（压）气检测，确认合格后方可使用；带电作业过程中，禁止摘下绝缘防护用具。

（4）绝缘斗臂车使用前应可靠接地；作业中的绝缘斗臂车的绝缘臂伸出的有效绝缘长度不小于 1.0m。

（5）绝缘斗内电工对带电作业中可能触及的带电体和接地体设置绝缘遮蔽（隔离）措施时，绝缘遮蔽（隔离）的范围应比作业人员活动范围增加 0.4m 以上，绝缘遮蔽用具之间的重叠部分不得小于 150mm，遮蔽措施应严密与牢固。

注：GB/T 18857—2019《配电线路带电作业技术导则》第 6.2.2 条、第 6.2.3 条规定：采用绝缘手套作业法时，无论作业人员与接地体和相邻带电体的空气间隙是否满足规定的安全距离，作业前均需对人体可能触及范围内的带电体和接地体进行绝缘遮蔽；在作业范围窄小、电气设备布置密集处，为保证作业人员对相邻带电体或接地体的有效隔离，在适当位置还应装设绝缘隔板等限制作业人员的活动范围。

（6）绝缘斗内电工按照“先外侧（近边相和远边相）、后内侧（中间相）”的顺序依次进行同相绝缘遮蔽（隔离）时，应严格遵循“先带电体后接地体”的原则。

（7）绝缘斗内电工作业时严禁人体同时接触两个不同的电位体，包括设置（拆除）绝缘遮蔽（隔离）用具的作业中，作业工位的选择应合适，在不影响作业的前提下，人身务必与带电体和接地体保持一定的安全距离，以防绝缘斗内电工作业过程中人体串入电路。绝缘斗内双人作业时，禁止同时在不同相或不同电位作业。

（8）绝缘斗内电工配合作业断开引线时，应采用绝缘（双头）锁杆防止断开的引线摆动碰及带电体，移动断开的引线时应密切注意与带电体保持可靠的安全距离，手持绝缘操作杆的有效绝缘长度不小于0.7m；严禁人体同时接触两个不同的电位体，断开主线引线时严禁人体串入电路，已断开的引线应视为带电。

（9）绝缘斗内电工按照“先内侧（中间相）、后外侧（近边相和远边相）”的顺序依次拆除同相绝缘遮蔽（隔离）用具时，应严格遵循“先接地体后带电体”的原则。

1.5.4 作业指导书

1. 适用范围

本指导书仅适用于如图1-9所示的采用拆除线夹法（绝缘手套作业法，绝缘斗臂车作业）带电断熔断器上引线工作。生产中务必结合现场实际工况参照适用。

2. 引用文件

GB/T 18857—2019《配电线路带电作业技术导则》

Q/GDW 10520—2016《10kV配网不停电作业规范》

Q/GDW 10799.8—2023《国家电网有限公司电力安全工作规程　第8部分：配电部分》

3. 人员分工

本作业项目工作人员共计4人，人员分工为：工作负责人（兼工作监护人）1人、绝缘斗内电工2人、地面电工1人。

√	序号	人员分工	人数	职责	备注
	1	工作负责人（兼工作监护人）	1	执行配电带电作业工作票，组织、指挥带电作业工作，作业中全程监护和落实作业现场安全措施	
	2	绝缘斗内电工	2	绝缘斗内1号电工：负责带电断熔断器上引线工作。 绝缘斗内2号辅助电工：配合绝缘斗内1号电工作业	
	3	地面电工	1	负责地面工作，配合绝缘斗内电工作业	

4. 工作前准备

√	序号	内容	要求	备注
	1	现场勘察	现场勘察由工作负责人组织开展，根据勘察结果确定作业方法、所需工具及需采取的措施，并填写现场勘察记录	
	2	编写作业指导书并履行审批手续	作业指导书由工作负责人组织编写，现场作业人员必须严格遵照作业指导书进行规范作业，作业前必须履行相关审批手续	
	3	填写、签发工作票	工作票由工作负责人按票面要求逐项填写，并由工作票签发人审核、签发后才可开展本项工作	
	4	召开班前会	工作负责人组织班组成员召开班前会，认真学习作业指导书，明确作业方法、作业步骤、人员分工和工作职责等	
	5	领用工器具和运输	领用工器具应核对电压等级和试验周期，检查外观确认完好无损，填写工器具出入库记录单，运输工器具应装箱入袋或放在专用工具车内	

5. 工器具配备

√	序号	名称		规格、型号	数量	备注
	1	特种车辆	绝缘斗臂车	10kV	1 辆	
	2	个人防护用具	绝缘手套	10kV	2 双	戴防护手套
	3		绝缘安全帽	10kV	2 顶	
	4		绝缘披肩（绝缘服）	10kV	2 件	根据现场情况选择
	5		绝缘安全带		2 个	有后备保护绳
	6		护目镜		2 个	
	7	绝缘遮蔽用具	导线遮蔽罩	10kV	6 根	不少于配备数量
	8		引线遮蔽罩	10kV	6 根	根据实际情况选用
	9		绝缘毯	10kV	6 块	不少于配备数量
	10		绝缘毯夹		12 个	不少于配备数量
	11	绝缘工具	绝缘锁杆	10kV	1 个	可同时锁定两根导线
	12		绝缘锁杆	10kV	1 个	伸缩式选用
	13		绝缘吊杆	10kV	3 个	临时固定引线用
	14		绝缘操作杆	10kV	1 个	
	15		绝缘杆断线剪	10kV	1 个	根据实际情况选用
	16		线夹装拆工具		1 套	绝缘手工工具
	17	金属工具	断线剪或切刀		1 个	根据实际情况选用

续表

√	序号	名称		规格、型号	数量	备注
	18	检测仪器	绝缘测试仪	2500V 以上	1 套	
	19		高压验电器	10kV	1 个	
	20		工频高压发生器	10kV	1 个	
	21		风速湿度仪		1 个	
	22		绝缘手套检测仪		1 个	

6. 作业程序

(1) 开工准备。

√	序号	作业内容	步骤及要求	备注
	1	现场复勘	步骤 1：工作负责人核对线路名称和杆号正确、工作任务无误、安全措施到位，熔断器已断开、熔管已取下，作业装置和现场环境符合带电作业条件。 步骤 2：工作班成员确认天气良好，实测风速__级（不大于 5 级）、湿度__%（不大于 80%），符合作业条件。 步骤 3：工作负责人根据复勘结果告知工作班成员：现场具备安全作业条件，可以开展工作	
	2	停放绝缘斗臂车，设置安全围栏和警示标志	步骤 1：工作负责人指挥驾驶员将绝缘斗臂车停放到合适位置，支腿支放到垫板上，轮胎离地，支撑牢固后将车体可靠接地。 步骤 2：工作班成员依据作业空间设置硬质安全围栏，包括围栏的出口、入口。 步骤 3：工作班成员设置“从此进出”“施工现场，车辆慢行或车辆绕行”等警示标志或路障。 步骤 4：根据现场实际工况，增设临时交通疏导人员，疏导人员应穿戴反光衣	
	3	工作许可，召开站班会	步骤 1：工作负责人向值班调控人员或运维人员申请工作许可和停用重合闸许可，记录许可方式、工作许可人和许可工作（联系）时间，并签字确认。 步骤 2：工作负责人召开站班会宣读工作票。 步骤 3：工作负责人确认工作班成员对工作任务、危险点预控措施和任务分工都已知晓，履行工作票签字、确认手续，记录工作开始时间	
	4	摆放和检查工器具	步骤 1：工作班成员将工器具分区摆放在防潮帆布上。 步骤 2：工作班成员按照分工擦拭并外观检查工器具完好无损，绝缘工具的绝缘电阻值检测不低于 700MΩ，绝缘手套充（压）气检测不漏气，安全带冲击试验检测的结果为安全。 步骤 3：绝缘斗内电工擦拭并外观检查绝缘斗臂车的绝缘斗和绝缘臂外观完好无损，空绝缘斗试操作运行正常（升降、伸缩、回转等）	

续表

√	序号	作业内容	步骤及要求	备注
	5	绝缘斗内电工进绝缘斗，可携带工器具入绝缘斗	步骤 1：绝缘斗内电工穿戴好绝缘防护用具进入绝缘斗，挂好安全带保险钩；地面电工将绝缘遮蔽用具和可携带的工具入绝缘斗。 步骤 2：绝缘斗内电工按照“先抬臂（离支架）、再伸臂（1m 线）、加旋转”的动作，操作绝缘斗进入带电作业区域；作业中禁止摘下绝缘手套，绝缘臂伸出长度确保 1m 标示线	

（2）操作步骤。

√	序号	作业内容	步骤及要求	备注
	1	进入带电作业区域，验电，设置绝缘遮蔽措施	步骤 1：绝缘斗内电工调整绝缘斗至合适位置，使用验电器对绝缘子、横担进行验电，确认无漏电现象，汇报给工作负责人，连同现场检测的风速、湿度一并记录在工作票备注栏内。 步骤 2：绝缘斗内电工调整绝缘斗至近边相导线外侧适当位置，按照“从近到远、从下到上、先带电体后接地体”的遮蔽原则，以及“近边相、中间相、远边相”的遮蔽顺序，依次对作业范围内的导线进行绝缘遮蔽，绝缘遮蔽线夹前先将绝缘吊杆固定在线夹附近的主导线上	
	2	断熔断器上引线	【方法】：（在导线处）拆除线夹法断熔断器上引线： 步骤 1：绝缘斗内电工调整绝缘斗至近边相合适位置，打开线夹处的绝缘毯，使用绝缘锁杆将待断开的熔断器上引线临时固定在主导线上后拆除线夹。 步骤 2：绝缘斗内电工调整工作位置后，使用绝缘锁杆将熔断器上引线缓缓放下，临时固定在绝缘吊杆的横向支杆上，完成后使用绝缘毯恢复线夹处的绝缘遮蔽；如导线为绝缘线，分支线路引线拆除后应恢复导线的绝缘。 步骤 3：其余两相引线的拆除按相同的方法进行，三相引线的拆除可按先两边相、再中间相的顺序进行，或根据现场工况选择。 步骤 4：三相引线全部拆除后统一盘圈后临时固定在同相引线上，以备后用。 生产中如引线与主导线由于安装方式和锈蚀等原因不易拆除，可直接在主导线搭接位置处剪断引线的方式进行，同时做好防止引线摆动的措施	
	3	拆除绝缘遮蔽，退出带电作业区域	步骤 1：绝缘斗内电工向工作负责人汇报确认本项工作已完成。 步骤 2：绝缘斗内电工转移绝缘斗至合适作业位置，按照“从远到近、从上到下、先接地体后带电体”的原则，以及“远边相、中间相、近边相”的顺序（与遮蔽相反），拆除绝缘遮蔽和绝缘吊杆。 步骤 3：绝缘斗内电工检查杆上无遗留物后，操作绝缘斗退出带电作业区域，返回地面；配合地面人员卸下绝缘斗内工具，收回绝缘斗臂车支腿（包括接地线和垫板），绝缘斗内工作结束	

（3）工作结束。

√	序号	作业内容	步骤及要求	备注
	1	清理现场	步骤1：工作班成员整理工具、材料，清洁后装箱、装袋。 步骤2：工作班成员清理现场：工完、料尽、场地清	
	2	召开收工会	步骤1：点评本项工作的完成情况。 步骤2：点评安全措施的落实情况。 步骤3：点评作业指导书的执行情况	
	3	工作终结	步骤1：工作负责人向值班调控人员或运维人员报告申请终结工作票，记录许可方式、工作许可人和终结报告时间，并签字确认，宣布本项工作结束。 步骤2：工作负责人组织工作班成员撤离现场，到达班组后将作业资料分类归档	

7. 验收总结

序号	作业总结	
1	验收评价	按指导书要求完成工作
2	存在问题及处理意见	

8. 指导书执行情况签字栏

作业地点：	日期：　　年　　月　　日
工作班组：	工作负责人（签字）：
班组成员（签字）：	

9. 附录

略。

1.6 带电接熔断器上引线（绝缘手套作业法，绝缘斗臂车作业）

1.6.1 项目概述

本项目指导与风险管控仅适用于如图1-11所示的变压器台杆（有熔断器，导线三角排列），采用安装线夹法（绝缘手套作业法，绝缘斗臂车作业）带电接熔断器上引线工作。生产中务必结合现场实际工况参照适用，并积极推广绝

缘手套作业法融合绝缘杆作业法在绝缘斗臂车的工作绝缘斗或其他绝缘平台上的应用。

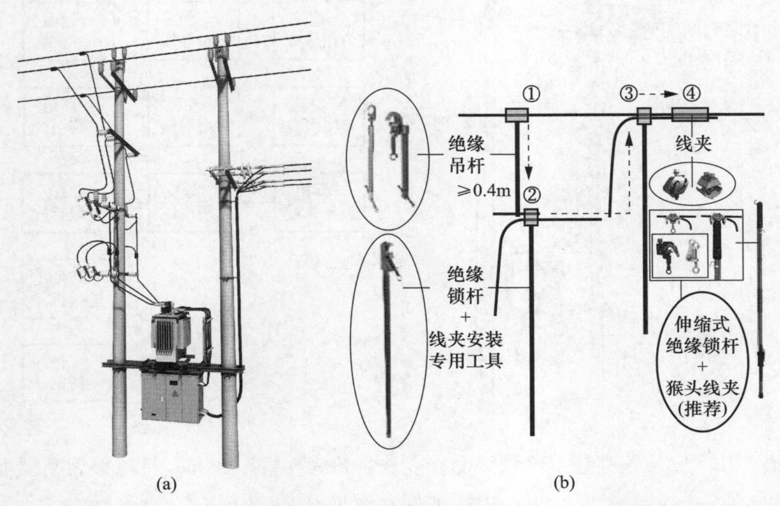

图 1-11　安装线夹法（绝缘手套作业法，绝缘斗臂车作业）带电接熔断器上引线工作

（a）变台杆外形图；（b）绝缘手套作业法融合绝缘杆作业法示意图（推荐）

①—绝缘吊杆固定在主导线上；②—绝缘锁杆（连同引线）固定在绝缘吊杆的横向支杆上；③—绝缘锁杆将待接引线固定在导线上；④—安装线夹，三相引线按相同方法完成搭接操作

1.6.2　作业流程

安装线夹法（绝缘手套作业法，绝缘斗臂车作业）带电接熔断器上引线工作的作业流程，如图 1-12 所示。现场作业前，工作负责人应当检查确认熔断器已断开、熔管已取下，作业装置和现场环境符合带电作业条件，方可开始工作。

1.6.3　作业风险管控

现场作业必须严把安全作业风险（管控）关，严格依据工作票、安全交底会、作业指导书完成作业全过程，实现作业项目全过程风险管控。接受工作任务应当根据现场勘察记录填写、签发工作票，编制作业指导书履行审批制度；到达工作现场应当进行现场复勘，履行工作许可手续和停用重合闸工作许可后，召开现场站班会、宣读工作票履行签字确认手续，严格遵照执行作业指导书规范作业。

（1）工作负责人（或专责监护人）在工作现场必须履行工作职责和行使监护职责。

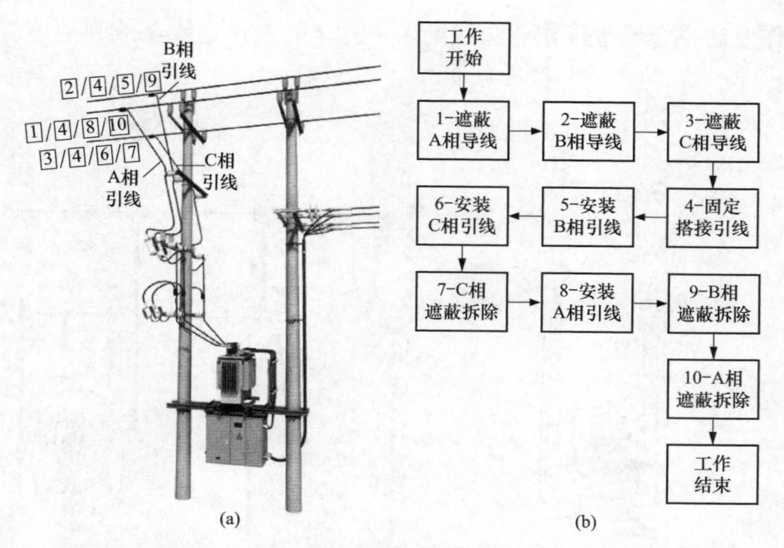

图 1-12　安装线夹法（绝缘手套作业法，绝缘斗臂车作业）带电接熔断器上引线工作的作业流程

(a) 示意图；(b) 流程图

(2) 进入绝缘斗内的作业人员必须穿戴个人绝缘防护用具（绝缘手套、绝缘服或绝缘披肩、绝缘安全帽以及护目镜等），使用的安全带应有良好的绝缘性能，起臂前安全带保险钩必须系挂在绝缘斗内专用挂钩上。

(3) 个人绝缘防护用具使用前必须进行外观检查，绝缘手套使用前必须进行充（压）气检测，确认合格后方可使用；带电作业过程中，禁止摘下绝缘防护用具。

(4) 绝缘斗臂车使用前应可靠接地；作业中的绝缘斗臂车的绝缘臂伸出的有效绝缘长度不小于 1.0m。

(5) 绝缘斗内电工对带电作业中可能触及的带电体和接地体设置绝缘遮蔽（隔离）措施时，绝缘遮蔽（隔离）的范围应比作业人员活动范围增加 0.4m 以上，绝缘遮蔽用具之间的重叠部分不得小于 150mm，遮蔽措施应严密与牢固。

注：GB/T 18857—2019《配电线路带电作业技术导则》第 6.2.2 条、第 6.2.3 条规定：采用绝缘手套作业法时无论作业人员与接地体和相邻带电体的空气间隙是否满足规定的安全距离，作业前均需对人体可能触及范围内的带电体和接地体进行绝缘遮蔽；在作业范围窄小、电气设备布置密集处，为保证作

业人员对相邻带电体或接地体的有效隔离，在适当位置还应装设绝缘隔板等限制作业人员的活动范围。

（6）绝缘斗内电工按照先外侧（近边相和远边相）、后内侧（中间相）的顺序依次进行同相绝缘遮蔽（隔离）时，应严格遵循“先带电体后接地体”的原则。

（7）绝缘斗内电工作业时严禁人体同时接触两个不同的电位体，包括设置（拆除）绝缘遮蔽（隔离）用具的作业中，作业工位的选择应合适，在不影响作业的前提下，人身务必与带电体和接地体保持一定的安全距离，以防绝缘斗内电工作业过程中人体串入电路；绝缘斗内双人作业时，禁止同时在不同相或不同电位作业。

（8）绝缘斗内电工配合作业安装引线时，应采用绝缘（双头）锁杆防止搭接的引线摆动碰及带电体；移动搭接的引线时应密切注意与带电体保持可靠的安全距离，手持绝缘操作杆的有效绝缘长度不小于 0.7m；严禁人体同时接触两个不同的电位体，搭接主线引线时严禁人体串入电路，未接入的引线应视为带电。

（9）绝缘斗内电工按照先内侧（中间相）、后外侧（近边相和远边相）的顺序依次拆除同相绝缘遮蔽（隔离）用具时，应严格遵循“先接地体后带电体”的原则。

1.6.4　作业指导书

1. 适用范围

本指导书仅适用于如图 1-11 所示的采用安装线夹法（绝缘手套作业法，绝缘斗臂车作业）带电接熔断器上引线工作。生产中务必结合现场实际工况参照执行。

2. 引用文件

GB/T 18857—2019《配电线路带电作业技术导则》

Q/GDW 10520—2016《10kV 配网不停电作业规范》

Q/GDW 10799.8—2023《国家电网有限公司电力安全工作规程　第 8 部分：配电部分》

3. 人员分工

本作业项目工作人员共计 4 人，人员分工为：工作负责人（兼工作监护人）1 人、绝缘斗内电工 2 人、地面电工 1 人。

√	序号	人员分工	人数	职责	备注
	1	工作负责人（兼工作监护人）	1	执行配电带电作业工作票，组织、指挥带电作业工作，作业中全程监护和落实作业现场安全措施	
	2	绝缘斗内电工	2	绝缘斗内1号电工：负责带电接熔断器上引线工作。 绝缘斗内2号辅助电工：配合绝缘斗内1号电工作业	
	3	地面电工	1	负责地面工作，配合绝缘斗内电工作业	

4．工作前准备

√	序号	内容	要求	备注
	1	现场勘察	现场勘察由工作负责人组织开展，根据勘察结果确定作业方法、所需工具及需采取的措施，并填写现场勘察记录	
	2	编写作业指导书并履行审批手续	作业指导书由工作负责人组织编写，现场作业必须严格遵照执行作业指导书规范作业，作业前必须履行相关审批手续	
	3	填写、签发工作票	工作票由工作负责人按票面要求逐项填写，并由工作票签发人审核、签发后才可开展本项工作	
	4	召开班前会	工作负责人组织班组成员召开班前会，认真学习作业指导书，明确作业方法、作业步骤、人员分工和工作职责等	
	5	领用工器具和运输	领用工器具应核对电压等级和试验周期，检查外观确认完好无损，填写工器具出入库记录单，运输工器具应装箱入袋或放在专用工具车内	

5．工器具配备

√	序号	名称		规格、型号	数量	备注
	1	特种车辆	绝缘斗臂车	10kV	1辆	
	2	个人防护用具	绝缘手套	10kV	2双	戴防护手套
	3		绝缘安全帽	10kV	2顶	
	4		绝缘披肩（绝缘服）	10kV	2件	根据现场情况选择
	5		绝缘安全带		2个	有后备保护绳
	6		护目镜		2个	
	7	绝缘遮蔽用具	导线遮蔽罩	10kV	6根	不少于配备数量
	8		引线遮蔽罩	10kV	6根	根据实际情况选用
	9		绝缘毯	10kV	6块	不少于配备数量
	10		绝缘毯夹		12个	不少于配备数量

续表

√	序号	名称		规格、型号	数量	备注
	11	绝缘工具	绝缘锁杆	10kV	1 个	可同时锁定两根导线
	12		绝缘锁杆	10kV	1 个	伸缩式选用
	13		绝缘吊杆	10kV	3 个	临时固定引线用
	14		绝缘操作杆	10kV	1 个	
	15		绝缘测量杆	10kV	1 个	
	16		绝缘杆断线剪	10kV	1 个	根据实际情况选用
	17		绝缘导线剥皮器	10kV	1 套	根据实际情况选用
	18	金属工具	线夹装拆工具		1 套	绝缘手工工具
	19		断线剪或切刀		1 个	根据实际情况选用
	20		绝缘导线剥皮器		1 个	
	21		压接线夹用液压钳		1 个	根据实际情况选用
	22	检测仪器	绝缘测试仪	2500V 以上	1 套	
	23		高压验电器	10kV	1 个	
	24		工频高压发生器	10kV	1 个	
	25		风速湿度仪		1 个	
	26		绝缘手套检测仪		1 个	

6. 作业程序

(1) 开工准备。

√	序号	作业内容	步骤及要求	备注
	1	现场复勘	步骤 1：工作负责人核对线路名称和杆号，确认工作任务无误、安全措施到位，熔断器已断开、熔管已取下，作业装置和现场环境符合带电作业条件。 步骤 2：工作班成员确认天气良好，实测风速__级（不大于 5 级）、湿度__%（不大于 80%），符合作业条件。 步骤 3：工作负责人根据复勘结果告知工作班成员：现场具备安全作业条件，可以开展工作	
	2	停放绝缘斗臂车，设置安全围栏和警示标志	步骤 1：工作负责人指挥驾驶员将绝缘斗臂车停放到合适位置，支腿支放到垫板上，轮胎离地，支撑牢固后将车体可靠接地。 步骤 2：工作班成员依据作业空间设置硬质安全围栏，包括围栏的出口、入口。 步骤 3：工作班成员设置“从此进出”“施工现场，车辆慢行或车辆绕行”等警示标志或路障。 步骤 4：根据现场实际工况，增设临时交通疏导人员，应穿戴反光衣	

续表

√	序号	作业内容	步骤及要求	备注
	3	工作许可，召开站班会	步骤 1：工作负责人向值班调控人员或运维人员申请工作许可和停用重合闸许可，记录许可方式、工作许可人和许可工作（联系）时间，并签字确认。 步骤 2：工作负责人召开站班会宣读工作票。 步骤 3：工作负责人确认工作班成员对工作任务、危险点预控措施和任务分工都已知晓，履行工作票签字、确认手续，记录工作开始时间	
	4	摆放和检查工器具	步骤 1：工作班成员将工器具分区摆放在防潮帆布上。 步骤 2：工作班成员按照分工擦拭并检查工器具外观确认完好无损，绝缘工具的绝缘电阻值检测不低于 700MΩ，绝缘手套充（压）气检测不漏气，安全带冲击试验检测结果为安全。 步骤 3：绝缘斗内电工擦拭并外观检查绝缘斗臂车的绝缘斗和绝缘臂外观完好无损，空绝缘斗试操作运行正常（升降、伸缩、回转等）	
	5	绝缘斗内电工进绝缘斗，可携带工器具入绝缘斗	步骤 1：绝缘斗内电工穿戴好绝缘防护用具进入绝缘斗，挂好安全带保险钩；地面电工将绝缘遮蔽用具和可携带的工具入绝缘斗。 步骤 2：绝缘斗内电工按照“先抬臂（离支架）、再伸臂（1m 线）、加旋转 ”的动作顺序，操作绝缘斗进入带电作业区域，作业中禁止摘下绝缘手套，绝缘臂伸出长度确保 1m 标示线	

（2）操作步骤。

√	序号	作业内容	步骤及要求	备注
	1	进入带电作业区域，验电，设置绝缘遮蔽措施	步骤 1：绝缘斗内电工调整绝缘斗至合适位置，使用验电器对绝缘子、横担进行验电，确认无漏电现象，汇报给工作负责人，连同现场检测的风速、湿度一并记录在工作票备注栏内。 步骤 2：绝缘斗内电工调整绝缘斗至近边相导线外侧适当位置，按照“从近到远、从下到上、先带电体后接地体”的遮蔽原则，以及“近边相、中间相、远边相”的遮蔽顺序，依次对作业范围内的导线进行绝缘遮蔽；引线搭接处（距离横担不小于规定值）使用绝缘毯进行遮蔽，遮蔽前先将绝缘吊杆固定在搭接处附近的主导线上	
	2	（测量引线长度）接熔断器上引线	【方法】：（在导线处）安装线夹法接熔断器上引线。 步骤 1：绝缘斗内电工调整绝缘斗至熔断器横担外侧适当位置，使用绝缘测量杆测量三相引线长度，按照测量长度切断熔断器上引线、剥除引线搭接处的绝缘层和清除其上的氧化层。 步骤 2：绝缘斗内电工使用绝缘锁杆将三相引线固定在绝缘吊杆的横向支杆上。	

续表

√	序号	作业内容	步骤及要求	备注
	2	（测量引线长度）接熔断器上引线	步骤 3：绝缘斗内电工打开中间相熔断器上引线搭接处的绝缘毯，使用绝缘导线剥皮器剥除搭接处的绝缘层并清除导线上的氧化层。 步骤 4：绝缘斗内电工使用绝缘锁杆锁住熔断器上引线待搭接的一端，提升至中间相主导线上引线搭接处可靠固定。 步骤 5：绝缘斗内电工根据实际工况安装不同类型的接续线夹，熔断器上引线与主导线可靠连接后撤除绝缘锁杆和绝缘吊杆，完成后恢复接续线夹处的绝缘、密封和绝缘遮蔽。 步骤 6：其余两相引线的搭接按相同的方法进行，三相引线的搭接可按先中间相、再两边相的顺序进行，或根据现场工况选择	
	3	拆除绝缘遮蔽，退出带电作业区域	步骤 1：绝缘斗内电工向工作负责人汇报确认本项工作已完成。 步骤 2：绝缘斗内电工转移绝缘斗至合适作业位置，按照“从远到近、从上到下、先接地体后带电体”的原则，以及“远边相、中间相、近边相”的顺序（与遮蔽相反），拆除绝缘遮蔽。 步骤 3：绝缘斗内电工检查杆上无遗留物后，操作绝缘斗退出带电作业区域，返回地面；配合地面人员卸下绝缘斗内工具，收回支腿（包括接地线和垫板），绝缘斗内工作结束	

（3）工作结束。

√	序号	作业内容	步骤及要求	备注
	1	清理现场	步骤 1：工作班成员整理工具、材料，清洁后装箱、装袋。 步骤 2：工作班成员清理现场：工完、料尽、场地清	
	2	召开收工会	步骤 1：点评本项工作的完成情况。 步骤 2：点评安全措施的落实情况。 步骤 3：点评作业指导书的执行情况	
	3	工作终结	步骤 1：工作负责人向值班调控人员或运维人员报告申请终结工作票，记录许可方式、工作许可人和终结报告时间，并签字确认，宣布本项工作结束。 步骤 2：工作负责人组织工作班成员撤离现场，到达班组后将作业资料分类归档	

7. 验收总结

序号	作业总结	
1	验收评价	按指导书要求完成工作
2	存在问题及处理意见	

8. 指导书执行情况签字栏

作业地点：	日期：　　年　　月　　日
工作班组：	工作负责人（签字）：
班组成员（签字）：	

9. 附录

略。

1.7 带电断分支线路引线（绝缘手套作业法，绝缘斗臂车作业）

1.7.1 项目概述

本项目指导与风险管控仅适用于如图 1-13 所示的直线分支杆（无熔断器，导线三角排列），采用拆除线夹法（绝缘手套作业法，绝缘斗臂车作业）带电断分支线路引线工作。生产中务必结合现场实际工况参照适用，并积极推广绝缘手套作业法融合绝缘杆作业法在绝缘斗臂车的工作绝缘斗或其他绝缘平台上的应用。

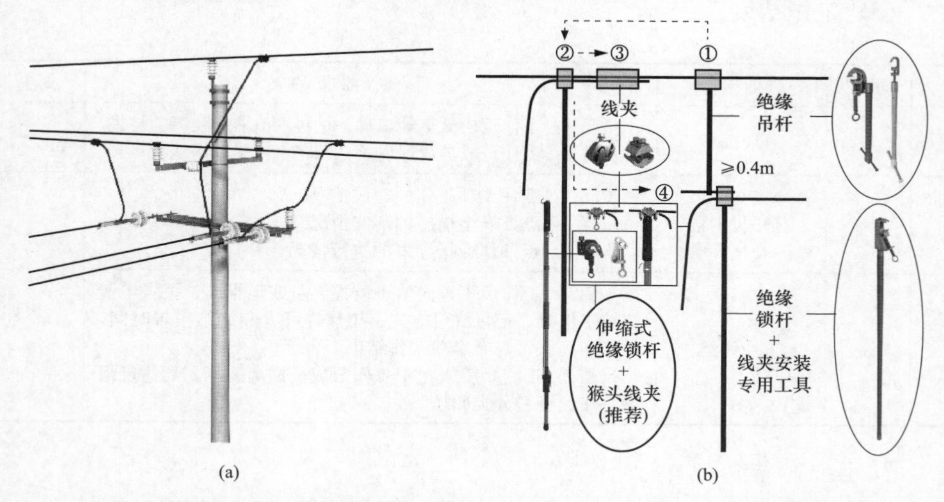

图 1-13　拆除线夹法（绝缘手套作业法，绝缘斗臂车作业）带电断分支线路引线工作

（a）直线分支杆杆头外形图；（b）绝缘手套作业法融合绝缘杆作业法示意图（推荐）

①—绝缘吊杆固定在主导线上；②—绝缘锁杆将待断引线固定；③—剪断引线或拆除线夹；④—绝缘锁杆（连同引线）固定在绝缘吊杆的横向支杆上，三相引线按相同方法完成断开操作

1.7.2　作业流程

拆除线夹法（绝缘手套作业法，绝缘斗臂车作业）带电断分支线路引线工作的作业流程，如图 1-14 所示。现场作业前，工作负责人应当检查确认待断引流线已空载，负荷侧变压器、电压互感器已退出，作业装置和现场环境符合带电作业条件，方可开始工作。

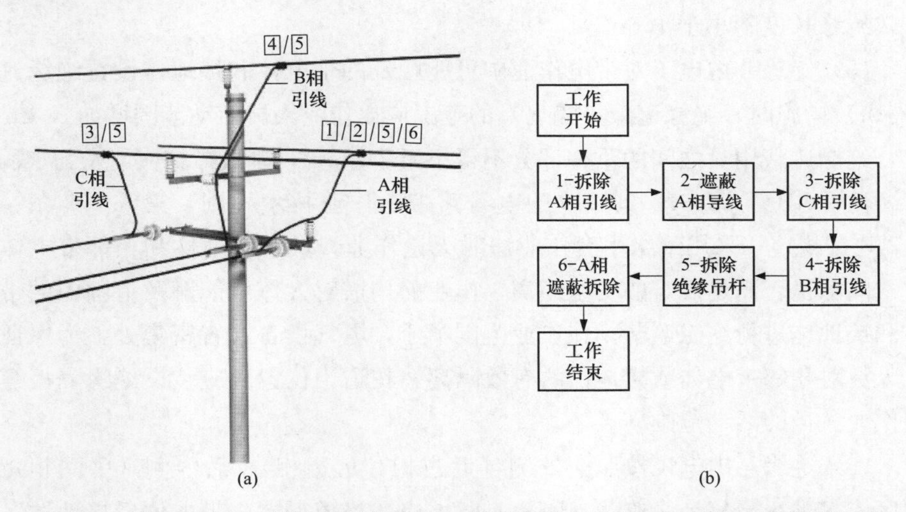

图 1-14　拆除线夹法（绝缘手套作业法，绝缘斗臂车作业）带电断分支线路引线工作的作业流程

（a）示意图；（b）流程图

1.7.3　作业风险管控

现场作业必须严把安全作业风险（管控）关，严格依据工作票、安全交底会、作业指导书完成作业全过程，实现作业项目全过程风险管控。接受工作任务应当根据现场勘察记录填写、签发工作票，编制作业指导书履行审批制度；到达工作现场应当进行现场复勘，履行工作许可手续和停用重合闸工作许可后，召开现场站班会、宣读工作票履行签字确认手续，严格遵照执行作业指导书规范作业。

（1）工作负责人（或专责监护人）在工作现场必须履行工作职责和行使监护职责。

（2）进入绝缘斗内的作业人员必须穿戴个人绝缘防护用具（绝缘手套、绝缘服或绝缘披肩、绝缘安全帽以及护目镜等)，使用的安全带应有良好的绝缘性能，起臂前安全带保险钩必须系挂在绝缘斗内专用挂钩上。

(3) 个人绝缘防护用具使用前必须进行外观检查，绝缘手套使用前必须进行充（压）气检测，确认合格后方可使用；带电作业过程中，禁止摘下绝缘防护用具。

(4) 绝缘斗臂车使用前应可靠接地；作业中的绝缘斗臂车的绝缘臂伸出的有效绝缘长度不小于 1.0m。

(5) 绝缘斗内电工对带电作业中可能触及的带电体和接地体设置绝缘遮蔽（隔离）措施时，绝缘遮蔽（隔离）的范围应比作业人员活动范围增加 0.4m 以上，绝缘遮蔽用具之间的重叠部分不得小于 150mm，遮蔽措施应严密与牢固。

注：GB/T 18857—2019《配电线路带电作业技术导则》第 6.2.2 条、第 6.2.3 条规定：采用绝缘手套作业法时无论作业人员与接地体和相邻带电体的空气间隙是否满足规定的安全距离，作业前均需对人体可能触及范围内的带电体和接地体进行绝缘遮蔽；在作业范围窄小，电气设备布置密集处，为保证作业人员对相邻带电体或接地体的有效隔离，在适当位置还应装设绝缘隔板等限制作业人员的活动范围。

(6) 绝缘斗内电工按照先外侧（近边相和远边相）、后内侧（中间相）的顺序依次进行同相绝缘遮蔽（隔离）时，应严格遵循“先带电体后接地体”的原则。

(7) 绝缘斗内电工作业时严禁人体同时接触两个不同的电位体，包括设置（拆除）绝缘遮蔽（隔离）用具的作业中，作业工位的选择应合适，在不影响作业的前提下，人身务必与带电体和接地体保持一定的安全距离，以防绝缘斗内电工作业过程中人体串入电路；绝缘斗内双人作业时，禁止同时在不同相或不同电位作业。

(8) 绝缘斗内电工配合作业断开引线时，应采用绝缘（双头）锁杆防止断开的引线摆动碰及带电体，移动断开的引线时应密切注意与带电体保持可靠的安全距离，手持绝缘操作杆的有效绝缘长度不小于 0.7m；严禁人体同时接触两个不同的电位体，断开主线引线时严禁人体串入电路，已断开的引线应视为带电。

(9) 绝缘斗内电工按照先内侧（中间相）、后外侧（近边相和远边相）的顺序依次拆除同相绝缘遮蔽（隔离）用具时，应严格遵循“先接地体后带电体”的原则。

1.7.4 作业指导书

1. 适用范围

本指导书仅适用于如图 1-13 所示的拆除线夹法（绝缘手套作业法，绝缘斗臂车作业）带电断分支线路引线工作。生产中务必结合现场实际工况参照执行。

2. 引用文件

GB/T 18857—2019《配电线路带电作业技术导则》

Q/GDW 10520—2016《10kV 配网不停电作业规范》

Q/GDW 10799.8—2023《国家电网有限公司电力安全工作规程　第 8 部分：配电部分》

3. 人员分工

本作业项目工作人员共计 4 人，人员分工为：工作负责人（兼工作监护人）1 人、绝缘斗内电工 2 人、地面电工 1 人。

√	序号	人员分工	人数	职责	备注
	1	工作负责人（兼工作监护人）	1	执行配电带电作业工作票，组织、指挥带电作业工作，作业中全程监护和落实作业现场安全措施	
	2	绝缘斗内电工	2	绝缘斗内 1 号电工：负责带电断分支线路引线工作。 绝缘斗内 2 号辅助电工：配合绝缘斗内 1 号电工作业	
	3	地面电工	1	负责地面工作，配合绝缘斗内电工作业	

4. 工作前准备

√	序号	内容	要求	备注
	1	现场勘察	现场勘察由工作负责人组织开展，根据勘察结果确定作业方法、所需工具及需采取的措施，并填写现场勘察记录	
	2	编写作业指导书并履行审批手续	作业指导书由工作负责人组织编写，现场作业人员必须严格执行作业指导书进行规范作业，作业前必须履行相关审批手续	
	3	填写、签发工作票	工作票由工作负责人按票面要求逐项填写，并由工作票签发人审核、签发后才可开展本项工作	
	4	召开班前会	工作负责人组织班组成员召开班前会，认真学习作业指导书，明确作业方法、作业步骤、人员分工和工作职责等	
	5	领用工器具和运输	领用工器具应核对电压等级和试验周期，检查外观完好无损，填写工器具出入库记录单，运输工器具应装箱入袋或放在专用工具车内	

5. 工器具配备

√	序号	名称		规格、型号	数量	备注
	1	特种车辆	绝缘斗臂车	10kV	1辆	
	2	个人防护用具	绝缘手套	10kV	2双	戴防护手套
	3		绝缘安全帽	10kV	2顶	
	4		绝缘披肩（绝缘服）	10kV	2件	根据现场情况选择
	5		绝缘安全带		2个	有后备保护绳
	6		护目镜		2个	
	7	绝缘遮蔽用具	导线遮蔽罩	10kV	6根	不少于配备数量
	8		引线遮蔽罩	10kV	6根	根据实际情况选用
	9		绝缘毯	10kV	6块	不少于配备数量
	10		绝缘毯夹		12个	不少于配备数量
	11	绝缘工具	绝缘锁杆	10kV	1个	可同时锁定两根导线
	12		绝缘锁杆	10kV	1个	伸缩式
	13		绝缘吊杆	10kV	3个	临时固定引线用
	14		绝缘操作杆	10kV	1个	
	15		绝缘杆断线剪	10kV	1个	根据实际情况选用
	16		线夹装拆工具		1套	绝缘手工工具
	17	金属工具	断线剪或切刀		1个	根据实际情况选用
	18	检测仪器	绝缘测试仪	2500V以上	1套	
	19		电流检测仪	高压	1套	
	20		高压验电器	10kV	1个	
	21		工频高压发生器	10kV	1个	
	22		风速湿度仪		1个	
	23		绝缘手套检测仪		1个	

6. 作业程序

（1）开工准备。

√	序号	作业内容	步骤及要求	备注
	1	现场复勘	步骤1：工作负责人核对线路名称和杆号正确、工作任务无误、安全措施到位，待断引流线已空载，负荷侧变压器、电压互感器已退出，作业装置和现场环境符合带电作业条件。 步骤2：工作班成员确认天气良好，实测风速_级（不大于5级）、湿度_%（不大于80%），符合作业条件。 步骤3：工作负责人根据复勘结果告知工作班成员：现场具备安全作业条件，可以开展工作	

续表

√	序号	作业内容	步骤及要求	备注
	2	停放绝缘斗臂车，设置安全围栏和警示标志	步骤 1：工作负责人指挥驾驶员将绝缘斗臂车停放到合适位置，支腿支放到垫板上，轮胎离地，支撑牢固后将车体可靠接地。 步骤 2：工作班成员依据作业空间设置硬质安全围栏，包括围栏的出口、入口。 步骤 3：工作班成员设置“从此进出”“施工现场，车辆慢行或车辆绕行”等警示标志或路障。 步骤 4：根据现场实际工况，增设临时交通疏导人员，应穿戴反光衣	
	3	工作许可，召开站班会	步骤 1：工作负责人向值班调控人员或运维人员申请工作许可和停用重合闸许可，记录许可方式、工作许可人和许可工作（联系）时间，并签字确认。 步骤 2：工作负责人召开站班会宣读工作票。 步骤 3：工作负责人确认工作班成员对工作任务、危险点预控措施和任务分工都已知晓，履行工作票签字、确认手续，记录工作开始时间	
	4	摆放和检查工器具	步骤 1：工作班成员将工器具分区摆放在防潮帆布上。 步骤 2：工作班成员按照分工擦拭并外观检查工器具完好无损，绝缘工具的绝缘电阻值检测不低于 700MΩ，绝缘手套充（压）气检测不漏气，安全带冲击试验检测的结果为安全。 步骤 3：绝缘斗内电工擦拭并外观检查绝缘斗臂车的绝缘斗和绝缘臂外观完好无损，空绝缘斗试操作运行正常（升降、伸缩、回转等）	
	5	绝缘斗内电工进绝缘斗，可携带工器具入绝缘斗	步骤 1：绝缘斗内电工穿戴好绝缘防护用具进入绝缘斗，挂好安全带保险钩；地面电工将绝缘遮蔽用具和可携带的工具入绝缘斗。 步骤 2：绝缘斗内电工按照“先抬臂（离支架）、再伸臂（1m 线）、加旋转”的动作，操作绝缘斗进入带电作业区域，作业中禁止摘下绝缘手套，绝缘臂伸出长度确保 1m 标示线	

（2）操作步骤。

√	序号	作业内容	步骤及要求	备注
	1	进入带电作业区域，验电，设置绝缘遮蔽措施	步骤 1：绝缘斗内电工穿戴好绝缘防护用具，经工作负责人检查合格后进入绝缘斗，挂好安全带保险钩。 步骤 2：绝缘斗内电工调整绝缘斗至合适位置，使用验电器对绝缘子、横担进行验电，确认无漏电现象，使用电流检测仪检测分支线路电流确认空载（空载电流不大于 5A）汇报给工作负责人，连同现场检测的风速、湿度一并记录在工作票备注栏内。 步骤 3：绝缘斗内电工调整绝缘斗至近边相导线外侧适当位置，按照“从近到远、从下到上、先带电体后接地体”的遮蔽原则，以及“近边相、中间相、远边相”的遮蔽顺序，依次对作业范围内的导线进行绝缘遮蔽，遮蔽前先将绝缘吊杆固定在搭接线夹附近的主导线上	

续表

√	序号	作业内容	步骤及要求	备注
	2	断分支线路引线	**【方法】**：（在导线处）拆除线夹法断分支线路引线： 步骤1：绝缘斗内电工调整绝缘斗至近边相外侧合适位置，打开线夹处的绝缘毯，使用绝缘锁杆将待断开的分支线路临时固定在主导线上后拆除线夹。 步骤2：绝缘斗内电工调整工作位置后，使用绝缘锁杆将分支线路引线缓缓放下，临时固定在绝缘吊杆的横向支杆上，完成后使用绝缘毯恢复线夹处的绝缘遮蔽；如导线为绝缘线，分支线路引线拆除后应恢复导线的绝缘。 步骤3：其余两相引线的拆除按相同的方法进行，三相引线的拆除可按先两边相、再中间相的顺序进行，或根据现场工况选择。 步骤4：三相引线全部拆除后统一盘圈后临时固定在同相引线上，以备后用。 生产中如引线与主导线由于安装方式和锈蚀等原因不易拆除，可直接在主导线搭接位置处剪断引线的方式进行，同时做好防止引线摆动的措施	
	3	拆除绝缘遮蔽，退出带电作业区域	步骤1：绝缘斗内电工向工作负责人汇报确认本项工作已完成。 步骤2：绝缘斗内电工转移绝缘斗至合适作业位置，按照“从远到近、从上到下、先接地体后带电体”的原则，以及“远边相、中间相、近边相”的顺序（与遮蔽相反），拆除绝缘遮蔽和绝缘吊杆。 步骤3：绝缘斗内电工检查杆上无遗留物后，操作绝缘斗退出带电作业区域，返回地面；配合地面人员卸下绝缘斗内工具，收回绝缘斗臂车支腿（包括接地线和垫板），绝缘斗内工作结束	

（3）工作结束。

√	序号	作业内容	步骤及要求	备注
	1	清理现场	步骤1：工作班成员整理工具、材料，清洁后装箱、装袋。 步骤2：工作班成员清理现场：工完、料尽、场地清	
	2	召开收工会	步骤1：点评本项工作的完成情况。 步骤2：点评安全措施的落实情况。 步骤3：点评作业指导书的执行情况	
	3	工作终结	步骤1：工作负责人向值班调控人员或运维人员报告申请终结工作票，记录许可方式、工作许可人和终结报告时间，并签字确认，宣布本项工作结束。 步骤2：工作负责人组织工作班成员撤离现场，到达班组后将作业资料分类归档	

7. 验收总结

序号	作业总结	
1	验收评价	按指导书要求完成工作
2	存在问题及处理意见	

8. 指导书执行情况签字栏

作业地点：	日期：　　年　　月　　日
工作班组：	工作负责人（签字）：
班组成员（签字）：	

9. 附录

略。

1.8　带电接分支线路引线（绝缘手套作业法，绝缘斗臂车作业）

1.8.1　项目概述

本项目指导与风险管控仅适用于如图 1-15 所示的直线分支杆（无熔断器，导线三角排列），采用安装线夹法（绝缘手套作业法，绝缘斗臂车作业）带电接分支线路引线工作。生产中务必结合现场实际工况参照适用，并积极推广绝缘手套作业法融合绝缘杆作业法在绝缘斗臂车的工作绝缘斗或其他绝缘平台上的应用。

1.8.2　作业流程

安装线夹法（绝缘手套作业法，绝缘斗臂车作业）带电接分支线路引线工作的作业流程，如图 1-16 所示。现场作业前，工作负责人应当检查确认待接引流线已空载，负荷侧变压器、电压互感器已退出，作业装置和现场环境符合带电作业条件，方可开始工作。

1.8.3　作业风险管控

现场作业必须严把安全作业风险（管控）关，严格依据工作票、安全交底

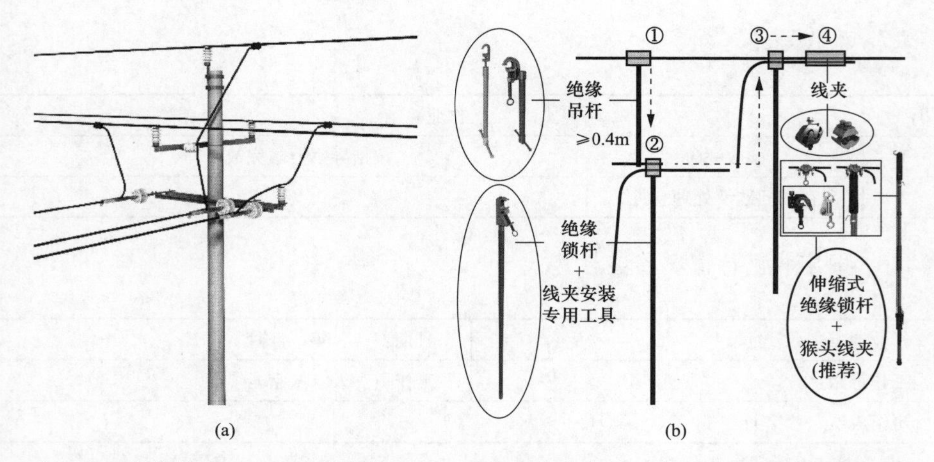

图 1-15 安装线夹法（绝缘手套作业法，绝缘斗臂车作业）带电接分支线路引线工作

（a）直线分支杆杆头外形图；（b）绝缘手套作业法融合绝缘杆作业法示意图（推荐）

①—绝缘吊杆固定在主导线上；②—绝缘锁杆（连同引线）固定在绝缘吊杆的横向支杆上；③—绝缘锁杆将待接引线固定在导线上；④—安装线夹，三相引线按相同方法完成搭接操作

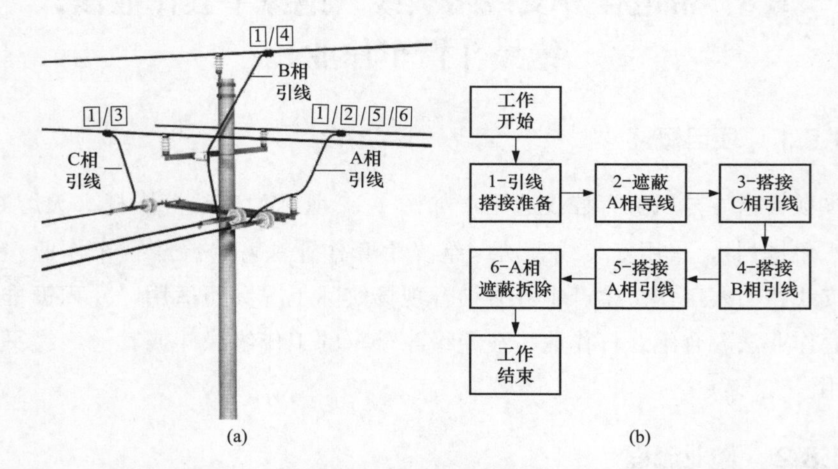

图 1-16 安装线夹法（绝缘手套作业法，绝缘斗臂车作业）带电接分支线路引线工作的作业流程

（a）示意图；（b）流程图

会、作业指导书完成作业全过程，实现作业项目全过程风险管控。接受工作任务应当根据现场勘察记录填写、签发工作票，编制作业指导书履行审批制度；到达工作现场应当进行现场复勘，履行工作许可手续和停用重合闸工作许可后，召开现场站班会、宣读工作票履行签字确认手续，严格遵照执行作业指导书规范作业。

（1）工作负责人（或专责监护人）在工作现场必须履行工作职责和行使监护职责。

（2）进入绝缘斗内的作业人员必须穿戴个人绝缘防护用具（绝缘手套、绝缘服或绝缘披肩、绝缘安全帽以及护目镜等），使用的安全带应有良好的绝缘性能，起臂前安全带保险钩必须系挂在绝缘斗内专用挂钩上。

（3）个人绝缘防护用具使用前必须进行外观检查，绝缘手套使用前必须进行充（压）气检测，确认合格后方可使用；带电作业过程中，禁止摘下绝缘防护用具。

（4）绝缘斗臂车使用前应可靠接地；作业中的绝缘斗臂车的绝缘臂伸出的有效绝缘长度不小于 1.0m。

（5）绝缘斗内电工对带电作业中可能触及的带电体和接地体设置绝缘遮蔽（隔离）措施时，绝缘遮蔽（隔离）的范围应比作业人员活动范围增加 0.4m 以上，绝缘遮蔽用具之间的重叠部分不得小于 150mm，遮蔽措施应严密与牢固。

注：GB/T 18857—2019《配电线路带电作业技术导则》第 6.2.2 条、第 6.2.3 条规定：采用绝缘手套作业法时无论作业人员与接地体和相邻带电体的空气间隙是否满足规定的安全距离，作业前均需对人体可能触及范围内的带电体和接地体进行绝缘遮蔽；在作业范围窄小，电气设备布置密集处，为保证作业人员对相邻带电体或接地体的有效隔离，在适当位置还应装设绝缘隔板等限制作业人员的活动范围。

（6）绝缘斗内电工按照先外侧（近边相和远边相）、后内侧（中间相）的顺序依次进行同相绝缘遮蔽（隔离）时，应严格遵循“先带电体后接地体”的原则。

（7）绝缘斗内电工作业时严禁人体同时接触两个不同的电位体，包括设置（拆除）绝缘遮蔽（隔离）用具的作业中，作业工位的选择应合适，在不影响作业的前提下，人身务必与带电体和接地体保持一定的安全距离，以防绝缘斗内电工作业过程中人体串入电路；绝缘斗内双人作业时，禁止同时在不同相或不同电位作业。

（8）绝缘斗内电工配合作业安装引线时，应采用绝缘（双头）锁杆防止搭接的引线摆动碰及带电体；移动搭接的引线时应密切注意与带电体保持可靠的安全距离，手持绝缘操作杆的有效绝缘长度不小于 0.7m；严禁人体同时接触两个不同的电位体，搭接主线引线时严禁人体串入电路，未接入的引线应视为带电。

（9）绝缘斗内电工按照先内侧（中间相）、后外侧（近边相和远边相）的顺序依次拆除同相绝缘遮蔽（隔离）用具时，应严格遵循“先接地体后带电体”的原则。

1.8.4 作业指导书

1. 适用范围

本指导书仅适用于如图 1-15 所示的安装线夹法（绝缘手套作业法，绝缘斗臂车作业）带电接分支线路引线工作。生产中务必结合现场实际工况参照适用。

2. 引用文件

GB/T 18857—2019《配电线路带电作业技术导则》

Q/GDW 10520—2016《10kV 配网不停电作业规范》

Q/GDW 10799. 8—2023《国家电网有限公司电力安全工作规程　第 8 部分：配电部分》

3. 人员分工

本作业项目工作人员共计 4 人，人员分工为：工作负责人（兼工作监护人）1 人、绝缘斗内电工 2 人、地面电工 1 人。

√	序号	人员分工	人数	职责	备注
	1	工作负责人（兼工作监护人）	1	执行配电带电作业工作票，组织、指挥带电作业工作，作业中全程监护和落实作业现场安全措施	
	2	绝缘斗内电工	2	绝缘斗内 1 号电工：负责带电接分支线路引线工作。 绝缘斗内 2 号辅助电工：配合绝缘斗内 1 号电工作业	
	3	地面电工	1	负责地面工作，配合绝缘斗内电工作业	

4. 工作前准备

√	序号	内容	要求	备注
	1	现场勘察	现场勘察由工作负责人组织开展，根据勘察结果确定作业方法、所需工具及需采取的措施，并填写现场勘察记录	
	2	编写作业指导书并履行审批手续	作业指导书由工作负责人组织编写，现场作业人员必须严格执行作业指导书进行规范作业，作业前必须履行相关审批手续	
	3	填写、签发工作票	工作票由工作负责人按票面要求逐项填写，并由工作票签发人审核、签发后才可开展本项工作	
	4	召开班前会	工作负责人组织班组成员召开班前会，认真学习作业指导书，明确作业方法、作业步骤、人员分工和工作职责等	

续表

√	序号	内容	要求	备注
	5	领用工器具和运输	领用工器具应核对电压等级和试验周期、检查外观完好无损、填写工器具出入库记录单，运输工器具应装箱入袋或放在专用工具车内	

5. 工器具配备

√	序号	名称		规格、型号	数量	备注
	1	特种车辆	绝缘斗臂车	10kV	1辆	
	2	个人防护用具	绝缘手套	10kV	2双	戴防护手套
	3		绝缘安全帽	10kV	2顶	
	4		绝缘披肩（绝缘服）	10kV	2件	根据现场情况选择
	5		绝缘安全带		2个	有后备保护绳
	6		护目镜		2个	
	7	绝缘遮蔽用具	导线遮蔽罩	10kV	6根	不少于配备数量
	8		引线遮蔽罩	10kV	6根	根据实际情况选用
	9		绝缘毯	10kV	6块	不少于配备数量
	10		绝缘毯夹		12个	不少于配备数量
	11	绝缘工具	绝缘锁杆	10kV	1个	可同时锁定两根导线
	12		绝缘锁杆	10kV	1个	伸缩式
	13		绝缘吊杆	10kV	3个	临时固定引线用
	14		绝缘操作杆	10kV	1个	
	15		绝缘测量杆	10kV	1个	
	16		绝缘杆断线剪	10kV	1个	根据实际情况选用
	17		绝缘导线剥皮器	10kV	1套	根据实际情况选用
	18		线夹装拆工具		1套	绝缘手工工具
	19	金属工具	断线剪或切刀		1个	根据实际情况选用
	20		绝缘导线剥皮器		1个	根据实际情况选用
	21		压接线夹用液压钳		1个	根据实际情况选用
	22	检测仪器	绝缘测试仪	2500V以上	1套	
	23		高压验电器	10kV	1个	
	24		工频高压发生器	10kV	1个	
	25		风速湿度仪		1个	
	26		绝缘手套检测仪		1个	

6. 作业程序

(1) 开工准备。

√	序号	作业内容	步骤及要求	备注
	1	现场复勘	步骤1：工作负责人核对线路名称和杆号，确认工作任务无误、安全措施到位，待接引流线已空载，负荷侧变压器、电压互感器已退出，作业装置和现场环境符合带电作业条件。 步骤2：工作班成员确认天气良好，实测风速__级（不大于5级）、湿度__%（不大于80%），符合作业条件。 步骤3：工作负责人根据复勘结果告知工作班成员：现场具备安全作业条件，可以开展工作	
	2	停放绝缘斗臂车，设置安全围栏和警示标志	步骤1：工作负责人指挥驾驶员将绝缘斗臂车停放到合适位置，支腿支放到垫板上，轮胎离地，支撑牢固后将车体可靠接地。 步骤2：工作班成员依据作业空间设置硬质安全围栏，包括围栏的出口、入口。 步骤3：工作班成员设置“从此进出”“施工现场，车辆慢行或车辆绕行”等警示标志或路障。 步骤4：根据现场实际工况，增设临时交通疏导人员，应穿戴反光衣	
	3	工作许可，召开站班会	步骤1：工作负责人向值班调控人员或运维人员申请工作许可和停用重合闸许可，记录许可方式、工作许可人和许可工作（联系）时间，并签字确认。 步骤2：工作负责人召开站班会宣读工作票。 步骤3：工作负责人确认工作班成员对工作任务、危险点预控措施和任务分工都已知晓，履行工作票签字、确认手续，记录工作开始时间	
	4	摆放和检查工器具	步骤1：工作班成员将工器具分区摆放在防潮帆布上。 步骤2：工作班成员按照分工擦拭并检查工器具外观确认完好无损，绝缘工具的绝缘电阻值检测不低于700MΩ，绝缘手套充（压）气检测不漏气，安全带冲击试验检测结果为安全。 步骤3：绝缘斗内电工擦拭并外观检查绝缘斗臂车的绝缘斗和绝缘臂外观完好无损，空绝缘斗试操作运行正常（升降、伸缩、回转等）	
	5	绝缘斗内电工进绝缘斗，可携带工器具入绝缘斗	步骤1：绝缘斗内电工穿戴好绝缘防护用具进入绝缘斗，挂好安全带保险钩；地面电工将绝缘遮蔽用具和可携带的工具入绝缘斗。 步骤2：绝缘斗内电工按照“先抬臂（离支架）、再伸臂（1m线）、加旋转”的动作顺序，操作绝缘斗进入带电作业区域，作业中禁止摘下绝缘手套，绝缘臂伸出长度确保1m标示线	

（2）操作步骤。

√	序号	作业内容	步骤及要求	备注
	1	进入带电作业区域，验电，设置绝缘遮蔽措施	步骤1：绝缘斗内电工穿戴好绝缘防护用具，经工作负责人检查合格后进入绝缘斗，挂好安全带保险钩。 步骤2：绝缘斗内电工调整绝缘斗至合适位置，使用验电器对绝缘子、横担进行验电，确认无漏电现象；使用绝缘测试仪分别检测三相待接引流线对地绝缘良好汇报给工作负责人，连同现场检测的风速、湿度一并记录在工作票备注栏内。 步骤3：绝缘斗内电工调整绝缘斗至近边相导线外侧适当位置，按照“从近到远、从下到上、先带电体后接地体”的遮蔽原则，以及“近边相、中间相、远边相”的遮蔽顺序，依次对作业范围内的导线进行绝缘遮蔽，引线搭接处（距离横担不小于规定值）使用绝缘毯进行遮蔽，遮蔽前先将绝缘吊杆固定在搭接处附近的主导线上	
	2	（测量引线长度）接分支线路引线	**【方法】**：（在导线处）安装线夹法接分支线路引线： 步骤1：绝缘斗内电工调整绝缘斗至分支线路横担外侧适当位置，使用绝缘测量杆测量三相引线长度，按照测量长度切断分支线路引线、剥除引线搭接处的绝缘层和清除其上的氧化层。 步骤2：绝缘斗内电工使用绝缘锁杆将三相引线固定在绝缘吊杆的横向支杆上。 步骤3：绝缘斗内电工打开中间相分支线路引线搭接处的绝缘毯，使用绝缘导线剥皮器剥除搭接处的绝缘层并清除导线上的氧化层。 步骤4：绝缘斗内电工使用绝缘锁杆锁住中间相分支线路引线待搭接的一端，提升至引线搭接处主导线上可靠固定。 步骤5：绝缘斗内电工根据实际工况安装不同类型的接续线夹，分支线路引线与主导线可靠连接后撤除绝缘锁杆和绝缘吊杆，完成后恢复接续线夹处的绝缘、密封和绝缘遮蔽。 步骤6：其余两相引线的搭接按相同的方法进行，三相引线的搭接可按先中间相、再两边相的顺序进行，或根据现场工况选择	
	3	拆除绝缘遮蔽，退出带电作业区域	步骤1：绝缘斗内电工向工作负责人汇报确认本项工作已完成。 步骤2：绝缘斗内电工转移绝缘斗至合适作业位置，按照“从远到近、从上到下、先接地体后带电体”的原则，以及“远边相、中间相、近边相”的顺序（与遮蔽相反），拆除绝缘遮蔽。 步骤3：绝缘斗内电工检查杆上无遗留物后，操作绝缘斗退出带电作业区域，返回地面；配合地面人员卸下绝缘斗内工具，收回支腿（包括接地线和垫板），绝缘斗内工作结束	

（3）工作结束。

√	序号	作业内容	步骤及要求	备注
	1	清理现场	步骤1：工作班成员整理工具、材料，清洁后装箱、装袋。 步骤2：工作班成员清理现场：工完、料尽、场地清	
	2	召开收工会	步骤1：点评本项工作的完成情况。 步骤2：点评安全措施的落实情况。 步骤3：点评作业指导书的执行情况	
	3	工作终结	步骤1：工作负责人向值班调控人员或运维人员报告申请终结工作票，记录许可方式、工作许可人和终结报告时间，并签字确认，宣布本项工作结束。 步骤2：工作负责人组织工作班成员撤离现场，到达班组后将作业资料分类归档	

7. 验收总结

序号	作业总结	
1	验收评价	按指导书要求完成工作
2	存在问题及处理意见	无

8. 指导书执行情况签字栏

作业地点：	日期：　　年　　月　　日
工作班组：	工作负责人（签字）：
班组成员（签字）：	

9. 附录

略。

1.9 带电断空载电缆线路引线（绝缘手套作业法，绝缘斗臂车作业）

1.9.1 项目概述

本项目指导与风险管控仅适用于如图1-17所示的电缆引下杆（经支柱型避雷器，导线三角排列，主线引线在线夹处搭接），采用拆除线夹法＋带电作业用消弧开关（绝缘手套作业法，绝缘斗臂车作业）带电断空载电缆线路引线工作。生产中务必结合现场实际工况参照适用，并积极推广绝缘手套作业法融合绝缘杆作业法在绝缘斗臂车的工作绝缘斗或其他绝缘平台上的应用，如图1-18所示。

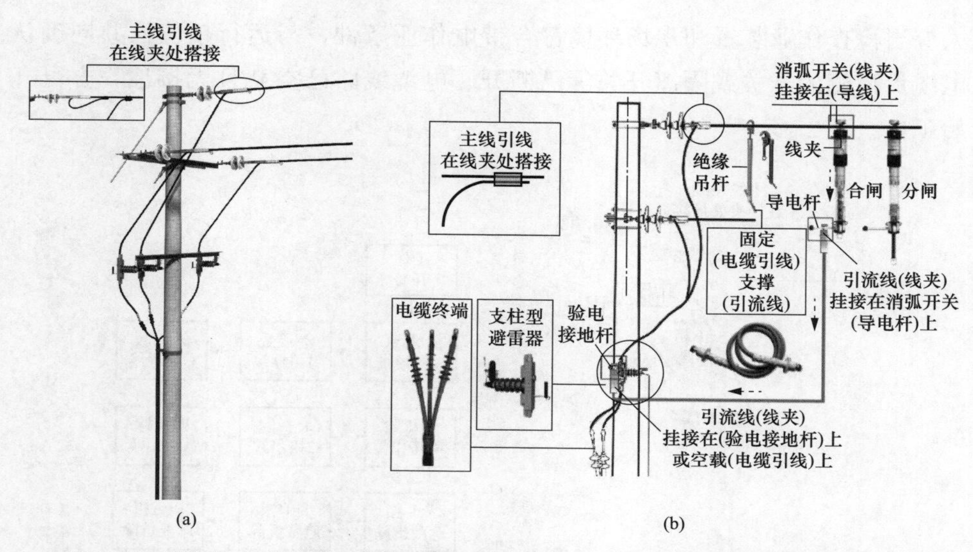

图 1-17　拆除线夹法＋带电作业用消弧开关（绝缘手套作业法，绝缘斗臂车作业）带电断空载电缆线路引线工作

（a）电缆引下杆杆头外形图；（b）断空载电缆线路引线示意图

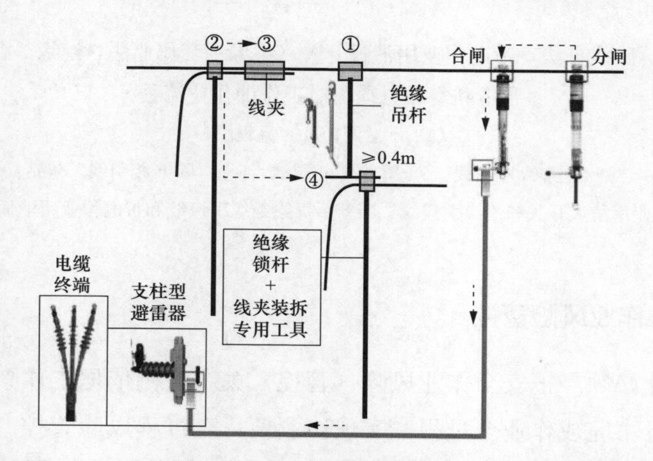

图 1-18　绝缘手套作业法融合绝缘杆作业法示意图（推荐）

①—绝缘吊杆固定在主导线上；② —绝缘锁杆将待断引线固定；③—剪断引线或拆除线夹；④—绝缘锁杆（连同引线）固定在绝缘吊杆的横向支杆上，三相引线按相同方法完成断开操作

1.9.2　作业流程

拆除线夹法＋带电作业用消弧开关（绝缘手套作业法，绝缘斗臂车作业）带电断空载电缆线路引线的作业流程，如图 1-19 所示。现场作业前，工作负责

人应当检查作业装置和现场环境符合带电作业条件，与运行单位已共同确认电缆负荷侧的开关或隔离开关等已断开、电缆线路已空载且无接地，方可开始工作。

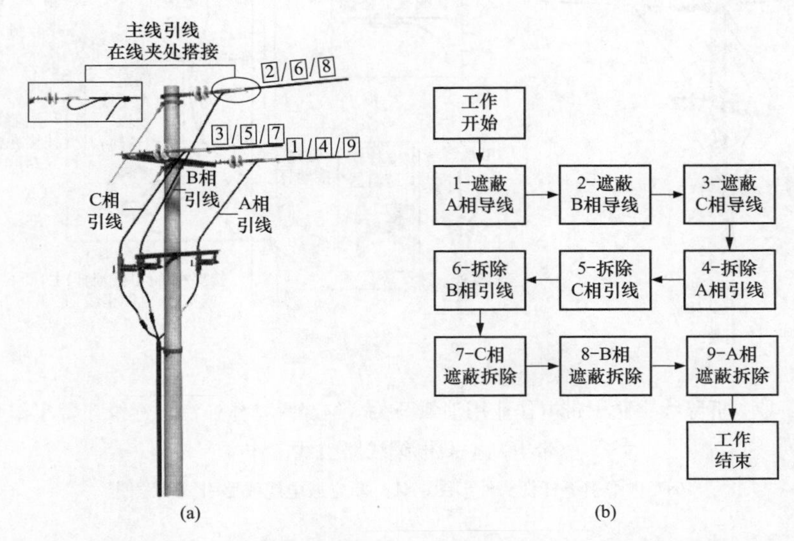

图 1-19　拆除线夹法＋带电作业用消弧开关（绝缘手套作业法，绝缘斗臂车作业）带电断空载电缆引线工作的作业流程

（a）示意图；（b）流程图

注：流程图中“4－拆除 A 相引线、5－拆除 C 相引线、6－拆除 B 相引线”包括：断开前安装带电作业用消弧开关和绝缘引流线，断开后拆除绝缘引流线和带电作业用消弧开关。

1.9.3　作业风险管控

现场作业必须严把安全作业风险（管控）关，严格依据工作票、安全交底会、作业指导书完成作业全过程，实现作业项目全过程风险管控。接受工作任务应当根据现场勘察记录填写、签发工作票，编制作业指导书履行审批制度；到达工作现场应当进行现场复勘，履行工作许可手续和停用重合闸工作许可后，召开现场站班会、宣读工作票履行签字确认手续，严格遵照执行作业指导书规范作业。

（1）工作负责人（或专责监护人）在工作现场必须履行工作职责和行使监护职责。

（2）带电断空载电缆线路连接引线之前，应与运行部门共同确定电缆负荷侧开关（断路器或隔离开关等）处于断开位置。

（3）进入绝缘斗内的作业人员必须穿戴个人绝缘防护用具（绝缘手套、绝缘服或绝缘披肩、绝缘安全帽以及护目镜等），使用的安全带应有良好的绝缘性能，起臂前安全带保险钩必须系挂在绝缘斗内专用挂钩上。

（4）个人绝缘防护用具使用前必须进行外观检查，绝缘手套使用前必须进行充（压）气检测，确认合格后方可使用。带电作业过程中，禁止摘下绝缘防护用具。

（5）绝缘斗臂车使用前应可靠接地；作业中的绝缘斗臂车的绝缘臂伸出的有效绝缘长度不小于 1.0m。

（6）绝缘斗内电工对带电作业中可能触及的带电体和接地体设置绝缘遮蔽（隔离）措施时，绝缘遮蔽（隔离）的范围应比作业人员活动范围增加 0.4m 以上，绝缘遮蔽用具之间的重叠部分不得小于 150mm，遮蔽措施应严密与牢固。

注：GB/T 18857—2019《配电线路带电作业技术导则》第 6.2.2 条、第 6.2.3 条规定：采用绝缘手套作业法时无论作业人员与接地体和相邻带电体的空气间隙是否满足规定的安全距离，作业前均需对人体可能触及范围内的带电体和接地体进行绝缘遮蔽。在作业范围窄小，电气设备布置密集处，为保证作业人员对相邻带电体或接地体的有效隔离，在适当位置还应装设绝缘隔板等限制作业人员的活动范围。

（7）绝缘斗内电工按照“先外侧（近边相和远边相）、后内侧（中间相）”的顺序依次进行同相绝缘遮蔽（隔离）时，应严格遵循“先带电体后接地体”的原则。

（8）绝缘斗内电工作业时严禁人体同时接触两个不同的电位体，包括设置（拆除）绝缘遮蔽（隔离）用具的作业中，作业工位的选择应合适，在不影响作业的前提下，人身务必与带电体和接地体保持一定的安全距离，以防绝缘斗内电工作业过程中人体串入电路；绝缘斗内双人作业时，禁止同时在不同相或不同电位作业。

（9）安装消弧开关与电缆终端接线端子处（或支柱型避雷器处）间的绝缘引流线时，应先接无电端、再接有电端；拆除绝缘引流线时，应先拆有电端、再拆无电端。

（10）使用消弧开关前应确认消弧开关在断开位置并闭锁，防止其突然合闸；拉合消弧开关前应再次确认接线正确无误，防止相位错误引发短路。其中，消弧开关的合闸（合）、分闸（断）状态，应通过其操动机构位置（或灭弧室动静触头相对位置）以及用电流检测仪测量电流的方式综合判断。

（11）绝缘斗内电工配合作业断开引线时，应采用绝缘（双头）锁杆防止引线摆动碰及带电体，移动引线时应密切注意与带电体保持可靠的安全距离，手持绝缘操作杆的有效绝缘长度不小于0.7m；严禁人体同时接触两个不同的电位体，断开主线引线时严禁人体串入电路，已断开的引线应视为带电。

（12）绝缘斗内电工按照“先内侧（中间相）、后外侧（近边相和远边相）”的顺序依次拆除同相绝缘遮蔽（隔离）用具时，应严格遵循“先接地体后带电体”的原则。

1.9.4 作业指导书

1. 适用范围

本指导书仅适用于如图1-17所示的采用拆除线夹法＋带电作业用消弧开关（绝缘手套作业法，绝缘斗臂车作业）带电断空载电缆线路引线工作。生产中务必结合现场实际工况参照适用。

2. 引用文件

GB/T 18857—2019《配电线路带电作业技术导则》

Q/GDW 710—2012《10kV电缆线路不停电作业技术导则》

Q/GDW 10520—2016《10kV配网不停电作业规范》

Q/GDW 10799.8—2023《国家电网有限公司电力安全工作规程　第8部分：配电部分》

3. 人员分工

本作业项目工作人员共计4人，人员分工为：工作负责人（兼工作监护人）1人、绝缘斗内电工2人、地面电工1人。

√	序号	人员分工	人数	职责	备注
	1	工作负责人（兼工作监护人）	1	执行配电带电作业工作票，组织、指挥带电作业工作，作业中全程监护和落实作业现场安全措施	
	2	绝缘斗内电工	2	绝缘斗内1号电工：负责带电断空载电缆线路引线工作。 绝缘斗内2号辅助电工：配合绝缘斗内1号电工作业	
	3	地面电工	1	负责地面工作，配合绝缘斗内电工作业	

4. 工作前准备

√	序号	内容	要求	备注
	1	现场勘察	现场勘察由工作负责人组织开展，根据勘察结果确定作业方法、所需工具以及采取的措施，并填写现场勘察记录	
	2	编写作业指导书并履行审批手续	作业指导书由工作负责人组织编写，现场作业人员必须严格遵照执行作业指导书而规范作业，作业前必须履行相关审批手续	
	3	填写、签发工作票	工作票由工作负责人按票面要求逐项填写，并由工作票签发人审核、签发后才可开展本项工作	
	4	召开班前会	工作负责人组织班组成员召开班前会，认真学习作业指导书，明确作业方法、作业步骤、人员分工和工作职责等	
	5	领用工器具和运输	领用工器具应核对电压等级和试验周期、检查外观完好无损、填写工器具出入库记录单，运输工器具应装箱入袋或放在专用工具车内	

5. 工器具配备

√	序号	名称		规格、型号	数量	备注
	1	特种车辆	绝缘斗臂车	10kV	1 辆	
	2	个人防护用具	绝缘手套	10kV	2 双	戴防护手套
	3		绝缘安全帽	10kV	2 顶	
	4		绝缘披肩（绝缘服）	10kV	2 件	根据现场情况选择
	5		绝缘安全带		2 个	有后备保护绳
	6		护目镜		2 个	
	7	绝缘遮蔽用具	导线遮蔽罩	10kV	6 根	不少于配备数量
	8		引线遮蔽罩	10kV	6 根	根据实际情况选用
	9		绝缘毯	10kV	6 块	不少于配备数量
	10		绝缘毯夹		12 个	不少于配备数量
	11		绝缘隔板		1 个	根据实际情况选用
	12	绝缘工具	绝缘锁杆	10kV	1 个	可同时锁定两根导线
	13		绝缘锁杆	10kV	1 个	伸缩式
	14		绝缘吊杆	10kV	3 个	临时固定引线用
	15		绝缘操作杆	10kV	1 个	操作消弧开关用
	16		绝缘杆断线剪	10kV	1 个	根据实际情况选用
	17		线夹装拆工具		1 套	绝缘手工工具
	18		带电作业用消弧开关	10kV	1 个	
	19		绝缘引流线	10kV	1 根	

续表

√	序号	名称		规格、型号	数量	备注
	20	金属工具	断线剪或切刀		1个	根据实际情况选用
	21	检测仪器	电流检测仪	高压	1套	
	22		绝缘测试仪	2500V以上	1套	
	23		高压验电器	10kV	1个	
	24		工频高压发生器	10kV	1个	
	25		风速湿度仪		1个	
	26		绝缘手套检测仪		1个	
	27		放电棒		1个	

6. 作业程序

(1) 开工准备。

√	序号	作业内容	步骤及要求	备注
	1	现场复勘	步骤1：工作负责人核对线路名称和杆号正确、工作任务无误、安全措施到位，作业装置和现场环境符合带电作业条件，与运行单位共同确认电缆负荷侧的开关或隔离开关等已断开、电缆线路空载且无接地。 步骤2：工作班成员确认天气良好，实测风速__级（不大于5级）、湿度__%（不大于80%），符合作业条件。 步骤3：工作负责人根据复勘结果告知工作班成员：现场具备安全作业条件，可以开展工作	
	2	停放绝缘斗臂车，设置安全围栏和警示标志	步骤1：工作负责人指挥驾驶员将绝缘斗臂车停放到合适位置，支腿支放到垫板上，轮胎离地，支撑牢固后将车体可靠接地。 步骤2：工作班成员依据作业空间设置硬质安全围栏，包括围栏的出口、入口。 步骤3：工作班成员设置“从此进出”“施工现场，车辆慢行或车辆绕行”等警示标志或路障。 步骤4：根据现场实际工况，增设临时交通疏导人员，应穿戴反光衣	
	3	工作许可，召开站班会	步骤1：工作负责人向值班调控人员或运维人员申请工作许可和停用重合闸许可，记录许可方式、工作许可人和许可工作（联系）时间，并签字确认。 步骤2：工作负责人召开站班会宣读工作票。 步骤3：工作负责人确认工作班成员对工作任务、危险点预控措施和任务分工都已知晓，履行工作票签字、确认手续，记录工作开始时间	
	4	摆放和检查工器具	步骤1：工作班成员将工器具分区摆放在防潮帆布上。 步骤2：工作班成员按照分工擦拭并外观检查工器具完好无损，绝缘工具的绝缘电阻值检测不低于700MΩ，绝缘手	

续表

√	序号	作业内容	步骤及要求	备注
	4	摆放和检查工器具	套充（压）气检测不漏气，安全带冲击试验检测的结果为安全。 步骤 3：绝缘斗内电工擦拭并外观检查绝缘斗臂车的绝缘斗和绝缘臂外观完好无损，空绝缘斗试操作运行正常（升降、伸缩、回转等）	
	5	绝缘斗内电工进绝缘斗，可携带工器具入绝缘斗	步骤 1：绝缘斗内电工穿戴好绝缘防护用具进入绝缘斗，挂好安全带保险钩；地面电工将绝缘遮蔽用具和可携带的工具入绝缘斗。 步骤 2：绝缘斗内电工按照“先抬臂（离支架）、再伸臂（1m 线）、加旋转”的动作，操作绝缘斗进入带电作业区域，作业中禁止摘下绝缘手套，绝缘臂伸出长度确保 1m 标示线	

（2）操作步骤。

√	序号	作业内容	步骤及要求	备注
	1	进入带电作业区域，验电，设置绝缘遮蔽措施	步骤 1：绝缘斗内电工穿戴好绝缘防护用具，经工作负责人检查合格后进入绝缘斗，挂好安全带保险钩。 步骤 2：绝缘斗内电工调整绝缘斗至合适位置，使用验电器对绝缘子、横担进行验电，确认无漏电现象，使用电流检测仪测量三相出线电缆的电流，确认电缆空载汇报给工作负责人，连同现场检测的风速、湿度一并记录在工作票备注栏内。 步骤 3：绝缘斗内电工调整绝缘斗至近边相导线外侧适当位置，按照“从近到远、从下到上、先带电体后接地体”的遮蔽原则，以及“近边相、中间相、远边相”的遮蔽顺序，依次对作业范围内的导线进行绝缘遮蔽，选用绝缘吊杆法临时固定引线和支撑绝缘引流线，遮蔽前先将绝缘吊杆固定在搭接线夹附近的主导线上	
	2	断空载电缆线路引线	【方法】：（在导线处）拆除线夹法断空载电缆线路引线： 步骤 1：绝缘斗内电工调整绝缘斗至近边相导线外侧合适位置，检查确认消弧开关在断开位置并闭锁后，将消弧开关挂接到近边相导线合适位置上，完成后恢复挂接处的绝缘遮蔽措施；如导线为绝缘线，应先剥除导线上消弧开关挂接处的绝缘层，消弧开关拆除后恢复导线的绝缘及密封。 步骤 2：绝缘斗内电工转移绝缘斗至消弧开关外侧合适位置，先将绝缘引流线的一端线夹与消弧开关下端的横向导电杆连接可靠后，再将绝缘引流线的另一端线夹连接在同相电缆终端接线端子上，或直接连接到支柱型避雷器的验电接地杆上，完成后恢复绝缘遮蔽，若选用绝缘吊杆，绝缘引流线挂接前可先支撑在绝缘吊杆的横向支杆上。挂接绝缘引流线时，应先接消弧开关端（无电端），再接电缆引线端（有电端）。	

续表

√	序号	作业内容	步骤及要求	备注
	2	断空载电缆线路引线	步骤3：绝缘斗内电工检查无误后取下安全销钉，用绝缘操作杆合上消弧开关并插入安全销钉，用电流检测仪测量电缆引线电流，确认分流正常（绝缘引流线每一相分流的负荷电流不应小于原线路负荷电流的1/3），汇报给工作负责人并记录在工作票备注栏内。 步骤4：绝缘斗内电工调整绝缘斗至近边相外侧合适位置，打开线夹处的绝缘毯，使用绝缘锁杆将待断开的空载电缆引线临时固定在主导线上后拆除线夹。 步骤5：绝缘斗内电工调整工作位置后，使用绝缘锁杆将空载电缆引线缓缓放下，临时固定在绝缘吊杆的横向支杆上，完成后恢复绝缘遮蔽。 步骤6：绝缘斗内电工使用绝缘操作杆断开消弧开关，插入安全销钉并确认。 步骤7：绝缘斗内电工先将绝缘引流线从电缆过渡支架或支柱型避雷器的验电接地杆上取下，挂在消弧开关或绝缘吊杆的横向支杆上，再将消弧开关从近边相导线上取下（若导线为绝缘线应恢复导线的绝缘），完成后恢复绝缘遮蔽，该项工作结束；拆除绝缘引流线时，应先拆电缆引线端，再拆消弧开关端。 步骤8：其余两相引线的拆除按相同的方法进行，三相引线的拆除可按先两边相、再中间相的顺序进行，或根据现场工况选择。 步骤9：三相引线全部拆除后使用放电棒充分放电，统一盘圈后临时固定在同相引线上，以备后用	
	3	拆除绝缘遮蔽，退出带电作业区域	步骤1：绝缘斗内电工向工作负责人汇报确认本项工作已完成。 步骤2：绝缘斗内电工转移绝缘斗至合适作业位置，按照“从远到近、从上到下、先接地体后带电体”的原则，以及“远边相、中间相、近边相”的顺序（与遮蔽相反），拆除绝缘遮蔽和绝缘吊杆。 步骤3：绝缘斗内电工检查杆上无遗留物后，操作绝缘斗退出带电作业区域，返回地面；配合地面人员卸下绝缘斗内工具，收回绝缘斗臂车支腿（包括接地线和垫板），绝缘斗内工作结束	

（3）工作结束。

√	序号	作业内容	步骤及要求	备注
	1	清理现场	步骤1：工作班成员整理工具、材料，清洁后装箱、装袋。 步骤2：工作班成员清理现场：工完、料尽、场地清	
	2	召开收工会	步骤1：点评本项工作的完成情况。 步骤2：点评安全措施的落实情况。 步骤3：点评作业指导书的执行情况	

续表

√	序号	作业内容	步骤及要求	备注
	3	工作终结	步骤 1：工作负责人向值班调控人员或运维人员报告申请终结工作票，记录许可方式、工作许可人和终结报告时间，并签字确认，宣布本项工作结束。 步骤 2：工作负责人组织工作班成员撤离现场，到达班组后将作业资料分类归档	

7. 验收总结

序号	作业总结	
1	验收评价	按指导书要求完成工作
2	存在问题及处理意见	无

8. 指导书执行情况签字栏

作业地点：	日期：　　年　　月　　日
工作班组：	工作负责人（签字）：
班组成员（签字）：	

9. 附录

略。

1.10　带电接空载电缆线路引线（绝缘手套作业法，绝缘斗臂车作业）

1.10.1　项目概述

本项目指导与风险管控仅适用于如图 1-20 所示的电缆引下杆（经支柱型避雷器，导线三角排列，主线引线在线夹处搭接），采用安装线夹法＋带电作业用消弧开关（绝缘手套作业法，绝缘斗臂车作业）带电接空载电缆线路引线工作。生产中务必结合现场实际工况参照适用，并积极推广绝缘手套作业法融合绝缘杆作业法在绝缘斗臂车的工作绝缘斗或其他绝缘平台上的应用，如图 1-21 所示。

1.10.2　作业流程

安装线夹法＋带电作业用消弧开关（绝缘手套作业法，绝缘斗臂车作业）

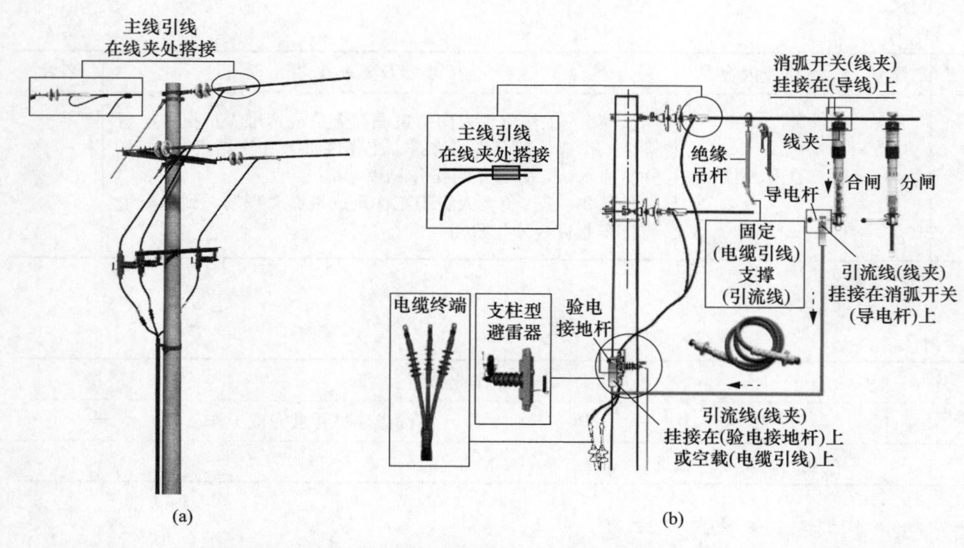

图 1-20 安装线夹法＋带电作业用消弧开关（绝缘手套作业法，绝缘斗臂车作业）带电接空载电缆线路引线工作

（a）杆头外形图；（b）接空载电缆线路引线示意图

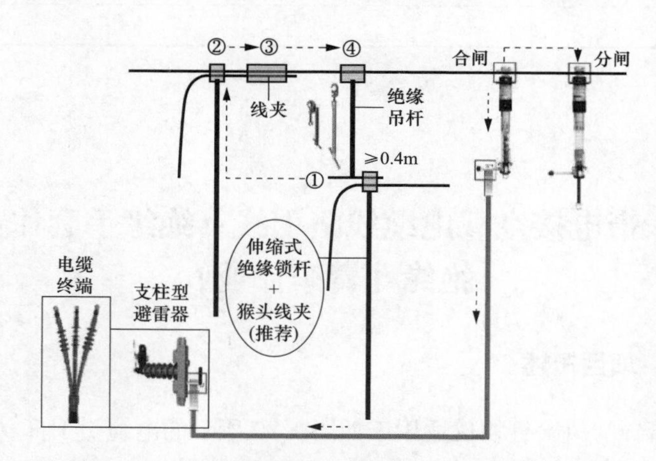

图 1-21 绝缘手套作业法融合绝缘杆作业法示意图（推荐）

①—绝缘吊杆固定在主导线上；②—绝缘锁杆（连同引线）固定在绝缘吊杆的横向支杆上；③—绝缘锁杆将待接引线固定在导线上；④—安装线夹，三相引线按相同方法完成搭接操作

带电接空载电缆线路引线工作的作业流程，如图 1-22 所示。现场作业前，工作负责人应当检查作业装置和现场环境符合带电作业条件，与运行部门已共同确认电缆负荷侧开关（断路器或隔离开关等）处于断开位置，电缆线路已空载、无接地，出线电缆符合送电要求，方可开始工作。

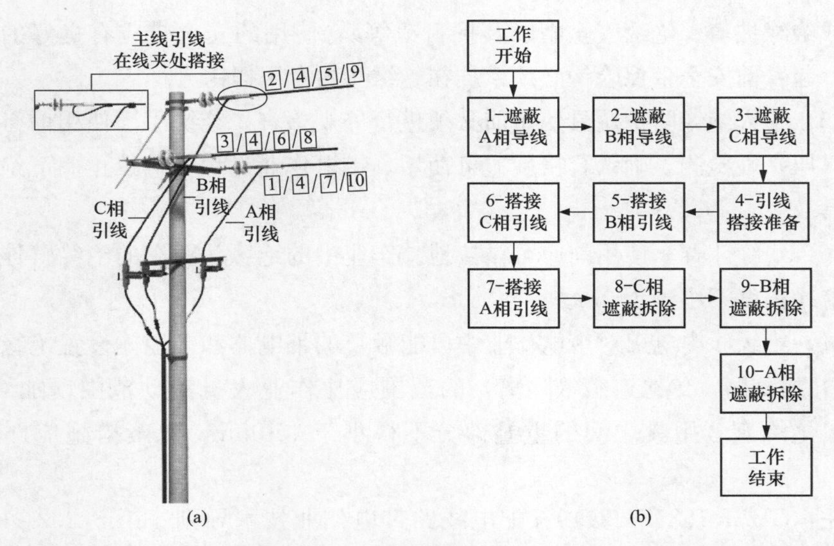

图 1-22　安装线夹法＋带电作业用消弧开关（绝缘手套作业法，绝缘斗臂车作业）带电接空载电缆引线工作的作业流程

（a）示意图；（b）流程图

注：图（b）中流程 5～7 包括：搭接前安装带电作业用消弧开关和绝缘引流线，搭接后拆除绝缘引流线和带电作业用消弧开关。

1.10.3　作业风险管控

现场作业必须严把安全作业风险（管控）关，严格遵守以“工作票、安全交底会、作业指导书”为依据指导其作业全过程，实现作业项目全过程风险管控。接受工作任务应当根据现场勘察记录填写、签发工作票，编制作业指导书履行审批制度；到达工作现场应当进行现场复勘，履行工作许可手续和停用重合闸工作许可后，召开现场站班会、宣读工作票履行签字确认手续，严格遵照执行作业指导书规范作业。

（1）工作负责人（或专责监护人）在工作现场必须履行工作职责和行使监护职责。

（2）带电接空载电缆线路连接引线之前，应与运行部门共同确定电缆负荷侧开关（断路器或隔离开关等）处于断开位置。

（3）绝缘斗内电工对电缆引线验电后，应使用绝缘电阻检测仪检查电缆是否空载且无接地。

（4）进入绝缘斗内的作业人员必须穿戴个人绝缘防护用具（绝缘手套、绝缘服或绝缘披肩、绝缘安全帽以及护目镜等)，使用的安全带应有良好的绝缘性能，起臂前安全带保险钩必须系挂在绝缘斗内专用挂钩上。

(5) 个人绝缘防护用具使用前必须进行外观检查，绝缘手套使用前必须进行充(压)气检测，确认合格后方可使用。带电作业过程中，禁止摘下绝缘防护用具。

(6) 绝缘斗臂车使用前应可靠接地。作业中的绝缘斗臂车的绝缘臂伸出的有效绝缘长度不小于1.0m。

(7) 绝缘斗内电工对带电作业中可能触及的带电体和接地体设置绝缘遮蔽(隔离)措施时，绝缘遮蔽(隔离)的范围应比作业人员活动范围增加0.4m以上，绝缘遮蔽用具之间的重叠部分不得小于150mm，遮蔽措施应严密与牢固。

注：GB/T 18857—2019《配电线路带电作业技术导则》第6.2.2条、第6.2.3条规定：采用绝缘手套作业法时无论作业人员与接地体和相邻带电体的空气间隙是否满足规定的安全距离，作业前均需对人体可能触及范围内的带电体和接地体进行绝缘遮蔽。在作业范围窄小，电气设备布置密集处，为保证作业人员对相邻带电体或接地体的有效隔离，在适当位置还应装设绝缘隔板等限制作业人员的活动范围。

(8) 绝缘斗内电工按照“先外侧(近边相和远边相)、后内侧(中间相)”的顺序依次进行同相绝缘遮蔽(隔离)时，应严格遵循“先带电体后接地体”的原则。

(9) 绝缘斗内电工作业时严禁人体同时接触两个不同的电位体，包括设置(拆除)绝缘遮蔽(隔离)用具的作业中，作业工位的选择应合适，在不影响作业的前提下，人身务必与带电体和接地体保持一定的安全距离，以防绝缘斗内电工作业过程中人体串入电路；绝缘斗内双人作业时，禁止同时在不同相或不同电位作业。

(10) 安装消弧开关与电缆终端接线端子处(或支柱型避雷器处)间的绝缘引流线时，应先接无电端、再接有电端；拆除绝缘引流线时，应先拆有电端、再拆无电端。

(11) 使用消弧开关前应确认消弧开关在断开位置并闭锁，防止其突然合闸；拉合消弧开关前应再次确认接线正确无误，防止相位错误引发短路。其中，消弧开关的合闸(合)、分闸(断)状态，应通过其操动机构位置(或灭弧室动静触头相对位置)以及用电流检测仪测量电流的方式综合判断。

(12) 绝缘斗内电工配合作业断开引线时，应采用绝缘（双头）锁杆防止引线摆动碰及带电体，移动引线时应密切注意与带电体保持可靠的安全距离，手持绝缘操作杆的有效绝缘长度不小于 0.7m；严禁人体同时接触两个不同的电位体，断开主线引线时严禁人体串入电路，已断开的引线应视为带电。

(13) 绝缘斗内电工按照“先内侧（中间相）、后外侧（近边相和远边相）”的顺序依次拆除同相绝缘遮蔽（隔离）用具时，应严格遵循“先接地体后带电体”的原则。

1.10.4　作业指导书

1. 适用范围

本指导书仅适用于如图 1-20 所示的安装线夹法＋带电作业用消弧开关（绝缘手套作业法，绝缘斗臂车作业）带电接空载电缆线路引线工作。生产中务必结合现场实际工况参照适用。

2. 引用文件

GB/T 18857—2019《配电线路带电作业技术导则》

Q/GDW 710—2012《10kV 电缆线路不停电作业技术导则》

Q/GDW 10520—2016《10kV 配网不停电作业规范》

Q/GDW 10799.8—2023《国家电网有限公司电力安全工作规程　第 8 部分：配电部分》

3. 人员分工

本作业项目工作人员共计 4 人，人员分工为：工作负责人（兼工作监护人）1 人、绝缘斗内电工 2 人、地面电工 1 人。

√	序号	人员分工	人数	职责	备注
	1	工作负责人 (兼工作监护人)	1	执行配电带电作业工作票，组织、指挥带电作业工作，作业中全程监护和落实作业现场安全措施	
	2	绝缘斗内电工	2	绝缘斗内 1 号电工：负责带电接空载电缆线路引线工作。 绝缘斗内 2 号辅助电工：配合绝缘斗内 1 号电工作业	
	3	地面电工	1	负责地面工作，配合绝缘斗内电工作业	

4．工作前准备

√	序号	内容	要求	备注
	1	现场勘察	现场勘察由工作负责人组织开展，根据勘察结果确定作业方法、所需工具以及采取的措施，并填写现场勘察记录	
	2	编写作业指导书并履行审批手续	作业指导书由工作负责人组织编写，现场作业人员必须严格遵照执行作业指导书而规范作业，作业前必须履行相关审批手续	
	3	填写、签发工作票	工作票由工作负责人按票面要求逐项填写，并由工作票签发人审核、签发后才可开展本项工作	
	4	召开班前会	工作负责人组织班组成员召开班前会，认真学习作业指导书，明确作业方法、作业步骤、人员分工和工作职责等	
	5	领用工器具和运输	领用工器具应核对电压等级和试验周期、检查外观完好无损、填写工器具出入库记录单，运输工器具应装箱入袋或放在专用工具车内	

5．工器具配备

√	序号	名称		规格、型号	数量	备注
	1	特种车辆	绝缘斗臂车	10kV	1 辆	
	2	个人防护用具	绝缘手套	10kV	2 双	戴防护手套
	3		绝缘安全帽	10kV	2 顶	
	4		绝缘披肩（绝缘服）	10kV	2 件	根据现场情况选择
	5		绝缘安全带		2 个	有后备保护绳
	6		护目镜		2 个	
	7	绝缘遮蔽用具	导线遮蔽罩	10kV	6 根	不少于配备数量
	8		引线遮蔽罩	10kV	6 根	根据实际情况选用
	9		绝缘毯	10kV	6 块	不少于配备数量
	10		绝缘毯夹		12 个	不少于配备数量
	11		绝缘隔板		1 个	根据实际情况选用
	12	绝缘工具	绝缘锁杆	10kV	1 个	可同时锁定两根导线
	13		绝缘锁杆	10kV	1 个	伸缩式
	14		绝缘吊杆	10kV	3 个	临时固定引线用
	15		绝缘操作杆	10kV	1 个	操作消弧开关用
	16		绝缘测量杆	10kV	1 个	
	17		绝缘杆断线剪	10kV	1 个	根据实际情况选用
	18		线夹装拆工具		1 套	绝缘手工工具

续表

√	序号	名称		规格、型号	数量	备注
	19	绝缘工具	带电作业用消弧开关	10kV	1个	
	20		绝缘引流线	10kV	1根	
	21	金属工具	断线剪或切刀		1个	根据实际情况选用
	22	检测仪器	电流检测仪	高压	1套	
	23		绝缘测试仪	2500V以上	1套	
	24		高压验电器	10kV	1个	
	25		工频高压发生器	10kV	1个	
	26		风速湿度仪		1个	
	27		绝缘手套检测仪		1个	
	28		放电棒		1个	

6. 作业程序

(1) 开工准备。

√	序号	作业内容	步骤及要求	备注
	1	现场复勘	步骤1：工作负责人核对线路名称和杆号正确、工作任务无误、安全措施到位，作业装置和现场环境符合带电作业条件，与运行部门共同确认电缆负荷侧开关（断路器或隔离开关等）处于断开位置，电缆线路空载、无接地，出线电缆符合送电要求。 步骤2：工作班成员确认天气良好，实测风速__级（不大于5级）、湿度__%（不大于80%），符合作业条件。 步骤3：工作负责人根据复勘结果告知工作班成员：现场具备安全作业条件，可以开展工作	
	2	停放绝缘斗臂车，设置安全围栏和警示标志	步骤1：工作负责人指挥驾驶员将绝缘斗臂车停放到合适位置，支腿支放到垫板上，轮胎离地，支撑牢固后将车体可靠接地。 步骤2：工作班成员依据作业空间设置硬质安全围栏，包括围栏的出口、入口。 步骤3：工作班成员设置“从此进出”“施工现场，车辆慢行或车辆绕行”等警示标志或路障。 步骤4：根据现场实际工况，增设临时交通疏导人员，应穿戴反光衣	
	3	工作许可，召开站班会	步骤1：工作负责人向值班调控人员或运维人员申请工作许可和停用重合闸许可，记录许可方式、工作许可人和许可工作（联系）时间，并签字确认。 步骤2：工作负责人召开站班会宣读工作票。 步骤3：工作负责人确认工作班成员对工作任务、危险点预控措施和任务分工都已知晓，履行工作票签字、确认手续，记录工作开始时间	

续表

√	序号	作业内容	步骤及要求	备注
	4	摆放和检查工器具	步骤1：工作班成员将工器具分区摆放在防潮帆布上。 步骤2：工作班成员按照分工擦拭并外观检查工器具完好无损，绝缘工具的绝缘电阻值检测不低于700MΩ，绝缘手套充（压）气检测不漏气，安全带冲击试验检测的结果为安全。 步骤3：绝缘斗内电工擦拭并外观检查绝缘斗臂车的绝缘斗和绝缘臂外观完好无损，空绝缘斗试操作运行正常（升降、伸缩、回转等）	
	5	绝缘斗内电工进绝缘斗，可携带工器具入绝缘斗	步骤1：绝缘斗内电工穿戴好绝缘防护用具进入绝缘斗，挂好安全带保险钩；地面电工将绝缘遮蔽用具和可携带的工具入绝缘斗。 步骤2：绝缘斗内电工按照"先抬臂（离支架）、再伸臂（1m）、加旋转"的动作，操作绝缘斗进入带电作业区域，作业中禁止摘下绝缘手套，绝缘臂伸出长度确保1m标示线	

（2）操作步骤。

√	序号	作业内容	步骤及要求	备注
	1	进入带电作业区域，验电，设置绝缘遮蔽措施	步骤1：绝缘斗内电工穿戴好绝缘防护用具，经工作负责人检查合格后进入绝缘斗，挂好安全带保险钩。 步骤2：绝缘斗内电工调整绝缘斗至合适位置，使用验电器对绝缘子、横担进行验电，确认无漏电现象，使用绝缘电阻检测仪检测电缆对地绝缘，确认电缆无接地情况汇报给工作负责人，连同现场检测的风速、湿度一并记录在工作票备注栏内；电缆绝缘电阻检测后应充分放电。 步骤3：绝缘斗内电工调整绝缘斗至近边相导线外侧适当位置，按照"从近到远、从下到上、先带电体后接地体"的遮蔽原则，以及"近边相、中间相、远边相"的遮蔽顺序，依次对作业范围内的导线进行绝缘遮蔽，引线搭接处（距离横担不小于 规定值）使用绝缘毯进行遮蔽，选用绝缘吊杆法临时固定引线和支撑绝缘引流线，遮蔽前先将绝缘吊杆固定在搭接处附近的主导线上	
	2	安装消弧开关，（测量引线长度）接空载电缆线路引线	【方法】：（在导线处）安装线夹法接空载电缆线路引线： 步骤1：绝缘斗内电工调整绝缘斗至支柱型避雷器横担外侧适当位置，使用绝缘测量杆测量三相引线长度，按照测量长度（引线已连接并盘圈备用）切断电缆引线、剥除引线搭接处的绝缘层和清除其上的氧化层，完成后恢复支柱型避雷器横担处的绝缘遮蔽。 步骤2：绝缘斗内电工调整绝缘斗至中间相导线外侧合适位置，检查确认消弧开关在断开位置并闭锁后，将消弧开关挂接到近边相导线合适位置上，完成后恢复挂接处的绝缘遮蔽措施；如导线为绝缘线，应先剥除导线上消弧开关挂接处的绝缘层，消弧开关拆除后恢复导线的绝缘及密封。 步骤3：绝缘斗内电工转移绝缘斗至消弧开关外侧合适位置，先将绝缘引流线的一端线夹与消弧开关下端的横向导电杆连接可靠后，再将绝缘引流线的另一端线夹连接在同相	

续表

√	序号	作业内容	步骤及要求	备注
	2	安装消弧开关，（测量引线长度）接空载电缆线路引线	电缆终端接线端子上，或直接连接到支柱型避雷器的验电接地杆上，完成后恢复绝缘遮蔽，若选用绝缘吊杆，绝缘引流线挂接前可先支撑在绝缘吊杆的横向支杆上。挂接绝缘引流线时，应先接消弧开关端、再接电缆引线端。 步骤 4：绝缘斗内电工检查无误后取下安全销钉，用绝缘操作杆合上消弧开关并插入安全销钉，用电流检测仪测量电缆引线电流，确认分流正常（绝缘引流线每一相分流的负荷电流不应小于原线路负荷电流的 1/3），汇报给工作负责人并记录在工作票备注栏内。 步骤 5：绝缘斗内电工使用绝缘锁杆将三相引线固定在绝缘吊杆的横向支杆上。 步骤 6：绝缘斗内电工打开中间相电缆空载引线搭接处的绝缘毯，使用绝缘导线剥皮器剥除搭接处的绝缘层并清除导线上的氧化层，完成后恢复绝缘遮蔽。 步骤 7：绝缘斗内电工使用绝缘锁杆锁住电缆空载引线待搭接的一端，提升至引线搭接处主导线上可靠固定。 步骤 8：绝缘斗内电工根据实际工况安装不同类型的接续线夹，电缆空载引线与主导线可靠连接后撤除绝缘锁杆，完成后恢复接续线夹处的绝缘、密封和绝缘遮蔽。 步骤 9：绝缘斗内电工使用绝缘操作杆断开消弧开关，插入安全销钉并确认。 步骤 10：绝缘斗内电工先将绝缘引流线从电缆过渡支架或支柱型避雷器的验电接地杆上取下，挂在消弧开关或绝缘吊杆的横向支杆上，再将消弧开关从近边相导线上取下（若导线为绝缘线应恢复导线的绝缘及密封），完成后恢复绝缘遮蔽，该项工作结束；拆除绝缘引流线时，应先拆电缆引线端（有电端）、再拆消弧开关端（无电端）。 步骤 11：其余两相引线的搭接按相同的方法进行，三相引线的搭接可按先中间相、再两边相的顺序进行，或根据现场工况选择	
	3	拆除绝缘遮蔽，退出带电作业区域	步骤 1：绝缘斗内电工向工作负责人汇报确认本项工作已完成。 步骤 2：绝缘斗内电工转移绝缘斗至合适作业位置，按照“从远到近、从上到下、先接地体后带电体”的原则，以及“远边相、中间相、近边相”的顺序（与遮蔽相反），拆除绝缘遮蔽和绝缘吊杆。 步骤 3：绝缘斗内电工检查杆上无遗留物后，操作绝缘斗退出带电作业区域，返回地面；配合地面人员卸下绝缘斗内工具，收回绝缘斗臂车支腿（包括接地线和垫板），绝缘斗内工作结束	

（3）工作结束。

√	序号	作业内容	步骤及要求	备注
	1	清理现场	步骤 1：工作班成员整理工具、材料，清洁后装箱、装袋。 步骤 2：工作班成员清理现场：工完、料尽、场地清	

续表

√	序号	作业内容	步骤及要求	备注
	2	召开收工会	步骤1：点评本项工作的完成情况。 步骤2：点评安全措施的落实情况。 步骤3：点评作业指导书的执行情况	
	3	工作终结	步骤1：工作负责人向值班调控人员或运维人员报告申请终结工作票，记录许可方式、工作许可人和终结报告时间，并签字确认，宣布本项工作结束。 步骤2：工作负责人组织工作班成员撤离现场，到达班组后将作业资料分类归档	

7. 验收总结

序号	作业总结	
1	验收评价	按指导书要求完成工作
2	存在问题及处理意见	无

8. 指导书执行情况签字栏

作业地点：	日期：　　年　　月　　日
工作班组：	工作负责人（签字）：
班组成员（签字）：	

9. 附录

略。

1.11　带电断耐张杆引线（绝缘手套作业法，绝缘斗臂车作业）

1.11.1　项目概述

本项目指导与风险管控仅适用于如图1-23所示的直线耐张杆（导线三角排列），采用拆除线夹法（绝缘手套作业法，绝缘斗臂车作业）带电断耐张杆引线工作。生产中务必结合现场实际工况参照适用。

图1-23　拆除线夹法（绝缘手套作业法，绝缘斗臂车作业）带电断耐张杆引线工作

1.11.2　作业流程

拆除线夹法（绝缘手套作业法，绝缘斗臂车作业）带电断耐张杆引线工作的作业流程，如图1-24

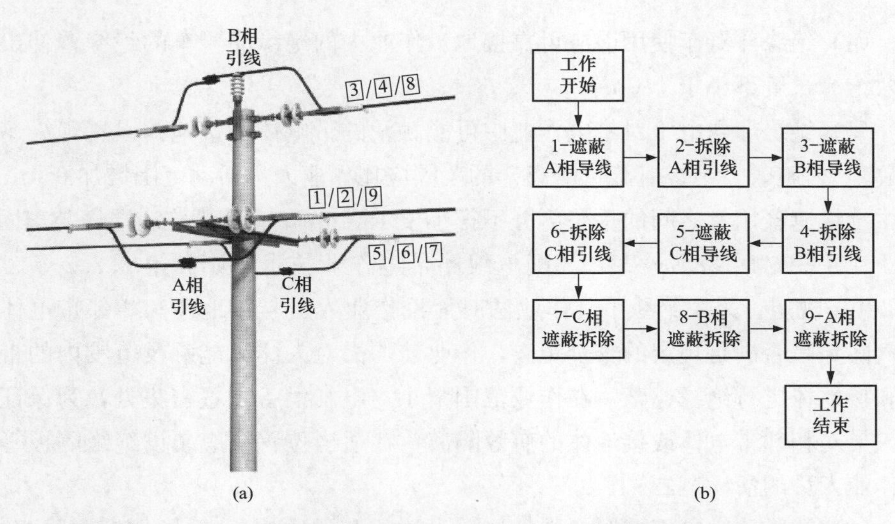

图 1-24　拆除线夹法（绝缘手套作业法，绝缘斗臂车作业）带电断耐张杆引线工作的作业流程

（a）示意图；（b）流程图

所示。现场作业前，工作负责人应当检查确认待断引流线已空载，负荷侧变压器、电压互感器已退出，作业装置和现场环境符合带电作业条件，方可开始工作。

1.11.3　作业风险管控

现场作业必须严把安全作业风险（管控）关，严格依据工作票、安全交底会、作业指导书完成作业全过程，实现作业项目全过程风险管控。接受工作任务应当根据现场勘察记录填写、签发工作票，编制作业指导书履行审批制度；到达工作现场应当进行现场复勘，履行工作许可手续和停用重合闸工作许可后，召开现场站班会、宣读工作票履行签字确认手续，严格遵照执行作业指导书规范作业。

（1）工作负责人（或专责监护人）在工作现场必须履行工作职责和行使监护职责。

（2）进入绝缘斗内的作业人员必须穿戴个人绝缘防护用具（绝缘手套、绝缘服或绝缘披肩、绝缘安全帽以及护目镜等），使用的安全带应有良好的绝缘性能，起臂前安全带保险钩必须系挂在绝缘斗内专用挂钩上。

（3）个人绝缘防护用具使用前必须进行外观检查，绝缘手套使用前必须进行充（压）气检测，确认合格后方可使用；带电作业过程中，禁止摘下绝缘防护用具。

(4) 绝缘斗臂车使用前应可靠接地。作业中的绝缘斗臂车的绝缘臂伸出的有效绝缘长度不小于1.0m。

(5) 绝缘斗内电工对带电作业中可能触及的带电体和接地体设置绝缘遮蔽(隔离)措施时，绝缘遮蔽(隔离)的范围应比作业人员活动范围增加0.4m以上，绝缘遮蔽用具之间的重叠部分不得小于150mm，遮蔽措施应严密与牢固。

注：GB/T 18857—2019《配电线路带电作业技术导则》第6.2.2条、第6.2.3条规定：采用绝缘手套作业法时无论作业人员与接地体和相邻带电体的空气间隙是否满足规定的安全距离，作业前均需对人体可能触及范围内的带电体和接地体进行绝缘遮蔽。在作业范围窄小，电气设备布置密集处，为保证作业人员对相邻带电体或接地体的有效隔离，在适当位置还应装设绝缘隔板等限制作业人员的活动范围。

(6) 绝缘斗内电工按照“先外侧(近边相和远边相)、后内侧(中间相)”的顺序依次进行同相绝缘遮蔽(隔离)时，应严格遵循“先带电体后接地体”的原则。

(7) 绝缘斗内电工作业时严禁人体同时接触两个不同的电位体，包括设置(拆除)绝缘遮蔽(隔离)用具的作业中，作业工位的选择应合适，在不影响作业的前提下，人身务必与带电体和接地体保持一定的安全距离，以防绝缘斗内电工作业过程中人体串入电路；绝缘斗内双人作业时，禁止同时在不同相或不同电位作业。

(8) 绝缘斗内电工配合作业断耐张线路引线时，应采用绝缘(双头)锁杆防止断开的引线摆动碰及带电体，移动断开的引线时应密切注意与带电体保持可靠的安全距离，手持绝缘操作杆的有效绝缘长度不小于0.7m；严禁人体同时接触两个不同的电位体，断开主线引线时严禁人体串入电路，已断开的引线应视为带电。

(9) 绝缘斗内电工按照“先内侧(中间相)、后外侧(近边相和远边相)”的顺序依次拆除同相绝缘遮蔽(隔离)用具时，应严格遵循“先接地体后带电体”的原则。

1.11.4 作业指导书

1. 适用范围

本指导书仅适用于如图1-23所示的拆除线夹法(绝缘手套作业法，绝缘斗臂车作业)带电断耐张杆引线工作。生产中务必结合现场实际工况参照适用。

2. 引用文件

GB/T 18857—2019《配电线路带电作业技术导则》

Q/GDW 10520—2016《10kV 配网不停电作业规范》

Q/GDW 10799.8—2023《国家电网有限公司电力安全工作规程　第 8 部分：配电部分》

3. 人员分工

本作业项目工作人员共计 4 人，人员分工为：工作负责人（兼工作监护人）1 人、绝缘斗内电工 2 人、地面电工 1 人。

√	序号	人员分工	人数	职责	备注
	1	工作负责人（兼工作监护人）	1	执行配电带电作业工作票，组织、指挥带电作业工作，作业中全程监护和落实作业现场安全措施	
	2	绝缘斗内电工	2	绝缘斗内 1 号电工：负责带电断耐张杆引线工作。 绝缘斗内 2 号辅助电工：配合绝缘斗内 1 号电工作业	
	3	地面电工	1	负责地面工作，配合绝缘斗内电工作业	

4. 工作前准备

√	序号	内容	要求	备注
	1	现场勘察	现场勘察由工作负责人组织开展，根据勘察结果确定作业方法、所需工具以及采取的措施，并填写现场勘察记录	
	2	编写作业指导书并履行审批手续	作业指导书由工作负责人组织编写，现场作业人员必须严格遵照执行作业指导书而规范作业，作业前必须履行相关审批手续	
	3	填写、签发工作票	工作票由工作负责人按票面要求逐项填写，并由工作票签发人审核、签发后才可开展本项工作	
	4	召开班前会	工作负责人组织班组成员召开班前会，认真学习作业指导书，明确作业方法、作业步骤、人员分工和工作职责等	
	5	领用工器具和运输	领用工器具应核对电压等级和试验周期、检查外观完好无损、填写工器具出入库记录单，运输工器具应装箱入袋或放在专用工具车内	

5. 工器具配备

√	序号	名称		规格、型号	数量	备注
	1	特种车辆	绝缘斗臂车	10kV	1 辆	
	2	个人防护用具	绝缘手套	10kV	2 双	戴防护手套
	3		绝缘安全帽	10kV	2 顶	

续表

√	序号	名称		规格、型号	数量	备注
	4	个人防护用具	绝缘披肩（绝缘服）	10kV	2件	根据现场情况选择
	5		绝缘安全带		2个	有后备保护绳
	6		护目镜		2个	
	7	绝缘遮蔽用具	导线遮蔽罩	10kV	6根	不少于配备数量
	8		引线遮蔽罩	10kV	6根	根据实际情况选用
	9		绝缘毯	10kV	6块	不少于配备数量
	10		绝缘毯夹		12个	不少于配备数量
	11		绝缘隔板		2个	根据实际情况选用
	12	绝缘工具	线夹装拆工具		1套	绝缘手工工具
	13	金属工具	断线剪或切刀		1个	根据实际情况选用
	14	检测仪器	电流检测仪	高压	1套	
	15		高压验电器	10kV	1个	
	16		工频高压发生器	10kV	1个	
	17		风速湿度仪		1个	
	18		绝缘手套检测仪		1个	

6. 作业程序

（1）开工准备。

√	序号	作业内容	步骤及要求	备注
	1	现场复勘	步骤1：工作负责人核对线路名称和杆号正确、工作任务无误、安全措施到位，待断引流线已空载，负荷侧变压器、电压互感器已退出，作业装置和现场环境符合带电作业条件。 步骤2：工作班成员确认天气良好，实测风速__级（不大于5级）、湿度__%（不大于80%），符合作业条件。 步骤3：工作负责人根据复勘结果告知工作班成员：现场具备安全作业条件，可以开展工作	
	2	停放绝缘斗臂车，设置安全围栏和警示标志	步骤1：工作负责人指挥驾驶员将绝缘斗臂车停放到合适位置，支腿支放到垫板上，轮胎离地，支撑牢固后将车体可靠接地。 步骤2：工作班成员依据作业空间设置硬质安全围栏，包括围栏的出口、入口。 步骤3：工作班成员设置“从此进出”“施工现场，车辆慢行或车辆绕行”等警示标志或路障。 步骤4：根据现场实际工况，增设临时交通疏导人员，应穿戴反光衣	

续表

√	序号	作业内容	步骤及要求	备注
	3	工作许可，召开站班会	步骤 1：工作负责人向值班调控人员或运维人员申请工作许可和停用重合闸许可，记录许可方式、工作许可人和许可工作（联系）时间，并签字确认。 步骤 2：工作负责人召开站班会宣读工作票。 步骤 3：工作负责人确认工作班成员对工作任务、危险点预控措施和任务分工都已知晓，履行工作票签字、确认手续，记录工作开始时间	
	4	摆放和检查工器具	步骤 1：工作班成员将工器具分区摆放在防潮帆布上。 步骤 2：工作班成员按照分工擦拭并外观检查工器具完好无损，绝缘工具的绝缘电阻值检测不低于 700MΩ，绝缘手套充（压）气检测不漏气，安全带冲击试验检测的结果为安全。 步骤 3：绝缘斗内电工擦拭并外观检查绝缘斗臂车的绝缘斗和绝缘臂外观完好无损，空绝缘斗试操作运行正常（升降、伸缩、回转等）	
	5	绝缘斗内电工进绝缘斗，可携带工器具入绝缘斗	步骤 1：绝缘斗内电工穿戴好绝缘防护用具进入绝缘斗，挂好安全带保险钩；地面电工将绝缘遮蔽用具和可携带的工具入绝缘斗。 步骤 2：绝缘斗内电工按照“先抬臂（离支架）、再伸臂（1m 线）、加旋转”的动作，操作绝缘斗进入带电作业区域，作业中禁止摘下绝缘手套，绝缘臂伸出长度确保 1m 标示线	

（2）操作步骤。

√	序号	作业内容	步骤及要求	备注
	1	进入带电作业区域，验电，设置绝缘遮蔽措施	步骤 1：绝缘斗内电工穿戴好绝缘防护用具，经工作负责人检查合格后进入绝缘斗，挂好安全带保险钩。 步骤 2：绝缘斗内电工调整绝缘斗至合适位置，使用验电器对绝缘子、横担进行验电，确认无漏电现象，使用电流检测仪检测耐张杆引流线确已空载（空载电流不大于 5A）汇报给工作负责人，连同现场检测的风速、湿度一并记录在工作票备注栏内。 步骤 3：绝缘斗内电工调整绝缘斗至近边相导线外侧适当位置，按照“从近到远、从下到上、先带电体后接地体”的遮蔽原则，以及“近边相、中间相、远边相”的遮蔽顺序，依次对作业范围内的导线、引线、绝缘子、横担进行绝缘遮蔽	
	2	断耐张杆引线	【方法】：（在导线处）拆除线夹法断耐张杆引线： 步骤 1：绝缘斗内电工调整绝缘斗至近边相导线外侧合适位置，拆除接续线夹。 步骤 2：绝缘斗内电工转移绝缘斗位置，将已断开的耐张杆引流线线头脱离电源侧带电导线，临时固定在同相负荷侧导线上，完成后恢复绝缘遮蔽。如断开的引流线不需要恢复，可在电源侧耐张线夹外 200mm 处剪断；如导线为绝缘线，拆开线夹后应恢复导线的绝缘。	

续表

√	序号	作业内容	步骤及要求	备注
	2	断耐张杆引线	步骤3：其余两相引线的拆除按相同的方法进行，三相引线的拆除可按先两边相、再中间相的顺序进行，或根据现场工况选择	
	3	拆除绝缘遮蔽，退出带电作业区域	步骤1：绝缘斗内电工向工作负责人汇报确认本项工作已完成。 步骤2：绝缘斗内电工转移绝缘斗至合适作业位置，按照“从远到近、从上到下、先接地体后带电体”的原则，以及“远边相、中间相、近边相”的顺序（与遮蔽相反），拆除绝缘遮蔽。 步骤3：绝缘斗内电工检查杆上无遗留物后，操作绝缘斗退出带电作业区域，返回地面；配合地面人员卸下绝缘斗内工具，收回绝缘斗臂车支腿（包括接地线和垫板），绝缘斗内工作结束	

（3）工作结束。

√	序号	作业内容	步骤及要求	备注
	1	清理现场	步骤1：工作班成员整理工具、材料，清洁后装箱、装袋。 步骤2：工作班成员清理现场：工完、料尽、场地清	
	2	召开收工会	步骤1：点评本项工作的完成情况。 步骤2：点评安全措施的落实情况。 步骤3：点评作业指导书的执行情况	
	3	工作终结	步骤1：工作负责人向值班调控人员或运维人员报告申请终结工作票，记录许可方式、工作许可人和终结报告时间，并签字确认，宣布本项工作结束。 步骤2：工作负责人组织工作班成员撤离现场，到达班组后将作业资料分类归档	

7. 验收总结

序号	作业总结	
1	验收评价	按指导书要求完成工作
2	存在问题及处理意见	无

8. 指导书执行情况签字栏

作业地点：	日期：　　年　　月　　日
工作班组：	工作负责人（签字）：
班组成员（签字）：	

9. 附录

略。

1.12　带电接耐张杆引线（绝缘手套作业法，绝缘斗臂车作业）

1.12.1　项目概述

本项目指导与风险管控仅适用于如图 1-25 所示的直线耐张杆（导线三角排列），采用安装线夹法（绝缘手套作业法，绝缘斗臂车作业）带电接耐张杆引线工作。生产中务必结合现场实际工况参照适用。

图 1-25　安装线夹法（绝缘手套作业法，绝缘斗臂车作业）带电接耐张杆引线工作

1.12.2　作业流程

安装线夹法（绝缘手套作业法，绝缘斗臂车作业）带电接耐张杆引线工作的作业流程，如图 1-26 所示。现场作业前，工作负责人应当检查确认待接引流线已空载，负荷侧变压器、电压互感器已退出，作业装置和现场环境符合带电作业条件，方可开始工作。

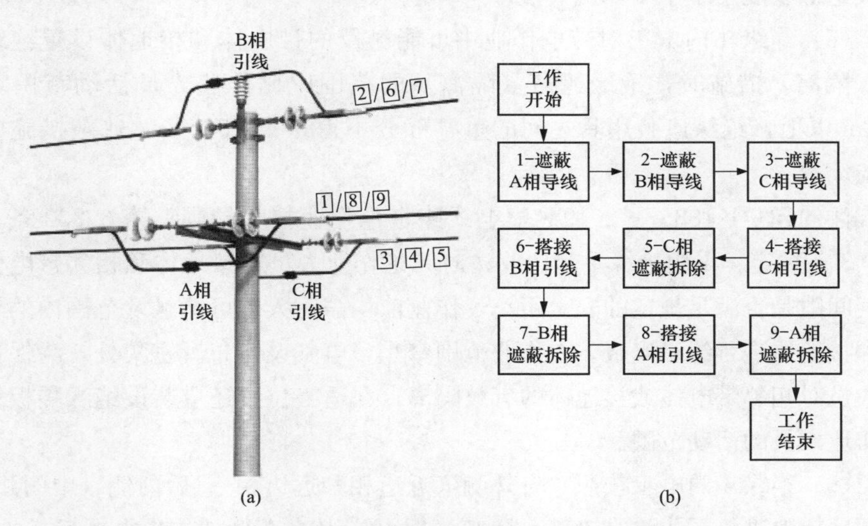

图 1-26　安装线夹法（绝缘手套作业法，绝缘斗臂车作业）带电接耐张杆引线工作的作业流程

（a）示意图；（b）流程图

1.12.3 作业风险管控

现场作业必须严把安全作业风险（管控）关，严格依据工作票、安全交底会、作业指导书完成作业全过程，实现作业项目全过程风险管控。接受工作任务应当根据现场勘察记录填写、签发工作票，编制作业指导书履行审批制度；到达工作现场应当进行现场复勘，履行工作许可手续和停用重合闸工作许可后，召开现场站班会、宣读工作票履行签字确认手续，严格遵照执行作业指导书规范作业。

(1) 工作负责人（或专责监护人）在工作现场必须履行工作职责和行使监护职责。

(2) 进入绝缘斗内的作业人员必须穿戴个人绝缘防护用具（绝缘手套、绝缘服或绝缘披肩、绝缘安全帽以及护目镜等），使用的安全带应有良好的绝缘性能，起臂前安全带保险钩必须系挂在绝缘斗内专用挂钩上。

(3) 个人绝缘防护用具使用前必须进行外观检查，绝缘手套使用前必须进行充（压）气检测，确认合格后方可使用；带电作业过程中，禁止摘下绝缘防护用具。

(4) 绝缘斗臂车使用前应可靠接地；作业中的绝缘斗臂车的绝缘臂伸出的有效绝缘长度不小于 1.0m。

(5) 绝缘斗内电工对带电作业中可能触及的带电体和接地体设置绝缘遮蔽（隔离）措施时，绝缘遮蔽（隔离）的范围应比作业人员活动范围增加 0.4m 以上，绝缘遮蔽用具之间的重叠部分不得小于 150mm，遮蔽措施应严密与牢固。

注：GB/T 18857—2019《配电线路带电作业技术导则》第 6.2.2 条、第 6.2.3 条规定：采用绝缘手套作业法时无论作业人员与接地体和相邻带电体的空气间隙是否满足规定的安全距离，作业前均需对人体可能触及范围内的带电体和接地体进行绝缘遮蔽。在作业范围窄小，电气设备布置密集处，为保证作业人员对相邻带电体或接地体的有效隔离，在适当位置还应装设绝缘隔板等限制作业人员的活动范围。

(6) 绝缘斗内电工按照“先外侧（近边相和远边相）、后内侧（中间相）”的顺序依次进行同相绝缘遮蔽（隔离）时，应严格遵循“先带电体后接地体”的原则。

(7) 绝缘斗内电工作业时严禁人体同时接触两个不同的电位体，包括设置

（拆除）绝缘遮蔽（隔离）用具的作业中，作业工位的选择应合适，在不影响作业的前提下，人身务必与带电体和接地体保持一定的安全距离，以防绝缘斗内电工作业过程中人体串入电路；绝缘斗内双人作业时，禁止同时在不同相或不同电位作业。

（8）绝缘斗内电工配合作业安装引线时，应采用绝缘（双头）锁杆防止引线摆动碰及带电体；移动引线时应密切注意与带电体保持可靠的安全距离（0.4m），手持绝缘操作杆的有效绝缘长度不小于 0.7m；严禁人体同时接触两个不同的电位体，断开主线引线时严禁人体串入电路，已断开的引线应视为带电。

（9）绝缘斗内电工按照“先内侧（中间相）、后外侧（近边相和远边相）”的顺序依次拆除同相绝缘遮蔽（隔离）用具时，应严格遵循“先接地体后带电体”的原则。

1.12.4　作业指导书

1. 适用范围

本指导书仅适用于如图 1-25 所示的绝缘手套作业法（绝缘斗臂车作业）带电接耐张杆引线工作。生产中务必结合现场实际工况参照适用。

2. 引用文件

GB/T 18857—2019《配电线路带电作业技术导则》

Q/GDW 10520－2016《10kV 配网不停电作业规范》

Q/GDW 10799.8—2023《国家电网有限公司电力安全工作规程　第 8 部分：配电部分》

3. 人员分工

本作业项目工作人员共计 4 人，人员分工为：工作负责人（兼工作监护人）1 人、绝缘斗内电工 2 人、地面电工 1 人。

√	序号	人员分工	人数	职责	备注
	1	工作负责人（兼工作监护人）	1	执行配电带电作业工作票，组织、指挥带电作业工作，作业中全程监护和落实作业现场安全措施	
	2	绝缘斗内电工	2	绝缘斗内 1 号电工：负责带电接耐张杆引线工作。 绝缘斗内 2 号辅助电工：配合绝缘斗内 1 号电工作业	
	3	地面电工	1	负责地面工作，配合绝缘斗内电工作业	

4. 工作前准备

√	序号	内容	要求	备注
	1	现场勘察	现场勘察由工作负责人组织开展，根据勘察结果确定作业方法、所需工具以及采取的措施，并填写现场勘察记录	
	2	编写作业指导书并履行审批手续	作业指导书由工作负责人组织编写，现场作业人员必须严格遵照执行作业指导书而规范作业，作业前必须履行相关审批手续	
	3	填写、签发工作票	工作票由工作负责人按票面要求逐项填写，并由工作票签发人审核、签发后才可开展本项工作	
	4	召开班前会	工作负责人组织班组成员召开班前会，认真学习作业指导书，明确作业方法、作业步骤、人员分工和工作职责等	
	5	领用工器具和运输	领用工器具应核对电压等级和试验周期、检查外观完好无损、填写工器具出入库记录单，运输工器具应装箱入袋或放在专用工具车内	

5. 工器具配备

√	序号	名称		规格、型号	数量	备注
	1	特种车辆	绝缘斗臂车	10kV	1 辆	
	2	个人防护用具	绝缘手套	10kV	2 双	戴防护手套
	3		绝缘安全帽	10kV	2 顶	
	4		绝缘披肩（绝缘服）	10kV	2 件	根据现场情况选择
	5		绝缘安全带		2 个	有后备保护绳
	6		护目镜		2 个	
	7	绝缘遮蔽用具	导线遮蔽罩	10kV	6 根	不少于配备数量
	8		引线遮蔽罩	10kV	6 根	根据实际情况选用
	9		绝缘毯	10kV	6 块	不少于配备数量
	10		绝缘毯夹		12 个	不少于配备数量
	11		绝缘隔板		2 个	根据实际情况选用
	12	绝缘工具	绝缘测量杆	10kV	1 个	
	13		线夹装拆工具		1 套	绝缘手工工具
	14	金属工具	断线剪或切刀		1 个	
	15		绝缘导线剥皮器		1 个	
	16	检测仪器	绝缘测试仪	2500V 以上	1 套	
	17		高压验电器	10kV	1 个	
	18		工频高压发生器	10kV	1 个	
	19		风速湿度仪		1 个	
	20		绝缘手套检测仪		1 个	

6. 作业程序

(1) 开工准备。

√	序号	作业内容	步骤及要求	备注
	1	现场复勘	步骤1：工作负责人核对线路名称和杆号正确、工作任务无误、安全措施到位，待接引流线已空载，负荷侧变压器、电压互感器已退出，作业装置和现场环境符合带电作业条件。 步骤2：工作班成员确认天气良好，实测风速__级（不大于5级）、湿度__%（不大于80%），符合作业条件。 步骤3：工作负责人根据复勘结果告知工作班成员：现场具备安全作业条件，可以开展工作	
	2	停放绝缘斗臂车，设置安全围栏和警示标志	步骤1：工作负责人指挥驾驶员将绝缘斗臂车停放到合适位置，支腿支放到垫板上，轮胎离地，支撑牢固后将车体可靠接地。 步骤2：工作班成员依据作业空间设置硬质安全围栏，包括围栏的出口、入口。 步骤3：工作班成员设置"从此进出""施工现场，车辆慢行或车辆绕行"等警示标志或路障。 步骤4：根据现场实际工况，增设临时交通疏导人员，应穿戴反光衣	
	3	工作许可，召开站班会	步骤1：工作负责人向值班调控人员或运维人员申请工作许可和停用重合闸许可，记录许可方式、工作许可人和许可工作（联系）时间，并签字确认。 步骤2：工作负责人召开站班会宣读工作票。 步骤3：工作负责人确认工作班成员对工作任务、危险点预控措施和任务分工都已知晓，履行工作票签字、确认手续，记录工作开始时间	
	4	摆放和检查工器具	步骤1：工作班成员将工器具分区摆放在防潮帆布上。 步骤2：工作班成员按照分工擦拭并外观检查工器具完好无损，绝缘工具的绝缘电阻值检测不低于700MΩ，绝缘手套充（压）气检测不漏气，安全带冲击试验检测的结果为安全。 步骤3：绝缘斗内电工擦拭并外观检查绝缘斗臂车的绝缘斗和绝缘臂外观完好无损，空绝缘斗试操作运行正常（升降、伸缩、回转等）	
	5	绝缘斗内电工进绝缘斗，可携带工器具入绝缘斗	步骤1：绝缘斗内电工穿戴好绝缘防护用具进入绝缘斗，挂好安全带保险钩；地面电工将绝缘遮蔽用具和可携带的工具入绝缘斗。 步骤2：绝缘斗内电工按照"先抬臂（离支架）、再伸臂（1m线）、加旋转"的动作，操作绝缘斗进入带电作业区域，作业中禁止摘下绝缘手套，绝缘臂伸出长度确保1m标示线	

（2）操作步骤。

√	序号	作业内容	步骤及要求	备注
	1	进入带电作业区域，验电，设置绝缘遮蔽措施	步骤1：绝缘斗内电工穿戴好绝缘防护用具，经工作负责人检查合格后进入绝缘斗，挂好安全带保险钩。 步骤2：绝缘斗内电工调整绝缘斗至合适位置，使用验电器对绝缘子、横担进行验电，确认无漏电现象汇报给工作负责人，连同现场检测的风速、湿度一并记录在工作票备注栏内。 步骤3：绝缘斗内电工调整绝缘斗至近边相导线外侧适当位置，按照“从近到远、从下到上、先带电体后接地体”的遮蔽原则，以及“近边相、中间相、远边相”的遮蔽顺序，依次对作业范围内的导线、引线、绝缘子、横担进行绝缘遮蔽	
	2	（测量引线长度）接耐张杆引线	【方法】：（在导线处）安装线夹法接耐张杆引线： 步骤1：绝缘斗内电工调整绝缘斗至耐张横担外侧适当位置，使用绝缘测量杆测量三相引线长度（引线已留余备用），按照测量长度切断引线、剥除引线搭接处的绝缘层和清除其上的氧化层，完成后恢复引线处的绝缘遮蔽。 步骤2：绝缘斗内电工调整绝缘斗至中间相无电侧导线适当位置，将中间相无电侧引线固定在支持绝缘子上并恢复绝缘遮蔽。 步骤3：绝缘斗内电工绝缘斗调整至中间相带电侧导线适当位置，打开待接处绝缘遮蔽，搭接中间相引线安装接续线夹，连接牢固后撤除绝缘锁杆，恢复接续线夹处的绝缘、密封和绝缘遮蔽。 步骤4：其余两相引线按相同的方法在耐张横担下方进行搭接，三相引线的搭接可按先中间相、再两边相的顺序进行，或根据现场工况选择	
	3	拆除绝缘遮蔽，退出带电作业区域	步骤1：绝缘斗内电工向工作负责人汇报确认本项工作已完成。 步骤2：绝缘斗内电工转移绝缘斗至合适作业位置，按照“从远到近、从上到下、先接地体后带电体”的原则，以及“远边相、中间相、近边相”的顺序（与遮蔽相反），拆除绝缘遮蔽。 步骤3：绝缘斗内电工检查杆上无遗留物后，操作绝缘斗退出带电作业区域，返回地面；配合地面人员卸下绝缘斗内工具，收回绝缘斗臂车支腿（包括接地线和垫板），绝缘斗内工作结束	

（3）工作结束。

√	序号	作业内容	步骤及要求	备注
	1	清理现场	步骤1：工作班成员整理工具、材料，清洁后装箱、装袋。 步骤2：工作班成员清理现场：工完、料尽、场地清	
	2	召开收工会	步骤1：点评本项工作的完成情况。 步骤2：点评安全措施的落实情况。 步骤3：点评作业指导书的执行情况	

续表

√	序号	作业内容	步骤及要求	备注
	3	工作终结	步骤 1：工作负责人向值班调控人员或运维人员报告申请终结工作票，记录许可方式、工作许可人和终结报告时间，并签字确认，宣布本项工作结束。 步骤 2：工作负责人组织工作班成员撤离现场，到达班组后将作业资料分类归档	

7. 验收总结

序号	作业总结	
1	验收评价	按指导书要求完成工作
2	存在问题及处理意见	无

8. 指导书执行情况签字栏

作业地点：	日期：　　年　　月　　日
工作班组：	工作负责人（签字）：
班组成员（签字）：	

9. 附录

略。

第 2 章　元件类常用项目指导与风险管控

2.1　带电更换直线杆绝缘子（绝缘手套作业法，绝缘斗臂车作业）

2.1.1　项目概述

本项目指导与风险管控仅适用于如图 2-1 所示的直线杆（导线三角排列），采用绝缘手套作业法＋绝缘小吊臂法提升导线（绝缘斗臂车作业）更换直线杆绝缘子工作。生产中务必结合现场实际工况参照适用。

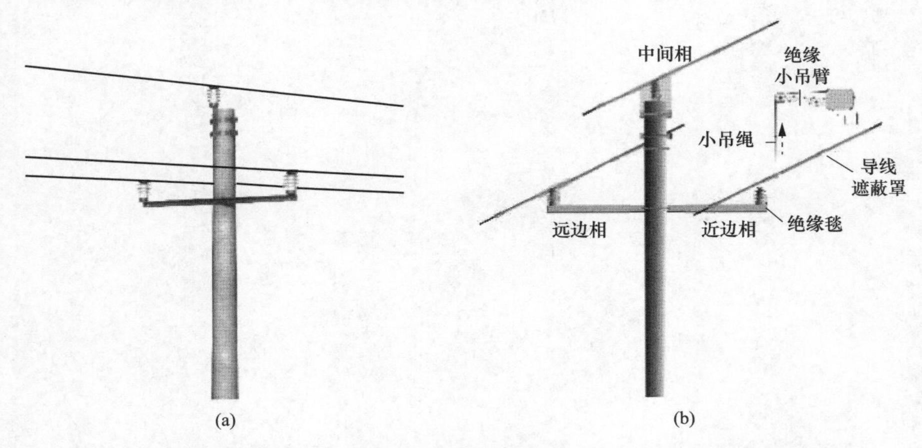

图 2-1　绝缘手套作业法＋绝缘小吊臂法提升导线（绝缘斗臂车作业）带电更换直线杆绝缘子工作

(a) 直线杆杆头外形图；(b) 绝缘小吊臂法提升近边相导线示意图

2.1.2　作业流程

绝缘手套作业法＋绝缘小吊臂法提升导线（绝缘斗臂车作业）更换直线杆

绝缘子工作的作业流程，如图 2-2 所示。现场作业前，工作负责人应当检查确认作业点两侧的电杆根部牢固、基础牢固、导线绑扎牢固，作业装置和现场环境符合带电作业条件，方可开始工作。

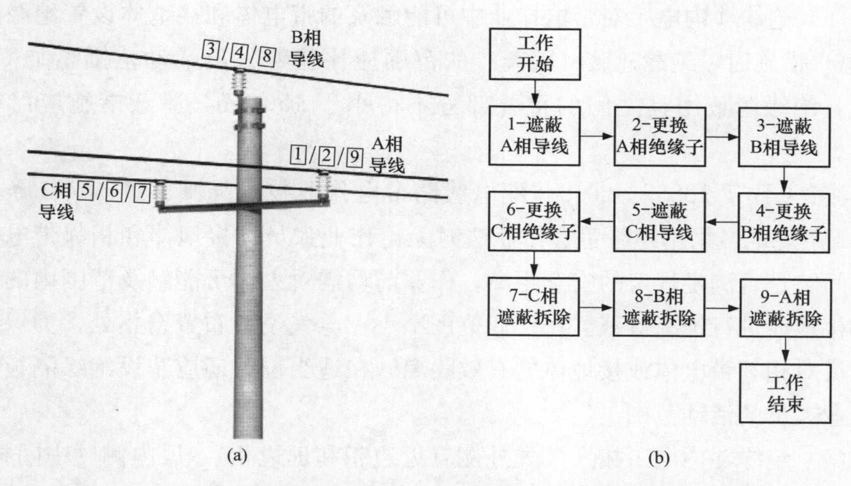

图 2-2　绝缘手套作业法＋绝缘小吊臂法提升导线（绝缘斗臂车作业）
更换直线杆绝缘子工作的作业流程
（a）示意图；（b）流程图

2.1.3　作业风险管控

现场作业必须严把安全作业风险（管控）关，严格依据工作票、安全交底会、作业指导书完成作业全过程，实现作业项目全过程风险管控。接受工作任务应当根据现场勘察记录填写、签发工作票，编制作业指导书履行审批制度；到达工作现场应当进行现场复勘，履行工作许可手续和停用重合闸工作许可后，召开现场站班会、宣读工作票履行签字确认手续，严格遵照执行作业指导书规范作业。

（1）工作负责人（或专责监护人）在工作现场必须履行工作职责和行使监护职责。

（2）进入绝缘斗内的作业人员必须穿戴个人绝缘防护用具（绝缘手套、绝缘服或绝缘披肩、绝缘安全帽以及护目镜等），使用的安全带应有良好的绝缘性能，起臂前安全带保险钩必须系挂在绝缘斗内专用挂钩上。

（3）个人绝缘防护用具使用前必须进行外观检查，绝缘手套使用前必须进行充（压）气检测，确认合格后方可使用；带电作业过程中，禁止摘下绝缘防护用具。

(4) 绝缘斗臂车使用前应可靠接地；作业中的绝缘斗臂车的绝缘臂伸出的有效绝缘长度不小于1.0m。

(5) 绝缘斗内电工对带电作业中可能触及的带电体和接地体设置绝缘遮蔽（隔离）措施时，绝缘遮蔽（隔离）的范围应比作业人员活动范围增加0.4m以上，绝缘遮蔽用具之间的重叠部分不得小于150mm，遮蔽措施应严密与牢固。

注：GB/T 18857—2019《配电线路带电作业技术导则》第6.2.2条、第6.2.3条规定：采用绝缘手套作业法时无论作业人员与接地体和相邻带电体的空气间隙是否满足规定的安全距离，作业前均需对人体可能触及范围内的带电体和接地体进行绝缘遮蔽。在作业范围窄小，电气设备布置密集处，为保证作业人员对相邻带电体或接地体的有效隔离，在适当位置还应装设绝缘隔板等限制作业人员的活动范围。

(6) 绝缘斗内电工按照“先外侧（近边相和远边相）、后内侧（中间相）”的顺序依次进行同相绝缘遮蔽（隔离）时，应严格遵循“先带电体后接地体”的原则。

(7) 绝缘斗内电工作业时严禁人体同时接触两个不同的电位体，包括设置（拆除）绝缘遮蔽（隔离）用具的作业中，作业工位的选择应合适，在不影响作业的前提下，人身务必与带电体和接地体保持一定的安全距离，以防绝缘斗内电工作业过程中人体串入电路；绝缘斗内双人作业时，禁止同时在不同相或不同电位作业。

(8) 若采用绝缘横担法临时固定提升的导线，绝缘横担的安装高度应满足安全距离（0.4m）的要求。安装（拆除）绝缘横担时，必须是在作业范围内的带电体完全绝缘遮蔽的前提下进行，起吊时应使用绝缘小吊臂缓慢进行。

(9) 提升和下降导线时要缓慢进行，导线起吊高度应满足安全距离（0.4m）的要求；使用绑扎线时应盘成小盘，拆除（绑扎）绝缘子绑扎线时，绑扎线的展放长度不应超过10cm。导线脱离绝缘子后应及时恢复导线上的绝缘遮蔽措施。

(10) 绝缘斗内电工更换直线杆绝缘子时，必须是在作业范围内的带电体（导线）完全绝缘遮蔽的前提下进行。

(11) 绝缘斗内电工按照“先内侧（中间相）、后外侧（近边相和远边相）”的顺序依次拆除同相绝缘遮蔽（隔离）用具时，应严格遵循“先接地体

后带电体”的原则；绝缘斗内双人作业时，禁止在不同相或不同电位同时作业进行绝缘遮蔽用具的拆除。

2.1.4　作业指导书

1. 适用范围

本指导书仅适用于如图 2-2 所示的采用绝缘手套作业法＋绝缘小吊臂法提升导线（绝缘斗臂车作业）更换直线杆绝缘子作业工作。生产中务必结合现场实际工况参照适用。

2. 引用文件

GB/T 18857—2019《配电线路带电作业技术导则》

Q/GDW 10520—2016《10kV 配网不停电作业规范》

Q/GDW 10799.8—2023《国家电网有限公司电力安全工作规程　第 8 部分：配电部分》

3. 人员分工

本作业项目工作人员共计 4 人，人员分工为：工作负责人（兼工作监护人）1 人、绝缘斗内电工 2 人、地面电工 1 人。

√	序号	人员分工	人数	职责	备注
	1	工作负责人（兼工作监护人）	1	执行配电带电作业工作票，组织、指挥带电作业工作，作业中全程监护和落实作业现场安全措施	
	2	绝缘斗内电工	2	绝缘斗内 1 号电工：负责带电更换直线杆绝缘子工作。 绝缘斗内 2 号辅助电工：配合绝缘斗内 1 号电工作业	
	3	地面电工	1	负责地面工作，配合绝缘斗内电工作业	

4. 工作前准备

√	序号	内容	要求	备注
	1	现场勘察	现场勘察由工作负责人组织开展，根据勘察结果确定作业方法、所需工具以及采取的措施，并填写现场勘察记录	
	2	编写作业指导书并履行审批手续	作业指导书由工作负责人组织编写，现场作业人员必须严格遵照执行作业指导书而规范作业，作业前必须履行相关审批手续	
	3	填写、签发工作票	工作票由工作负责人按票面要求逐项填写，并由工作票签发人审核、签发后才可开展本项工作	

续表

√	序号	内容	要求	备注
	4	召开班前会	工作负责人组织班组成员召开班前会，认真学习作业指导书，明确作业方法、作业步骤、人员分工和工作职责等	
	5	领用工器具和运输	领用工器具应核对电压等级和试验周期、检查外观完好无损、填写工器具出入库记录单，运输工器具应装箱入袋或放在专用工具车内	

5．工器具配备

√	序号	名称		规格、型号	数量	备注
	1	特种车辆	绝缘斗臂车	10kV	1辆	
	2	个人防护用具	绝缘手套	10kV	2双	戴防护手套
	3		绝缘安全帽	10kV	2顶	
	4		绝缘披肩（绝缘服）	10kV	2件	根据现场情况选择
	5		绝缘安全带		2个	有后备保护绳
	6		护目镜		2个	
	7	绝缘遮蔽用具	导线遮蔽罩	10kV	9根	不少于配备数量
	8		绝缘毯	10kV	6块	不少于配备数量
	9		绝缘毯夹		12个	不少于配备数量
	10	绝缘工具	绝缘手工工具		1套	
	11		绝缘绳套	10kV	1个	起吊导线用（选用）
	12	检测仪器	绝缘测试仪	2500V以上	1套	
	13		高压验电器	10kV	1个	
	14		工频高压发生器	10kV	1个	
	15		风速湿度仪		1个	
	16		绝缘手套检测仪		1个	

6．作业程序

（1）开工准备。

√	序号	作业内容	步骤及要求	备注
	1	现场复勘	步骤1：工作负责人核对线路名称和杆号正确、工作任务无误、安全措施到位，作业点两侧的电杆根部牢固、基础牢固、导线绑扎牢固，作业装置和现场环境符合带电作业条件。 步骤2：工作班成员确认天气良好，实测风速_级（不大于5级）、湿度_%（不大于80%），符合作业条件。 步骤3：工作负责人根据复勘结果告知工作班成员：现场具备安全作业条件，可以开展工作	

续表

√	序号	作业内容	步骤及要求	备注
	2	停放绝缘斗臂车，设置安全围栏和警示标志	步骤 1：工作负责人指挥驾驶员将绝缘斗臂车停放到合适位置，支腿支放到垫板上，轮胎离地，支撑牢固后将车体可靠接地。 步骤 2：工作班成员依据作业空间设置硬质安全围栏，包括围栏的出口、入口。 步骤 3：工作班成员设置“从此进出”“施工现场，车辆慢行或车辆绕行”等警示标志或路障。 步骤 4：根据现场实际工况，增设临时交通疏导人员，应穿戴反光衣	
	3	工作许可，召开站班会	步骤 1：工作负责人向值班调控人员或运维人员申请工作许可和停用重合闸许可，记录许可方式、工作许可人和许可工作（联系）时间，并签字确认。 步骤 2：工作负责人召开站班会宣读工作票。 步骤 3：工作负责人确认工作班成员对工作任务、危险点预控措施和任务分工都已知晓，履行工作票签字、确认手续，记录工作开始时间	
	4	摆放和检查工器具	步骤 1：工作班成员将工器具分区摆放在防潮帆布上。 步骤 2：工作班成员按照分工擦拭并外观检查工器具完好无损，绝缘工具的绝缘电阻值检测不低于 700MΩ，绝缘手套充（压）气检测不漏气，安全带冲击试验检测的结果为安全。 步骤 3：绝缘斗内电工擦拭并外观检查绝缘斗臂车的绝缘斗和绝缘臂外观完好无损，空绝缘斗试操作运行正常（升降、伸缩、回转等）	
	5	绝缘斗内电工进绝缘斗，可携带工器具入绝缘斗	步骤 1：绝缘斗内电工穿戴好绝缘防护用具进入绝缘斗，挂好安全带保险钩；地面电工将绝缘遮蔽用具和可携带的工具入绝缘斗。 步骤 2：绝缘斗内电工按照“先抬臂（离支架）、再伸臂（1m 线）、加旋转 ”的动作，操作绝缘斗进入带电作业区域，作业中禁止摘下绝缘手套，绝缘臂伸出长度确保 1m 标示线	

（2）操作步骤。

√	序号	作业内容	步骤及要求	备注
	1	进入带电作业区域，验电，设置绝缘遮蔽措施	步骤 1：绝缘斗内电工穿戴好绝缘防护用具，经工作负责人检查合格后进入绝缘斗，挂好安全带保险钩。 步骤 2：绝缘斗内电工调整绝缘斗至合适位置，使用验电器对绝缘子、横担进行验电，确认无漏电现象汇报给工作负责人，连同现场检测的风速、湿度一并记录在工作票备注栏内。 步骤 3：绝缘斗内电工调整绝缘斗至近边相导线外侧适当位置，按照“从近到远、从下到上、先带电体后接地体”的遮蔽原则，以及“近边相、中间相、远边相”的遮蔽顺序，依次对作业范围内的导线、绝缘子、横担进行绝缘遮蔽；更换中间相绝缘子时应将三相导线、横担及杆顶部分进行绝缘遮蔽	

续表

√	序号	作业内容	步骤及要求	备注
	2	提升导线，更换直线杆绝缘子	【方法】：绝缘小吊臂法提升导线更换直线杆绝缘子： 步骤1：绝缘斗内电工调整绝缘斗至近边相外侧适当位置，使用绝缘小吊绳在铅垂线上固定导线。 步骤2：绝缘斗内电工拆除绝缘子绑扎线，提升远边相导线至横担不小于0.4m处。 步骤3：绝缘斗内电工拆除旧绝缘子，安装新绝缘子，并对新安装绝缘子和横担进行绝缘遮蔽。 步骤4：绝缘斗内电工使用绝缘小吊绳将远边相导线缓缓放入新绝缘子顶槽内，使用盘成小盘的帮扎线固定后，恢复绝缘遮蔽。更换远边相直线绝缘子工作结束。 步骤5：远边相绝缘子的更换按相同的方法进行。 步骤6：绝缘斗内电工转移调整绝缘斗至中间相外侧适当位置，使用绝缘小吊绳在铅垂线上固定导线。 步骤7：绝缘斗内电工拆除绝缘子绑扎线，提升中间相导线至杆顶不小于0.4m处。 步骤8：绝缘斗内电工拆除旧绝缘子，安装新绝缘子，并对新安装绝缘子和横担设置绝缘遮蔽措施。 步骤9：绝缘斗内电工使用绝缘小吊绳将中间相导线缓缓放入新绝缘子顶槽内，使用盘成小盘的帮扎线固定后，恢复绝缘遮蔽，更换中间相绝缘子工作结束	
	3	拆除绝缘遮蔽，退出带电作业区域	步骤1：绝缘斗内电工向工作负责人汇报确认本项工作已完成。 步骤2：绝缘斗内电工转移绝缘斗至合适作业位置，按照“从远到近、从上到下、先接地体后带电体”的原则，以及“远边相、中间相、近边相”的顺序（与遮蔽相反），拆除绝缘遮蔽。 步骤3：绝缘斗内电工检查杆上无遗留物后，操作绝缘斗退出带电作业区域，返回地面；配合地面人员卸下绝缘斗内工具，收回绝缘斗臂车支腿（包括接地线和垫板），绝缘斗内工作结束	

（3）工作结束。

√	序号	作业内容	步骤及要求	备注
	1	清理现场	步骤1：工作班成员整理工具、材料，清洁后装箱、装袋。 步骤2：工作班成员清理现场：工完、料尽、场地清	
	2	召开收工会	步骤1：点评本项工作的完成情况。 步骤2：点评安全措施的落实情况。 步骤3：点评作业指导书的执行情况	
	3	工作终结	步骤1：工作负责人向值班调控人员或运维人员报告申请终结工作票，记录许可方式、工作许可人和终结报告时间，并签字确认，宣布本项工作结束。 步骤2：工作负责人组织工作班成员撤离现场，到达班组后将作业资料分类归档	

7. 验收总结

序号	作业总结	
1	验收评价	按指导书要求完成工作
2	存在问题及处理意见	无

8. 指导书执行情况签字栏

作业地点：	日期：　　年　　月　　日
工作班组：	工作负责人（签字）：
班组成员（签字）：	

9. 附录

略。

2.2　带电更换直线杆绝缘子及横担（绝缘手套作业法，绝缘斗臂车作业）

2.2.1　项目概述

本项目指导与风险管控仅适用于如图 2-3 所示的直线杆（导线三角排列），采用绝缘手套作业法＋绝缘横担＋绝缘小吊臂法提升导线（绝缘斗臂车作业）更换直线杆绝缘子及横担工作。生产中务必结合现场实际工况参照适用。

2.2.2　作业流程

绝缘手套作业法＋绝缘横担＋绝缘小吊臂法提升导线（绝缘斗臂车作业）更换直线杆绝缘子及横担工作的作业流程，如图 2-4 所示。现场作业前，工作负责人应当检查确认作业点两侧的电杆根部牢固、基础牢固、导线绑扎牢固，作业装置和现场环境符合带电作业条件，方可开始工作。

2.2.3　作业风险管控

现场作业必须严把安全作业风险（管控）关，严格依据工作票、安全交底会、作业指导书完成作业全过程，实现作业项目全过程风险管控。接受工作任务应当根据现场勘察记录填写、签发工作票，编制作业指导书履行审批制度；

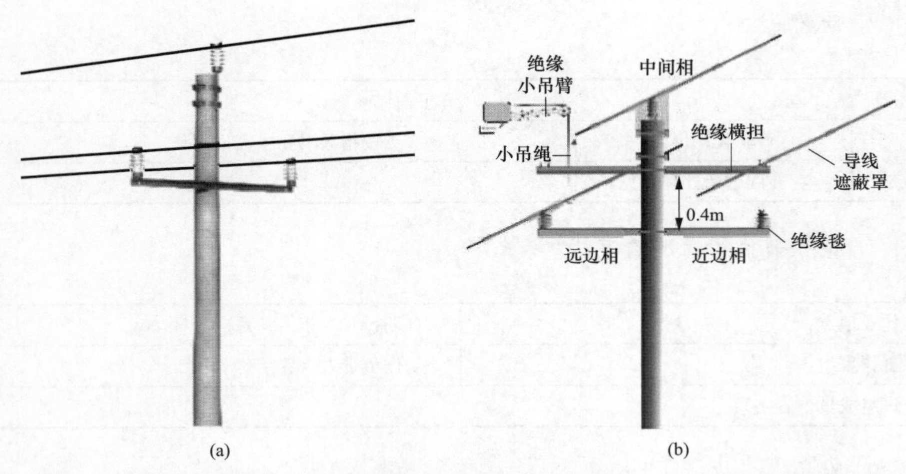

图 2-3　绝缘手套作业法＋绝缘横担＋绝缘小吊臂法提升导线（绝缘斗臂车作业）带电更换直线杆绝缘子及横担工作

（a）杆头外形图；（b）绝缘横担＋绝缘小吊臂法提升远边相导线示意图

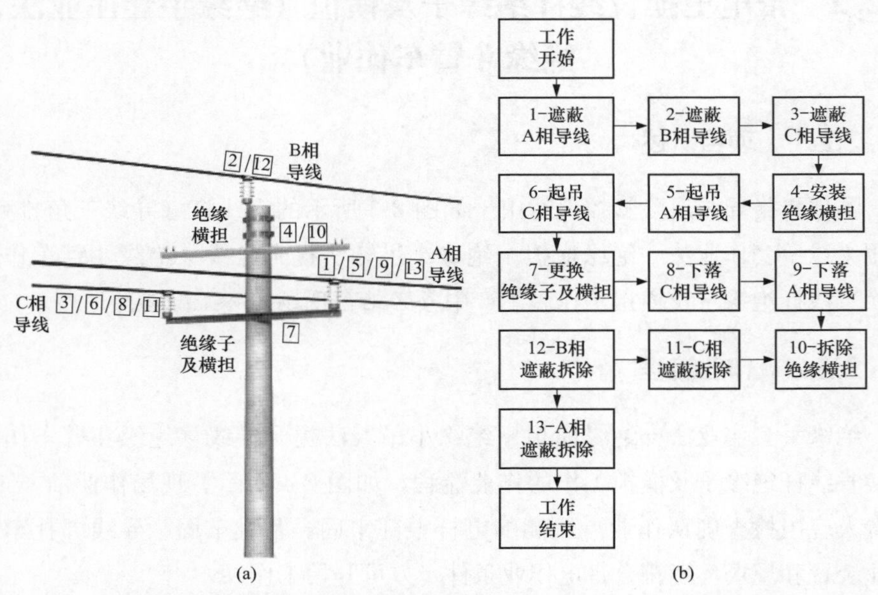

图 2-4　绝缘手套作业法＋绝缘横担＋绝缘小吊臂法提升导线（绝缘斗臂车作业）更换直线杆绝缘子及横担工作的作业流程

（a）示意图；（b）流程图

到达工作现场应当进行现场复勘，履行工作许可手续和停用重合闸工作许可后，召开现场站班会、宣读工作票履行签字确认手续，严格遵照执行作业指导书规范作业。

（1）工作负责人（或专责监护人）在工作现场必须履行工作职责和行使监护职责。

（2）进入绝缘斗内的作业人员必须穿戴个人绝缘防护用具（绝缘手套、绝缘服或绝缘披肩、绝缘安全帽以及护目镜等），使用的安全带应有良好的绝缘性能，起臂前安全带保险钩必须系挂在绝缘斗内专用挂钩上。

（3）个人绝缘防护用具使用前必须进行外观检查，绝缘手套使用前必须进行充（压）气检测，确认合格后方可使用；带电作业过程中，禁止摘下绝缘防护用具。

（4）绝缘斗臂车使用前应可靠接地。作业中的绝缘斗臂车的绝缘臂伸出的有效绝缘长度不小于1.0m。

（5）绝缘斗内电工对带电作业中可能触及的带电体和接地体设置绝缘遮蔽（隔离）措施时，绝缘遮蔽（隔离）的范围应比作业人员活动范围增加0.4m以上，绝缘遮蔽用具之间的重叠部分不得小于150mm，遮蔽措施应严密与牢固。

注：GB/T 18857—2019《配电线路带电作业技术导则》第6.2.2条、第6.2.3条规定：采用绝缘手套作业法时无论作业人员与接地体和相邻带电体的空气间隙是否满足规定的安全距离，作业前均需对人体可能触及范围内的带电体和接地体进行绝缘遮蔽。在作业范围窄小，电气设备布置密集处，为保证作业人员对相邻带电体或接地体的有效隔离，在适当位置还应装设绝缘隔板等限制作业人员的活动范围。

（6）绝缘斗内电工按照“先外侧（近边相和远边相）、后内侧（中间相）”的顺序依次进行同相绝缘遮蔽（隔离）时，应严格遵循“先带电体后接地体”的原则。

（7）绝缘斗内电工作业时严禁人体同时接触两个不同的电位体，包括设置（拆除）绝缘遮蔽（隔离）用具的作业中，作业工位的选择应合适，在不影响作业的前提下，人身务必与带电体和接地体保持一定的安全距离，以防绝缘斗内电工作业过程中人体串入电路；绝缘斗内双人作业时，禁止同时在不同相或不同电位作业。

（8）绝缘横担的安装高度应满足安全距离（0.4m）的要求。安装（拆除）绝缘横担时，必须是在作业范围内的带电体完全绝缘遮蔽的前提下进行，起吊时应使用绝缘小吊臂缓慢进行。

(9) 提升和下降导线时要缓慢进行，导线起吊高度应满足安全距离(0.4m)的要求；使用绑扎线时应盘成小盘，拆除（绑扎）绝缘子绑扎线时，绑扎线的展放长度不应超过 10cm；导线脱离绝缘子后应及时恢复导线上的绝缘遮蔽措施。

(10) 拆除（安装）直线杆绝缘子及横担时，同安装（拆除）绝缘横担一样，也必须是在作业范围内的带电体完全绝缘遮蔽的前提下进行，起吊时应使用绝缘小吊臂缓慢进行。

(11) 绝缘斗内电工按照“先内侧（中间相）、后外侧（近边相和远边相）”的顺序依次拆除同相绝缘遮蔽（隔离）用具时，应严格遵循“先接地体后带电体”的原则。

2.2.4 作业指导书

1. 适用范围

本指导书仅适用于如图 2-4 所示的采用绝缘手套作业法＋绝缘横担＋绝缘小吊臂法提升导线（绝缘斗臂车作业）带电更换直线杆绝缘子及横担工作。生产中务必结合现场实际工况参照适用。

2. 引用文件

GB/T 18857—2019《配电线路带电作业技术导则》

Q/GDW 10520—2016《10kV 配网不停电作业规范》

Q/GDW 10799.8—2023《国家电网有限公司电力安全工作规程　第 8 部分：配电部分》

3. 人员分工

本作业项目工作人员共计 4 人，人员分工为：工作负责人（兼工作监护人）1 人、绝缘斗内电工 2 人、地面电工 1 人。

√	序号	人员分工	人数	职责和资质	备注
	1	工作负责人 （兼工作监护人）	1	执行配电带电作业工作票，组织、指挥带电作业工作，作业中全程监护和落实作业现场安全措施	
	2	绝缘斗内电工	2	绝缘斗内 1 号电工：负责带电更换直线杆绝缘子及横担工作。 绝缘斗内 2 号辅助电工：配合绝缘斗内 1 号电工作业	
	3	地面电工	1	负责地面工作，配合绝缘斗内电工作业	

4. 工作前准备

√	序号	内容	要求	备注
	1	现场勘察	现场勘察由工作负责人组织开展，根据勘察结果确定作业方法、所需工具以及采取的措施，并填写现场勘察记录	
	2	编写作业指导书并履行审批手续	作业指导书由工作负责人组织编写，现场作业人员必须严格遵照执行作业指导书而规范作业，作业前必须履行相关审批手续	
	3	填写、签发工作票	工作票由工作负责人按票面要求逐项填写，并由工作票签发人审核、签发后才可开展本项工作	
	4	召开班前会	工作负责人组织班组成员召开班前会，认真学习作业指导书，明确作业方法、作业步骤、人员分工和工作职责等	
	5	领用工器具和运输	领用工器具应核对电压等级和试验周期、检查外观完好无损、填写工器具出入库记录单，运输工器具应装箱入袋或放在专用工具车内	

5. 工器具配备

√	序号	名称		规格、型号	数量	备注
	1	特种车辆	绝缘斗臂车	10kV	1辆	
	2	个人防护用具	绝缘手套	10kV	2双	戴防护手套
	3		绝缘安全帽	10kV	2顶	
	4		绝缘披肩（绝缘服）	10kV	2件	根据现场情况选择
	5		绝缘安全带		2个	有后备保护绳
	6		护目镜		2个	
	7	绝缘遮蔽用具	导线遮蔽罩	10kV	6根	不少于配备数量
	8		引线遮蔽罩	10kV	6根	根据实际情况选用
	9		绝缘毯	10kV	6块	不少于配备数量
	10		绝缘毯夹		12个	不少于配备数量
	11	绝缘工具	绝缘横担	10kV	1个	电杆用
	12		绝缘手工工具		1套	
	13		绝缘绳套1	10kV	1个	起吊导线用（选用）
	14		绝缘绳套2	10kV	1个	挂滑车用
	15		绝缘传递绳带滑车	10kV	1根	
	16	检测仪器	绝缘测试仪	2500V以上	1套	
	17		高压验电器	10kV	1个	
	18		工频高压发生器	10kV	1个	
	19		风速湿度仪		1个	
	20		绝缘手套检测仪		1个	

6. 作业程序

(1) 开工准备。

√	序号	作业内容	步骤及要求	备注
	1	现场复勘	步骤1：工作负责人核对线路名称和杆号正确、工作任务无误、安全措施到位，作业点两侧的电杆根部牢固、基础牢固、导线绑扎牢固，作业装置和现场环境符合带电作业条件。 步骤2：工作班成员确认天气良好，实测风速__级（不大于5级）、湿度__%（不大于80%），符合作业条件。 步骤3：工作负责人根据复勘结果告知工作班成员：现场具备安全作业条件，可以开展工作	
	2	停放绝缘斗臂车，设置安全围栏和警示标志	步骤1：工作负责人指挥驾驶员将绝缘斗臂车停放到合适位置，支腿支放到垫板上，轮胎离地，支撑牢固后将车体可靠接地。 步骤2：工作班成员依据作业空间设置硬质安全围栏，包括围栏的出口、入口。 步骤3：工作班成员设置”从此进出”“施工现场，车辆慢行或车辆绕行”等警示标志或路障。 步骤4：根据现场实际工况，增设临时交通疏导人员，应穿戴反光衣	
	3	工作许可，召开站班会	步骤1：工作负责人向值班调控人员或运维人员申请工作许可和停用重合闸许可，记录许可方式、工作许可人和许可工作（联系）时间，并签字确认。 步骤2：工作负责人召开站班会宣读工作票。 步骤3：工作负责人确认工作班成员对工作任务、危险点预控措施和任务分工都已知晓，履行工作票签字、确认手续，记录工作开始时间	
	4	摆放和检查工器具	步骤1：工作班成员将工器具分区摆放在防潮帆布上。 步骤2：工作班成员按照分工擦拭并外观检查工器具完好无损，绝缘工具的绝缘电阻值检测不低于700MΩ，绝缘手套充（压）气检测不漏气，安全带冲击试验检测的结果为安全。 步骤3：绝缘斗内电工擦拭并外观检查绝缘斗臂车的绝缘斗和绝缘臂外观完好无损，空绝缘斗试操作运行正常（升降、伸缩、回转等）	
	5	绝缘斗内电工进绝缘斗，可携带工器具入绝缘斗	步骤1：绝缘斗内电工穿戴好绝缘防护用具进入绝缘斗，挂好安全带保险钩；地面电工将绝缘遮蔽用具和可携带的工具入绝缘斗。 步骤2：绝缘斗内电工按照“先抬臂（离支架）、再伸臂（1m线）、加旋转 ”的动作，操作绝缘斗进入带电作业区域，作业中禁止摘下绝缘手套，绝缘臂伸出长度确保1m标示线	

（2）操作步骤。

√	序号	作业内容	步骤及要求	备注
	1	进入带电作业区域，验电，设置绝缘遮蔽措施	步骤1：绝缘斗内电工穿戴好绝缘防护用具，经工作负责人检查合格后进入绝缘斗，挂好安全带保险钩。 步骤2：绝缘斗内电工调整绝缘斗至合适位置，使用验电器对绝缘子、横担进行验电，确认无漏电现象汇报给工作负责人，连同现场检测的风速、湿度一并记录在工作票备注栏内。 步骤3：绝缘斗内电工调整绝缘斗至近边相导线外侧适当位置，按照“从近到远、从下到上、先带电体后接地体”的遮蔽原则，以及“近边相、中间相、远边相”的遮蔽顺序，依次对作业范围内的导线、绝缘子、横担以及杆顶进行绝缘遮蔽	
	2	提升导线，更换直线杆绝缘子及横担	【方法】：绝缘横担＋绝缘小吊臂法提升导线更换直线杆绝缘子及横担： 步骤1：绝缘斗内电工调整绝缘斗至相间合适位置，在电杆上高出横担约0.4m的位置安装绝缘横担。 步骤2：绝缘斗内电工调整绝缘斗至近边相外侧适当位置，使用绝缘小吊绳在铅垂线上固定导线。 步骤3：绝缘斗内电工拆除绝缘子绑扎线，提升近边相导线置于绝缘横担上的固定槽内可靠固定。 步骤4：按照相同的方法将远边相导线置于绝缘横担的固定槽内并可靠固定。 步骤5：绝缘斗内电工转移绝缘斗至合适作业位置，拆除旧绝缘子及横担，安装新绝缘子及横担，并对新安装绝缘子及横担设置绝缘遮蔽措施。 步骤6：绝缘斗内电工调整绝缘斗至远边相外侧适当位置，使用绝缘小吊绳将远边相导线缓缓放入新绝缘子顶槽内，使用盘成小盘的帮扎线固定后，恢复绝缘遮蔽。 步骤7：远边相导线的固定按相同的方法进行。 步骤8：绝缘斗内电工转移调整绝缘斗至中间相外侧适当位置，使用绝缘小吊绳在铅垂线上固定导线。 步骤9：绝缘斗内电工拆除绝缘子绑扎线，提升中间相导线至杆顶不小于0.4m处。 步骤10：绝缘斗内电工拆除旧绝缘子，安装新绝缘子，并对新安装绝缘子和横担设置绝缘遮蔽措施。 步骤11：绝缘斗内电工使用绝缘小吊绳将中间相导线缓缓放入新绝缘子顶槽内，使用盘成小盘的帮扎线固定后，恢复绝缘遮蔽，更换中间相绝缘子工作结束。 步骤12：绝缘斗内电工转移绝缘斗至横放前方合适作业位置，拆除杆上绝缘横担，更换直线杆绝缘子及横担工作结束	
	3	拆除绝缘遮蔽，退出带电作业区域	步骤1：绝缘斗内电工向工作负责人汇报确认本项工作已完成。 步骤2：绝缘斗内电工转移绝缘斗至合适作业位置，按照“从远到近、从上到下、先接地体后带电体”的原则，以及“远边相、中间相、近边相”的顺序（与遮蔽相反），拆除绝缘遮蔽。 步骤3：绝缘斗内电工检查杆上无遗留物后，操作绝缘斗退出带电作业区域，返回地面；配合地面人员卸下绝缘斗内工具，收回绝缘斗臂车支腿（包括接地线和垫板），绝缘斗内工作结束	

（3）工作结束。

√	序号	作业内容	步骤及要求	备注
	1	清理现场	步骤1：工作班成员整理工具、材料，清洁后装箱、装袋。 步骤2：工作班成员清理现场：工完、料尽、场地清	
	2	召开收工会	步骤1：点评本项工作的完成情况。 步骤2：点评安全措施的落实情况。 步骤3：点评作业指导书的执行情况	
	3	工作终结	步骤1：工作负责人向值班调控人员或运维人员报告申请终结工作票，记录许可方式、工作许可人和终结报告时间，并签字确认，宣布本项工作结束。 步骤2：工作负责人组织工作班成员撤离现场，到达班组后将作业资料分类归档	

7. 验收总结

序号	作业总结	
1	验收评价	按指导书要求完成工作
2	存在问题及处理意见	无

8. 指导书执行情况签字栏

作业地点：	日期：　　年　　月　　日
工作班组：	工作负责人（签字）：
班组成员（签字）：	

9. 附录

略。

2.3　带电更换耐张杆绝缘子串（绝缘手套作业法，绝缘斗臂车作业）

2.3.1　项目概述

本项目指导与风险管控仅适用于如图2-5所示的直线耐张杆（导线三角排列），采用绝缘手套作业法＋绝缘紧线器法（绝缘斗臂车作业）更换耐张杆绝缘子串工作。生产中务必结合现场实际工况参照适用。

2.3.2　作业流程

绝缘手套作业法＋绝缘紧线器法（绝缘斗臂车作业）更换耐张杆绝缘子串

工作的作业流程，如图 2-6 所示。现场作业前，工作负责人应当检查确认作业点两侧的电杆根部牢固、基础牢固、导线绑扎牢固，作业装置和现场环境符合带电作业条件，方可开始工作。

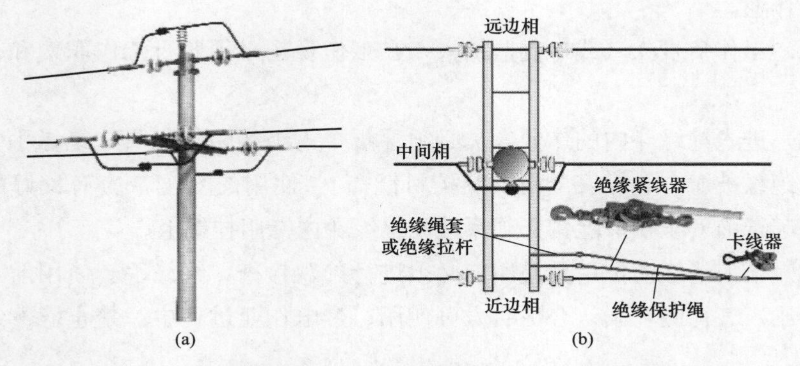

图 2-5　绝缘手套作业法＋绝缘紧线器法（绝缘斗臂车作业）更换耐张杆绝缘子串工作

（a）杆头外形图；（b）绝缘紧线器法示意图

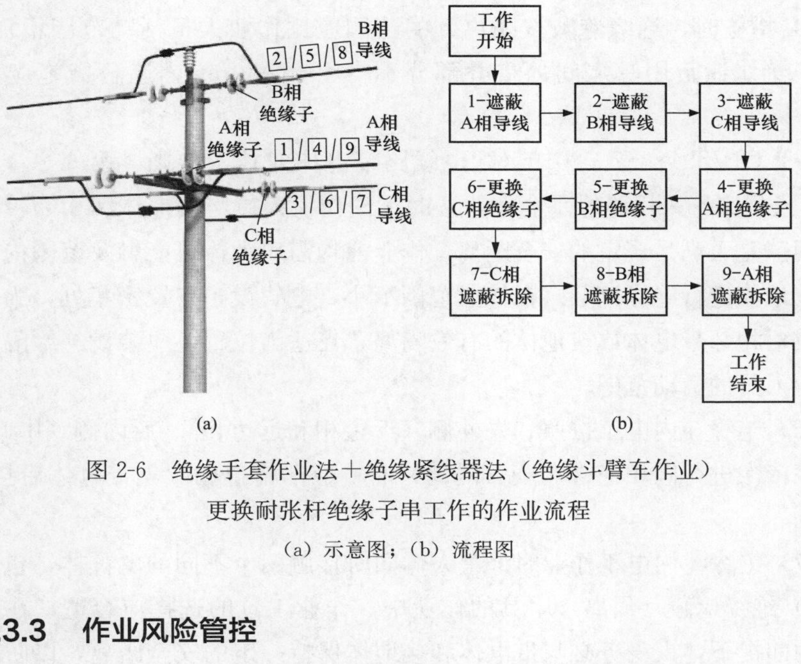

B相导线
2 / 5 / 8
B相绝缘子
A相绝缘子
A相导线
1 / 4 / 9
C相导线
3 / 6 / 7
C相绝缘子

工作开始 → 1-遮蔽A相导线 → 2-遮蔽B相导线 → 3-遮蔽C相导线 → 4-更换A相绝缘子 → 5-更换B相绝缘子 → 6-更换C相绝缘子 → 7-C相遮蔽拆除 → 8-B相遮蔽拆除 → 9-A相遮蔽拆除 → 工作结束

(a)　(b)

图 2-6　绝缘手套作业法＋绝缘紧线器法（绝缘斗臂车作业）更换耐张杆绝缘子串工作的作业流程

（a）示意图；（b）流程图

2.3.3　作业风险管控

现场作业必须严把安全作业风险（管控）关，严格依据工作票、安全交底会、作业指导书完成作业全过程，实现作业项目全过程风险管控。接受工作任务应当根据现场勘察记录填写、签发工作票，编制作业指导书履行审批制度；到达工作现场应当进行现场复勘，履行工作许可手续和停用重合闸工作许可后，召开现场站班会、宣读工作票履行签字确认手续，严格遵照执行作业指导书规范作业。

（1）工作负责人（或专责监护人）在工作现场必须履行工作职责和行使监护职责。

（2）进入绝缘斗内的作业人员必须穿戴个人绝缘防护用具（绝缘手套、绝缘服或绝缘披肩、绝缘安全帽以及护目镜等），使用的安全带应有良好的绝缘性能，起臂前安全带保险钩必须系挂在绝缘斗内专用挂钩上。

（3）个人绝缘防护用具使用前必须进行外观检查，绝缘手套使用前必须进行充（压）气检测，确认合格后方可使用；带电作业过程中，禁止摘下绝缘防护用具。

（4）绝缘斗臂车使用前应可靠接地。作业中的绝缘斗臂车的绝缘臂伸出的有效绝缘长度不小于1.0m。

（5）绝缘斗内电工对带电作业中可能触及的带电体和接地体设置绝缘遮蔽（隔离）措施时，绝缘遮蔽（隔离）的范围应比作业人员活动范围增加0.4m以上，绝缘遮蔽用具之间的重叠部分不得小于150mm，遮蔽措施应严密与牢固。

注：GB/T 18857—2019《配电线路带电作业技术导则》第6.2.2条、第6.2.3条规定：采用绝缘手套作业法时无论作业人员与接地体和相邻带电体的空气间隙是否满足规定的安全距离，作业前均需对人体可能触及范围内的带电体和接地体进行绝缘遮蔽。在作业范围窄小，电气设备布置密集处，为保证作业人员对相邻带电体或接地体的有效隔离，在适当位置还应装设绝缘隔板等限制作业人员的活动范围。

（6）绝缘斗内电工按照“先外侧（近边相和远边相）、后内侧（中间相）”的顺序依次进行同相绝缘遮蔽（隔离）时，应严格遵循“先带电体后接地体”的原则。

（7）绝缘斗内电工作业时严禁人体同时接触两个不同的电位体，包括设置（拆除）绝缘遮蔽（隔离）用具的作业中，作业工位的选择应合适，在不影响作业的前提下，人身务必与带电体和接地体保持一定的安全距离，以防绝缘斗内电工作业过程中人体串入电路；绝缘斗内双人作业时，禁止同时在不同相或不同电位作业。

（8）安装绝缘紧线器、备保护绳以及更换耐张绝缘子时，绝缘绳套（或安装在耐张横担上绝缘拉杆、绝缘联板）和保护绳的有效绝缘长度不小于 0.4m。绝缘紧线器收紧导线后，后备保护绳套应适当收紧并固定。

（9）拔除、安装耐张线夹与耐张绝缘子连接的碗头挂板时，以及在横担上拆除、挂接耐张绝缘子串时，横担侧绝缘子及耐张线夹等导线侧带电体应有严密的绝缘遮蔽措施；作业时严禁人体同时接触两个不同的电位体，拆除（安装）耐张绝缘子时严禁人体串入电路。

（10）绝缘斗内电工按照“先内侧（中间相）、后外侧（近边相和远边相）”的顺序依次拆除同相绝缘遮蔽（隔离）用具时，应严格遵循“先接地体后带电体”的原则。

2.3.4　作业指导书

1. 适用范围

本指导书仅适用于如图 2-5 所示的采用绝缘手套作业法＋绝缘紧线器法（绝缘斗臂车作业）更换耐张杆绝缘子串工作。生产中务必结合现场实际工况参照适用。

2. 引用文件

GB/T 18857—2019《配电线路带电作业技术导则》

Q/GDW 10520—2016《10kV 配网不停电作业规范》

Q/GDW 10799.8—2023《国家电网有限公司电力安全工作规程　第 8 部分：配电部分》

3. 人员分工

本作业项目工作人员共计 4 人，人员分工为：工作负责人（兼工作监护人）1 人、绝缘斗内电工 2 人、地面电工 1 人。

√	序号	人员分工	人数	职责	备注
	1	工作负责人（兼工作监护人）	1	执行配电带电作业工作票，组织、指挥带电作业工作，作业中全程监护和落实作业现场安全措施	
	2	绝缘斗内电工	2	绝缘斗内 1 号电工：负责带电更换耐张杆绝缘子串工作。 绝缘斗内 2 号辅助电工：配合绝缘斗内 1 号电工作业	
	3	地面电工	1	负责地面工作，配合绝缘斗内电工作业	

4. 工作前准备

√	序号	内容	要求	备注
	1	现场勘察	现场勘察由工作负责人组织开展，根据勘察结果确定作业方法、所需工具以及采取的措施，并填写现场勘察记录	
	2	编写作业指导书并履行审批手续	作业指导书由工作负责人组织编写，现场作业人员必须严格遵照执行作业指导书而规范作业，作业前必须履行相关审批手续	
	3	填写、签发工作票	工作票由工作负责人按票面要求逐项填写，并由工作票签发人审核、签发后才可开展本项工作	
	4	召开班前会	工作负责人组织班组成员召开班前会，认真学习作业指导书，明确作业方法、作业步骤、人员分工和工作职责等	
	5	领用工器具和运输	领用工器具应核对电压等级和试验周期、检查外观完好无损、填写工器具出入库记录单，运输工器具应装箱入袋或放在专用工具车内	

5. 工器具配备

√	序号	名称		规格、型号	数量	备注
	1	特种车辆	绝缘斗臂车	10kV	1 辆	
	2	个人防护用具	绝缘手套	10kV	2 双	戴防护手套
	3		绝缘安全帽	10kV	2 顶	
	4		绝缘披肩（绝缘服）	10kV	2 件	根据现场情况选择
	5		绝缘安全带		2 个	有后备保护绳
	6		护目镜		2 个	
	7	绝缘遮蔽用具	导线遮蔽罩	10kV	6 根	不少于配备数量
	8		引线遮蔽罩	10kV	6 根	根据实际情况选用
	9		绝缘毯	10kV	12 块	不少于配备数量
	10		绝缘毯夹		24 个	不少于配备数量
	11	绝缘工具	绝缘传递绳	10kV	1 根	
	12		绝缘绳套	10kV	2 个	紧线器和保护绳用
	13		绝缘紧线器	10kV	1 个	
	14		绝缘保护绳	10kV	1 根	
	15		绝缘拉杆（联板）	10kV	1 个	根据实际情况选用
	16	金属工具	卡线器		2 个	紧线器和保护绳用
	17	检测仪器	绝缘测试仪	2500V 以上	1 套	

续表

√	序号	名称		规格、型号	数量	备注
	18	检测仪器	高压验电器	10kV	1个	
	19		工频高压发生器	10kV	1个	
	20		风速湿度仪		1个	
	21		绝缘手套检测仪		1个	

6. 作业程序

(1) 开工准备。

√	序号	作业内容	步骤及要求	备注
	1	现场复勘	步骤1：工作负责人核对线路名称和杆号正确、工作任务无误、安全措施到位，作业点两侧的电杆根部牢固、基础牢固、导线绑扎牢固，作业装置和现场环境符合带电作业条件。 步骤2：工作班成员确认天气良好，实测风速__级（不大于5级）、湿度__%（不大于80%），符合作业条件。 步骤3：工作负责人根据复勘结果告知工作班成员：现场具备安全作业条件，可以开展工作	
	2	停放绝缘斗臂车，设置安全围栏和警示标志	步骤1：工作负责人指挥驾驶员将绝缘斗臂车停放到合适位置，支腿支放到垫板上，轮胎离地，支撑牢固后将车体可靠接地。 步骤2：工作班成员依据作业空间设置硬质安全围栏，包括围栏的出口、入口。 步骤3：工作班成员设置“从此进出”“施工现场，车辆慢行或车辆绕行”等警示标志或路障。 步骤4：根据现场实际工况，增设临时交通疏导人员，应穿戴反光衣	
	3	工作许可，召开站班会	步骤1：工作负责人向值班调控人员或运维人员申请工作许可和停用重合闸许可，记录许可方式、工作许可人和许可工作（联系）时间，并签字确认。 步骤2：工作负责人召开站班会宣读工作票。 步骤3：工作负责人确认工作班成员对工作任务、危险点预控措施和任务分工都已知晓，履行工作票签字、确认手续，记录工作开始时间	
	4	摆放和检查工器具	步骤1：工作班成员将工器具分区摆放在防潮帆布上。 步骤2：工作班成员按照分工擦拭并外观检查工器具完好无损，绝缘工具的绝缘电阻值检测不低于700MΩ，绝缘手套充（压）气检测不漏气，安全带冲击试验检测的结果为安全。 步骤3：绝缘斗内电工擦拭并外观检查绝缘斗臂车的绝缘斗和绝缘臂外观完好无损，空绝缘斗试操作运行正常（升降、伸缩、回转等）	

续表

√	序号	作业内容	步骤及要求	备注
	5	绝缘斗内电工进绝缘斗，可携带工器具入绝缘斗	步骤1：绝缘斗内电工穿戴好绝缘防护用具进入绝缘斗，挂好安全带保险钩；地面电工将绝缘遮蔽用具和可携带的工具入绝缘斗。 步骤2：绝缘斗内电工按照“先抬臂（离支架）、再伸臂（1m线）、加旋转”的动作，操作绝缘斗进入带电作业区域，作业中禁止摘下绝缘手套，绝缘臂伸出长度确保1m标示线	

（2）操作步骤。

√	序号	作业内容	步骤及要求	备注
	1	进入带电作业区域，验电，设置绝缘遮蔽措施	步骤1：绝缘斗内电工穿戴好绝缘防护用具，经工作负责人检查合格后进入绝缘斗，挂好安全带保险钩。 步骤2：绝缘斗内电工调整绝缘斗至合适位置，使用验电器对绝缘子、横担进行验电，确认无漏电现象汇报给工作负责人，连同现场检测的风速、湿度一并记录在工作票备注栏内。 步骤3：绝缘斗内电工调整绝缘斗至近边相导线外侧适当位置，按照“从近到远、从下到上、先带电体后接地体”的遮蔽原则，以及“近边相、中间相、远边相”的遮蔽顺序，依次对作业范围内的导线、引流线、耐张线夹、绝缘子及横担进行绝缘遮蔽	
	2	安装绝缘紧线器和后备保护绳，更换耐张杆绝缘子串	步骤1：绝缘斗内电工至近边相导线外侧合适位置，将绝缘绳套（或绝缘拉杆）可靠固定在耐张横担上，安装绝缘紧线器和绝缘保护绳，完成后恢复绝缘遮蔽。 步骤2：绝缘斗内电工使用绝缘紧线器缓慢收紧导线至耐张绝缘子松弛，并拉紧绝缘保护绳，完成后恢复绝缘遮蔽。 步骤3：绝缘斗内电工托起已绝缘遮蔽的旧耐张绝缘子，将耐张线夹与耐张绝缘子连接螺栓拔除，使两者脱离，完成后恢复耐张线夹处的绝缘遮蔽。 步骤4：绝缘斗内电工拆除旧耐张绝缘子，安装新耐张绝缘子，完成后恢复耐张绝缘子处的绝缘遮蔽。 步骤5：绝缘斗内电工将耐张线夹与耐张绝缘子连接螺栓安装好，确认连接可靠后恢复耐张线夹处的绝缘遮蔽。 步骤6：绝缘斗内电工松开绝缘保护绳套并放松紧线器，使绝缘子受力后，拆下紧线器、绝缘保护绳套及绝缘绳套（或绝缘拉杆），恢复导线侧的绝缘遮蔽。 步骤7：其余两相耐张绝缘子串的更换按相同的方法进行。更换中间相耐张绝缘子串时，两边相导线绝缘遮蔽后方可进行更换	
	3	拆除绝缘遮蔽，退出带电作业区域	步骤1：绝缘斗内电工向工作负责人汇报确认本项工作已完成。 步骤2：绝缘斗内电工转移绝缘斗至合适作业位置，按照“从远到近、从上到下、先接地体后带电体”的原则，以及“远边相、中间相、近边相”的顺序（与遮蔽相反），拆除绝缘遮蔽。 步骤3：绝缘斗内电工检查杆上无遗留物后，操作绝缘斗退出带电作业区域，返回地面；配合地面人员卸下绝缘斗内工具，收回绝缘斗臂车支腿（包括接地线和垫板），绝缘斗内工作结束	

（3）工作结束。

√	序号	作业内容	步骤及要求	备注
	1	清理现场	步骤 1：工作班成员整理工具、材料，清洁后装箱、装袋。 步骤 2：工作班成员清理现场：工完、料尽、场地清	
	2	召开收工会	步骤 1：点评本项工作的完成情况。 步骤 2：点评安全措施的落实情况。 步骤 3：点评作业指导书的执行情况	
	3	工作终结	步骤 1：工作负责人向值班调控人员或运维人员报告申请终结工作票，记录许可方式、工作许可人和终结报告时间，并签字确认，宣布本项工作结束。 步骤 2：工作负责人组织工作班成员撤离现场，到达班组后将作业资料分类归档	

7. 验收总结

序号	作业总结	
1	验收评价	按指导书要求完成工作
2	存在问题及处理意见	无

8. 指导书执行情况签字栏

作业地点：	日期：　　年　　月　　日
工作班组：	工作负责人（签字）：
班组成员（签字）：	

9. 附录

略。

2.4　带负荷更换导线非承力线夹（绝缘手套作业法＋绝缘引流线法，绝缘斗臂车作业）

2.4.1　项目概述

本项目指导与风险管控仅适用于如图 2-7 所示的直线耐张杆（导线三角排列），采用绝缘手套作业法＋绝缘引流线法（绝缘斗臂车作业）带负荷更换导线非承力线夹工作，生产中务必结合现场实际工况参照适用。

2.4.2　作业流程

绝缘手套作业法＋绝缘引流线法（绝缘斗臂车作业）带负荷更换导线非承

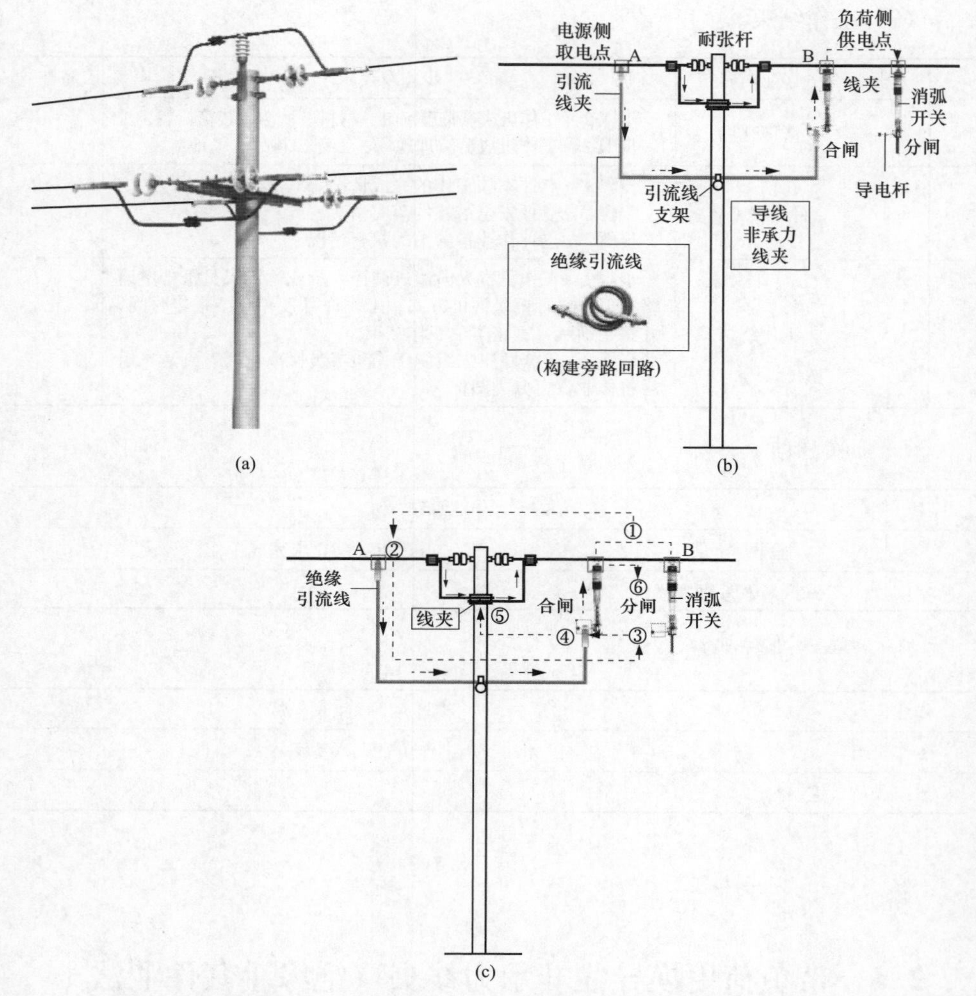

图 2-7　绝缘手套作业法+绝缘引流线法（绝缘斗臂车作业）带负荷更换导线非承力线夹工作

（a）直线耐张杆杆头外形图；（b）绝缘引流线法（带消弧开关）组成示意图；

（c）绝缘引流线法（带消弧开关）更换示意图

①—安装消弧开关；②、③—连接绝缘引流线；④—合闸；⑤—更换线夹；⑥—分闸

力线夹工作的作业流程，如图 2-8 所示。其中，工作开始前，工作负责人已检查确认作业装置和现场环境符合带电作业条件，方可开始工作。

2.4.3　作业风险管控

现场作业必须严把安全作业风险（管控）关，严格依据工作票、安全交底会、作业指导书完成作业全过程，实现作业项目全过程风险管控。接受工作任

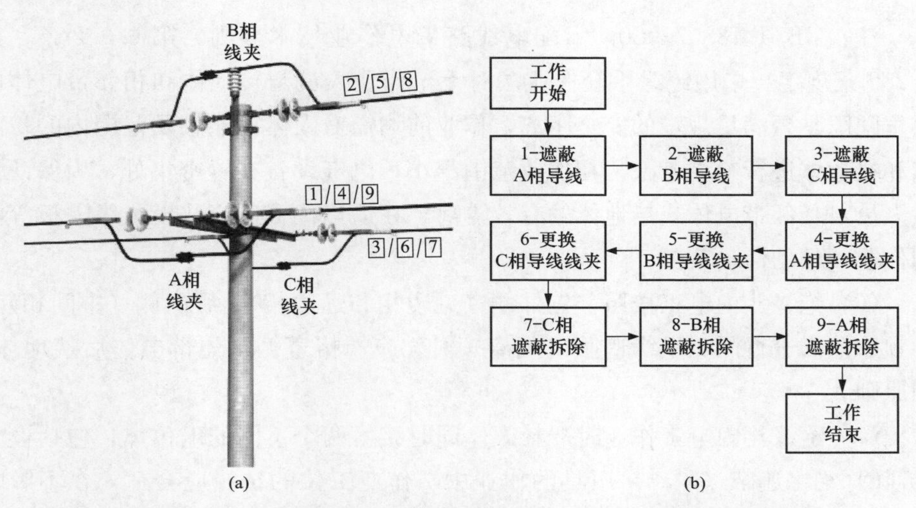

图 2-8　绝缘手套作业法＋绝缘引流线法（绝缘斗臂车作业）带负荷
更换导线非承力线夹工作的作业流程

(a) 示意图；(b) 流程图

注：图（b）中流程 4～6 包括更换前安装绝缘引流线，更换后拆除绝缘引流线。

务应当根据现场勘察记录填写、签发工作票，编制作业指导书履行审批制度；到达工作现场应当进行现场复勘，履行工作许可手续和停用重合闸工作许可后，召开现场站班会、宣读工作票履行签字确认手续，严格遵照执行作业指导书规范作业。

(1) 工作负责人（或专责监护人）在工作现场必须履行工作职责和行使监护职责。

(2) 进入绝缘斗内的作业人员必须穿戴个人绝缘防护用具（绝缘手套、绝缘服或绝缘披肩、绝缘安全帽以及护目镜等），使用的安全带应有良好的绝缘性能，起臂前安全带保险钩必须系挂在绝缘斗内专用挂钩上。

(3) 个人绝缘防护用具使用前必须进行外观检查，绝缘手套使用前必须进行充（压）气检测，确认合格后方可使用；带电作业过程中，禁止摘下绝缘防护用具。

(4) 绝缘斗臂车使用前应可靠接地；作业中的绝缘斗臂车的绝缘臂伸出的有效绝缘长度不小于 1.0m。

(5) 绝缘斗内电工对带电作业中可能触及的带电体和接地体设置绝缘遮蔽（隔离）措施时，绝缘遮蔽（隔离）的范围应比作业人员活动范围增加 0.4m 以上，绝缘遮蔽用具之间的重叠部分不得小于 150mm，遮蔽措施应严密与牢固。

注：GB/T 18857—2019《配电线路带电作业技术导则》第 6.2.2 条、第 6.2.3 条规定：采用绝缘手套作业法时无论作业人员与接地体和相邻带电体的空气间隙是否满足规定的安全距离，作业前均需对人体可能触及范围内的带电体和接地体进行绝缘遮蔽。在作业范围窄小，电气设备布置密集处，为保证作业人员对相邻带电体或接地体的有效隔离，在适当位置还应装设绝缘隔板等限制作业人员的活动范围。

（6）绝缘斗内电工按照“先外侧（近边相和远边相）、后内侧（中间相）”的顺序依次进行同相绝缘遮蔽（隔离）时，应严格遵循“先带电体后接地体”的原则。

（7）绝缘斗内电工作业时严禁人体同时接触两个不同的电位体，包括设置（拆除）绝缘遮蔽（隔离）用具的作业中，作业工位的选择应合适，在不影响作业的前提下，人身务必与带电体和接地体保持一定的安全距离，以防绝缘斗内电工作业过程中人体串入电路；绝缘斗内双人作业时，禁止同时在不同相或不同电位作业。

（8）绝缘引流线的安装应采用专用支架（或绝缘横担）进行支撑和固定[本项目使用带消弧开关的绝缘引流线，如图 2-7（b）、（c）所示]。安装绝缘引流线前应查看额定电流值，所带负荷电流不得超过绝缘引流线的额定电流。当导线连接（线夹）处发热时，禁止使用绝缘引流线进行短接，需要使用单相开关短接。

（9）采用逐相更换导线非承力线夹或更换其中的某一相导线非承力线夹的整个作业过程中，应确保绝缘引流线连接可靠、相位正确、通流正常；短接每一相时，应注意绝缘引流线另一端头不得放在工作绝缘斗内。

（10）绝缘引流线搭接未完成前严禁更换导线非承力线夹。绝缘引流线两端连接后或拆除前，应检测相关设备通流情况正常，绝缘引流线每一相分流的负荷电流不应小于原线路负荷电流的 1/3。

（11）断开（搭接）引线更换导线非承力线夹时严禁人体串入电路，严禁人体同时接触两个不同的电位体；绝缘斗内作业人员应确保人体与带电体（接地体）保持一定的安全距离。

（12）逐相拆除绝缘引流线时，应对先拆除端引流线夹部分进行绝缘遮蔽，拆下的绝缘引流线端头不得放在工作绝缘斗内，将其临时悬挂在绝缘引流线支架上。

（13）绝缘斗内电工按照“先内侧（中间相）、后外侧（近边相和远边相）”的顺序依次拆除同相绝缘遮蔽（隔离）用具时，应严格遵循“先接地体

后带电体”的原则。

2.4.4　作业指导书

1. 适用范围

本指导书仅适用于如图2－7所示的绝缘手套作业法＋绝缘引流线法（绝缘斗臂车作业）带负荷更换导线非承力线夹工作。生产中务必结合现场实际工况参照适用。

2. 引用文件

GB/T 18857—2019《配电线路带电作业技术导则》

Q/GDW 10520—2016《10kV配网不停电作业规范》

Q/GDW 10799.8—2023《国家电网有限公司电力安全工作规程　第8部分：配电部分》

3. 人员分工

本作业项目工作人员共计4人，人员分工为：工作负责人（兼工作监护人）1人、绝缘斗内电工2人、地面电工1人。

√	序号	人员分工	人数	职责和资质	备注
	1	工作负责人（兼工作监护人）	1	执行配电带电作业工作票，组织、指挥带电作业工作，作业中全程监护和落实作业现场安全措施	
	2	绝缘斗内电工	2	绝缘斗内1号电工：负责带负荷更换导线非承力线夹工作。 绝缘斗内2号辅助电工：配合绝缘斗内1号电工作业	
	3	地面电工	1	负责地面工作，配合绝缘斗内电工作业	

4. 工作前准备

√	序号	内容	要求	备注
	1	现场勘察	现场勘察由工作负责人组织开展，根据勘察结果确定作业方法、所需工具以及采取的措施，并填写现场勘察记录	
	2	编写作业指导书并履行审批手续	作业指导书由工作负责人组织编写，现场作业人员必须严格遵照执行作业指导书而规范作业，作业前必须履行相关审批手续	
	3	填写、签发工作票	工作票由工作负责人按票面要求逐项填写，并由工作票签发人审核、签发后才可开展本项工作	

续表

√	序号	内容	要求	备注
	4	召开班前会	工作负责人组织班组成员召开班前会，认真学习作业指导书，明确作业方法、作业步骤、人员分工和工作职责等	
	5	领用工器具和运输	领用工器具应核对电压等级和试验周期、检查外观完好无损、填写工器具出入库记录单，运输工器具应装箱入袋或放在专用工具车内	

5. 工器具配备

√	序号	名称		规格、型号	数量	备注
	1	特种车辆	绝缘斗臂车	10kV	1辆	
	2	个人防护用具	绝缘手套	10kV	2双	戴防护手套
	3		绝缘安全帽	10kV	2顶	
	4		绝缘披肩（绝缘服）	10kV	2件	根据现场情况选择
	5		绝缘安全带		2个	有后备保护绳
	6		护目镜		2个	
	7	绝缘遮蔽用具	导线遮蔽罩	10kV	6根	不少于配备数量
	8		引线遮蔽罩	10kV	6根	根据实际情况选用
	9		绝缘毯	10kV	12块	不少于配备数量
	10		绝缘毯夹		24个	不少于配备数量
	11	绝缘工具	绝缘传递绳	10kV	1根	
	12		带电作业用消弧开关	10kV	1个	
	13		绝缘引流线	10kV	1根	逐相短接更换
	14		绝缘引流线支架	10kV	1个	
	15		绝缘操作杆	10kV	1个	拉合消弧开关用
	16		绝缘手工工具		1套	装拆线夹用
	17	检测仪器	电流检测仪	高压	1套	
	18		绝缘测试仪	2500V以上	1套	
	19		高压验电器	10kV	1个	
	20		工频高压发生器	10kV	1个	
	21		风速湿度仪		1个	
	22		绝缘手套检测仪		1个	

6. 作业程序

（1）开工准备。

√	序号	作业内容	步骤及要求	备注
	1	现场复勘	步骤1：工作负责人核对线路名称和杆号正确、工作任务无误、安全措施到位，作业装置和现场环境符合带电作业条件。 步骤2：工作班成员确认天气良好，实测风速__级（不大于5级）、湿度__%（不大于80%），符合作业条件。 步骤3：工作负责人根据复勘结果告知工作班成员：现场具备安全作业条件，可以开展工作	
	2	停放绝缘斗臂车，设置安全围栏和警示标志	步骤1：工作负责人指挥驾驶员将绝缘斗臂车停放到合适位置，支腿支放到垫板上，轮胎离地，支撑牢固后将车体可靠接地。 步骤2：工作班成员依据作业空间设置硬质安全围栏，包括围栏的出口、入口。 步骤3：工作班成员设置“从此进出”“施工现场，车辆慢行或车辆绕行”等警示标志或路障。 步骤4：根据现场实际工况，增设临时交通疏导人员，应穿戴反光衣	
	3	工作许可，召开站班会	步骤1：工作负责人向值班调控人员或运维人员申请工作许可和停用重合闸许可，记录许可方式、工作许可人和许可工作（联系）时间，并签字确认。 步骤2：工作负责人召开站班会宣读工作票。 步骤3：工作负责人确认工作班成员对工作任务、危险点预控措施和任务分工都已知晓，履行工作票签字、确认手续，记录工作开始时间	
	4	摆放和检查工器具	步骤1：工作班成员将工器具分区摆放在防潮帆布上。 步骤2：工作班成员按照分工擦拭并外观检查工器具完好无损，绝缘工具的绝缘电阻值检测不低于700MΩ，绝缘手套充（压）气检测不漏气，安全带冲击试验检测的结果为安全。 步骤3：绝缘斗内电工擦拭并外观检查绝缘斗臂车的绝缘斗和绝缘臂外观完好无损，空绝缘斗试操作运行正常（升降、伸缩、回转等）	
	5	绝缘斗内电工进绝缘斗，可携带工器具入绝缘斗	步骤1：绝缘斗内电工穿戴好绝缘防护用具进入绝缘斗，挂好安全带保险钩；地面电工将绝缘遮蔽用具和可携带的工具入绝缘斗。 步骤2：绝缘斗内电工按照“先抬臂（离支架）、再伸臂（1m线）、加旋转 ”的动作，操作绝缘斗进入带电作业区域，作业中禁止摘下绝缘手套，绝缘臂伸出长度确保1m标示线	

（2）操作步骤。

√	序号	作业内容	步骤及要求	备注
	1	进入带电作业区域，验电，设置绝缘遮蔽措施	步骤1：绝缘斗内电工穿戴好绝缘防护用具，经工作负责人检查合格后进入绝缘斗，挂好安全带保险钩。 步骤2：绝缘斗内电工调整绝缘斗至合适位置，使用验电器对绝缘子、横担进行验电，确认无漏电现象，使用电流检测仪确认负荷电流满足绝缘引流线使用要求汇报给工作负责人，连同现场检测的风速、湿度一并记录在工作票备注栏内。	

续表

√	序号	作业内容	步骤及要求	备注
	1	进入带电作业区域，验电，设置绝缘遮蔽措施	步骤3：绝缘斗内电工调整绝缘斗至近边相导线外侧适当位置，按照“从近到远、从下到上、先带电体后接地体”的遮蔽原则，以及“近边相、中间相、远边相”的遮蔽顺序，依次对作业范围内的导线、引流线、耐张线夹、绝缘子及横担进行绝缘遮蔽	
	2	安装绝缘引流线和消弧开关，更换导线非承力线夹	步骤1：绝缘斗内电工调整绝缘斗至耐张横担下方合适位置，安装绝缘引流线支架。 步骤2：绝缘斗内电工根据绝缘引流线长度，在适当位置打开近边相导线的绝缘遮蔽，剥除两端挂接处导线上的绝缘层。 步骤3：绝缘斗内电工使用绝缘绳将绝缘引流线临时固定在主导线上，中间支撑在绝缘引流线支架上。 步骤4：绝缘斗内电工检查确认消弧开关在断开位置并闭锁后，将消弧开关挂接到近边相主导线上，完成后恢复挂接处的绝缘遮蔽。 步骤5：绝缘斗内电工调整绝缘斗至合适位置，先将绝缘引流线的一端线夹与消弧开关下端的横向导电杆连接可靠后，再将绝缘引流线的另一端线夹挂接到另一侧近边相主导线上，完成后恢复绝缘遮蔽，挂接绝缘引流线时，应先接消弧开关端、再接另一侧导线端。 步骤6：绝缘斗内电工检查无误后取下安全销钉，用绝缘操作杆合上消弧开关并插入安全销钉，用电流检测仪测量电缆引线电流，确认分流正常（绝缘引流线每一相分流的负荷电流不应小于原线路负荷电流的1/3），汇报给工作负责人并记录在工作票备注栏内。 步骤7：绝缘斗内电工调整绝缘斗至近边相导线外侧合适位置，在保证安全作业距离的前提下，以最小范围打开近边相导线连接处的遮蔽，更换近边相导线非承力线夹，完成后恢复线夹处的绝缘、密封和绝缘遮蔽。 步骤8：绝缘斗内电工使用电流检测仪测量引流线电流通流正常后，使用绝缘操作杆断开消弧开关，插入安全销钉后，拆除绝缘引流线和消弧开关；拆除绝缘引流线时，应先拆一侧导线端（有电端）、再拆消弧开关端（无电端），完成后恢复挂接处的绝缘遮蔽。 步骤9：其余两相导线非承力线夹的更换按相同的方法进行，完成后拆除绝缘引流线支架，更换导线非承力线夹工作结束	
	3	拆除绝缘遮蔽，退出带电作业区域	步骤1：绝缘斗内电工向工作负责人汇报确认本项工作已完成。 步骤2：绝缘斗内电工转移绝缘斗至合适作业位置，按照“从远到近、从上到下、先接地体后带电体”的原则，以及“远边相、中间相、近边相”的顺序（与遮蔽相反），拆除绝缘遮蔽。 步骤3：绝缘斗内电工检查杆上无遗留物后，操作绝缘斗退出带电作业区域，返回地面；配合地面人员卸下绝缘斗内工具，收回绝缘斗臂车支腿（包括接地线和垫板），绝缘斗内工作结束	

（3）工作结束。

√	序号	作业内容	步骤及要求	备注
	1	清理现场	步骤1：工作班成员整理工具、材料，清洁后装箱、装袋。 步骤2：工作班成员清理现场：工完、料尽、场地清	
	2	召开收工会	步骤1：点评本项工作的完成情况。 步骤2：点评安全措施的落实情况。 步骤3：点评作业指导书的执行情况	
	3	工作终结	步骤1：工作负责人向值班调控人员或运维人员报告申请终结工作票，记录许可方式、工作许可人和终结报告时间，并签字确认，宣布本项工作结束。 步骤2：工作负责人组织工作班成员撤离现场，到达班组后将作业资料分类归档	

7. 验收总结

序号	作业总结	
1	验收评价	按指导书要求完成工作
2	存在问题及处理意见	无

8. 指导书执行情况签字栏

作业地点：	日期：　　年　　月　　日
工作班组：	工作负责人（签字）：
班组成员（签字）：	

9. 附录

略。

第 3 章　电杆类常用项目指导与风险管控

3.1　带电组立直线杆（绝缘手套作业法，绝缘斗臂车和吊车作业）

3.1.1　项目概述

本项目指导与风险管控仅适用于如图 3-1 所示的直线杆（导线三角排列），采用绝缘手套作业法＋专用撑杆法支撑导线（绝缘斗臂车和吊车作业）带电组立直线杆工作。生产中务必结合现场实际工况参照适用。

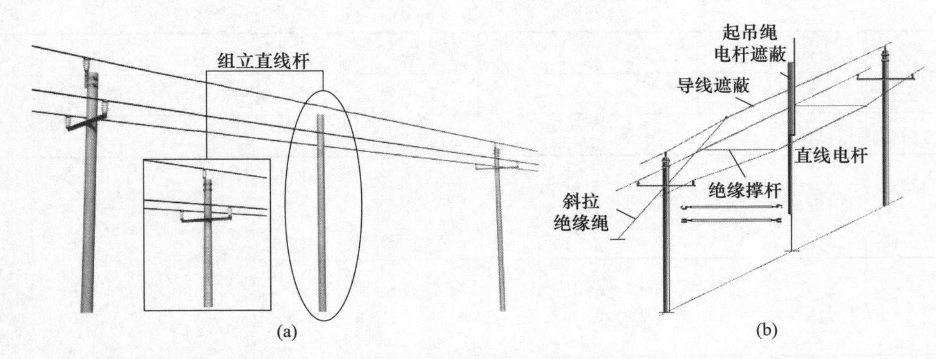

图 3-1　绝缘手套作业法＋专用撑杆法支撑导线（绝缘斗臂车和吊车作业）带电组立直线杆工作

(a) 直线电杆杆头外形图；(b) 专用撑杆法组立直线杆示意图

3.1.2　作业流程

绝缘手套作业法＋专用撑杆法支撑导线（绝缘斗臂车和吊车作业）带电组立直线杆工作的作业流程，如图 3-2 所示。现场作业前，工作负责人应当工作

负责人已检查确认作业点和两侧的电杆根部牢固、基础牢固、导线绑扎牢固，作业装置和现场环境符合带电作业条件，方可开始工作。

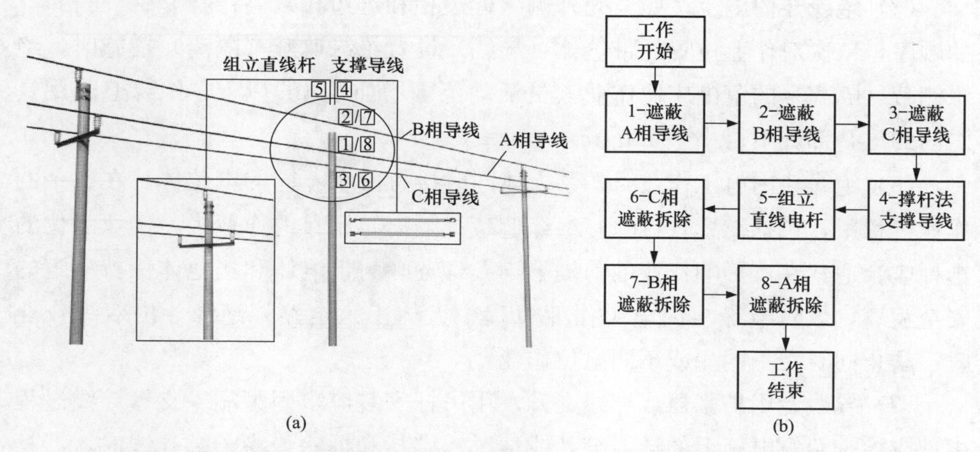

图 3-2　绝缘手套作业法＋专用撑杆法支撑导线（绝缘斗臂车和吊车作业）带电组立直线杆工作的作业流程

（a）示意图；（b）流程图

3.1.3　作业风险管控

现场作业必须严把安全作业风险（管控）关，严格依据工作票、安全交底会、作业指导书完成作业全过程，实现作业项目全过程风险管控。接受工作任务应当根据现场勘察记录填写、签发工作票，编制作业指导书履行审批制度；到达工作现场应当进行现场复勘，履行工作许可手续和停用重合闸工作许可后，召开现场站班会、宣读工作票履行签字确认手续，严格遵照执行作业指导书规范作业。

（1）工作负责人（或专责监护人）在工作现场必须履行工作职责和行使监护职责。

（2）进入绝缘斗内的作业人员必须穿戴个人绝缘防护用具（绝缘手套、绝缘服或绝缘披肩、绝缘安全帽以及护目镜等），使用的安全带应有良好的绝缘性能，起臂前安全带保险钩必须系挂在绝缘斗内专用挂钩上。

（3）个人绝缘防护用具使用前必须进行外观检查，绝缘手套使用前必须进行充（压）气检测，确认合格后方可使用；带电作业过程中，禁止摘下绝缘防护用具。

（4）绝缘斗臂车使用前应可靠接地。作业中，绝缘斗臂车的绝缘臂伸出的有效绝缘长度不小于1.0m。

（5）绝缘斗内电工按照“先外侧（近边相和远边相）、后内侧（中间相）”的顺序，依次对作业位置处带电体（导线）设置绝缘遮蔽（隔离）措施时，绝缘遮蔽（隔离）的范围应比作业人员活动范围增加0.4m以上，绝缘遮蔽用具之间的重叠部分不得小于150mm。

（6）绝缘斗内电工作业时严禁人体同时接触两个不同的电位体，在整个的作业过程中，包括设置（拆除）绝缘遮蔽（隔离）用具的作业中，作业工位的选择应合适，在不影响作业的前提下，人身务必与带电体和接地体保持一定的安全距离，以防绝缘斗内电工作业过程中人体串入电路；绝缘斗内双人作业时，禁止同时在不同相或不同电位作业。

（7）导线专用扩张器或导线提升专用吊杆安装应牢固可靠。支撑导线过程中，应检查两侧电杆上的导线绑扎线情况；绑扎和拆除绝缘子绑扎线时，严禁人体同时接触两个不同的电位；支撑（下降）导线时，要缓缓进行，以防止导线晃动，避免造成相间短路。

（8）撤除电杆时，电杆杆根应设置接地保护措施，杆根作业人员应穿绝缘靴、戴绝缘手套，起重设备操作人员应穿绝缘靴；吊车吊钩应在10kV带电导线的下方，电杆应顺线路方向起立或下降。

（9）吊车操作人员应服从指挥人员的指挥，在作业过程中不得离开操作位置。电杆组立过程中，工作人员应密切注意电杆与带电线路保持1.0m以上的安全距离，吊车吊臂与带电线路保持1.5m以上安全距离；作业线路下层有低压线路同杆并架时，如妨碍作业，应对作业范围内的相关低压线路采取绝缘遮蔽措施。

（10）绝缘斗内电工拆除绝缘遮蔽（隔离）用具的作业中，应严格遵守“先内侧（中间相）、后外侧（近边相和远边相）”的拆除原则（与遮蔽顺序相反）。

3.1.4 作业指导书

1. 适用范围

本指导书仅适用于如图3-1所示的采用绝缘手套作业法＋专用撑杆法支撑导线（绝缘斗臂车和吊车作业）带电组立直线杆工作。生产中务必结合现场实际工况参照适用。

2. 引用文件

GB/T 18857—2019《配电线路带电作业技术导则》

Q/GDW 10520—2016《10kV配网不停电作业规范》

Q/GDW 10799.8—2023《国家电网有限公司电力安全工作规程　第8部分：配电部分》

3. 人员分工

本项目工作人员共计8人，人员分工为：工作负责人（兼工作监护人）1人、绝缘斗内电工2人，杆上电工1人，地面电工2人，吊车指挥工1人，吊车操作工1人。

√	序号	人员分工	人数	职责	备注
	1	工作负责人（兼工作监护人）	1	执行配电带电作业工作票，组织、指挥带电作业工作，作业中全程监护和落实作业现场安全措施	
	2	绝缘斗内电工	2	1号绝缘斗臂车绝缘斗内电工：负责带电组立直线电杆工作。 2号绝缘斗臂车绝缘斗内电工：配合1号绝缘斗臂车绝缘斗内电工作业	
	3	杆上电工	1	负责杆上作业	
	4	地面电工	2	负责地面工作，配合杆上电工、绝缘斗内电工作业	
	5	吊车指挥工	1	负责吊车指挥作业	
	6	吊车操作工	1	负责吊车操作作业	

4. 工作前准备

√	序号	内容	要求	备注
	1	现场勘察	现场勘察由工作负责人组织开展，根据勘察结果确定作业方法、所需工具以及采取的措施，并填写现场勘察记录	
	2	编写作业指导书并履行审批手续	作业指导书由工作负责人组织编写，现场作业人员必须严格遵照执行作业指导书而规范作业，作业前必须履行相关审批手续	
	3	填写、签发工作票	工作票由工作负责人按票面要求逐项填写，并由工作票签发人审核、签发后才可开展本项工作	

续表

√	序号	内容	要求	备注
	4	召开班前会	工作负责人组织班组成员召开班前会，认真学习作业指导书，明确作业方法、作业步骤、人员分工和工作职责等	
	5	领用工器具和运输	领用工器具应核对电压等级和试验周期、检查外观完好无损、填写工器具出入库记录单，运输工器具应装箱入袋或放在专用工具车内	

5. 工器具配备

√	序号	名称		规格、型号	数量	备注
	1	特种车辆	绝缘斗臂车	10kV	2辆	
	2		吊车	8t	1辆	配备接地线和接地棒
	3	个人防护用具	绝缘手套	10kV	4双	戴防护手套
	4		绝缘安全帽	10kV	2顶	
	5		绝缘披肩（绝缘服）	10kV	2件	根据现场情况选择
	6		绝缘靴	10kV	2双	地面电工用
	7		绝缘安全带		2个	有后备保护绳
	8		护目镜		2个	
	9	绝缘遮蔽用具	导线遮蔽罩	10kV	12根	不少于配备数量
	10		电杆遮蔽罩	10kV	4个	不少于配备数量
	11		绝缘毯	10kV	8块	不少于配备数量
	12		绝缘毯夹		16个	不少于配备数量
	13	绝缘工具	绝缘传递绳	10kV	2根	
	14		绝缘控制绳	10kV	3根	
	15		绝缘撑杆	10kV	2根	支撑导线专用
	16		绝缘操作杆	10kV	1个	备用
	17		绝缘手工工具		1套	装拆工具
	18	检测仪器	绝缘测试仪	2500V以上	1套	
	19		高压验电器	10kV	1个	
	20		工频高压发生器	10kV	1个	
	21		风速湿度仪		1个	
	22		绝缘手套检测仪		1个	

6. 作业程序

(1) 开工准备。

√	序号	作业内容	步骤及要求	备注
	1	现场复勘	步骤1：工作负责人核对线路名称和杆号正确、工作任务无误、安全措施到位，作业点和两侧的电杆根部牢固、基础牢固、导线绑扎牢固，作业装置和现场环境符合带电作业条件。 步骤2：工作班成员确认天气良好，实测风速_级（不大于5级）、湿度_%（不大于80%），符合作业条件。 步骤3：工作负责人根据复勘结果告知工作班成员：现场具备安全作业条件，可以开展工作	
	2	停放绝缘斗臂车（吊车），设置安全围栏和警示标志	步骤1：工作负责人指挥驾驶员将绝缘斗臂车、吊车停放到合适位置，支腿支放到垫板上，轮胎离地，支撑牢固后将车体可靠接地。 步骤2：工作班成员依据作业空间设置硬质安全围栏，包括围栏的出口、入口。 步骤3：工作班成员设置"从此进出""施工现场，车辆慢行或车辆绕行"等警示标志或路障。 步骤4：根据现场实际工况，增设临时交通疏导人员，应穿戴反光衣	
	3	工作许可，召开站班会	步骤1：工作负责人向值班调控人员或运维人员申请工作许可和停用重合闸许可，记录许可方式、工作许可人和许可工作（联系）时间，并签字确认。 步骤2：工作负责人召开站班会宣读工作票。 步骤3：工作负责人确认工作班成员对工作任务、危险点预控措施和任务分工都已知晓，履行工作票签字、确认手续，记录工作开始时间	
	4	摆放和检查工器具	步骤1：工作班成员将工器具分区摆放在防潮帆布上。 步骤2：工作班成员按照分工擦拭并外观检查工器具完好无损，绝缘工具的绝缘电阻值检测不低于700MΩ，绝缘手套充（压）气检测不漏气，安全带冲击试验检测的结果为安全。 步骤3：绝缘斗内电工擦拭并外观检查绝缘斗臂车的绝缘斗和绝缘臂外观完好无损，空绝缘斗试操作运行正常（升降、伸缩、回转等）	
	5	绝缘斗内电工进绝缘斗，可携带工器具入绝缘斗	步骤1：绝缘斗内电工穿戴好绝缘防护用具进入绝缘斗，挂好安全带保险钩；地面电工将绝缘遮蔽用具和可携带的工具入绝缘斗。 步骤2：绝缘斗内电工按照"先抬臂（离支架）、再伸臂（1m线）、加旋转"的动作，操作绝缘斗进入带电作业区域，作业中禁止摘下绝缘手套，绝缘臂伸出长度确保1m标示线	

（2）操作步骤。

√	序号	作业内容	步骤及要求	备注
	1	进入带电作业区域，验电，设置绝缘遮蔽措施	步骤1：绝缘斗内电工穿戴好绝缘防护用具，经工作负责人检查合格后进入绝缘斗，挂好安全带保险钩。 步骤2：绝缘斗内电工调整绝缘斗至合适位置，使用验电器对绝缘子、横担进行验电，确认无漏电现象汇报给工作负责人，连同现场检测的风速、湿度一并记录在工作票备注栏内。 步骤3：绝缘斗内电工调整绝缘斗至近边相导线外侧适当位置，按照“从近到远、从下到上、先带电体后接地体”的遮蔽原则，以及“近边相、中间相、远边相”的遮蔽顺序，使用导线遮蔽罩依次对作业范围内的导线进行绝缘遮蔽；绝缘遮蔽长度要适当延长，以确保组立电杆时不触及带电导线	
	2	专用撑杆法支撑导线	步骤1：绝缘斗内电工转移绝缘斗至边相导线外侧合适位置，在组立杆两侧分别使用绝缘撑杆将两边相导线撑开至合适位置； 步骤2：绝缘斗内电工转移绝缘斗至中间相导线外侧，将绝缘绳绑扎在中间相导线合适位置，并与地面电工配合将其导线拉向一侧并固定（中相导线也可采用专用撑杆将其拉向一侧）	
	3	组立直线电杆	步骤1：地面电工对组立的电杆杆顶使用电杆遮蔽罩进行绝缘遮蔽，其绝缘遮蔽长度要适当延长，并系好电杆起吊绳（吊点在电杆地上部分1/2处）。 步骤2：吊车操作工在吊车指挥工的指挥下，操作吊车缓慢起吊电杆，在电杆缓慢起吊到吊绳全部受力时暂停起吊，检查确认吊车支腿及其他受力部位情况正常，地面电工在杆根处合适位置系好绝缘绳以控制杆根方向；为确保作业安全，起吊电杆的杆根应设置接地保护措施，作业时杆根作业人员应穿绝缘靴、戴绝缘手套，起重设备操作人员应穿绝缘靴。 步骤3：检查确认绝缘遮蔽可靠，吊车操作工在吊车指挥工的指挥下，操作吊车在缓慢地将新电杆吊至预定位置；配合吊车指挥工和工作负责人应注意控制电杆两侧方向的平衡情况和杆根的入洞情况；电杆起立，校正后回土夯实，拆除杆根接地保护。 步骤4：杆上电工登杆配合绝缘斗内电工拆除吊绳和两侧控制绳，安装横担、杆顶支架、绝缘子等后，杆上电工返回地面，吊车撤离工作区域。 步骤5：绝缘斗内电工完成横担、绝缘子绝缘遮蔽后，缓慢拆除绝缘导线撑杆和斜拉绝缘绳。 步骤6：绝缘斗内电工相互配合按照先中间相、后两边相的顺序，依次使用绝缘小吊绳提升导线置于绝缘子顶槽内，使用盘成小盘的帮扎线固定后，恢复绝缘遮蔽，组立直线电杆工作结束	

续表

√	序号	作业内容	步骤及要求	备注
	4	拆除绝缘遮蔽，退出带电作业区域	步骤1：绝缘斗内电工向工作负责人汇报确认本项工作已完成。 步骤2：绝缘斗内电工转移绝缘斗至导线外侧合适作业位置，按照“从远到近、从上到下、先接地体后带电体”的原则，以及“远边相、中间相、近边相”的顺序（与遮蔽相反），拆除绝缘遮蔽。 步骤3：绝缘斗内电工检查杆上无遗留物后，操作绝缘斗退出带电作业区域，返回地面，配合地面人员卸下绝缘斗内工具，收回绝缘斗臂车支腿（包括接地线和垫板），绝缘斗内工作结束	

（3）工作结束。

√	序号	作业内容	步骤及要求	备注
	1	清理现场	步骤1：工作班成员整理工具、材料，清洁后装箱、装袋。 步骤2：工作班成员清理现场：工完、料尽、场地清	
	2	召开收工会	步骤1：点评本项工作的完成情况。 步骤2：点评安全措施的落实情况。 步骤3：点评作业指导书的执行情况	
	3	工作终结	步骤1：工作负责人向值班调控人员或运维人员报告申请终结工作票，记录许可方式、工作许可人和终结报告时间，并签字确认，宣布本项工作结束。 步骤2：工作负责人组织工作班成员撤离现场，到达班组后将作业资料分类归档	

7. 验收总结

序号	作业总结	
1	验收评价	按指导书要求完成工作
2	存在问题及处理意见	无

8. 指导书执行情况签字栏

作业地点：	日期：　　年　　月　　日
工作班组：	工作负责人（签字）：
班组成员（签字）：	

9. 附录

略。

3.2 带电更换直线杆（绝缘手套作业法，绝缘斗臂车和吊车作业）

3.2.1 项目概述

本项目指导与风险管控仅适用于如图 3-3 所示的直线杆（导线三角排列），采用绝缘手套作业法＋专用撑杆法支撑导线（绝缘斗臂车和吊车作业）带电更换直线杆工作。生产中务必结合现场实际工况参照适用。

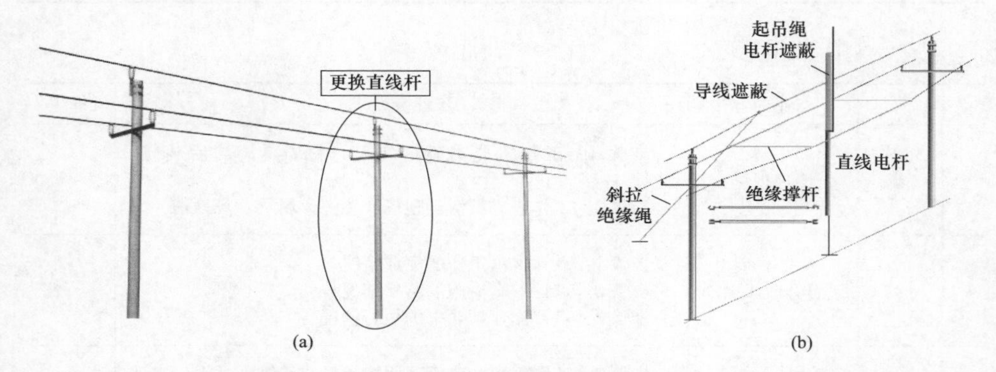

图 3-3　绝缘手套作业法＋专用撑杆法支撑导线（绝缘斗臂车和吊车作业）带电更换直线杆工作

（a）直线电杆杆头外形图；（b）专用撑杆法组立直线杆示意图

3.2.2 作业流程

绝缘手套作业法＋专用撑杆法支撑导线（绝缘斗臂车和吊车作业）带电更换直线杆工作的作业流程，如图 3-4 所示。现场作业前，工作负责人应当工作负责人已检查确认作业点和两侧的电杆根部牢固、基础牢固、导线绑扎牢固，电杆质量、坑洞等符合要求，作业装置和现场环境符合带电作业条件，方可开始工作。

3.2.3 作业风险管控

现场作业必须严把安全作业风险（管控）关，严格遵守以“工作票、安全交底会、作业指导书”为依据指导其作业全过程，实现作业项目全过程风险管

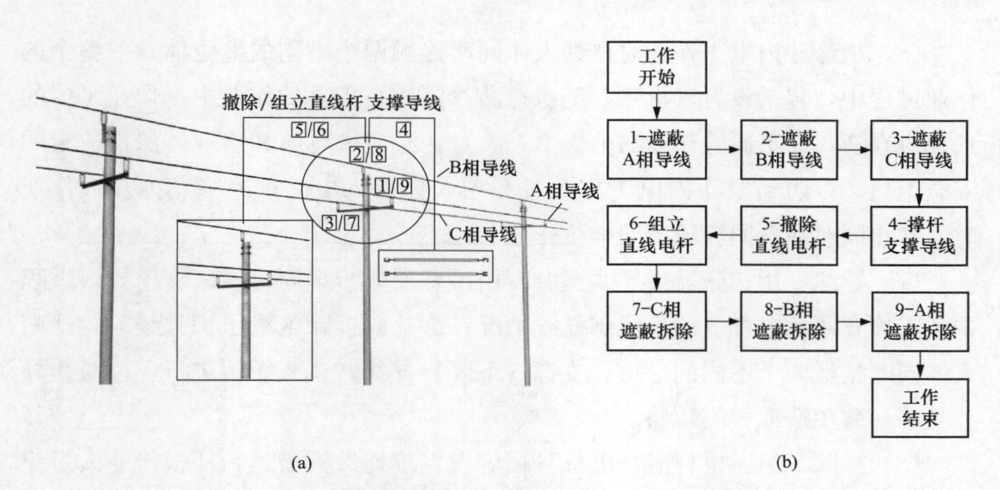

图 3-4　绝缘手套作业法＋专用撑杆法支撑导线（绝缘斗臂车和吊车作业）带电更换直线杆工作的作业流程

（a）示意图；（b）流程图

控。接受工作任务应当根据现场勘察记录填写、签发工作票，编制作业指导书履行审批制度；到达工作现场应当进行现场复勘，履行工作许可手续和停用重合闸工作许可后，召开现场站班会、宣读工作票履行签字确认手续，严格遵照执行作业指导书规范作业。

（1）工作负责人（或专责监护人）在工作现场必须履行工作职责和行使监护职责。

（2）进入绝缘斗内的作业人员必须穿戴个人绝缘防护用具（绝缘手套、绝缘服或绝缘披肩、绝缘安全帽以及护目镜等），使用的安全带应有良好的绝缘性能，起臂前安全带保险钩必须系挂在绝缘斗内专用挂钩上。

（3）个人绝缘防护用具使用前必须进行外观检查，绝缘手套使用前必须进行充（压）气检测，确认合格后方可使用；带电作业过程中，禁止摘下绝缘防护用具。

（4）绝缘斗臂车使用前应可靠接地；作业中，绝缘斗臂车的绝缘臂伸出的有效绝缘长度不小于 1.0m。

（5）绝缘斗内电工按照“先外侧（近边相和远边相）、后内侧（中间相）”的顺序，依次对作业位置处带电体（导线）设置绝缘遮蔽（隔离）措施时，绝缘遮蔽（隔离）的范围应比作业人员活动范围增加 0.4m 以上，绝缘遮蔽用具之间的重叠部分不得小于 150mm。

（6）绝缘斗内电工作业时严禁人体同时接触两个不同的电位体，在整个的作业过程中，包括设置（拆除）绝缘遮蔽（隔离）用具的作业中，作业工位的选择应合适，在不影响作业的前提下，人身务必与带电体和接地体保持一定的安全距离，以防绝缘斗内电工作业过程中人体串入电路；绝缘斗内双人作业时，禁止同时在不同相或不同电位作业。

（7）导线专用扩张器或导线提升专用吊杆安装应牢固可靠。支撑导线过程中，应检查两侧电杆上的导线绑扎线情况；绑扎和拆除绝缘子绑扎线时，严禁人体同时接触两个不同的电位；支撑（下降）导线时，要缓缓进行，以防止导线晃动，避免造成相间短路。

（8）撤除、组立电杆时，电杆杆根应设置接地保护措施，杆根作业人员应穿绝缘靴、戴绝缘手套，起重设备操作人员应穿绝缘靴；吊车吊钩应在10kV带电导线的下方，电杆应顺线路方向起立或下降。

（9）吊车操作人员应服从指挥人员的指挥，在作业过程中不得离开操作位置。撤除、组立电杆过程中，工作人员应密切注意电杆与带电线路保持1.0m以上的安全距离，吊车吊臂与带电线路保持1.5m以上安全距离；作业线路下层有低压线路同杆并架时，如妨碍作业，应对作业范围内的相关低压线路采取绝缘遮蔽措施。

（10）绝缘斗内电工拆除绝缘遮蔽（隔离）用具的作业中，应严格遵守“先内侧（中间相）、后外侧（近边相和远边相）”的拆除原则（与遮蔽顺序相反）。

3.2.4 作业指导书

1. 适用范围

本指导书仅适用于如图3-3所示的绝缘手套作业法＋专用撑杆法支撑导线（绝缘斗臂车和吊车作业）带电更换直线杆工作。生产中务必结合现场实际工况参照适用。

2. 引用文件

GB/T 18857—2019《配电线路带电作业技术导则》

Q/GDW 10520—2016《10kV配网不停电作业规范》

Q/GDW 10799.8—2023《国家电网有限公司电力安全工作规程　第8部分：配电部分》

3. 人员分工

本项目工作人员共计8人，人员分工为：工作负责人（兼工作监护人）1人、绝缘斗内电工2人，杆上电工1人，地面电工2人，吊车指挥工1人，吊车操作工1人。

√	序号	人员分工	人数	职责	备注
	1	工作负责人（兼工作监护人）	1	执行配电带电作业工作票，组织、指挥带电作业工作，作业中全程监护和落实作业现场安全措施	
	2	绝缘斗内电工	2	1号绝缘斗臂车绝缘斗内电工：负责带电更换直线电杆工作。 2号绝缘斗臂车绝缘斗内电工：配合1号绝缘斗臂车绝缘斗内电工作	
	3	杆上电工	1	负责杆上作业	
	4	地面电工	2	负责地面工作，配合杆上电工、绝缘斗内电工作业	
	5	吊车指挥工	1	负责吊车指挥作业	
	6	吊车操作工	1	负责吊车操作作业	

4. 工作前准备

√	序号	内容	要求	备注
	1	现场勘察	现场勘察由工作负责人组织开展，根据勘察结果确定作业方法、所需工具以及采取的措施，并填写现场勘察记录	
	2	编写作业指导书并履行审批手续	作业指导书由工作负责人组织编写，现场作业人员必须严格遵照执行作业指导书而规范作业，作业前必须履行相关审批手续	
	3	填写、签发工作票	工作票由工作负责人按票面要求逐项填写，并由工作票签发人审核、签发后才可开展本项工作	
	4	召开班前会	工作负责人组织班组成员召开班前会，认真学习作业指导书，明确作业方法、作业步骤、人员分工和工作职责等	
	5	领用工器具和运输	领用工器具应核对电压等级和试验周期、检查外观完好无损、填写工器具出入库记录单，运输工器具应装箱入袋或放在专用工具车内	

5. 工器具配备

√	序号	名称		规格、型号	数量	备注
	1	特种车辆	绝缘斗臂车	10kV	2 辆	
	2		吊车	8t	1 辆	配备接地线和接地棒
	3	个人防护用具	绝缘手套	10kV	4 双	戴防护手套
	4		绝缘安全帽	10kV	2 顶	
	5		绝缘披肩（绝缘服）	10kV	2 件	根据现场情况选择
	6		绝缘靴	10kV	2 双	地面电工用
	7		绝缘安全带		2 个	有后备保护绳
	8		护目镜		2 个	
	9	绝缘遮蔽用具	导线遮蔽罩	10kV	12 根	不少于配备数量
	10		电杆遮蔽罩	10kV	4 个	不少于配备数量
	11		绝缘毯	10kV	8 块	不少于配备数量
	12		绝缘毯夹		16 个	不少于配备数量
	13	绝缘工具	绝缘传递绳	10kV	2 根	
	14		绝缘控制绳	10kV	3 根	
	15		绝缘撑杆	10kV	2 根	支撑导线专用
	16		绝缘操作杆	10kV	1 个	备用
	17		绝缘手工工具		1 套	装拆工具
	18	检测仪器	绝缘测试仪	2500V 以上	1 套	
	19		高压验电器	10kV	1 个	
	20		工频高压发生器	10kV	1 个	
	21		风速湿度仪		1 个	
	22		绝缘手套检测仪		1 个	

6. 作业程序

(1) 开工准备。

√	序号	作业内容	步骤及要求	备注
	1	现场复勘	步骤 1：工作负责人核对线路名称和杆号正确、工作任务无误、安全措施到位，作业点和两侧的电杆根部牢固、基础牢固、导线绑扎牢固，电杆质量、坑洞等符合要求，作业装置和现场环境符合带电作业条件。 步骤 2：工作班成员确认天气良好，实测风速__级（不大于 5 级）、湿度__%（不大于 80%），符合作业条件。 步骤 3：工作负责人根据复勘结果告知工作班成员：现场具备安全作业条件，可以开展工作	

续表

√	序号	作业内容	步骤及要求	备注
	2	停放绝缘斗臂车（吊车），设置安全围栏和警示标志	步骤1：工作负责人指挥驾驶员将绝缘斗臂车、吊车停放到合适位置，支腿支放到垫板上，轮胎离地，支撑牢固后将车体可靠接地。 步骤2：工作班成员依据作业空间设置硬质安全围栏，包括围栏的出口、入口。 步骤3：工作班成员设置“从此进出”“施工现场，车辆慢行或车辆绕行”等警示标志或路障。 步骤4：根据现场实际工况，增设临时交通疏导人员，应穿戴反光衣	
	3	工作许可，召开站班会	步骤1：工作负责人向值班调控人员或运维人员申请工作许可和停用重合闸许可，记录许可方式、工作许可人和许可工作（联系）时间，并签字确认。 步骤2：工作负责人召开站班会宣读工作票。 步骤3：工作负责人确认工作班成员对工作任务、危险点预控措施和任务分工都已知晓，履行工作票签字、确认手续，记录工作开始时间	
	4	摆放和检查工器具	步骤1：工作班成员将工器具分区摆放在防潮帆布上。 步骤2：工作班成员按照分工擦拭并外观检查工器具完好无损，绝缘工具的绝缘电阻值检测不低于700MΩ，绝缘手套充（压）气检测不漏气，安全带冲击试验检测的结果为安全。 步骤3：绝缘斗内电工擦拭并外观检查绝缘斗臂车的绝缘斗和绝缘臂外观完好无损，空绝缘斗试操作运行正常（升降、伸缩、回转等）	
	5	绝缘斗内电工进绝缘斗，可携带工器具入绝缘斗	步骤1：绝缘斗内电工穿戴好绝缘防护用具进入绝缘斗，挂好安全带保险钩；地面电工将绝缘遮蔽用具和可携带的工具入绝缘斗。 步骤2：绝缘斗内电工按照“先抬臂（离支架）、再伸臂（1m线）、加旋转”的动作，操作绝缘斗进入带电作业区域，作业中禁止摘下绝缘手套，绝缘臂伸出长度确保1m标示线	

（2）操作步骤。

√	序号	作业内容	步骤及要求	备注
	1	进入带电作业区域，验电，设置绝缘遮蔽措施	步骤1：绝缘斗内电工穿戴好绝缘防护用具，经工作负责人检查合格后进入绝缘斗，挂好安全带保险钩。 步骤2：绝缘斗内电工调整绝缘斗至合适位置，使用验电器对绝缘子、横担进行验电，确认无漏电现象汇报给工作负责人，连同现场检测的风速、湿度一并记录在工作票备注栏内。	

续表

√	序号	作业内容	步骤及要求	备注
	1	进入带电作业区域，验电，设置绝缘遮蔽措施	步骤3：绝缘斗内电工调整绝缘斗至近边相导线外侧适当位置，按照“从近到远、从下到上、先带电体后接地体”的遮蔽原则，以及“近边相、中间相、远边相”的遮蔽顺序，依次对作业范围内的导线、绝缘子、横担、杆顶等进行绝缘遮蔽。绝缘遮蔽长度要适当延长，以确保更换电杆时不触及带电导线	
	2	专用撑杆法支撑导线	步骤1：绝缘斗内电工转移绝缘斗至边相导线外侧合适位置，依次使用绝缘小吊绳吊起边相导线，拆除绝缘子绑扎线，恢复绝缘遮蔽，平稳地下放导线，在更换杆两侧分别使用绝缘撑杆将两边相导线撑开至合适位置； 步骤2：绝缘斗内电工转移绝缘斗至中间相导线外侧，使用绝缘小吊绳吊起中间相导线，拆除绝缘子绑扎线，恢复绝缘遮蔽，使用绝缘绳由地面电工配合将其导线拉向一侧并固定。 步骤3：绝缘斗内电工在杆上电工的配合下拆除绝缘子、横担及立铁，并对杆顶使用电杆遮蔽罩进行绝缘遮蔽，其绝缘遮蔽长度要适当延长	
	3	撤除直线电杆	步骤1：地面电工对杆顶使用电杆遮蔽罩进行绝缘遮蔽，其绝缘遮蔽长度要适当延长，并系好电杆起吊绳（吊点在电杆地上部分1/2处）。 对于同杆架设线路，吊钩穿越低压线时应做好吊车的接地工作；低压导线应加装绝缘遮蔽罩或绝缘套管并用绝缘绳向两侧拉开，增加电杆下降的通道宽度；在电杆低压导线下方位置增加两道横风绳。 步骤2：吊车操作工在吊车指挥工的指挥下缓慢起吊电杆，在电杆缓慢起吊到吊绳全部受力时暂停起吊，检查确认吊车支腿及其他受力部位情况正常，地面电工在杆根处合适位置系好绝缘绳以控制杆根方向；为确保作业安全，起吊电杆的杆根应设置接地保护措施，作业时杆根作业人员应穿绝缘靴、戴绝缘手套，起重设备操作人员应穿绝缘靴。 步骤3：检查确认绝缘遮蔽可靠，吊车操作工操作吊车缓慢地将电杆放落至地面，地面电工拆除杆根接地保护、吊绳以及杆顶上的绝缘遮蔽，将杆坑回土夯实，吊车撤离工作区域，撤除直线电杆工作结束	
	4	组立直线电杆	步骤1：地面电工对组立的电杆杆顶使用电杆遮蔽罩进行绝缘遮蔽，其绝缘遮蔽长度要适当延长，并系好电杆起吊绳（吊点在电杆地上部分1/2处）。 步骤2：吊车操作工在吊车指挥工的指挥下，操作吊车缓慢起吊电杆，在电杆缓慢起吊到吊绳全部受力时暂停起吊，检查确认吊车支腿及其他受力部位情况正常，地面电工在杆根处合适位置系好绝缘绳以控制杆根方向。为确保作业安全，起吊电杆的杆根应设置接地保护措施，作业时杆根作业人员应穿绝缘靴、戴绝缘手套，起重设备操作人员应穿绝缘靴。	

续表

√	序号	作业内容	步骤及要求	备注
	4	组立直线电杆	步骤3：检查确认绝缘遮蔽可靠，吊车操作工在吊车指挥工的指挥下，操作吊车在缓慢地将新电杆吊至预定位置，配合吊车指挥工和工作负责人注意控制电杆两侧方向的平衡情况和杆根的入洞情况，电杆起立，校正后回土夯实，拆除杆根接地保护。 步骤4：杆上电工登杆配合绝缘斗内电工拆除吊绳和两侧控制绳，安装横担、杆顶支架、绝缘子等后，杆上电工返回地面，吊车撤离工作区域。 步骤5：绝缘斗内电工对横担、绝缘子等进行绝缘遮蔽，缓慢拆除绝缘导线撑杆和斜拉绝缘绳。 步骤6：绝缘斗内电工相互配合按照先中间相、后两边相的顺序，依次使用绝缘小吊绳提升导线置于绝缘子顶槽内，使用盘成小盘的帮扎线固定后，恢复绝缘遮蔽，组立直线电杆工作结束	
	5	拆除绝缘遮蔽，退出带电作业区域	步骤1：绝缘斗内电工向工作负责人汇报确认本项工作已完成。 步骤2：绝缘斗内电工转移绝缘斗至导线外侧合适作业位置，按照“从远到近、从上到下、先接地体后带电体”的原则，以及“远边相、中间相、近边相”的顺序（与遮蔽相反），拆除绝缘遮蔽。 步骤3：绝缘斗内电工检查杆上无遗留物后，操作绝缘斗退出带电作业区域，返回地面；配合地面人员卸下绝缘斗内工具，收回绝缘斗臂车支腿（包括接地线和垫板），绝缘斗内工作结束	

（3）工作结束。

√	序号	作业内容	步骤及要求	备注
	1	清理现场	步骤1：工作班成员整理工具、材料，清洁后装箱、装袋。 步骤2：工作班成员清理现场：工完、料尽、场地清	
	2	召开收工会	步骤1：点评本项工作的完成情况。 步骤2：点评安全措施的落实情况。 步骤3：点评作业指导书的执行情况	
	3	工作终结	步骤1：工作负责人向值班调控人员或运维人员报告申请终结工作票，记录许可方式、工作许可人和终结报告时间，并签字确认，宣布本项工作结束。 步骤2：工作负责人组织工作班成员撤离现场，到达班组后将作业资料分类归档	

7. 验收总结

序号	作业总结	
1	验收评价	按指导书要求完成工作
2	存在问题及处理意见	无

8. 指导书执行情况签字栏

作业地点：	日期：　　年　　月　　日
工作班组：	工作负责人（签字）：
班组成员（签字）：	

9. 附录

略。

3.3　带负荷直线杆改耐张杆（绝缘手套作业法＋绝缘引流线法，绝缘斗臂车作业）

3.3.1　项目概述

本项目指导与风险管控仅适用于如图 3-5(a)、(b) 所示的直线杆改耐张杆（导线三角排列），采用绝缘手套作业法＋绝缘引流线法（绝缘斗臂车作业）带负荷直线杆改耐张杆工作。生产中务必结合现场实际工况参照适用，并积极推广采用“旁路作业法”带负荷直线杆改耐张杆的应用，如图 3-5(c) 所示。

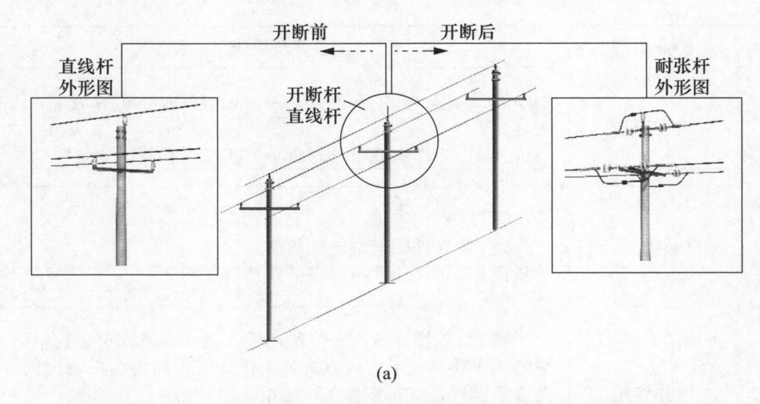

图 3-5　绝缘手套作业法＋绝缘引流线法（绝缘斗臂车作业）带负荷直线杆改耐张杆工作（一）

(a) 直线杆改耐张杆杆头外形图

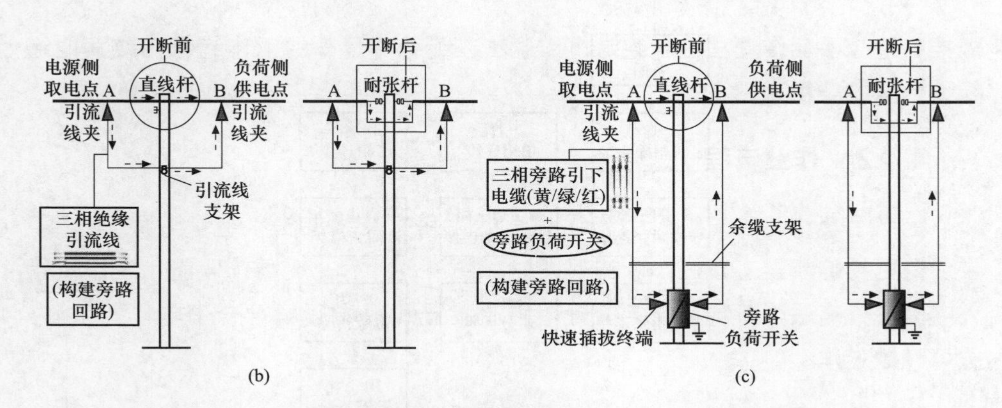

图 3-5　绝缘手套作业法＋绝缘引流线法（绝缘斗臂车作业）

带负荷直线杆改耐张杆工作（二）

（b）绝缘引流法示意图；（c）旁路作业法示意图

3.3.2　作业流程

绝缘手套作业法＋绝缘引流线法（绝缘斗臂车作业）带负荷直线杆改耐张杆工作的作业流程，如图 3-6 所示。现场作业前，工作负责人应当工作负责人已检查确认作业点和两侧的电杆根部牢固、基础牢固、导线绑扎牢固，作业装置和现场环境符合带电作业条件，方可开始工作。

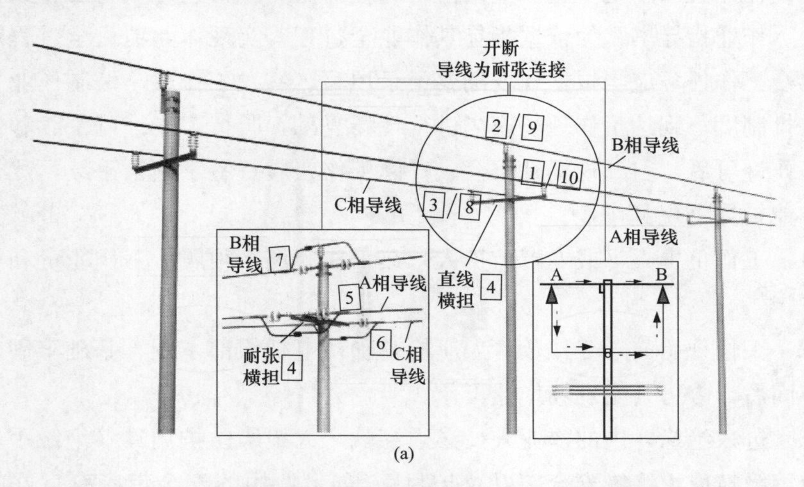

图 3-6　绝缘手套作业法＋绝缘引流线法（绝缘斗臂车作业）

带负荷直线杆改耐张杆工作的作业流程（一）

（a）示意图

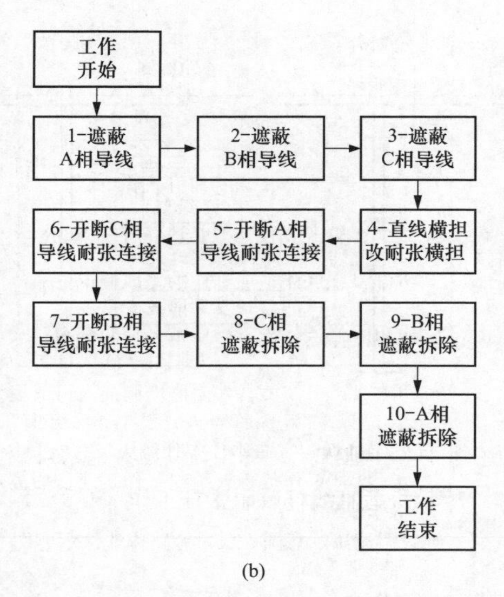

图 3-6 绝缘手套作业法＋绝缘引流线法（绝缘斗臂车作业）带负荷直线杆改耐张杆工作的作业流程（二）

（b）流程图

3.3.3 作业风险管控

现场作业必须严把安全作业风险（管控）关，严格遵守以“工作票、安全交底会、作业指导书”为依据指导其作业全过程，实现作业项目全过程风险管控。接受工作任务应当根据现场勘察记录填写、签发工作票，编制作业指导书履行审批制度；到达工作现场应当进行现场复勘，履行工作许可手续和停用重合闸工作许可后，召开现场站班会、宣读工作票履行签字确认手续，严格遵照执行作业指导书规范作业。

（1）工作负责人（或专责监护人）在工作现场必须履行工作职责和行使监护职责。

（2）工作开始前，工作负责人应检查确认电杆根部牢固、基础牢固、导线绑扎牢固后，方可开始现场作业工作。

（3）进入绝缘斗内的作业人员必须穿戴个人绝缘防护用具（绝缘手套、绝缘服或绝缘披肩、绝缘安全帽以及护目镜等），使用的安全带应有良好的绝缘性能，起臂前安全带保险钩必须系挂在绝缘斗内专用挂钩上。

（4）个人绝缘防护用具使用前必须进行外观检查，绝缘手套使用前必须进行充（压）气检测，确认合格后方可使用；带电作业过程中，禁止摘下绝缘防

护用具。

（5）绝缘斗臂车使用前应可靠接地；作业中，绝缘斗臂车的绝缘臂伸出的有效绝缘长度不小于1.0m。

（6）绝缘斗内电工按照“先外侧（近边相和远边相）、后内侧（中间相）”的顺序，依次对作业位置处带电体（导线）设置绝缘遮蔽（隔离）措施时，绝缘遮蔽（隔离）的范围应比作业人员活动范围增加0.4m以上，绝缘遮蔽用具之间的重叠部分不得小于150mm。

（7）绝缘斗内电工作业时严禁人体同时接触两个不同的电位体，在整个的作业过程中，包括设置（拆除）绝缘遮蔽（隔离）用具的作业中，作业工位的选择应合适，在不影响作业的前提下，人身务必与带电体和接地体保持一定的安全距离，以防绝缘斗内电工作业过程中人体串入电路；绝缘斗内双人作业时，禁止同时在不同相或不同电位作业。

（8）绝缘斗臂车用绝缘横担安装应牢固可靠；支撑（下降）导线时，要缓缓进行，以防止导线晃动，避免造成相间短路；支撑导线过程中，应检查两侧电杆上的导线绑扎线情况。

（9）拆除（安装）绝缘子和横担时应确保作业范围的带电体完全遮蔽的前提下进行；在导线收紧后开断导线前，应加设防导线脱落的后备保护安全措施（绝缘保护绳）；紧线（开断）导线应同相同步进行。

（10）绝缘引流线的安装应采用专用支架（或绝缘横担）进行支撑和固定。绝缘引流线两端连接后或拆除前，应检测相关设备通流情况正常，绝缘引流线每一相分流的负荷电流不应小于原线路负荷电流的1/3；绝缘引流线搭接时应确保相位正确、搭接点接连接可靠；短接每一相时，应注意绝缘引流线另一端头不得放在工作绝缘斗内。

（11）在进行三相导线开断前，应检查绝缘引流线连接可靠，并应得到工作负责人（监护人）的许可；三相导线的连接工作未完成前，绝缘引流线不得拆除；安装（拆除）绝缘引流线应同相同步进行。

（12）绝缘斗内电工拆除绝缘遮蔽（隔离）用具的作业中，应严格遵守“先内侧（中间相）、后外侧（近边相和远边相）”的拆除原则（与遮蔽顺序相反）。

3.3.4 作业指导书

1. 适用范围

本指导书仅适用于如图3-5所示的绝缘手套作业法＋绝缘引流线法（绝缘

斗臂车作业）带负荷直线杆改耐张杆工作。生产中务必结合现场实际工况参照适用，并积极推广采用“旁路作业法”带负荷直线杆改耐张杆的应用。

2. 引用文件

GB/T 18857—2019《配电线路带电作业技术导则》

Q/GDW 10520—2016《10kV 配网不停电作业规范》

Q/GDW 10799.8—2023《国家电网有限公司电力安全工作规程　第 8 部分：配电部分》

3. 人员分工

本项目工作人员共计 5 人，人员分工为：工作负责人（兼工作监护人）1 人、绝缘斗内电工（1 号和 2 号绝缘斗臂车配合作业）2 人，地面电工 2 人。

√	序号	人员分工	人数	职责	备注
	1	工作负责人（兼工作监护人）	1	执行配电带电作业工作票，组织、指挥带电作业工作，作业中全程监护和落实作业现场安全措施	
	2	绝缘斗内电工（1 号和 2 号绝缘斗臂车配合作业）	2	1 号绝缘斗臂车绝缘斗内电工：负责带负荷直线杆改耐张杆工作。 2 号绝缘斗臂车绝缘斗内电工：配合 1 号绝缘斗臂车绝缘斗内电工作业	
	3	地面电工	2	负责地面工作，配合绝缘斗内电工作业	

4. 工作前准备

√	序号	内容	要求	备注
	1	现场勘察	现场勘察由工作负责人组织开展，根据勘察结果确定作业方法、所需工具以及采取的措施，并填写现场勘察记录	
	2	编写作业指导书并履行审批手续	作业指导书由工作负责人组织编写，现场作业人员必须严格遵照执行作业指导书而规范作业，作业前必须履行相关审批手续	
	3	填写、签发工作票	工作票由工作负责人按票面要求逐项填写，并由工作票签发人审核、签发后才可开展本项工作	
	4	召开班前会	工作负责人组织班组成员召开班前会，认真学习作业指导书，明确作业方法、作业步骤、人员分工和工作职责等	
	5	领用工器具和运输	领用工器具应核对电压等级和试验周期、检查外观完好无损、填写工器具出入库记录单，运输工器具应装箱入袋或放在专用工具车内	

5. 工器具配备

√	序号	名称		规格、型号	数量	备注
	1	特种车辆	绝缘斗臂车	10kV	2辆	
	2	个人防护用具	绝缘手套	10kV	2双	戴防护手套
	3		绝缘安全帽	10kV	2顶	
	4		绝缘披肩（绝缘服）	10kV	2件	根据现场情况选择
	5		绝缘安全带		2个	有后备保护绳
	6		护目镜		2个	
	7	绝缘遮蔽用具	导线遮蔽罩	10kV	18根	不少于配备数量
	8		引线遮蔽罩	10kV	6个	根据实际情况选用
	9		耐张横担专用遮蔽罩	10kV	2个	对称装设
	10		绝缘毯	10kV	22块	不少于配备数量
	11		绝缘毯夹		44个	不少于配备数量
	12		导线端头遮蔽罩	10kV	2个	根据实际情况选用
	13	绝缘工具	绝缘引流线	10kV	1根	
	14		绝缘引流线支架	10kV	1个	
	15		绝缘横担	10kV	1个	电杆用
	16		绝缘传递绳	10kV	2根	
	17		绝缘绳	10kV	1个	跨横担连接紧线器用
	18		绝缘紧线器	10kV	2个	
	19		绝缘保护绳	10kV	1根	跨横担两端连接保护
	20		绝缘锁杆	10kV	1个	
	21	金属工具	绝缘手工工具		1套	装拆工具
	22		卡线器		4个	紧线器和保护绳用
	23		绝缘导线断线剪		2个	
	24		绝缘导线剥皮器		2个	
	25	检测仪器	电流检测仪	高压	1套	
	26		绝缘测试仪	2500V以上	1套	
	27		高压验电器	10kV	1个	
	28		工频高压发生器	10kV	1个	
	29		风速湿度仪		1个	
	30		绝缘手套检测仪		1个	

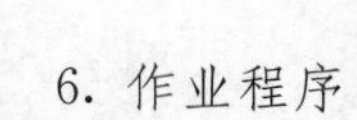

6. 作业程序

(1) 开工准备。

√	序号	作业内容	步骤及要求	备注
	1	现场复勘	步骤1：工作负责人核对线路名称和杆号正确、工作任务正确、安全措施到位，作业点和两侧的电杆根部牢固、基础牢固、导线绑扎牢固，作业装置和现场环境符合带电作业条件。 步骤2：工作班成员确认天气良好，实测风速_级（不大于5级）、湿度_%（不大于80%），符合作业条件。 步骤3：工作负责人根据复勘结果告知工作班成员：现场具备安全作业条件，可以开展工作	
	2	停放绝缘斗臂车，设置安全围栏和警示标志	步骤1：工作负责人指挥驾驶员将绝缘斗臂车停放到合适位置，支腿支放到垫板上，轮胎离地，支撑牢固后将车体可靠接地。 步骤2：工作班成员依据作业空间设置硬质安全围栏，包括围栏的出口、入口。 步骤3：工作班成员设置“从此进出”“施工现场，车辆慢行或车辆绕行”等警示标志或路障。 步骤4：根据现场实际工况，增设临时交通疏导人员，应穿戴反光衣	
	3	工作许可，召开站班会	步骤1：工作负责人向值班调控人员或运维人员申请工作许可和停用重合闸许可，记录许可方式、工作许可人和许可工作（联系）时间，并签字确认。 步骤2：工作负责人召开站班会宣读工作票。 步骤3：工作负责人确认工作班成员对工作任务、危险点预控措施和任务分工都已知晓，履行工作票签字、确认手续，记录工作开始时间	
	4	摆放和检查工器具	步骤1：工作班成员将工器具分区摆放在防潮帆布上。 步骤2：工作班成员按照分工擦拭并外观检查工器具完好无损，绝缘工具的绝缘电阻值检测不低于700MΩ，绝缘手套充（压）气检测不漏气，安全带冲击试验检测的结果为安全。 步骤3：绝缘斗内电工擦拭并外观检查绝缘斗臂车的绝缘斗和绝缘臂外观完好无损，空绝缘斗试操作运行正常（升降、伸缩、回转等）	
	5	绝缘斗内电工进绝缘斗，可携带工器具入绝缘斗	步骤1：绝缘斗内电工穿戴好绝缘防护用具进入绝缘斗，挂好安全带保险钩；地面电工将绝缘遮蔽用具和可携带的工具入绝缘斗。 步骤2：绝缘斗内电工按照“先抬臂（离支架）、再伸臂（1m线）、加旋转”的动作，操作绝缘斗进入带电作业区域，作业中禁止摘下绝缘手套，绝缘臂伸出长度确保1m标示线	

（2）操作步骤。

√	序号	作业内容	步骤及要求	备注
	1	进入带电作业区域，验电，设置绝缘遮蔽措施	步骤1：绝缘斗内电工穿戴好绝缘防护用具，经工作负责人检查合格后进入绝缘斗，挂好安全带保险钩。 步骤2：绝缘斗内电工调整绝缘斗至合适位置，使用验电器对绝缘子、横担进行验电，确认无漏电现象，使用电流检测仪确认负荷电流满足绝缘引流线使用要求汇报给工作负责人，连同现场检测的风速、湿度一并记录在工作票备注栏内。 步骤3：绝缘斗内电工调整绝缘斗至近边相导线外侧适当位置，按照“从近到远、从下到上、先带电体后接地体”的遮蔽原则，以及“近边相、中间相、远边相”的遮蔽顺序，依次对作业范围内的导线、绝缘子、横担、杆顶等进行绝缘遮蔽	
	2	支撑导线（电杆用绝缘横担法），直线横担改为耐张横担	步骤1：绝缘斗内电工在地面电工的配合下，调整绝缘斗至相间合适位置，在电杆上高出横担约0.4m的位置安装绝缘横担。 步骤2：绝缘斗内电工调整绝缘斗至近边相外侧适当位置，使用绝缘小吊绳在铅垂线上固定导线。 步骤3：绝缘斗内电工拆除绝缘子绑扎线，提升近边相导线置于绝缘横担上的固定槽内可靠固定。 步骤4：按照相同的方法将远边相导线置于绝缘横担的固定槽内并可靠固定。 步骤5：绝缘斗内电工相互配合拆除直线杆绝缘子和横担，安装耐张横担，装好耐张绝缘子和耐张线夹	
	3	安装绝缘引流线，开断三相导线为耐张连接	步骤1：绝缘斗内电工相互配合在耐张横担上安装耐张横担遮蔽罩，在耐张横担下方合适位置安装绝缘引流线支架，完成后恢复耐张绝缘子和耐张线夹处的绝缘遮蔽。 步骤2：绝缘斗内电工使用绝缘斗臂车小吊绳将近边相导线缓缓落下，放置到耐张横担遮蔽罩上固定槽内。 步骤3：绝缘斗内电工转移绝缘斗至近边相导线外侧合适位置，在横担两侧导线上安装好绝缘紧线器及绝缘保护绳，操作绝缘紧线器将导线收紧至便于开断状态。 步骤4：绝缘斗内电工根据绝缘引流线长度，在适当位置打开近边相导线的绝缘遮蔽，剥除两端挂接处导线上的绝缘层。 步骤5：绝缘斗内电工使用绝缘绳将绝缘引流线临时固定在主导线上，中间支撑在绝缘引流线支架上。 步骤6：绝缘斗内电工调整绝缘斗至合适位置，先将绝缘引流线的一端线夹与一侧主导线连接可靠后，再将绝缘引流线的另一端线夹挂接到另一侧主导线上，完成后恢复绝缘遮蔽。 步骤7：绝缘斗内电工使用电流检测仪检测绝缘引流线电流确认通流正常后，使用断线剪将近边相导线剪断，将近边相两侧导线分别固定在耐张线夹内。	

续表

√	序号	作业内容	步骤及要求	备注
	3	安装绝缘引流线，开断三相导线为耐张连接	步骤8：绝缘斗内电工确认导线连接可靠后，拆除绝缘紧线器和绝缘保护绳。 步骤9：绝缘斗内电工在确保横担及绝缘子绝缘遮蔽到位的前提下，完成近边相导线引线接续工作。 步骤10：绝缘斗内电工使用电流检测仪检测耐张引线电流确认通流正常，拆除绝缘引流线，完成后恢复绝缘遮蔽，近边相导线的开断和接续工作结束。 步骤11：开断和接续远边相导线按照相同的方法进行。 步骤12：开断中间相导线时，绝缘斗内电工操作小吊臂提升中间相导线0.4m以上，耐张绝缘子和耐张线夹安装后，将中间相导线重新降至中间相绝缘子顶槽内绑扎牢靠，绝缘斗内电工按照同样的方法开断和接续中间相导线，完成后拆除中间相绝缘子和杆顶支架，恢复杆顶绝缘遮蔽。 步骤13：三相导线开断和接续完成后，拆除绝缘引流线支架	
	4	拆除绝缘遮蔽，退出带电作业区域	步骤1：绝缘斗内1号电工向工作负责人汇报确认本项工作已完成。 步骤2：绝缘斗内电工转移绝缘斗至导线外侧合适作业位置，按照“从远到近、从上到下、先接地体后带电体”的原则，以及“远边相、中间相、近边相”的顺序（与遮蔽相反），拆除绝缘遮蔽。 步骤3：绝缘斗内电工检查杆上无遗留物后，操作绝缘斗退出带电作业区域，返回地面；配合地面人员卸下绝缘斗内工具，收回绝缘斗臂车支腿（包括接地线和垫板），绝缘斗内工作结束	

（3）工作结束。

√	序号	作业内容	步骤及要求	备注
	1	清理现场	步骤1：工作班成员整理工具、材料，清洁后装箱、装袋。 步骤2：工作班成员清理现场：工完、料尽、场地清	
	2	召开收工会	步骤1：点评本项工作的完成情况。 步骤2：点评安全措施的落实情况。 步骤3：点评作业指导书的执行情况	
	3	工作终结	步骤1：工作负责人向值班调控人员或运维人员报告申请终结工作票，记录许可方式、工作许可人和终结报告时间，并签字确认，宣布本项工作结束。 步骤2：工作负责人组织工作班成员撤离现场，到达班组后将作业资料分类归档	

7. 验收总结

序号	作业总结	
1	验收评价	按指导书要求完成工作
2	存在问题及处理意见	无

8. 指导书执行情况签字栏

作业地点：	日期：　　年　　月　　日
工作班组：	工作负责人（签字）：
班组成员（签字）：	

9. 附录

略。

第 4 章　设备类常用项目指导与风险管控

4.1　带电更换熔断器 1（绝缘杆作业法，登杆作业）

4.1.1　项目概述

本项目指导与风险管控仅适用于如图 4-1 所示的直线分支杆（有熔断器，导线三角排列），采用绝缘杆作业法＋拆除和安装线夹法（登杆作业）带电更换熔断器工作。生产中务必结合现场实际工况参照适用，并积极推广绝缘手套作业法融合绝缘杆作业法在绝缘斗臂车的工作绝缘斗或其他绝缘平台上的应用。

4.1.2　作业流程

绝缘杆作业法＋拆除和安装线夹法（登杆作业）带电更换熔断器工作的作业流程，如图 4-2 所示。现场作业前，工作负责人应当检查确认熔断器已断开，

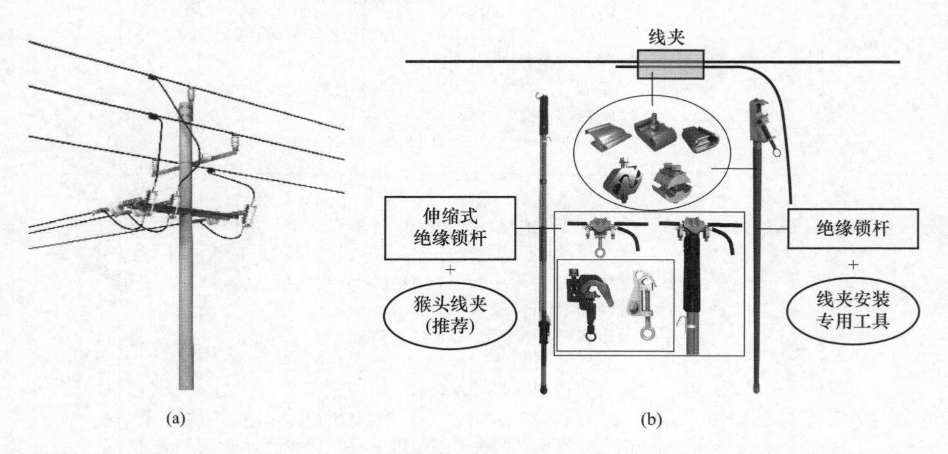

图 4-1　绝缘杆作业法＋拆除和安装线夹法（登杆作业）带电更换熔断器工作（一）
（a）直线分支杆杆头外形图；（b）线夹与绝缘锁杆外形图

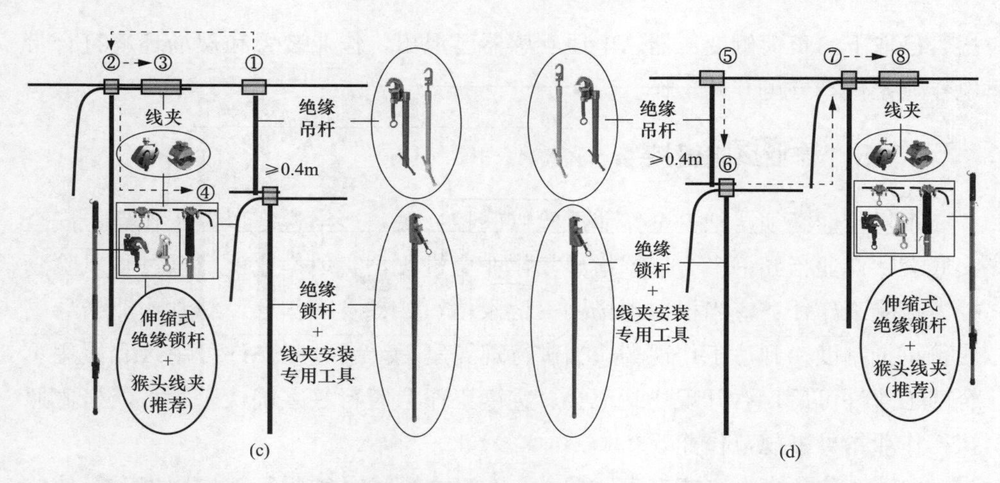

图 4-1　绝缘杆作业法＋拆除和安装线夹法（登杆作业）带电更换熔断器工作（二）

（c）断开引线作业示意图；（d）搭接引线作业示意图

①—绝缘吊杆固定在主导线上；②—绝缘锁杆将待断引线固定；③—剪断引线或拆除线夹；

④—绝缘锁杆（连同引线）固定在绝缘吊杆的横向支杆上，三相引线按相同方法完成断开操作；

⑤—绝缘吊杆固定在主导线上；⑥—绝缘锁杆（连同引线）固定在绝缘吊杆的横向支杆上；

⑦—绝缘锁杆将待接引线固定在导线上；⑧—安装线夹，三相引线按相同方法完成搭接操作

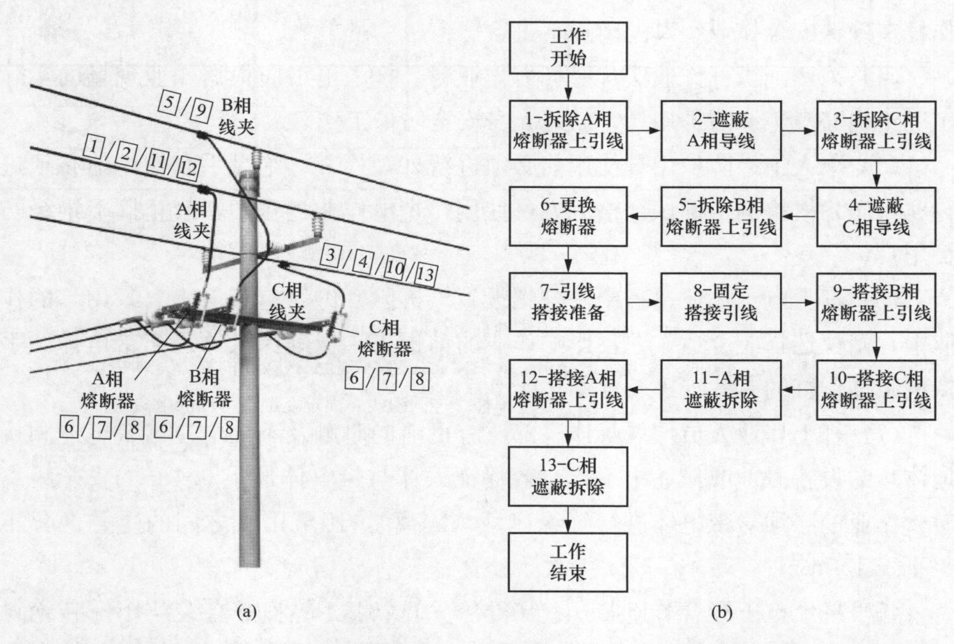

图 4-2　绝缘杆作业法＋拆除和安装线夹法（登杆作业）带电更换熔断器工作的作业流程

（a）示意图；（b）流程图

熔管已取下，负荷侧变压器、电压互感器已退出，作业装置和现场环境符合带电作业条件，方可开始工作。

4.1.3 作业风险管控

现场作业必须严把安全作业风险（管控）关，严格遵守以“工作票、安全交底会、作业指导书”为依据指导其作业全过程，实现作业项目全过程风险管控。接受工作任务应当根据现场勘察记录填写、签发工作票，编制作业指导书履行审批制度；到达工作现场应当进行现场复勘，履行工作许可手续和停用重合闸工作许可后，召开现场站班会、宣读工作票履行签字确认手续，严格遵照执行作业指导书规范作业。

（1）工作负责人（或专责监护人）在工作现场必须履行工作职责和行使监护职责。

（2）杆上电工登杆作业应正确使用有后备保护绳的安全带，到达安全作业工位后（远离带电体保持足够的安全作业距离），应将个人使用的后备保护绳安全可靠地固定在电杆合适位置上。

（3）杆上电工在电杆或横担上悬挂（拆除）绝缘传递绳时，应使用绝缘操作杆在确保安全作业距离的前提下进行。

（4）采用绝缘杆作业法（登杆）作业时，杆上电工应根据作业现场的实际工况正确穿戴绝缘防护用具，做好人身安全防护工作。

（5）个人绝缘防护用具使用前必须进行外观检查，绝缘手套使用前必须进行充（压）气检测，确认合格后方可使用；带电作业过程中，禁止摘下绝缘防护用具。

（6）杆上电工作业过程中，包括设置（拆除）绝缘遮蔽（隔离）用具的作业中，站位选择应合适，在不影响作业的前提下，应确保人体远离带电体，手持绝缘操作杆的有效绝缘长度不小于0.7m。

（7）杆上作业人员伸展身体各部位有可能同时触及不同电位（带电体和接地体）的设备时，或作业中不能有效保证人体与带电体最小0.4m的安全距离时，作业前必须对带电体进行绝缘遮蔽（隔离），遮蔽用具之间的重叠部分不得小于150mm。

（8）杆上电工配合作业断开（搭接）引线时，应采用绝缘操作杆和绝缘（双头）锁杆防止断开（搭接）的引线摆动碰及带电体，移动断开（搭接）的引线时应密切注意与带电体保持可靠的安全距离；已断开的引线应视为带电，严禁人体同时接触两个不同的电位体。

4.1.4　作业指导书

1. 适用范围

本指导书仅适用于如图 4-1 所示的采用绝缘杆作业法+拆除和安装线夹法（登杆作业）带电更换熔断器工作。生产中务必结合现场实际工况参照适用。

2. 引用文件

GB/T 18857—2019《配电线路带电作业技术导则》

Q/GDW 10520—2016《10kV 配网不停电作业规范》

Q/GDW 10799.8—2023《国家电网有限公司电力安全工作规程　第 8 部分：配电部分》

3. 人员分工

本作业项目工作人员共计 4 人，人员分工为：工作负责人（兼工作监护人）1 人、杆上电工 2 人、地面电工 1 人。

√	序号	人员分工	人数	职责	备注
	1	工作负责人（兼工作监护人）	1	执行配电带电作业工作票，组织、指挥带电作业工作，作业中全程监护和落实作业现场安全措施	
	2	杆上电工	2	杆上 1 号电工：负责带电更换熔断器工作。 杆上 2 号辅助电工：配合杆上 1 号电工作业	
	3	地面电工	1	负责地面工作，配合杆上电工作业	

4. 工作前准备

√	序号	内容	要求	备注
	1	现场勘察	现场勘察由工作负责人组织开展，根据勘察结果确定作业方法、所需工具以及采取的措施，并填写现场勘察记录	
	2	编写作业指导书并履行审批手续	作业指导书由工作负责人组织编写，现场作业人员必须严格遵照执行作业指导书而规范作业，作业前必须履行相关审批手续	
	3	填写、签发工作票	工作票由工作负责人按票面要求逐项填写，并由工作票签发人审核、签发后才可开展本项工作	
	4	召开班前会	工作负责人组织班组成员召开班前会，认真学习作业指导书，明确作业方法、作业步骤、人员分工和工作职责等	

续表

√	序号	内容	要求	备注
	5	领用工器具和运输	领用工器具应核对电压等级和试验周期、检查外观完好无损、填写工器具出入库记录单，运输工器具应装箱入袋或放在专用工具车内	

5. 工器具配备

√	序号	名称		规格、型号	数量	备注
	1	个人防护用具	绝缘手套	10kV	2双	戴防护手套
	2		绝缘安全帽	10kV	2顶	杆上电工用
	3		绝缘披肩（绝缘服）	10kV	2件	根据现场情况选择
	4		护目镜		2个	
	5		绝缘安全带		2个	有后备保护绳
	6	绝缘遮蔽用具	导线遮蔽罩	10kV	4个	绝缘杆作业法用
	7		绝缘子遮蔽罩	10kV	2个	绝缘杆作业法用
	8	绝缘工具	绝缘滑车	10kV	1个	绝缘传递绳用
	9		绝缘绳套	10kV	1个	挂滑车用
	10		绝缘传递绳	10kV	1根	
	11		绝缘锁杆	10kV	1个	同时锁定两根导线
	12		绝缘锁杆	10kV	1个	伸缩式
	13		绝缘吊杆	10kV	3个	临时固定引线用
	14		绝缘操作杆	10kV	1个	
	15		绝缘杆断线剪	10kV	1个	
	16		绝缘导线剥皮器	10kV	1套	绝缘杆作业法用
	17		线夹装拆工具	10kV	1套	根据线夹类型选择
	18		绝缘支架		1个	放置绝缘工具用
	19	金属工具	脚扣	水泥杆用	2双	
	20	检测仪器	绝缘测试仪	2500V及以上	1套	
	21		高压验电器	10kV	1个	
	22		工频高压发生器	10kV	1个	
	23		风速湿度仪		1个	
	24		绝缘手套检测仪		1个	

6. 作业程序

(1) 开工准备。

√	序号	作业内容	步骤及要求	备注
	1	现场复勘	步骤 1：工作负责人核对线路名称和杆号正确、工作任务无误、安全措施到位，确认熔断器已断开，熔管已取下，负荷侧变压器、电压互感器已退出，作业装置和现场环境符合带电作业条件。 步骤 2：工作班成员确认天气良好，实测风速__级（不大于 5 级）、湿度__%（不大于 80%），符合作业条件。 步骤 3：工作负责人根据复勘结果告知工作班成员：现场具备安全作业条件，可以开展工作	
	2	设置安全围栏和警示标志	步骤 1：工作班成员依据作业空间设置硬质安全围栏，包括围栏的出口、入口。 步骤 2：工作班成员设置“从此进出”“施工现场，车辆慢行或车辆绕行”等警示标志或路障。 步骤 3：根据现场实际工况，增设临时交通疏导人员，应穿戴反光衣	
	3	工作许可，召开站班会	步骤 1：工作负责人向值班调控人员或运维人员申请工作许可和停用重合闸许可，记录许可方式、工作许可人和许可工作（联系）时间，并签字确认。 步骤 2：工作负责人召开站班会宣读工作票。 步骤 3：工作负责人确认工作班成员对工作任务、危险点预控措施和任务分工都已知晓，履行工作票签字、确认手续，记录工作开始时间	
	4	摆放和检查工器具	步骤 1：工作班成员将工器具分区摆放在防潮帆布上。 步骤 2：工作班成员按照分工擦拭并外观检查工器具完好无损，绝缘工具的绝缘电阻值检测不低于 700MΩ，绝缘手套充（压）气检测不漏气，脚扣、安全带冲击试验检测的结果为安全	

(2) 操作步骤。

√	序号	作业内容	步骤及要求	备注
	1	进入带电作业区域，验电	步骤 1：获得工作负责人许可后，杆上电工穿戴好绝缘防护服，携带绝缘传递绳登杆至合适位置，将个人使用的后备保护绳系挂在电杆合适位置上。 步骤 2：杆上电工使用验电器对绝缘子、横担进行验电，确认无漏电现象汇报给工作负责人，连同现场检测的风速、湿度一并记录在工作票备注栏内。 步骤 3：杆上电工在确保安全距离的前提下，使用绝缘操作杆挂好绝缘传递绳	

续表

√	序号	作业内容	步骤及要求	备注
	2	断熔断器上引线	【方法】：拆除线夹法断熔断器上引线： 步骤1：杆上电工使用绝缘锁杆将绝缘吊杆固定在近边相线夹附近的主导线上。 步骤2：杆上电工使用绝缘锁杆将待断开的熔断器上引线临时固定在主导线上。 步骤3：杆上电工相互配合使用线夹装拆工具拆除熔断器上引线与主导线的连接。 步骤4：杆上电工使用绝缘锁杆将熔断器上引线缓缓放下，临时固定在绝缘吊杆的横向支杆上。 步骤5：杆上电工使用绝缘锁杆将硬质遮蔽罩套在中间相熔断器上引线侧的近边相主导线和绝缘子上。 步骤6：按相同的方法拆除远边相熔断器上引线，完成后同样使用绝缘锁杆将硬质遮蔽罩套在中间相熔断器上引线侧的远边相主导线和绝缘子上。 步骤7：按相同的方法拆除中间相熔断器上引线。 步骤8：杆上电工使用绝缘断线剪分别在熔断器上接线柱处将上引线剪断并取下。 步骤9：杆上电工使用绝缘锁杆拆除两边相主导线上的导线遮蔽罩和绝缘子遮蔽罩。 步骤10：杆上电工拆除三相导线上的绝缘吊杆	
	3	更换熔断器	步骤1：杆上电工使用绝缘锁杆将导线硬质遮蔽罩套在熔断器上方的近边相主导线和绝缘子上。 步骤2：杆上电工在确保熔断器上方导线绝缘遮蔽措施到位的前提下，选择合适的站位在地面电工的配合下完成三相熔断器的更换以及三相熔断器下引线在熔断器上的安装工作	
	4	接熔断器上引线	【方法】：（在导线处）安装线夹法接熔断器上引线： 步骤1：杆上电工使用绝缘锁杆将绝缘吊杆固定在待安装线夹附近的主导线上。 步骤2：杆上电工将三根引线一端安装在熔断器上接线柱上，另一端使用绝缘锁杆临时固定在绝缘吊杆的横向支杆上。 步骤3：杆上电工使用绝缘锁杆拆除近边相熔断器上引线侧的导线遮蔽罩。 步骤4：杆上电工使用绝缘锁杆将导线遮蔽罩套在中间相熔断器上引线侧的远边相主导线和绝缘子上。 步骤5：杆上电工使用绝缘锁杆锁住中间相熔断器上引线待搭接的一端，提升至距离横担不小于规定值的主导线上并可靠固定。 步骤6：杆上电工配合使用线夹安装工具安装线夹，引线与导线可靠连接后撤除绝缘锁杆和绝缘吊杆。 步骤7：杆上电工使用绝缘锁杆拆除两边相主导线上的导线遮蔽罩和绝缘子遮蔽罩。 步骤8：按相同的方法搭接两边相熔断器上引线	
	5	退出带电作业区域	步骤1：杆上电工向工作负责人汇报确认本项工作已完成。 步骤2：检查杆上无遗留物，杆上电工返回地面，工作结束	

（3）工作结束。

√	序号	作业内容	步骤及要求	备注
	1	清理现场	步骤 1：工作班成员整理工具、材料，清洁后装箱、装袋。 步骤 2：工作班成员清理现场：工完、料尽、场地清	
	2	召开收工会	步骤 1：点评本项工作的完成情况。 步骤 2：点评安全措施的落实情况。 步骤 3：点评作业指导书的执行情况	
	3	工作终结	步骤 1：工作负责人向值班调控人员或运维人员报告申请终结工作票，记录许可方式、工作许可人和终结报告时间，并签字确认，宣布本项工作结束。 步骤 2：工作负责人组织工作班成员撤离现场，到达班组后将作业资料分类归档	

7. 验收总结

序号	作业总结	
1	验收评价	按指导书要求完成工作
2	存在问题及处理意见	无

8. 指导书执行情况签字栏

作业地点：	日期：　　年　　月　　日
工作班组：	工作负责人（签字）：
班组成员（签字）：	

9. 附录

略。

4.2　带电更换熔断器 2（绝缘手套作业法，绝缘斗臂车作业）

4.2.1　项目概述

本项目指导与风险管控仅适用于如图 4-3 所示的直线分支杆（有熔断器，导线三角排列），采用绝缘手套作业法＋拆除和安装线夹法（绝缘斗臂车作业）带电更换熔断器工作。生产中务必结合现场实际工况参照适用，并积极推广绝缘手套作业法融合绝缘杆作业法在绝缘斗臂车的工作绝缘斗或其他绝缘平台上的应用。

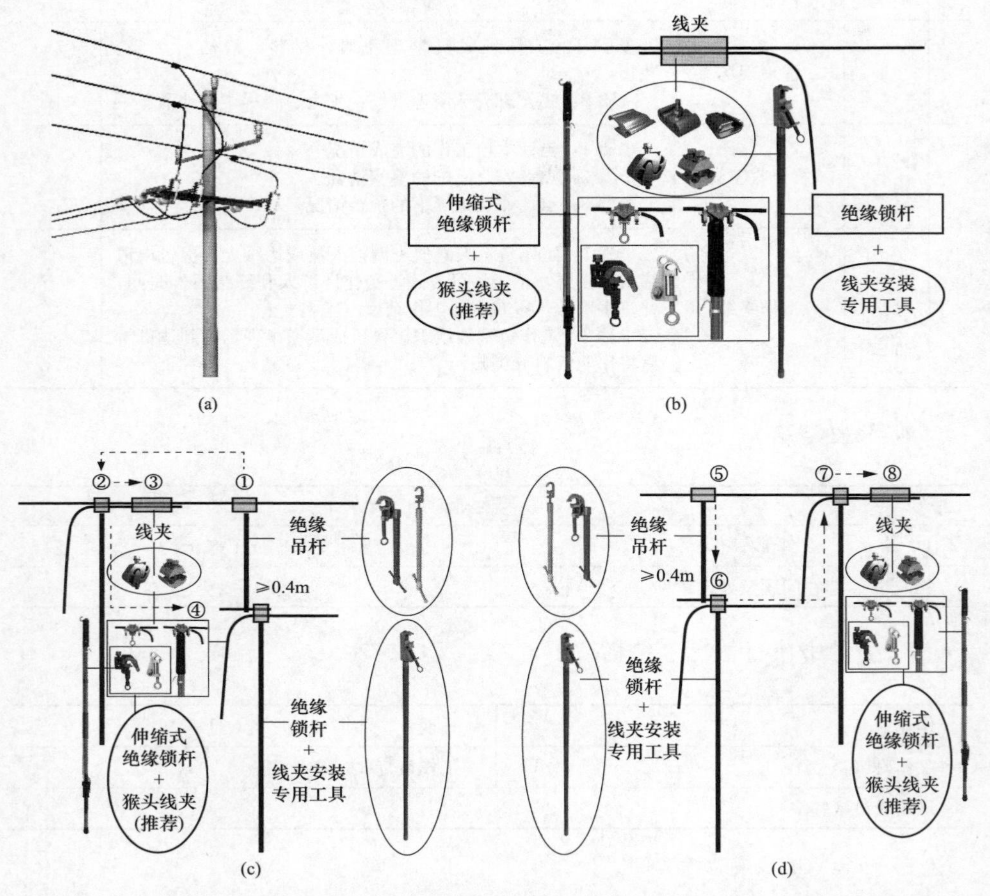

图 4-3　绝缘手套作业法＋拆除和安装线夹法（绝缘斗臂车作业）带电更换熔断器工作

（a）杆头外形图；（b）线夹与绝缘锁杆外形图；（c）断开引线作业示意图；（d）搭接引线作业示意图

①—绝缘吊杆固定在主导线上；②—绝缘锁杆将待断引线固定；③—剪断引线或拆除线夹；
④—绝缘锁杆（连同引线）固定在绝缘吊杆的横向支杆上，三相引线按相同方法完成断开操作；
⑤—绝缘吊杆固定在主导线上；⑥—绝缘锁杆（连同引线）固定在绝缘吊杆的横向支杆上；
⑦—绝缘锁杆将待接引线固定在导线上；⑧—安装线夹，三相引线按相同方法完成搭接操作

4.2.2　作业流程

绝缘手套作业法＋拆除和安装线夹法（绝缘斗臂车作业）带电更换熔断器工作的作业流程，如图 4-4 所示。现场作业前，工作负责人应当检查确认熔断

器已断开，熔管已取下，负荷侧变压器、电压互感器已退出，作业装置和现场环境符合带电作业条件，方可开始工作。

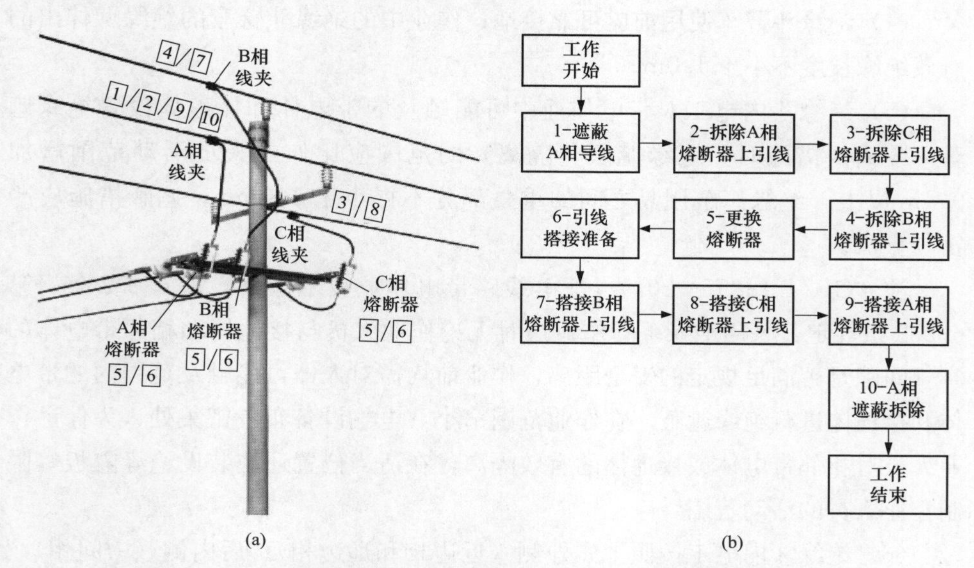

图 4-4　绝缘手套作业法＋拆除和安装线夹法（绝缘斗臂车作业）带电更换熔断器工作的作业流程

（a）示意图；（b）流程图

4.2.3　作业风险管控

现场作业必须严把安全作业风险（管控）关，严格遵守以“工作票、安全交底会、作业指导书”为依据指导其作业全过程，实现作业项目全过程风险管控。接受工作任务应当根据现场勘察记录填写、签发工作票，编制作业指导书履行审批制度；到达工作现场应当进行现场复勘，履行工作许可手续和停用重合闸工作许可后，召开现场站班会、宣读工作票履行签字确认手续，严格遵照执行作业指导书规范作业。

（1）工作负责人（或专责监护人）在工作现场必须履行工作职责和行使监护职责。

（2）进入绝缘斗内的作业人员必须穿戴个人绝缘防护用具（绝缘手套、绝缘服或绝缘披肩、绝缘安全帽以及护目镜等），使用的安全带应有良好的绝缘性能，起臂前安全带保险钩必须系挂在绝缘斗内专用挂钩上。

（3）个人绝缘防护用具使用前必须进行外观检查，绝缘手套使用前必须进行充（压）气检测，确认合格后方可使用；带电作业过程中，禁止摘下绝缘防护用具。

（4）绝缘斗臂车使用前应可靠接地；作业中的绝缘斗臂车的绝缘臂伸出的有效绝缘长度不小于1.0m。

（5）绝缘斗内电工对带电作业中可能触及的带电体和接地体设置绝缘遮蔽（隔离）措施时，绝缘遮蔽（隔离）的范围应比作业人员活动范围增加0.4m以上，绝缘遮蔽用具之间的重叠部分不得小于150mm，遮蔽措施应严密与牢固。

注：GB/T 18857—2019《配电线路带电作业技术导则》第6.2.2条、第6.2.3条规定：采用绝缘手套作业法时无论作业人员与接地体和相邻带电体的空气间隙是否满足规定的安全距离，作业前均需对人体可能触及范围内的带电体和接地体进行绝缘遮蔽。在作业范围窄小，电气设备布置密集处，为保证作业人员对相邻带电体或接地体的有效隔离，在适当位置还应装设绝缘隔板等限制作业人员的活动范围。

（6）绝缘斗内电工按照“先外侧（近边相和远边相）、后内侧（中间相）”的顺序依次进行同相绝缘遮蔽（隔离）时，应严格遵循“先带电体后接地体”的原则。

（7）绝缘斗内电工作业时严禁人体同时接触两个不同的电位体，包括设置（拆除）绝缘遮蔽（隔离）用具的作业中，作业工位的选择应合适，在不影响作业的前提下，人身务必与带电体和接地体保持一定的安全距离，以防绝缘斗内电工作业过程中人体串入电路；绝缘斗内双人作业时，禁止同时在不同相或不同电位作业。

（8）绝缘斗内电工配合作业断开（搭接）引线时，应采用绝缘（双头）锁杆防止断开（搭接）的引线摆动碰及带电体，移动断开（搭接）的引线时应密切注意与带电体保持可靠的安全距离。

（9）断（接）引线以及更换（三相）熔断器时，严禁人体同时接触两个不同的电位体，断开（搭接）开主线引线时严禁人体串入电路，已断开（未接入）的引线应视为带电。

（10）绝缘斗内电工按照“先内侧（中间相）、后外侧（近边相和远边相）”的顺序依次拆除同相绝缘遮蔽（隔离）用具时，应严格遵循“先接地体后带电体”的原则。

4.2.4　作业指导书

1. 适用范围

本指导书仅适用于如图 4-3 所示的绝缘手套作业法+拆除和安装线夹法（绝缘斗臂车作业）带电更换熔断器工作。生产中务必结合现场实际工况参照适用。

2. 引用文件

GB/T 18857—2019《配电线路带电作业技术导则》

Q/GDW 10520—2016《10kV 配网不停电作业规范》

Q/GDW 10799.8—2023《国家电网有限公司电力安全工作规程　第 8 部分：配电部分》

3. 人员分工

本项目工作人员共计 4 人，人员分工为：工作负责人（兼工作监护人）1 人、绝缘斗内电工 2 人，地面电工 1 人。

√	序号	人员分工	人数	职责	备注
	1	工作负责人（兼工作监护人）	1	执行配电带电作业工作票，组织、指挥带电作业工作，作业中全程监护和落实作业现场安全措施	
	2	绝缘斗内电工	2	绝缘斗内 1 号电工：负责带电更换熔断器 1 工作。 绝缘斗内 2 号电工：配合绝缘斗内 1 号电工作业	
	3	地面电工	1	负责地面工作，配合绝缘斗内电工作业	

4. 工作前准备

√	序号	内容	要求	备注
	1	现场勘察	现场勘察由工作负责人组织开展，根据勘察结果确定作业方法、所需工具以及采取的措施，并填写现场勘察记录	
	2	编写作业指导书并履行审批手续	作业指导书由工作负责人组织编写，现场作业人员必须严格遵照执行作业指导书而规范作业，作业前必须履行相关审批手续	
	3	填写、签发工作票	工作票由工作负责人按票面要求逐项填写，并由工作票签发人审核、签发后才可开展本项工作	
	4	召开班前会	工作负责人组织班组成员召开班前会，认真学习作业指导书，明确作业方法、作业步骤、人员分工和工作职责等	
	5	领用工器具和运输	领用工器具应核对电压等级和试验周期、检查外观完好无损、填写工器具出入库记录单，运输工器具应装箱入袋或放在专用工具车内	

5. 工器具配备

√	序号	名称		规格、型号	数量	备注
	1	特种车辆	绝缘斗臂车	10kV	1辆	
	2	个人防护用具	绝缘手套	10kV	2双	戴防护手套
	3		绝缘安全帽	10kV	2顶	绝缘斗内电工用
	4		绝缘披肩（绝缘服）	10kV	2件	根据现场情况选择
	5		护目镜		2个	
	6		绝缘安全带		2个	有后备保护绳
	7	绝缘遮蔽用具	导线遮蔽罩	10kV	6个	不少于配备数量
	8		引线遮蔽罩	10kV	6个	根据现场情况选用
	9		熔断器遮蔽罩	10kV	3个	根据现场情况选用
	10		绝缘毯	10kV	8块	不少于配备数量
	11		绝缘毯夹		16个	不少于配备数量
	12	绝缘工具	绝缘传递绳	10kV	1根	
	13		绝缘锁杆	10kV	1个	同时锁定两根导线
	14		绝缘锁杆	10kV	1个	伸缩式
	15		绝缘吊杆	10kV	3个	临时固定引线用
	16		绝缘操作杆	10kV	1个	
	17		绝缘手工工具		1套	装拆工具
	18	检测仪器	绝缘测试仪	2500V及以上	1套	
	19		高压验电器	10kV	1个	
	20		工频高压发生器	10kV	1个	
	21		风速湿度仪		1个	
	22		绝缘手套检测仪		1个	

6. 作业程序

（1）开工准备。

√	序号	作业内容	步骤及要求	备注
	1	现场复勘	步骤1：工作负责人核对线路名称和杆号正确、工作任务正确、安全措施到位，熔断器已断开，熔管已取下，负荷侧变压器、电压互感器已退出，作业装置和现场环境符合带电作业条件。 步骤2：工作班成员确认天气良好，实测风速__级（不大于5级）、湿度__%（不大于80%），符合作业条件。 步骤3：工作负责人根据复勘结果告知工作班成员：现场具备安全作业条件，可以开展工作	

续表

√	序号	作业内容	步骤及要求	备注
	2	停放绝缘斗臂车，设置安全围栏和警示标志	步骤 1：工作负责人指挥驾驶员将绝缘斗臂车停放到合适位置，支腿支放到垫板上，轮胎离地，支撑牢固后将车体可靠接地。 步骤 2：工作班成员依据作业空间设置硬质安全围栏，包括围栏的出口、入口。 步骤 3：工作班成员设置“从此进出”“施工现场，车辆慢行或车辆绕行”等警示标志或路障。 步骤 4：根据现场实际工况，增设临时交通疏导人员，应穿戴反光衣	
	3	工作许可，召开站班会	步骤 1：工作负责人向值班调控人员或运维人员申请工作许可和停用重合闸许可，记录许可方式、工作许可人和许可工作（联系）时间，并签字确认。 步骤 2：工作负责人召开站班会宣读工作票。 步骤 3：工作负责人确认工作班成员对工作任务、危险点预控措施和任务分工都已知晓，履行工作票签字、确认手续，记录工作开始时间	
	4	摆放和检查工器具	步骤 1：工作班成员将工器具分区摆放在防潮帆布上。 步骤 2：工作班成员按照分工擦拭并外观检查工器具完好无损，绝缘工具的绝缘电阻值检测不低于 700MΩ，绝缘手套充（压）气检测不漏气，安全带冲击试验检测的结果为安全。 步骤 3：绝缘斗内电工擦拭并外观检查绝缘斗臂车的绝缘斗和绝缘臂外观完好无损，空绝缘斗试操作运行正常（升降、伸缩、回转等）	
	5	绝缘斗内电工进绝缘斗，可携带工器具入绝缘斗	步骤 1：绝缘斗内电工穿戴好绝缘防护用具进入绝缘斗，挂好安全带保险钩；地面电工将绝缘遮蔽用具和可携带的工具入绝缘斗。 步骤 2：绝缘斗内电工按照“先抬臂（离支架）、再伸臂（1m 线）、加旋转”的动作，操作绝缘斗进入带电作业区域，作业中禁止摘下绝缘手套，绝缘臂伸出长度确保 1m 标示线	

（2）操作步骤。

√	序号	作业内容	步骤及要求	备注
	1	进入带电作业区域，验电，设置绝缘遮蔽措施	步骤 1：绝缘斗内电工穿戴好绝缘防护用具，经工作负责人检查合格后进入绝缘斗，挂好安全带保险钩。 步骤 2：绝缘斗内电工调整绝缘斗至合适位置，使用验电器对绝缘子、横担进行验电，确认无漏电现象汇报给工作负责人，连同现场检测的风速、湿度一并记录在工作票备注栏内。	

续表

√	序号	作业内容	步骤及要求	备注
	1	进入带电作业区域，验电，设置绝缘遮蔽措施	步骤3：绝缘斗内电工调整绝缘斗至近边相导线外侧适当位置，按照“从近到远、从下到上、先带电体后接地体”的遮蔽原则，以及“近边相、中间相、远边相”的遮蔽顺序，依次对作业范围内的导线、绝缘子、横担等进行绝缘遮蔽。在搭接熔断器上引线前，熔断器上方的导线、绝缘子、横担必须是可靠绝缘遮蔽，引线搭接处使用绝缘毯进行遮蔽，选用绝缘吊杆法临时固定引线，遮蔽前先将绝缘吊杆固定在搭接处附近的主导线上	
	2	更换熔断器	【方法】：（在导线处）拆除和安装线夹法更换熔断器： 步骤1：绝缘斗内电工调整绝缘斗至近边相导线合适位置，打开线夹处的绝缘毯，使用绝缘锁杆将待断开的熔断器上引线临时固定在主导线上后拆除线夹。 步骤2：绝缘斗内电工调整工作位置后，使用绝缘锁杆将熔断器上引线缓缓放下，临时固定在绝缘吊杆的横向支杆上，完成后恢复绝缘遮蔽。 步骤3：其余两相引线的拆除按相同的方法进行，三相引线的拆除可按先两边相、再中间相的顺序进行，或根据现场工况选择。 步骤4：绝缘斗内电工调整绝缘斗至熔断器横担前方合适位置，分别断开三相熔断器上（下）桩头引线，在地面电工的配合下完成三相熔断器的更换工作，以及三相熔断器上（下）桩头引线的连接工作，对新安装熔断器进行分合情况检查后，取下熔管。 步骤5：绝缘斗内电工调整绝缘斗至中间相导线合适位置，打开搭接处的绝缘毯，使用绝缘锁杆锁住中间相熔断器上引线待搭接的一端，提升至搭接处主导线上可靠固定。 步骤6：绝缘斗内电工使用线夹安装工具安装线夹，熔断器上引线与主导线可靠连接后撤除绝缘锁杆和绝缘吊杆，完成后恢复接续线夹处的绝缘、密封和绝缘遮蔽。 步骤7：其余两相引线的搭接按相同的方法进行，三相引线的搭接可按先中间相、再两边相的顺序进行，或根据现场工况选择	
	3	拆除绝缘遮蔽，退出带电作业区域	步骤1：绝缘斗内电工向工作负责人汇报确认本项工作已完成。 步骤2：绝缘斗内电工转移绝缘斗至合适作业位置，按照“从远到近、从上到下、先接地体后带电体”的原则，以及“远边相、中间相、近边相”的顺序（与遮蔽相反），拆除绝缘遮蔽。 步骤3：绝缘斗内电工检查杆上无遗留物后，操作绝缘斗退出带电作业区域，返回地面；配合地面人员卸下绝缘斗内工具，收回绝缘斗臂车支腿（包括接地线和垫板），绝缘斗内工作结束	

（3）工作结束。

√	序号	作业内容	步骤及要求	备注
	1	清理现场	步骤 1：工作班成员整理工具、材料，清洁后装箱、装袋。 步骤 2：工作班成员清理现场：工完、料尽、场地清	
	2	召开收工会	步骤 1：点评本项工作的完成情况。 步骤 2：点评安全措施的落实情况。 步骤 3：点评作业指导书的执行情况	
	3	工作终结	步骤 1：工作负责人向值班调控人员或运维人员报告申请终结工作票，记录许可方式、工作许可人和终结报告时间，并签字确认，宣布本项工作结束。 步骤 2：工作负责人组织工作班成员撤离现场，到达班组后将作业资料分类归档	

7. 验收总结

序号	作业总结	
1	验收评价	按指导书要求完成工作
2	存在问题及处理意见	无

8. 指导书执行情况签字栏

作业地点：	日期：　　年　　月　　日
工作班组：	工作负责人（签字）：
班组成员（签字）：	

9. 附录

略。

4.3　带电更换熔断器 3（绝缘手套作业法，绝缘斗臂车作业）

4.3.1　项目概述

本项目指导与风险管控仅适用于如图 4-5 所示的变台杆（有熔断器，导线三角排列），采用绝缘手套作业法＋拆除和安装线夹法（绝缘斗臂车作业）带电更换熔断器工作。生产中务必结合现场实际工况参照适用，并积极推广绝缘手套作业法融合绝缘杆作业法在绝缘斗臂车的工作绝缘斗或其他绝缘平台上的应用。

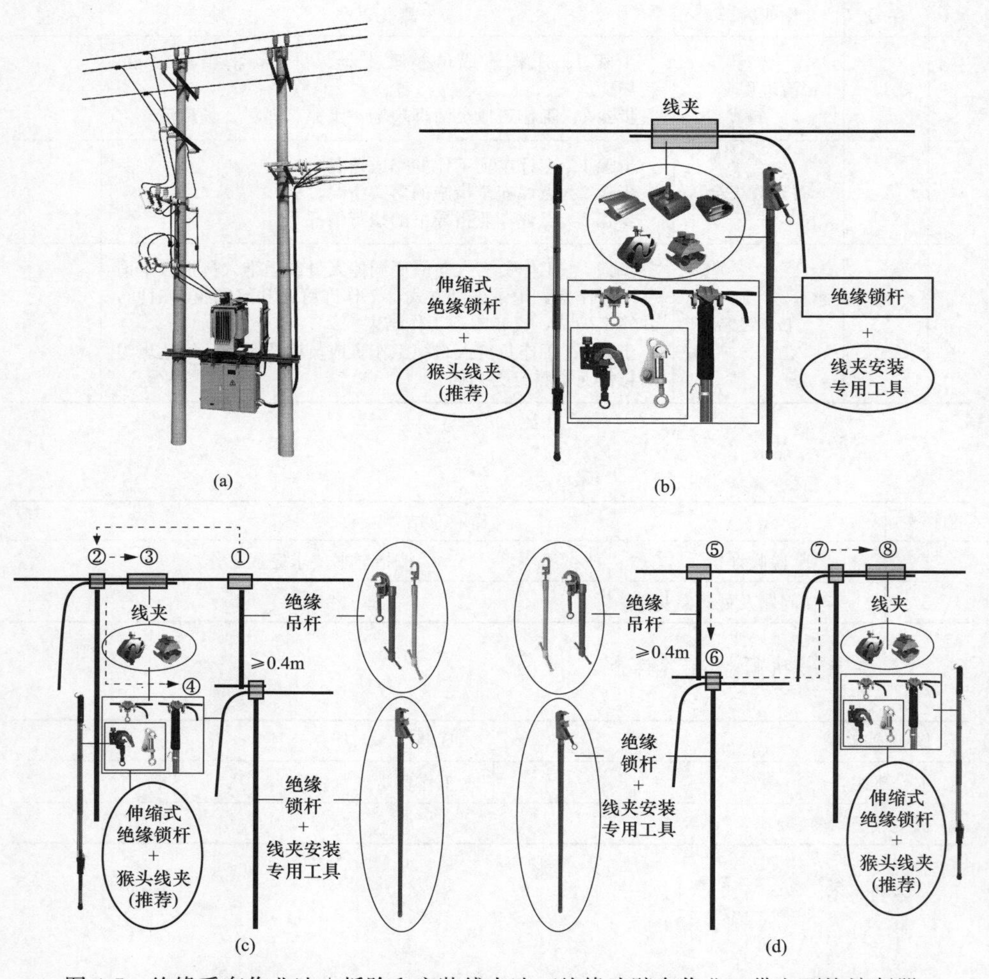

图 4-5　绝缘手套作业法＋拆除和安装线夹法（绝缘斗臂车作业）带电更换熔断器

（a）变台杆外形图；（b）线夹与绝缘锁杆外形图；（c）断开引线作业示意图；（d）搭接引线作业示意图

①—绝缘吊杆固定在主导线上；②—绝缘锁杆将待断引线固定；③—剪断引线或拆除线夹；④—绝缘锁杆（连同引线）固定在绝缘吊杆的横向支杆上，三相引线按相同方法完成断开操作；⑤—绝缘吊杆固定在主导线上；⑥—绝缘锁杆（连同引线）固定在绝缘吊杆的横向支杆上；⑦—绝缘锁杆将待接引线固定在导线上；⑧—安装线夹，三相引线按相同方法完成搭接操作

4.3.2　作业流程

绝缘手套作业法＋拆除和安装线夹法（绝缘斗臂车作业）带电更换熔断器工

作的作业流程，如图 4-6 所示。现场作业前，工作负责人应当检查确认熔断器已断开，熔管已取下，作业装置和现场环境符合带电作业条件，方可开始工作。

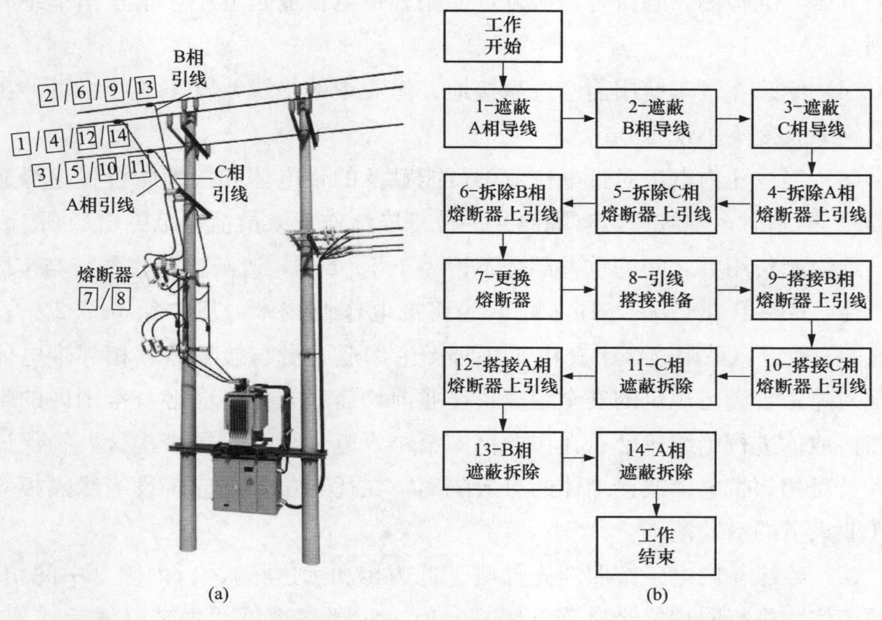

图 4-6　绝缘手套作业法＋拆除和安装线夹法（绝缘斗臂车作业）带电更换熔断器工作的作业流程

（a）示意图；（b）流程图

4.3.3　作业风险管控

现场作业必须严把安全作业风险（管控）关，严格遵守以“工作票、安全交底会、作业指导书”为依据指导其作业全过程，实现作业项目全过程风险管控。接受工作任务应当根据现场勘察记录填写、签发工作票，编制作业指导书履行审批制度；到达工作现场应当进行现场复勘，履行工作许可手续和停用重合闸工作许可后，召开现场站班会、宣读工作票履行签字确认手续，严格遵照执行作业指导书规范作业。

（1）工作负责人（或专责监护人）在工作现场必须履行工作职责和行使监护职责。

（2）进入绝缘斗内的作业人员必须穿戴个人绝缘防护用具（绝缘手套、绝缘服或绝缘披肩、绝缘安全帽以及护目镜等），使用的安全带应有良好的绝缘性能，起臂前安全带保险钩必须系挂在绝缘斗内专用挂钩上。

（3）个人绝缘防护用具使用前必须进行外观检查，绝缘手套使用前必须进行充（压）气检测，确认合格后方可使用；带电作业过程中，禁止摘下绝缘防护用具。

（4）绝缘斗臂车使用前应可靠接地；作业中的绝缘斗臂车的绝缘臂伸出的有效绝缘长度不小于1.0m。

（5）绝缘斗内电工对带电作业中可能触及的带电体和接地体设置绝缘遮蔽（隔离）措施时，绝缘遮蔽（隔离）的范围应比作业人员活动范围增加0.4m以上，绝缘遮蔽用具之间的重叠部分不得小于150mm，遮蔽措施应严密与牢固。

注：GB/T 18857—2019《配电线路带电作业技术导则》第6.2.2条、第6.2.3条规定：采用绝缘手套作业法时无论作业人员与接地体和相邻带电体的空气间隙是否满足规定的安全距离，作业前均需对人体可能触及范围内的带电体和接地体进行绝缘遮蔽；在作业范围窄小，电气设备布置密集处，为保证作业人员对相邻带电体或接地体的有效隔离，在适当位置还应装设绝缘隔板等限制作业人员的活动范围。

（6）绝缘斗内电工按照“先外侧（近边相和远边相）、后内侧（中间相）”的顺序依次进行同相绝缘遮蔽（隔离）时，应严格遵循“先带电体后接地体”的原则。

（7）绝缘斗内电工作业时严禁人体同时接触两个不同的电位体，包括设置（拆除）绝缘遮蔽（隔离）用具的作业中，作业工位的选择应合适，在不影响作业的前提下，人身务必与带电体和接地体保持一定的安全距离，以防绝缘斗内电工作业过程中人体串入电路；绝缘斗内双人作业时，禁止同时在不同相或不同电位作业。

（8）绝缘斗内电工配合作业断开（搭接）引线时，应采用绝缘（双头）锁杆防止断开（搭接）的引线摆动碰及带电体，移动断开（搭接）的引线时应密切注意与带电体保持可靠的安全距离。

（9）断（接）引线以及更换（三相）熔断器时，严禁人体同时接触两个不同的电位体，断开（搭接）开主线引线时严禁人体串入电路，已断开（未接入）的引线应视为带电。

（10）绝缘斗内电工按照“先内侧（中间相）、后外侧（近边相和远边相）”的顺序依次拆除同相绝缘遮蔽（隔离）用具时，应严格遵循“先接地体后带电体”的原则。

4.3.4　作业指导书

1. 适用范围

本指导书仅适用于如图4-5所示的绝缘手套作业法（绝缘斗臂车作业）+拆除和安装线夹法带电更换熔断器工作。生产中务必结合现场实际工况参照适用。

2. 引用文件

GB/T 18857—2019《配电线路带电作业技术导则》

Q/GDW 10520—2016《10kV配网不停电作业规范》

Q/GDW 10799.8—2023《国家电网有限公司电力安全工作规程　第8部分：配电部分》

3. 人员分工

本项目工作人员共计4人，人员分工为：工作负责人（兼工作监护人）1人、绝缘斗内电工2人，地面电工1人。

√	序号	人员分工	人数	职责	备注
	1	工作负责人（兼工作监护人）	1	执行配电带电作业工作票，组织、指挥带电作业工作，作业中全程监护和落实作业现场安全措施	
	2	绝缘斗内电工	2	绝缘斗内1号电工：负责带电更换熔断器工作。 绝缘斗内2号电工：配合绝缘斗内1号电工作业	
	3	地面电工	1	负责地面工作，配合绝缘斗内电工作业	

4. 工作前准备

√	序号	内容	要求	备注
	1	现场勘察	现场勘察由工作负责人组织开展，根据勘察结果确定作业方法、所需工具以及采取的措施，并填写现场勘察记录	
	2	编写作业指导书并履行审批手续	作业指导书由工作负责人组织编写，现场作业人员必须严格遵照执行作业指导书而规范作业，作业前必须履行相关审批手续	
	3	填写、签发工作票	工作票由工作负责人按票面要求逐项填写，并由工作票签发人审核、签发后才可开展本项工作	
	4	召开班前会	工作负责人组织班组成员召开班前会，认真学习作业指导书，明确作业方法、作业步骤、人员分工和工作职责等	
	5	领用工器具和运输	领用工器具应核对电压等级和试验周期、检查外观完好无损、填写工器具出入库记录单，运输工器具应装箱入袋或放在专用工具车内	

5. 工器具配备

√	序号	名称		规格、型号	数量	备注
	1	特种车辆	绝缘斗臂车	10kV	1辆	
	2	个人防护用具	绝缘手套	10kV	2双	戴防护手套
	3		绝缘安全帽	10kV	2顶	绝缘斗内电工用
	4		绝缘披肩（绝缘服）	10kV	2件	根据现场情况选择
	5		护目镜		2个	
	6		绝缘安全带		2个	有后备保护绳
	7	绝缘遮蔽用具	导线遮蔽罩	10kV	6个	不少于配备数量
	8		引线遮蔽罩	10kV	6个	根据现场情况选用
	9		熔断器遮蔽罩	10kV	3个	根据现场情况选用
	10		绝缘毯	10kV	8块	不少于配备数量
	11		绝缘毯夹		16个	不少于配备数量
	12	绝缘工具	绝缘传递绳	10kV	1根	
	13		绝缘锁杆	10kV	1个	同时锁定两根导线
	14		绝缘锁杆	10kV	1个	伸缩式
	15		绝缘吊杆	10kV	3个	临时固定引线用
	16		绝缘操作杆	10kV	1个	
	17		绝缘手工工具		1套	装拆工具
	18	检测仪器	绝缘测试仪	2500V及以上	1套	
	19		高压验电器	10kV	1个	
	20		工频高压发生器	10kV	1个	
	21		风速湿度仪		1个	
	22		绝缘手套检测仪		1个	

6. 作业程序

(1) 开工准备。

√	序号	作业内容	步骤及要求	备注
	1	现场复勘	步骤1：工作负责人核对线路名称和杆号正确、工作任务正确、安全措施到位，熔断器已断开、熔管已取下，作业装置和现场环境符合带电作业条件。 步骤2：工作班成员确认天气良好，实测风速__级（不大于5级）、湿度__%（不大于80%），符合作业条件。 步骤3：工作负责人根据复勘结果告知工作班成员：现场具备安全作业条件，可以开展工作	

续表

√	序号	作业内容	步骤及要求	备注
	2	停放绝缘斗臂车，设置安全围栏和警示标志	步骤1：工作负责人指挥驾驶员将绝缘斗臂车停放到合适位置，支腿支放到垫板上，轮胎离地，支撑牢固后将车体可靠接地。 步骤2：工作班成员依据作业空间设置硬质安全围栏，包括围栏的出口、入口。 步骤3：工作班成员设置“从此进出”“施工现场，车辆慢行或车辆绕行”等警示标志或路障。 步骤4：根据现场实际工况，增设临时交通疏导人员，应穿戴反光衣	
	3	工作许可，召开站班会	步骤1：工作负责人向值班调控人员或运维人员申请工作许可和停用重合闸许可，记录许可方式、工作许可人和许可工作（联系）时间，并签字确认。 步骤2：工作负责人召开站班会宣读工作票。 步骤3：工作负责人确认工作班成员对工作任务、危险点预控措施和任务分工都已知晓，履行工作票签字、确认手续，记录工作开始时间	
	4	摆放和检查工器具	步骤1：工作班成员将工器具分区摆放在防潮帆布上。 步骤2：工作班成员按照分工擦拭并外观检查工器具完好无损，绝缘工具的绝缘电阻值检测不低于700MΩ，绝缘手套充（压）气检测不漏气，安全带冲击试验检测的结果为安全。 步骤3：绝缘斗内电工擦拭并外观检查绝缘斗臂车的绝缘斗和绝缘臂外观完好无损，空绝缘斗试操作运行正常（升降、伸缩、回转等）	
	5	绝缘斗内电工进绝缘斗，可携带工器具入绝缘斗	步骤1：绝缘斗内电工穿戴好绝缘防护用具进入绝缘斗，挂好安全带保险钩；地面电工将绝缘遮蔽用具和可携带的工具入绝缘斗。 步骤2：绝缘斗内电工按照“先抬臂（离支架）、再伸臂（1m线）、加旋转”的动作，操作绝缘斗进入带电作业区域，作业中禁止摘下绝缘手套，绝缘臂伸出长度确保1m标示线	

（2）操作步骤。

√	序号	作业内容	步骤及要求	备注
	1	进入带电作业区域，验电，设置绝缘遮蔽措施	步骤1：绝缘斗内电工穿戴好绝缘防护用具，经工作负责人检查合格后进入绝缘斗，挂好安全带保险钩。 步骤2：绝缘斗内电工调整绝缘斗至合适位置，使用验电器对绝缘子、横担进行验电，确认无漏电现象汇报给工作负责人，连同现场检测的风速、湿度一并记录在工作票备注栏内。	

续表

√	序号	作业内容	步骤及要求	备注
	1	进入带电作业区域，验电，设置绝缘遮蔽措施	步骤3：绝缘斗内电工调整绝缘斗至近边相导线外侧适当位置，按照“从近到远、从下到上、先带电体后接地体”的遮蔽原则，以及“近边相、中间相、远边相”的遮蔽顺序，依次对作业范围内的导线、绝缘子、横担等进行绝缘遮蔽，引线搭接处使用绝缘毯进行遮蔽，选用绝缘吊杆法临时固定引线，遮蔽前先将绝缘吊杆固定在搭接处附近的主导线上	
	2	更换熔断器	【方法】：（在导线处）拆除和安装线夹法更换熔断器： 步骤1：绝缘斗内电工调整绝缘斗至近边相导线合适位置，打开线夹处的绝缘毯，使用绝缘锁杆将待断开的熔断器上引线临时固定在主导线上后拆除线夹。 步骤2：绝缘斗内电工调整工作位置后，使用绝缘锁杆将熔断器上引线缓缓放下，临时固定在绝缘吊杆的横向支杆上，完成后恢复绝缘遮蔽。 步骤3：其余两相引线的拆除按相同的方法进行，三相引线的拆除可按先两边相、再中间相的顺序进行，或根据现场工况选择。 步骤4：绝缘斗内电工调整绝缘斗至熔断器横担前方合适位置，分别断开三相熔断器上（下）桩头引线，在地面电工的配合下完成三相熔断器的更换工作，以及三相熔断器上（下）桩头引线的连接工作，对新安装熔断器进行分合情况检查后，取下熔管。 步骤5：绝缘斗内电工调整绝缘斗至中间相导线合适位置，打开搭接处的绝缘毯，使用绝缘锁杆锁住中间相熔断器上引线待搭接的一端，提升至搭接处主导线上可靠固定。 步骤6：绝缘斗内电工使用线夹安装工具安装线夹，熔断器上引线与主导线可靠连接后撤除绝缘锁杆和绝缘吊杆，完成后恢复接续线夹处的绝缘、密封和绝缘遮蔽。 步骤7：其余两相引线的搭接按相同的方法进行，三相引线的搭接可按先中间相、再两边相的顺序进行，或根据现场工况选择	
	3	拆除绝缘遮蔽，退出带电作业区域	步骤1：绝缘斗内电工向工作负责人汇报确认本项工作已完成。 步骤2：绝缘斗内电工转移绝缘斗至合适作业位置，按照“从远到近、从上到下、先接地体后带电体”的原则，以及“远边相、中间相、近边相”的顺序（与遮蔽相反），拆除绝缘遮蔽。 步骤3：绝缘斗内电工检查杆上无遗留物后，操作绝缘斗退出带电作业区域，返回地面；配合地面人员卸下绝缘斗内工具，收回绝缘斗臂车支腿（包括接地线和垫板），绝缘斗内工作结束	

（3）工作结束。

√	序号	作业内容	步骤及要求	备注
	1	清理现场	步骤1：工作班成员整理工具、材料，清洁后装箱、装袋。 步骤2：工作班成员清理现场：工完、料尽、场地清	
	2	召开收工会	步骤1：点评本项工作的完成情况。 步骤2：点评安全措施的落实情况。 步骤3：点评作业指导书的执行情况	
	3	工作终结	步骤1：工作负责人向值班调控人员或运维人员报告申请终结工作票，记录许可方式、工作许可人和终结报告时间，并签字确认，宣布本项工作结束。 步骤2：工作负责人组织工作班成员撤离现场，到达班组后将作业资料分类归档	

7. 验收总结

序号	作业总结	
1	验收评价	按指导书要求完成工作
2	存在问题及处理意见	无

8. 指导书执行情况签字栏

作业地点：	日期：　　年　　月　　日
工作班组：	工作负责人（签字）：
班组成员（签字）：	

9. 附录

略。

4.4　带负荷更换熔断器（绝缘手套作业法+绝缘引流线法，绝缘斗臂车作业）

4.4.1　项目概述

本项目指导与风险管控仅适用于如图4-7所示的熔断器杆（导线三角排列），采用绝缘手套作业法+绝缘引流线法+拆除和安装线夹法（绝缘斗臂车作业）带负荷更换熔断器工作。生产中务必结合现场实际工况参照适用，并积极推广绝缘手套作业法融合绝缘杆作业法在绝缘斗臂车的工作绝缘斗或其他绝缘平台上的应用。

4.4.2 作业流程

绝缘手套作业法＋绝缘引流线法＋拆除和安装线夹法（绝缘斗臂车作业）带负荷更换熔断器工作的作业流程图，如图 4-8 所示。现场作业前，工作负责人应当检查确认熔断器在合上位置，作业装置和现场环境符合带电作业条件，方可开始工作。

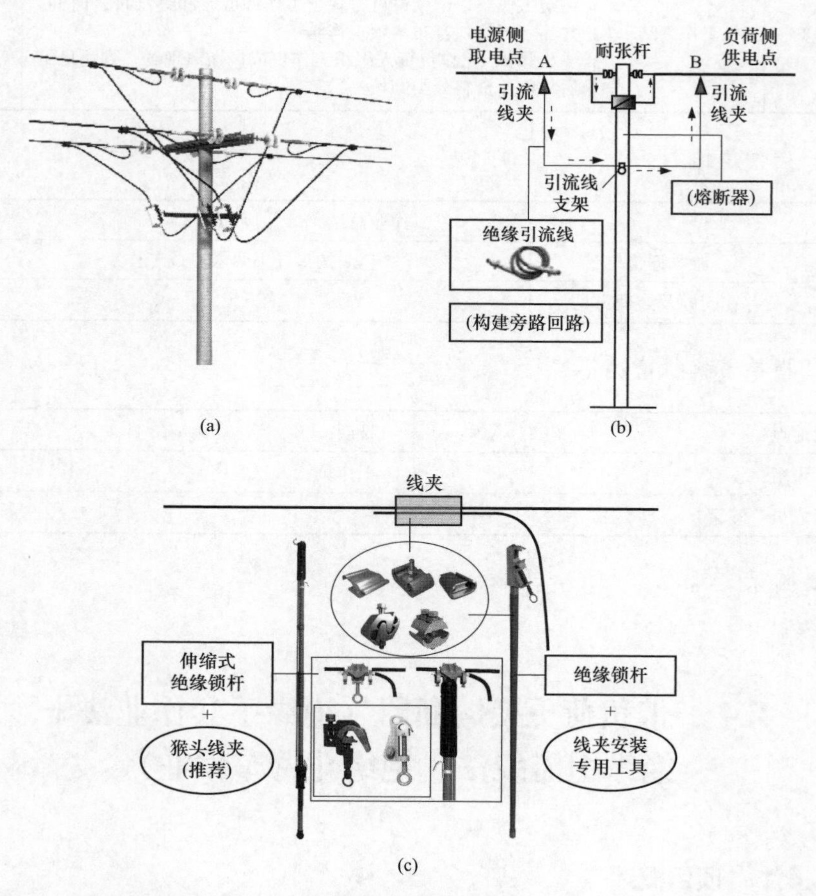

图 4-7　绝缘手套作业法＋绝缘引流线法＋拆除和安装线夹法（绝缘斗臂车作业）带负荷更换熔断器工作（一）

（a）杆头外形图；（b）绝缘引流线法示意图；（c）线夹与绝缘锁杆外形图

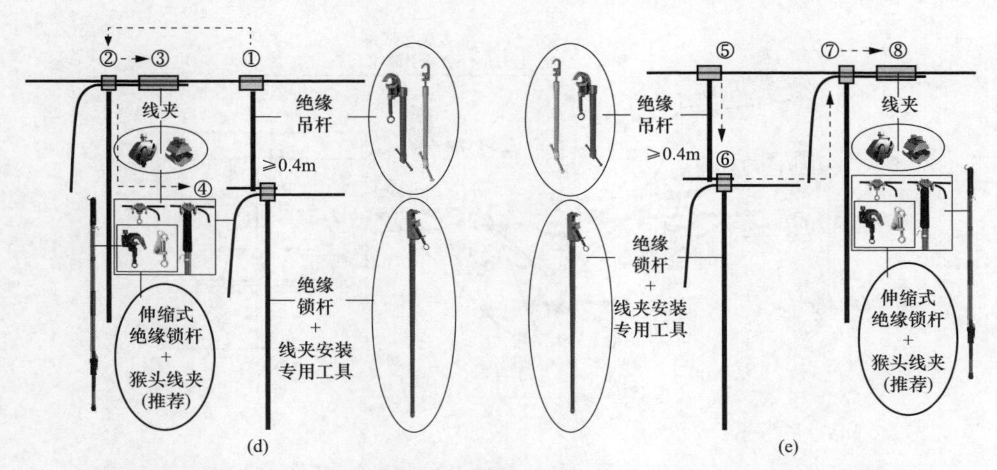

图 4-7　绝缘手套作业法＋绝缘引流线法＋拆除和安装线夹法（绝缘斗臂车作业）带负荷更换熔断器工作（二）

（d）断开引线作业示意图；（e）搭接引线作业示意图

①—绝缘吊杆固定在主导线上；②—绝缘锁杆将待断引线固定；③—剪断引线或拆除线夹；④—绝缘锁杆（连同引线）固定在绝缘吊杆的横向支杆上，三相引线按相同方法完成断开操作；⑤—绝缘吊杆固定在主导线上；⑥—绝缘锁杆（连同引线）固定在绝缘吊杆的横向支杆上；⑦—绝缘锁杆将待接引线固定在导线上；⑧—安装线夹，三相引线按相同方法完成搭接操作

4.4.3　作业风险管控

现场作业必须严把安全作业风险（管控）关，严格遵守以“工作票、安全交底会、作业指导书”为依据指导其作业全过程，实现作业项目全过程风险管控。接受工作任务应当根据现场勘察记录填写、签发工作票，编制作业指导书履行审批制度；到达工作现场应当进行现场复勘，履行工作许可手续和停用重合闸工作许可后，召开现场站班会、宣读工作票履行签字确认手续，严格遵照执行作业指导书规范作业。

（1）工作负责人（或专责监护人）在工作现场必须履行工作职责和行使监护职责。

（2）进入绝缘斗内的作业人员必须穿戴个人绝缘防护用具（绝缘手套、绝缘服或绝缘披肩、绝缘安全帽以及护目镜等），使用的安全带应有良好的绝缘性能，起臂前安全带保险钩必须系挂在绝缘斗内专用挂钩上。

（3）个人绝缘防护用具使用前必须进行外观检查，绝缘手套使用前必须进行充（压）气检测，确认合格后方可使用；带电作业过程中，禁止摘下绝缘防护用具。

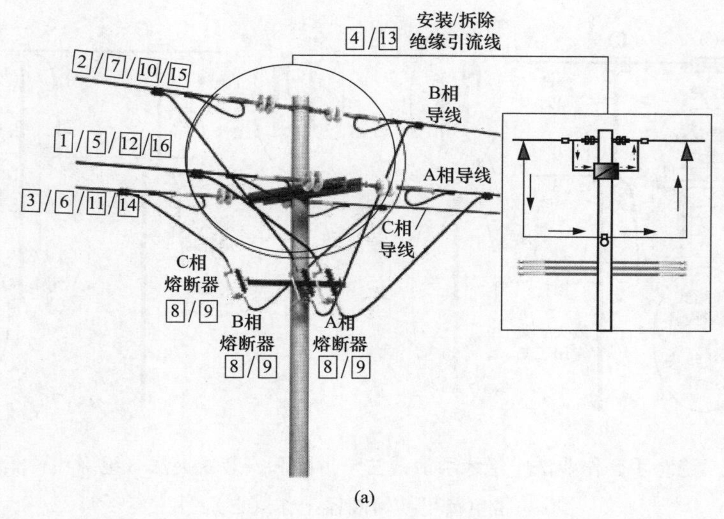

(a)

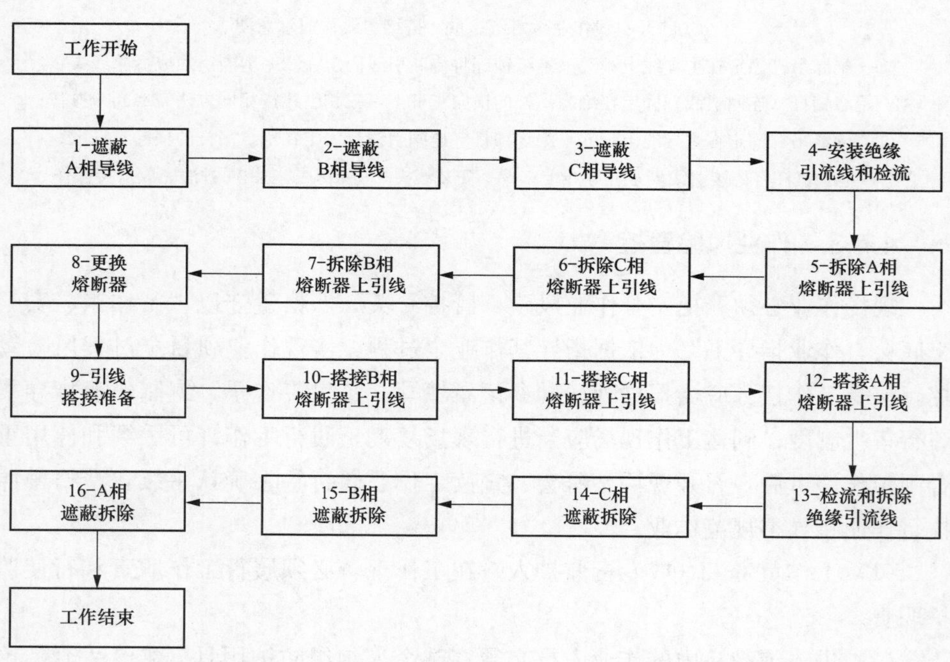

(b)

图 4-8 绝缘手套作业法＋绝缘引流线法＋拆除和安装线夹法（绝缘斗臂车作业）带负荷更换熔断器工作的作业流程

（a）示意图；（b）流程图

（4）绝缘斗臂车使用前应可靠接地。作业中的绝缘斗臂车的绝缘臂伸出的有效绝缘长度不小于 1.0m。

（5）绝缘斗内电工对带电作业中可能触及的带电体和接地体设置绝缘遮蔽（隔离）措施时，绝缘遮蔽（隔离）的范围应比作业人员活动范围增加 0.4m 以上，绝缘遮蔽用具之间的重叠部分不得小于 150mm，遮蔽措施应严密与牢固。

注：GB/T 18857—2019《配电线路带电作业技术导则》第 6.2.2 条、第 6.2.3 条规定：采用绝缘手套作业法时无论作业人员与接地体和相邻带电体的空气间隙是否满足规定的安全距离，作业前均需对人体可能触及范围内的带电体和接地体进行绝缘遮蔽。在作业范围窄小，电气设备布置密集处，为保证作业人员对相邻带电体或接地体的有效隔离，在适当位置还应装设绝缘隔板等限制作业人员的活动范围。

（6）绝缘斗内电工按照“先外侧（近边相和远边相）、后内侧（中间相）”的顺序依次进行同相绝缘遮蔽（隔离）时，应严格遵循“先带电体后接地体”的原则。

（7）绝缘斗内电工作业时严禁人体同时接触两个不同的电位体，包括设置（拆除）绝缘遮蔽（隔离）用具的作业中，作业工位的选择应合适，在不影响作业的前提下，人身务必与带电体和接地体保持一定的安全距离，以防绝缘斗内电工作业过程中人体串入电路；绝缘斗内双人作业时，禁止同时在不同相或不同电位作业。

（8）绝缘引流线的安装应采用专用支架（或绝缘横担）进行支撑和固定。安装绝缘引流线前应查看额定电流值，所带负荷电流不得超过绝缘引流线的额定电流；当导线连接（线夹）处发热时，禁止使用绝缘引流线进行短接，需要使用单相开关短接。

（9）搭接绝缘引流线时应确保连接可靠、相位正确、通流正常。短接每一相时，应注意绝缘引流线另一端头不得放在工作绝缘斗内；三相绝缘引流线搭接未完成前严禁拉开熔丝管，三相熔丝管未合上前严禁拆除绝缘引流线。

（10）绝缘斗内电工配合作业断开（搭接）引线时，应采用绝缘（双头）锁杆防止断开（搭接）的引线摆动碰及带电体，移动断开（搭接）的引线时应密切注意与带电体保持可靠的安全距离。

（11）断（接）引线以及更换（三相）熔断器时，应确保绝缘引流线连接可靠、相位正确、通流正常，断开（搭接）开主线引线时严禁人体串入电路，已断开（未接入）的引线应视为带电，严禁人体同时接触两个不同的电位体。

（12）逐相拆除绝缘引流线时，应对先拆除端引流线夹部分进行绝缘遮蔽，拆下的绝缘引流线端头不得放在工作绝缘斗内，将其临时悬挂在绝缘引流线支架上。

（13）绝缘斗内电工按照“先内侧（中间相）、后外侧（近边相和远边相）”的顺序依次拆除同相绝缘遮蔽（隔离）用具时，应严格遵循“先接地体后带电体”的原则。

4.4.4 作业指导书

1. 适用范围

本指导书仅适用于如图 4-7 所示的绝缘手套作业法＋绝缘引流法（绝缘斗臂车作业）＋拆除和安装线夹法带负荷更换熔断器工作。生产中务必结合现场实际工况参照适用。

2. 引用文件

GB/T 18857—2019《配电线路带电作业技术导则》

Q/GDW 10520—2016《10kV 配网不停电作业规范》

Q/GDW 10799. 8—2023《国家电网有限公司电力安全工作规程　第 8 部分：配电部分》

3. 人员分工

本项目工作人员共计 4 人，人员分工为：工作负责人（兼工作监护人）1 人、绝缘斗内电工 2 人，地面电工 1 人。

√	序号	人员分工	人数	职责	备注
	1	工作负责人（兼工作监护人）	1	执行配电带电作业工作票，组织、指挥带电作业工作，作业中全程监护和落实作业现场安全措施	
	2	绝缘斗内电工	2	绝缘斗内 1 号电工：负责带负荷更换熔断器工作。 绝缘斗内 2 号电工：配合绝缘斗内 1 号电工作业	
	3	地面电工	1	负责地面工作，配合绝缘斗内电工作业	

4. 工作前准备

√	序号	内容	要求	备注
	1	现场勘察	现场勘察由工作负责人组织开展，根据勘察结果确定作业方法、所需工具以及采取的措施，并填写现场勘察记录	

续表

√	序号	内容	要求	备注
	2	编写作业指导书并履行审批手续	作业指导书由工作负责人组织编写，现场作业人员必须严格遵照执行作业指导书而规范作业，作业前必须履行相关审批手续	
	3	填写、签发工作票	工作票由工作负责人按票面要求逐项填写，并由工作票签发人审核、签发后才可开展本项工作	
	4	召开班前会	工作负责人组织班组成员召开班前会，认真学习作业指导书，明确作业方法、作业步骤、人员分工和工作职责等	
	5	领用工器具和运输	领用工器具应核对电压等级和试验周期、检查外观完好无损、填写工器具出入库记录单，运输工器具应装箱入袋或放在专用工具车内	

5. 工器具配备

√	序号	名称		规格、型号	数量	备注
	1	特种车辆	绝缘斗臂车	10kV	1 辆	
	2	个人防护用具	绝缘手套	10kV	2 双	戴防护手套
	3		绝缘安全帽	10kV	2 顶	绝缘斗内电工用
	4		绝缘披肩（绝缘服）	10kV	2 件	根据现场情况选择
	5		护目镜		2 个	
	6		绝缘安全带		2 个	有后备保护绳
	7	绝缘遮蔽用具	导线遮蔽罩	10kV	12 个	不少于配备数量
	8		引线遮蔽罩	10kV	12 个	根据现场情况选用
	9		熔断器遮蔽罩	10kV	3 个	根据现场情况选用
	10		绝缘毯	10kV	24 块	不少于配备数量
	11		绝缘毯夹		48 个	不少于配备数量
	12	绝缘工具	绝缘传递绳	10kV	1 根	
	13		绝缘锁杆	10kV	1 个	同时锁定两根导线
	14		绝缘锁杆	10kV	1 个	伸缩式
	15		绝缘吊杆	10kV	6 个	临时固定引线用
	16		绝缘引流线	10kV	3 根	
	17		绝缘引流线支架	10kV	1 个	
	18		绝缘操作杆	10kV	1 个	拉合熔断器用
	19		绝缘手工工具		1 套	装拆线夹用

续表

√	序号	名称		规格、型号	数量	备注
	20	检测仪器	电流检测仪	高压	1套	
	21		绝缘测试仪	2500V及以上	1套	
	22		高压验电器	10kV	1个	
	23		工频高压发生器	10kV	1个	
	24		风速湿度仪		1个	
	25		绝缘手套检测仪		1个	

6. 作业程序

(1) 开工准备。

√	序号	作业内容	步骤及要求	备注
	1	现场复勘	步骤1：工作负责人核对线路名称和杆号正确、工作任务正确、安全措施到位，熔断器在合上位置，作业装置和现场环境符合带电作业条件。 步骤2：工作班成员确认天气良好，实测风速__级（不大于5级）、湿度__%（不大于80%），符合作业条件。 步骤3：工作负责人根据复勘结果告知工作班成员：现场具备安全作业条件，可以开展工作	
	2	停放绝缘斗臂车，设置安全围栏和警示标志	步骤1：工作负责人指挥驾驶员将绝缘斗臂车停放到合适位置，支腿支放到垫板上，轮胎离地，支撑牢固后将车体可靠接地。 步骤2：工作班成员依据作业空间设置硬质安全围栏，包括围栏的出口、入口。 步骤3：工作班成员设置"从此进出""施工现场，车辆慢行或车辆绕行"等警示标志或路障。 步骤4：根据现场实际工况，增设临时交通疏导人员，应穿戴反光衣	
	3	工作许可，召开站班会	步骤1：工作负责人向值班调控人员或运维人员申请工作许可和停用重合闸许可，记录许可方式、工作许可人和许可工作（联系）时间，并签字确认。 步骤2：工作负责人召开站班会宣读工作票。 步骤3：工作负责人确认工作班成员对工作任务、危险点预控措施和任务分工都已知晓，履行工作票签字、确认手续，记录工作开始时间	
	4	摆放和检查工器具	步骤1：工作班成员将工器具分区摆放在防潮帆布上。 步骤2：工作班成员按照分工擦拭并外观检查工器具完好无损，绝缘工具的绝缘电阻值检测不低于700MΩ，绝缘手套充（压）气检测不漏气，安全带冲击试验检测的结果为安全。 步骤3：绝缘斗内电工擦拭并外观检查绝缘斗臂车的绝缘斗和绝缘臂外观完好无损，空绝缘斗试操作运行正常（升降、伸缩、回转等）	

续表

√	序号	作业内容	步骤及要求	备注
	5	绝缘斗内电工进绝缘斗，可携带工器具入绝缘斗	步骤1：绝缘斗内电工穿戴好绝缘防护用具进入绝缘斗，挂好安全带保险钩；地面电工将绝缘遮蔽用具和可携带的工具入绝缘斗。 步骤2：绝缘斗内电工按照“先抬臂（离支架）、再伸臂（1m线）、加旋转”的动作，操作绝缘斗进入带电作业区域，作业中禁止摘下绝缘手套，绝缘臂伸出长度确保1m标示线	

（2）操作步骤。

√	序号	作业内容	步骤及要求	备注
	1	进入带电作业区域，验电，设置绝缘遮蔽措施	步骤1：绝缘斗内电工穿戴好绝缘防护用具，经工作负责人检查合格后进入绝缘斗，挂好安全带保险钩。 步骤2：绝缘斗内电工调整绝缘斗至合适位置，使用验电器对绝缘子、横担进行验电，确认无漏电现象，使用电流检测仪确认负荷电流满足绝缘引流线使用要求汇报给工作负责人，连同现场检测的风速、湿度一并记录在工作票备注栏内。 步骤3：绝缘斗内电工调整绝缘斗至近边相导线外侧适当位置，按照“从近到远、从下到上、先带电体后接地体”的遮蔽原则，以及“近边相、中间相、远边相”的遮蔽顺序，依次对作业范围内的导线、引线、耐张线夹、绝缘子等进行绝缘遮蔽，选用绝缘吊杆法临时固定引线，遮蔽前先将绝缘吊杆固定在引线搭接处附近的主导线上	
	2	安装绝缘引流线，更换熔断器	【方法】：（在导线处）拆除和安装线夹法更换熔断器： 步骤1：绝缘斗内电工调整绝缘斗至熔断器横担下方合适位置，安装绝缘引流线支架。 步骤2：绝缘斗内电工根据绝缘引流线长度，在中间相导线的适当位置（导线遮蔽罩搭接处）分别移开导线上的遮蔽罩，剥除两端挂接处导线上的绝缘层。 步骤3：绝缘斗内电工使用绝缘绳将绝缘引流线临时固定在主导线上，中间支撑在绝缘引流线支架上。 步骤4：绝缘斗内电工调整绝缘斗至合适位置，先将绝缘引流线的一端线夹与一侧主导线连接可靠后，再将绝缘引流线的另一端线夹挂接到另一侧主导线上，完成后使用绝缘毯恢复绝缘遮蔽。 步骤5：其余两相绝缘引流线的挂接按相同的方法进行，三相绝缘引流线的挂接可按先中间相相、再两边的顺序进行，或根据现场工况选择。 步骤6：绝缘斗内电工使用电流检测仪逐相检测绝缘引流线电流，确认每一相分流的负荷电流不应小于原线路负荷电流的1/3。	

续表

√	序号	作业内容	步骤及要求	备注
	2	安装绝缘引流线，更换熔断器	步骤7：绝缘斗内电工调整绝缘斗分别至近边相熔断器负荷侧、电源侧导线的合适位置，打开引线搭接处的绝缘毯，使用绝缘锁杆将待断开的熔断器引线临时固定在两侧的主导线上后，拆除线夹。熔断器两侧引线的拆除，按照先电源侧、后负荷侧的顺序进行。 步骤8：绝缘斗内电工调整工作位置后，使用绝缘锁杆将熔断器两侧引线缓缓放下，分别固定在绝缘吊杆的横向支杆上，完成后恢复绝缘遮蔽。 步骤9：其余两相引线的拆除按相同的方法进行，三相引线的拆除可按先两边相、再中间相的顺序进行，或根据现场工况选择。 步骤10：绝缘斗内电工调整绝缘斗至熔断器横担前方合适位置，分别断开三相熔断器上（下）桩头引线，在地面电工的配合下完成三相熔断器的更换工作，以及三相熔断器上（下）桩头引线的连接工作，对新安装熔断器进行分合情况检查后，取下熔管。 步骤11：绝缘斗内电工调整绝缘斗分别至中间相熔断器负荷侧、电源侧导线的合适位置，打开引线搭接处的绝缘毯，使用绝缘锁杆锁住中间相熔断器引线待搭接的一端，提升至搭接处主导线上可靠固定；熔断器两侧引线的搭接，按照先负荷侧（动触头侧）、再电源侧（静触头侧）的顺序进行。 步骤12：绝缘斗内电工使用线夹安装工具安装线夹，隔离开关两侧引线分别与主导线可靠连接后撤除绝缘锁杆和绝缘吊杆，完成后恢复接续线夹处的绝缘、密封和绝缘遮蔽。 步骤13：其余两相引线的搭接按相同的方法进行，三相引线的搭接可按先中间相、再两边相的顺序进行，或根据现场工况选择。 步骤14：绝缘斗内电工使用绝缘操作杆挂上熔丝管并依次合上三相熔丝管，使用电流检测仪逐相检测熔断器引线电流，确认三相熔断器引线通流正常，按照“先两边相、再中间相”的顺序逐相拆除绝缘引流线，逐相恢复绝缘遮蔽，完成后拆除绝缘引流线支架	
	3	拆除绝缘遮蔽，退出带电作业区域	步骤1：绝缘斗内电工向工作负责人汇报确认本项工作已完成。 步骤2：绝缘斗内电工转移绝缘斗至合适作业位置，按照“从远到近、从上到下、先接地体后带电体”的原则，以及“远边相、中间相、近边相”的顺序（与遮蔽相反），拆除绝缘遮蔽。 步骤3：绝缘斗内电工检查杆上无遗留物后，操作绝缘斗退出带电作业区域，返回地面；配合地面人员卸下绝缘斗内工具，收回绝缘斗臂车支腿（包括接地线和垫板），绝缘斗内工作结束	

（3）工作结束。

√	序号	作业内容	步骤及要求	备注
	1	清理现场	步骤 1：工作班成员整理工具、材料，清洁后装箱、装袋。 步骤 2：工作班成员清理现场：工完、料尽、场地清	
	2	召开收工会	步骤 1：点评本项工作的完成情况。 步骤 2：点评安全措施的落实情况。 步骤 3：点评作业指导书的执行情况	
	3	工作终结	步骤 1：工作负责人向值班调控人员或运维人员报告申请终结工作票，记录许可方式、工作许可人和终结报告时间，并签字确认，宣布本项工作结束。 步骤 2：工作负责人组织工作班成员撤离现场，到达班组后将作业资料分类归档	

7. 验收总结

序号	作业总结	
1	验收评价	按指导书要求完成工作
2	存在问题及处理意见	无

8. 指导书执行情况签字栏

作业地点：	日期：　　年　　月　　日
工作班组：	工作负责人（签字）：
班组成员（签字）：	

9. 附录

略。

4.5　带电更换隔离开关（绝缘手套作业法，绝缘斗臂车作业）

4.5.1　项目概述

本项目指导与风险管控仅适用于如图 4-9 所示的隔离开关杆（导线三角排列），采用绝缘手套作业法＋拆除和安装线夹法（绝缘斗臂车作业）带电更换隔离开关工作。生产中务必结合现场实际工况参照适用，并积极推广绝缘手套作业法融合绝缘杆作业法在绝缘斗臂车的工作绝缘斗或其他绝缘平台上的应用。

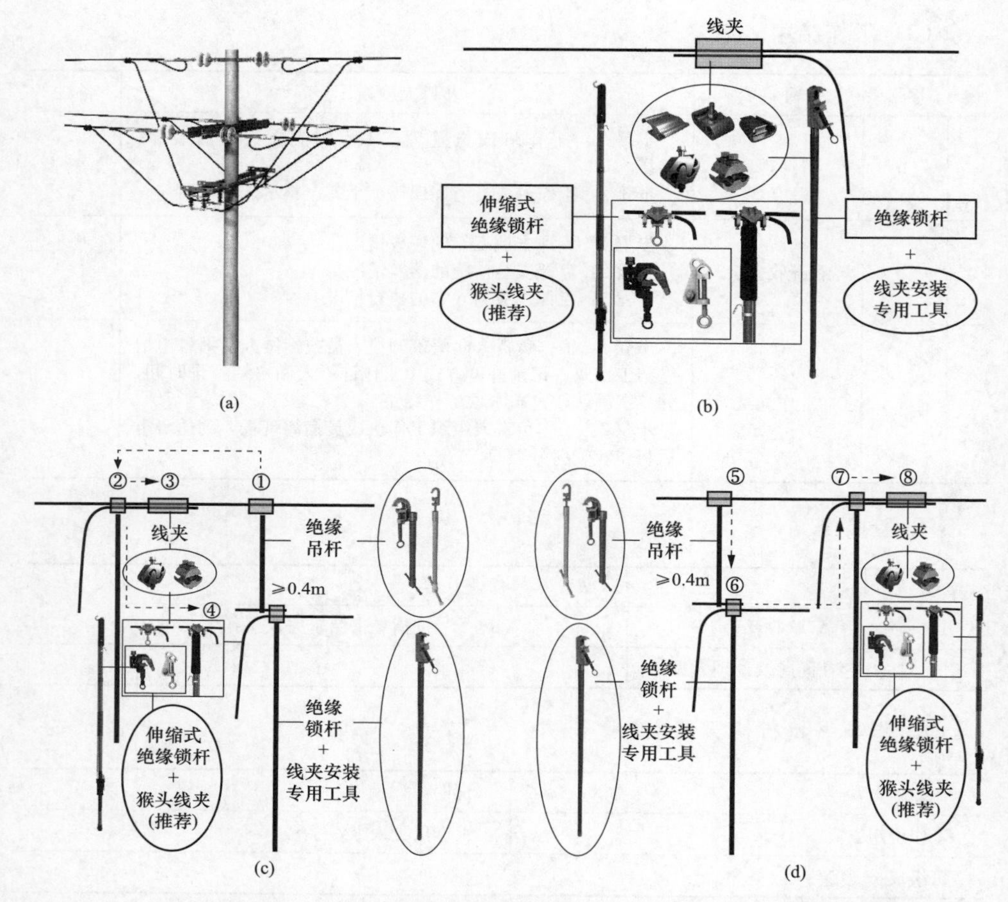

图 4-9　绝缘手套作业法＋拆除和安装线夹法（绝缘斗臂车作业）带电更换隔离开关

(a) 隔离开关杆杆头外形图；(b) 线夹与绝缘锁杆外形图；

(c) 断开引线作业示意图；(d) 搭接引线作业示意图

①—绝缘吊杆固定在主导线上；②—绝缘锁杆将待断引线固定；③—剪断引线或拆除线夹；

④—绝缘锁杆（连同引线）固定在绝缘吊杆的横向支杆上，三相引线按相同方法完成断开操作；

⑤—绝缘吊杆固定在主导线上；⑥—绝缘锁杆（连同引线）固定在绝缘吊杆的横向支杆上；

⑦—绝缘锁杆将待接引线固定在导线上；⑧—安装线夹，三相引线按相同方法完成搭接操作

4.5.2　作业流程

绝缘手套作业法＋拆除和安装线夹法（绝缘斗臂车作业）带电更换隔离开关工作的作业流程，如图 4-10 所示。现场作业前，工作负责人应当检查确认隔离开关在拉开位置，作业装置和现场环境符合带电作业条件，方可开始工作。

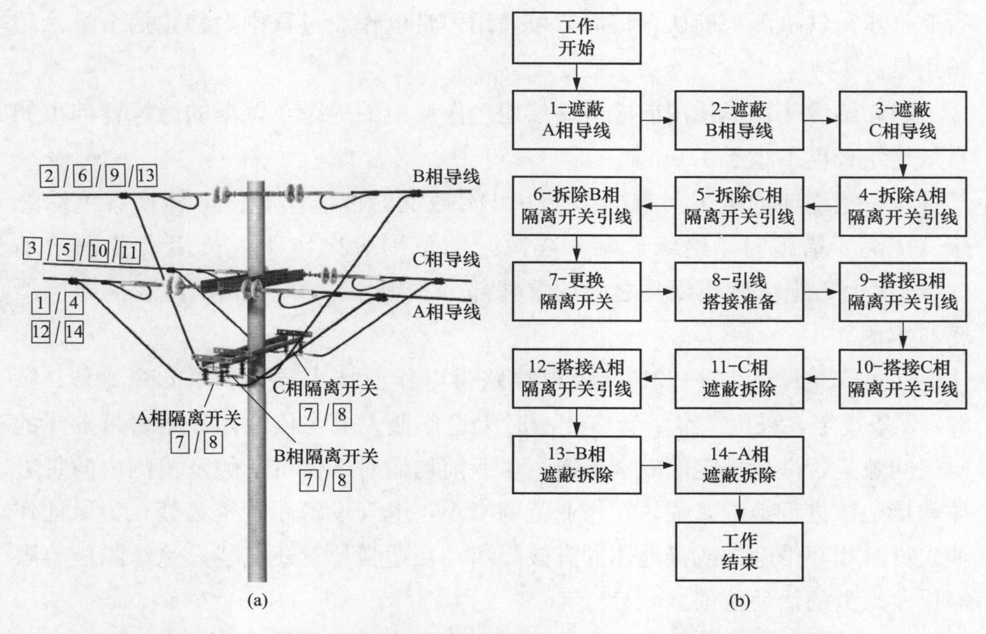

图 4-10　绝缘手套作业法＋拆除和安装线夹法（绝缘斗臂车作业）带电更换隔离开关工作的作业流程

(a) 示意图；(b) 流程图

4.5.3　作业风险管控

现场作业必须严把安全作业风险（管控）关，严格遵守以“工作票、安全交底会、作业指导书”为依据指导其作业全过程，实现作业项目全过程风险管控。接受工作任务应当根据现场勘察记录填写、签发工作票，编制作业指导书履行审批制度；到达工作现场应当进行现场复勘，履行工作许可手续和停用重合闸工作许可后，召开现场站班会、宣读工作票履行签字确认手续，严格遵照执行作业指导书规范作业。

(1) 工作负责人（或专责监护人）在工作现场必须履行工作职责和行使监护职责。

(2) 进入绝缘斗内的作业人员必须穿戴个人绝缘防护用具（绝缘手套、绝缘服或绝缘披肩、绝缘安全帽以及护目镜等），使用的安全带应有良好的绝缘性能，起臂前安全带保险钩必须系挂在绝缘斗内专用挂钩上。

(3) 个人绝缘防护用具使用前必须进行外观检查，绝缘手套使用前必须进行充（压）气检测，确认合格后方可使用；带电作业过程中，禁止摘下绝缘防护用具。

（4）绝缘斗臂车使用前应可靠接地。作业中的绝缘斗臂车的绝缘臂伸出的有效绝缘长度不小于1.0m。

（5）绝缘斗内电工对带电作业中可能触及的带电体和接地体设置绝缘遮蔽（隔离）措施时，绝缘遮蔽（隔离）的范围应比作业人员活动范围增加0.4m以上，绝缘遮蔽用具之间的重叠部分不得小于150mm，遮蔽措施应严密与牢固。

注：GB/T 18857—2019《配电线路带电作业技术导则》第6.2.2条、第6.2.3条规定：采用绝缘手套作业法时无论作业人员与接地体和相邻带电体的空气间隙是否满足规定的安全距离，作业前均需对人体可能触及范围内的带电体和接地体进行绝缘遮蔽。在作业范围窄小，电气设备布置密集处，为保证作业人员对相邻带电体或接地体的有效隔离，在适当位置还应装设绝缘隔板等限制作业人员的活动范围。

（6）绝缘斗内电工按照“先外侧（近边相和远边相）、后内侧（中间相）”的顺序依次进行同相绝缘遮蔽（隔离）时，应严格遵循“先带电体后接地体”的原则。

（7）绝缘斗内电工作业时严禁人体同时接触两个不同的电位体，包括设置（拆除）绝缘遮蔽（隔离）用具的作业中，作业工位的选择应合适，在不影响作业的前提下，人身务必与带电体和接地体保持一定的安全距离，以防绝缘斗内电工作业过程中人体串入电路；绝缘斗内双人作业时，禁止同时在不同相或不同电位作业。

（8）绝缘斗内电工配合作业断开（搭接）引线时，应采用绝缘（双头）锁杆防止断开（搭接）的引线摆动碰及带电体，移动断开（搭接）的引线时应密切注意与带电体保持可靠的安全距离。

（9）断（接）引线以及更换（三相）隔离开关时，严禁人体同时接触两个不同的电位体，断开（搭接）开主线引线时严禁人体串入电路，已断开（未接入）的引线应视为带电。

（10）绝缘斗内电工按照“先内侧（中间相）、后外侧（近边相和远边相）”的顺序依次拆除同相绝缘遮蔽（隔离）用具时，应严格遵循“先接地体后带电体”的原则。

4.5.4　作业指导书

1. 适用范围

本指导书仅适用于如图 4-9 所示的绝缘手套作业法＋拆除和安装线夹法（绝缘斗臂车作业）带电更换隔离开关工作。生产中务必结合现场实际工况参照适用。

2. 引用文件

GB/T 18857—2019《配电线路带电作业技术导则》

Q/GDW 10520—2016《10kV 配网不停电作业规范》

Q/GDW 10799.8—2023《国家电网有限公司电力安全工作规程　第 8 部分：配电部分》

3. 人员分工

本项目工作人员共计 4 人，人员分工为：工作负责人（兼工作监护人）1 人、绝缘斗内电工 2 人，地面电工 1 人。

√	序号	人员分工	人数	职责	备注
	1	工作负责人（兼工作监护人）	1	执行配电带电作业工作票，组织、指挥带电作业工作，作业中全程监护和落实作业现场安全措施	
	2	绝缘斗内电工	2	绝缘斗内 1 号电工：负责更换隔离开关工作。 绝缘斗内 2 号电工：配合绝缘斗内 1 号电工作业	
	3	地面电工	1	负责地面工作，配合绝缘斗内电工作业	

4. 工作前准备

√	序号	内容	要求	备注
	1	现场勘察	现场勘察由工作负责人组织开展，根据勘察结果确定作业方法、所需工具以及采取的措施，并填写现场勘察记录	
	2	编写作业指导书并履行审批手续	作业指导书由工作负责人组织编写，现场作业人员必须严格遵照执行作业指导书而规范作业，作业前必须履行相关审批手续	
	3	填写、签发工作票	工作票由工作负责人按票面要求逐项填写，并由工作票签发人审核、签发后才可开展本项工作	
	4	召开班前会	工作负责人组织班组成员召开班前会，认真学习作业指导书，明确作业方法、作业步骤、人员分工和工作职责等	
	5	领用工器具和运输	领用工器具应核对电压等级和试验周期、检查外观完好无损、填写工器具出入库记录单，运输工器具应装箱入袋或放在专用工具车内	

5. 工器具配备

√	序号	名称		规格、型号	数量	备注
	1	特种车辆	绝缘斗臂车	10kV	1辆	
	2	个人防护用具	绝缘手套	10kV	2双	戴防护手套
	3		绝缘安全帽	10kV	2顶	绝缘斗内电工用
	4		绝缘披肩（绝缘服）	10kV	2件	根据现场情况选择
	5		护目镜		2个	
	6		绝缘安全带		2个	有后备保护绳
	7	绝缘遮蔽用具	导线遮蔽罩	10kV	12个	不少于配备数量
	8		引线遮蔽罩	10kV	12个	根据现场情况选用
	9		绝缘毯	10kV	18块	不少于配备数量
	10		绝缘毯夹		36个	不少于配备数量
	11	绝缘工具	绝缘传递绳	10kV	1根	
	12		绝缘锁杆	10kV	1个	同时锁定两根导线
	13		绝缘锁杆	10kV	1个	伸缩式
	14		绝缘吊杆	10kV	6个	临时固定引线用
	15		绝缘操作杆	10kV	1个	拉合熔断器用
	16		绝缘手工工具		1套	装拆线夹用
	17	检测仪器	绝缘测试仪	2500V及以上	1套	
	18		高压验电器	10kV	1个	
	19		工频高压发生器	10kV	1个	
	20		风速湿度仪		1个	
	21		绝缘手套检测仪		1个	

6. 作业程序

（1）开工准备。

√	序号	作业内容	步骤及要求	备注
	1	现场复勘	步骤1：工作负责人核对线路名称和杆号正确、工作任务正确、安全措施到位，隔离开关在拉开位置，作业装置和现场环境符合带电作业条件。 步骤2：工作班成员确认天气良好，实测风速__级（不大于5级）、湿度__%（不大于80%），符合作业条件。 步骤3：工作负责人根据复勘结果告知工作班成员：现场具备安全作业条件，可以开展工作	

续表

√	序号	作业内容	步骤及要求	备注
	2	停放绝缘斗臂车，设置安全围栏和警示标志	步骤 1：工作负责人指挥驾驶员将绝缘斗臂车停放到合适位置，支腿支放到垫板上，轮胎离地，支撑牢固后将车体可靠接地。 步骤 2：工作班成员依据作业空间设置硬质安全围栏，包括围栏的出口、入口。 步骤 3：工作班成员设置"从此进出""施工现场，车辆慢行或车辆绕行"等警示标志或路障。 步骤 4：根据现场实际工况，增设临时交通疏导人员，应穿戴反光衣	
	3	工作许可，召开站班会	步骤 1：工作负责人向值班调控人员或运维人员申请工作许可和停用重合闸许可，记录许可方式、工作许可人和许可工作（联系）时间，并签字确认。 步骤 2：工作负责人召开站班会宣读工作票。 步骤 3：工作负责人确认工作班成员对工作任务、危险点预控措施和任务分工都已知晓，履行工作票签字、确认手续，记录工作开始时间	
	4	摆放和检查工器具	步骤 1：工作班成员将工器具分区摆放在防潮帆布上。 步骤 2：工作班成员按照分工擦拭并外观检查工器具完好无损，绝缘工具的绝缘电阻值检测不低于 700MΩ，绝缘手套充（压）气检测不漏气，安全带冲击试验检测的结果为安全。 步骤 3：绝缘斗内电工擦拭并外观检查绝缘斗臂车的绝缘斗和绝缘臂外观完好无损，空绝缘斗试操作运行正常（升降、伸缩、回转等）	
	5	绝缘斗内电工进绝缘斗，可携带工器具入绝缘斗	步骤 1：绝缘斗内电工穿戴好绝缘防护用具进入绝缘斗，挂好安全带保险钩；地面电工将绝缘遮蔽用具和可携带的工具入绝缘斗。 步骤 2：绝缘斗内电工按照"先抬臂（离支架）、再伸臂（1m 线）、加旋转"的动作，操作绝缘斗进入带电作业区域，作业中禁止摘下绝缘手套，绝缘臂伸出长度确保 1m 标示线	

（2）操作步骤。

√	序号	作业内容	步骤及要求	备注
	1	进入带电作业区域，验电，设置绝缘遮蔽措施	步骤 1：绝缘斗内电工穿戴好绝缘防护用具，经工作负责人检查合格后进入绝缘斗，挂好安全带保险钩。 步骤 2：绝缘斗内电工调整绝缘斗至合适位置，使用验电器对绝缘子、横担进行验电，确认无漏电现象，汇报给工作负责人，连同现场检测的风速、湿度一并记录在工作票备注栏内。	

续表

√	序号	作业内容	步骤及要求	备注
	1	进入带电作业区域，验电，设置绝缘遮蔽措施	步骤3：绝缘斗内电工调整绝缘斗至近边相导线外侧适当位置，按照“从近到远、从下到上、先带电体后接地体”的遮蔽原则，以及“近边相、中间相、远边相”的遮蔽顺序，依次对作业范围内的导线、引线、耐张线夹、绝缘子等进行绝缘遮蔽，选用绝缘吊杆法临时固定引线，绝缘遮蔽前先将绝缘吊杆固定在引线搭接处附近的主导线上	
	2	更换隔离开关	【方法】：(在导线处）拆除和安装线夹法更换隔离开关： 步骤1：绝缘斗内电工调整绝缘斗分别至近边相隔离开关负荷侧、电源侧导线的合适位置，打开引线搭接处的绝缘毯，使用绝缘锁杆将待断开的隔离开关引线临时固定在两侧的主导线上后，拆除线夹。隔离开关两侧引线的拆除，按照先电源侧（静触头侧）、再负荷侧（动触头侧）的顺序进行。 步骤2：绝缘斗内电工调整工作位置后，使用绝缘锁杆将隔离开关两侧引线缓缓放下，分别固定在绝缘吊杆的横向支杆上，完成后恢复绝缘遮蔽。 步骤3：其余两相引线的拆除按相同的方法进行，三相引线的拆除可按先两边相、再中间相的顺序进行，或根据现场工况选择。 步骤4：绝缘斗内电工调整绝缘斗至隔离开关横担前方合适位置，分别断开三相隔离开关两侧引线，在地面电工的配合下完成三相隔离开关的更换工作，以及三相隔离开关两侧引线的连接工作，对新安装隔离开关进行分、合试操作后，将隔离开关置于断开位置。 步骤5：绝缘斗内电工调整绝缘斗分别至中间相隔离开关负荷侧、电源侧导线的合适位置，打开引线搭接处的绝缘毯，使用绝缘锁杆锁住中间相隔离开关引线待搭接的一端，提升至搭接处主导线上可靠固定。隔离开关两侧引线的搭接，按照先负荷侧（动触头侧）、再电源侧（静触头侧）的顺序进行。 步骤6：绝缘斗内电工使用线夹安装工具安装线夹，隔离开关两侧引线分别与主导线可靠连接后撤除绝缘锁杆和绝缘吊杆，完成后恢复接续线夹处的绝缘、密封和绝缘遮蔽。 步骤7：其余两相引线的搭接按相同的方法进行，三相引线的搭接可按先中间相、再两边相的顺序进行，或根据现场工况选择	
	3	拆除绝缘遮蔽，退出带电作业区域	步骤1：绝缘斗内电工向工作负责人汇报确认本项工作已完成。 步骤2：绝缘斗内电工转移绝缘斗至合适作业位置，按照“从远到近、从上到下、先接地体后带电体”的原则，以及“远边相、中间相、近边相”的顺序（与遮蔽相反），拆除绝缘遮蔽。 步骤3：绝缘斗内电工检查杆上无遗留物后，操作绝缘斗退出带电作业区域，返回地面；配合地面人员卸下绝缘斗内工具，收回绝缘斗臂车支腿（包括接地线和垫板），绝缘斗内工作结束	

（3）工作结束。

√	序号	作业内容	步骤及要求	备注
	1	清理现场	步骤 1：工作班成员整理工具、材料，清洁后装箱、装袋。 步骤 2：工作班成员清理现场：工完、料尽、场地清	
	2	召开收工会	步骤 1：点评本项工作的完成情况。 步骤 2：点评安全措施的落实情况。 步骤 3：点评作业指导书的执行情况	
	3	工作终结	步骤 1：工作负责人向值班调控人员或运维人员报告申请终结工作票，记录许可方式、工作许可人和终结报告时间，并签字确认，宣布本项工作结束。 步骤 2：工作负责人组织工作班成员撤离现场，到达班组后将作业资料分类归档	

7. 验收总结

序号	作业总结	
1	验收评价	按指导书要求完成工作
2	存在问题及处理意见	无

8. 指导书执行情况签字栏

作业地点：	日期：　　年　　月　　日
工作班组：	工作负责人（签字）：
班组成员（签字）：	

9. 附录

略。

4.6　带负荷更换隔离开关（绝缘手套作业法+绝缘引流线法，绝缘斗臂车作业）

4.6.1　项目概述

本项目指导与风险管控仅适用于如图 4-11 所示的隔离开关杆（导线三角排列），采用绝缘手套作业法+绝缘引流线法（绝缘斗臂车作业）+拆除和安装线夹法带负荷更换隔离开关工作。生产中务必结合现场实际工况参照适用，并积极推广绝缘手套作业法融合绝缘杆作业法在绝缘斗臂车的工作绝缘斗或其他绝缘平台上的应用。

4.6.2 作业流程

绝缘手套作业法+绝缘引流线法（斗绝缘斗臂车作业）+拆除和安装线夹法带负荷更换隔离开关工作的作业流程，如图 4-12 所示。现场作业前，工作负责人应当检查确认隔离开关在拉开位置，作业装置和现场环境符合带电作业条件，方可开始工作。

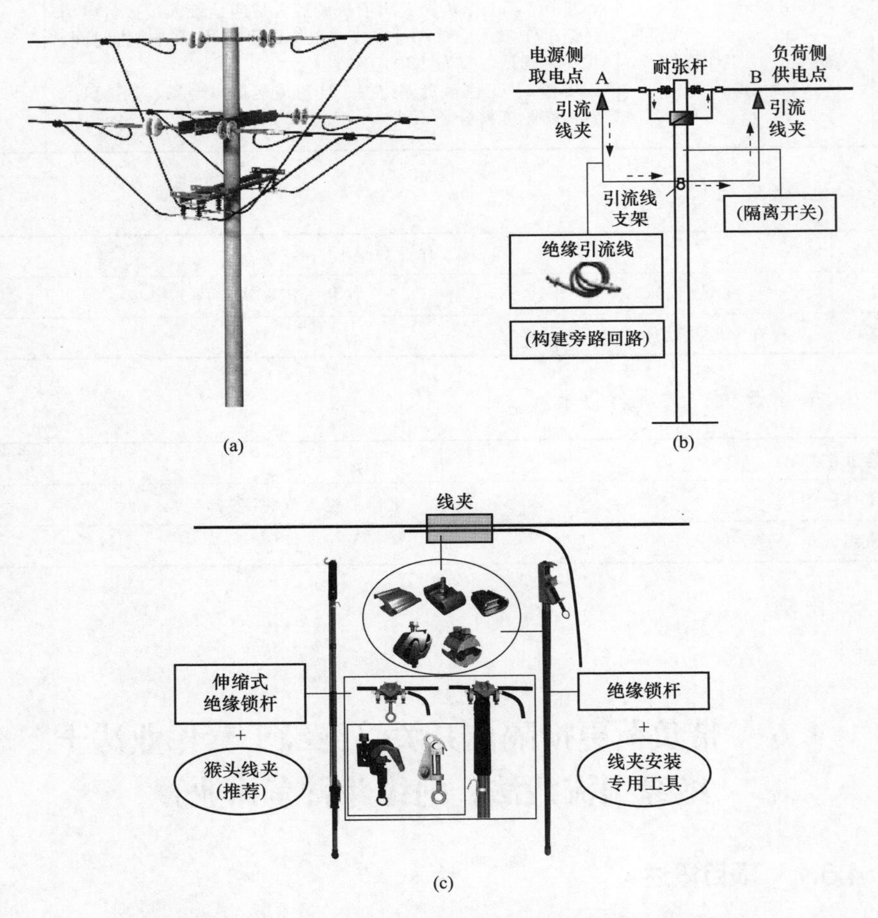

图 4-11 绝缘手套作业法+绝缘引流线法（斗绝缘斗臂车作业）+拆除和安装线夹法带负荷更换隔离开关工作（一）

（a）杆头外形图；（b）绝缘引流线法示意图；（c）线夹与绝缘锁杆外形图

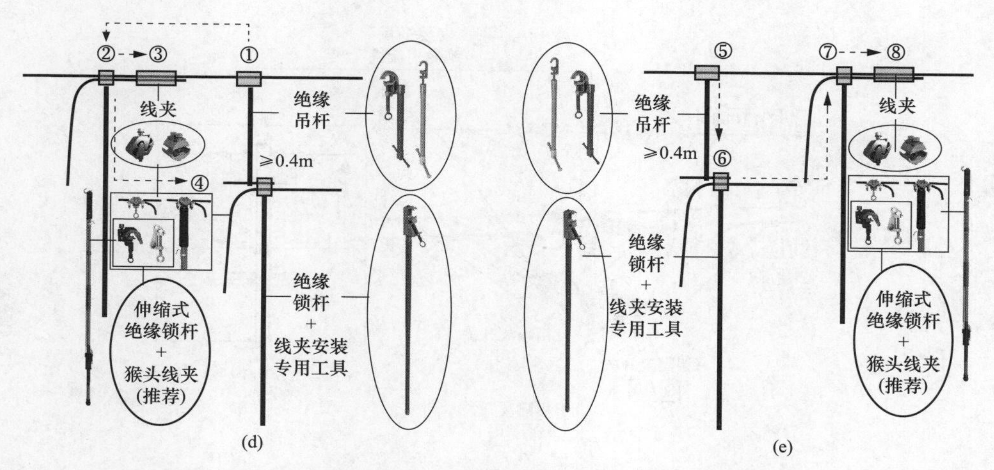

图 4-11　绝缘手套作业法＋绝缘引流线法（斗绝缘斗臂车作业）＋拆除和安装线夹法带负荷更换隔离开关工作（二）

（d）断开引线作业示意图；（e）搭接引线作业示意图

①—绝缘吊杆固定在主导线上；②—绝缘锁杆将待断引线固定；③—剪断引线或拆除线夹；④—绝缘锁杆（连同引线）固定在绝缘吊杆的横向支杆上，三相引线按相同方法完成断开操作；⑤—绝缘吊杆固定在主导线上；⑥—绝缘锁杆（连同引线）固定在绝缘吊杆的横向支杆上；⑦—绝缘锁杆将待接引线固定在导线上；⑧—安装线夹，三相引线按相同方法完成搭接操作

4.6.3　作业风险管控

现场作业必须严把安全作业风险（管控）关，严格遵守以“工作票、安全交底会、作业指导书”为依据指导其作业全过程，实现作业项目全过程风险管控。接受工作任务应当根据现场勘察记录填写、签发工作票，编制作业指导书履行审批制度；到达工作现场应当进行现场复勘，履行工作许可手续和停用重合闸工作许可后，召开现场站班会、宣读工作票履行签字确认手续，严格遵照执行作业指导书规范作业。

（1）工作负责人（或专责监护人）在工作现场必须履行工作职责和行使监护职责。

（2）进入绝缘斗内的作业人员必须穿戴个人绝缘防护用具（绝缘手套、绝缘服或绝缘披肩、绝缘安全帽以及护目镜等），使用的安全带应有良好的绝缘性能，起臂前安全带保险钩必须系挂在绝缘斗内专用挂钩上。

（3）个人绝缘防护用具使用前必须进行外观检查，绝缘手套使用前必须进行充（压）气检测，确认合格后方可使用；带电作业过程中，禁止摘下绝缘防护用具。

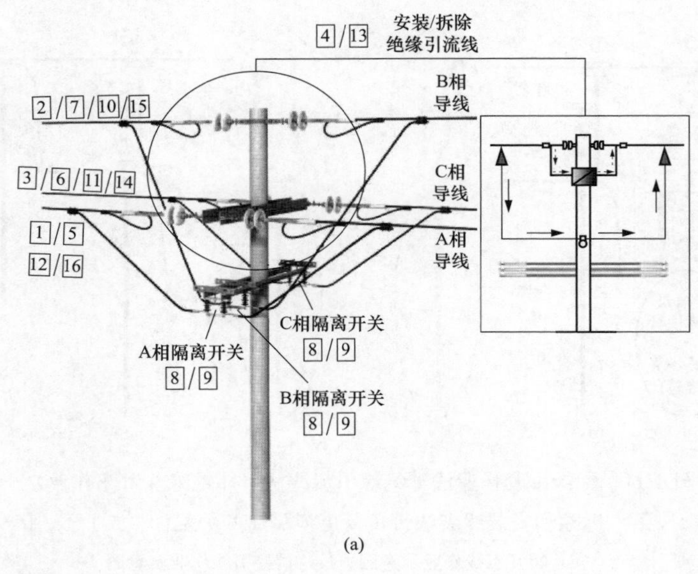

(a)

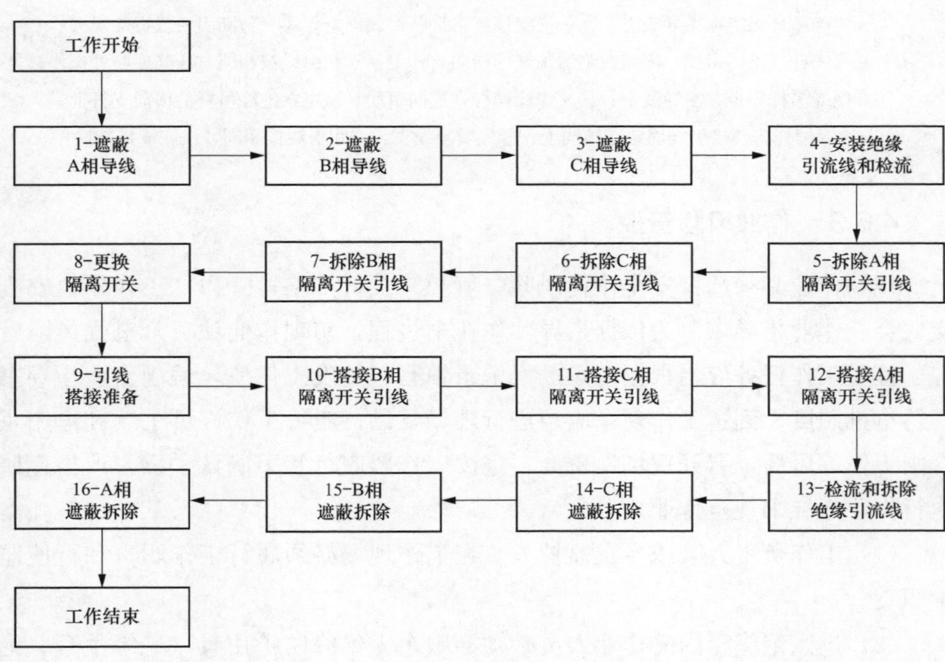

(b)

图 4-12　绝缘手套作业法+绝缘引流线法（斗绝缘斗臂车作业）+拆除和安装线夹法带负荷更换隔离开关工作的作业流程

（a）示意图；（b）流程图

（4）绝缘斗臂车使用前应可靠接地；作业中的绝缘斗臂车的绝缘臂伸出的有效绝缘长度不小于 1.0m。

（5）绝缘斗内电工对带电作业中可能触及的带电体和接地体设置绝缘遮蔽（隔离）措施时，绝缘遮蔽（隔离）的范围应比作业人员活动范围增加 0.4m 以上，绝缘遮蔽用具之间的重叠部分不得小于 150mm，遮蔽措施应严密与牢固。

注：GB/T 18857—2019《配电线路带电作业技术导则》第 6.2.2 条、第 6.2.3 条规定：采用绝缘手套作业法时无论作业人员与接地体和相邻带电体的空气间隙是否满足规定的安全距离，作业前均需对人体可能触及范围内的带电体和接地体进行绝缘遮蔽。在作业范围窄小，电气设备布置密集处，为保证作业人员对相邻带电体或接地体的有效隔离，在适当位置还应装设绝缘隔板等限制作业人员的活动范围。

（6）绝缘斗内电工按照“先外侧（近边相和远边相）、后内侧（中间相）”的顺序依次进行同相绝缘遮蔽（隔离）时，应严格遵循“先带电体后接地体”的原则。

（7）绝缘斗内电工作业时严禁人体同时接触两个不同的电位体，在整个的作业过程中，包括设置（拆除）绝缘遮蔽（隔离）用具的作业中，作业工位的选择应合适，在不影响作业的前提下，人身务必与带电体和接地体保持一定的安全距离，以防绝缘斗内电工作业过程中人体串入电路。绝缘斗内双人作业时，禁止同时在不同相或不同电位作业。

（8）绝缘引流线的安装应采用专用支架（或绝缘横担）进行支撑和固定；安装绝缘引流线前应查看额定电流值，所带负荷电流不得超过绝缘引流线的额定电流；当导线连接（线夹）处发热时，禁止使用绝缘引流线进行短接，需要使用单相开关短接。

（9）搭接绝缘引流线时应确保连接可靠、相位正确、通流正常；短接每一相时，应注意绝缘引流线另一端头不得放在工作绝缘斗内；三相绝缘引流线搭接未完成前严禁拉开隔离开关，三相隔离开关未合上前严禁拆除绝缘引流线。

（10）绝缘斗内电工配合作业断开（搭接）引线时，应采用绝缘（双头）锁杆防止断开（搭接）的引线摆动碰及带电体，移动断开（搭接）的引线时应密切注意与带电体保持可靠的安全距离。

（11）断（接）引线以及更换（三相）隔离开关时，应确保绝缘引流线连接可靠、相位正确、通流正常，断开（搭接）开主线引线时严禁人体串入电路，已断开（未接入）的引线应视为带电，严禁人体同时接触两个不同的电位体。

（12）逐相拆除绝缘引流线时，应对先拆除端引流线夹部分进行绝缘遮蔽，拆下的绝缘引流线端头不得放在工作绝缘斗内，将其临时悬挂在绝缘引流线支架上。

（13）绝缘斗内电工按照“先内侧（中间相）、后外侧（近边相和远边相）”的顺序依次拆除同相绝缘遮蔽（隔离）用具时，应严格遵循“先接地体后带电体”的原则。

4.6.4 作业指导书

1. 适用范围

本指导书仅适用于如图4-11所示的绝缘手套作业法+绝缘引流线法（绝缘斗臂车作业）+拆除和安装线夹法带负荷更换隔离开关工作。生产中务必结合现场实际工况参照适用。

2. 引用文件

GB/T 18857—2019《配电线路带电作业技术导则》

Q/GDW 10520—2016《10kV配网不停电作业规范》

Q/GDW 10799.8—2023《国家电网有限公司电力安全工作规程　第8部分：配电部分》

3. 人员分工

本项目工作人员共计7人，人员分工为：工作负责人（兼工作监护人）1人、绝缘斗内电工4人（1号和2号绝缘斗臂车配合作业），地面电工2人。

√	序号	人员分工	人数	职责	备注
	1	工作负责人（兼工作监护人）	1	执行配电带电作业工作票，组织、指挥带电作业工作，作业中全程监护和落实作业现场安全措施	
	2	绝缘斗内电工（1号和2号绝缘斗臂车配合作业）	4	1号绝缘斗臂车绝缘斗内1号电工：负责更换隔离开关工作；绝缘斗内2号电工：配合绝缘斗内1号电工作业。 2号绝缘斗臂车绝缘斗内1号电工：负责更换隔离开关工作；绝缘斗内2号电工：配合绝缘斗内1号电工作业	
	3	地面电工	2	负责地面工作，配合绝缘斗内电工作业	

4. 工作前准备

√	序号	内容	要求	备注
	1	现场勘察	现场勘察由工作负责人组织开展，根据勘察结果确定作业方法、所需工具以及采取的措施，并填写现场勘察记录	
	2	编写作业指导书并履行审批手续	作业指导书由工作负责人组织编写，现场作业人员必须严格遵照执行作业指导书而规范作业，作业前必须履行相关审批手续	
	3	填写、签发工作票	工作票由工作负责人按票面要求逐项填写，并由工作票签发人审核、签发后才可开展本项工作	
	4	召开班前会	工作负责人组织班组成员召开班前会，认真学习作业指导书，明确作业方法、作业步骤、人员分工和工作职责等	
	5	领用工器具和运输	领用工器具应核对电压等级和试验周期、检查外观完好无损、填写工器具出入库记录单，运输工器具应装箱入袋或放在专用工具车内	

5. 工器具配备

√	序号	名称		规格、型号	数量	备注
	1	特种车辆	绝缘斗臂车	10kV	2辆	
	2	个人防护用具	绝缘手套	10kV	4双	戴防护手套
	3		绝缘安全帽	10kV	4顶	绝缘斗内电工用
	4		绝缘披肩（绝缘服）	10kV	4件	根据现场情况选择
	5		护目镜		4个	
	6		绝缘安全带		4个	有后备保护绳
	7	绝缘遮蔽用具	导线遮蔽罩	10kV	12个	不少于配备数量
	8		引线遮蔽罩	10kV	12个	根据现场情况选用
	9		绝缘毯	10kV	24块	不少于配备数量
	10		绝缘毯夹		48个	不少于配备数量
	11	绝缘工具	绝缘传递绳	10kV	2根	
	12		绝缘锁杆	10kV	2个	同时锁定两根导线
	13		绝缘锁杆	10kV	2个	伸缩式
	14		绝缘吊杆	10kV	6个	临时固定引线用
	15		绝缘引流线	10kV	3根	
	16		绝缘引流线支架	10kV	1个	
	17		绝缘操作杆	10kV	1个	拉合熔断器用
	18		绝缘手工工具		1套	装拆线夹用

续表

√	序号	名称		规格、型号	数量	备注
	19	检测仪器	电流检测仪	高压	1套	
	20		绝缘测试仪	2500V及以上	1套	
	21		高压验电器	10kV	1个	
	22		工频高压发生器	10kV	1个	
	23		风速湿度仪		1个	
	24		绝缘手套检测仪		1个	

6. 作业程序

(1) 开工准备。

√	序号	作业内容	步骤及要求	备注
	1	现场复勘	步骤1：工作负责人核对线路名称和杆号正确、工作任务正确、安全措施到位，隔离开关在拉开位置，作业装置和现场环境符合带电作业条件。 步骤2：工作班成员确认天气良好，实测风速_级（不大于5级）、湿度_%（不大于80%），符合作业条件。 步骤3：工作负责人根据复勘结果告知工作班成员：现场具备安全作业条件，可以开展工作	
	2	停放绝缘斗臂车，设置安全围栏和警示标志	步骤1：工作负责人指挥驾驶员将绝缘斗臂车停放到合适位置，支腿支放到垫板上，轮胎离地，支撑牢固后将车体可靠接地。 步骤2：工作班成员依据作业空间设置硬质安全围栏，包括围栏的出口、入口。 步骤3：工作班成员设置“从此进出”“施工现场，车辆慢行或车辆绕行”等警示标志或路障。 步骤4：根据现场实际工况，增设临时交通疏导人员，应穿戴反光衣	
	3	工作许可，召开站班会	步骤1：工作负责人向值班调控人员或运维人员申请工作许可和停用重合闸许可，记录许可方式、工作许可人和许可工作（联系）时间，并签字确认。 步骤2：工作负责人召开站班会宣读工作票。 步骤3：工作负责人确认工作班成员对工作任务、危险点预控措施和任务分工都已知晓，履行工作票签字、确认手续，记录工作开始时间	
	4	摆放和检查工器具	步骤1：工作班成员将工器具分区摆放在防潮帆布上。 步骤2：工作班成员按照分工擦拭并外观检查工器具完好无损，绝缘工具的绝缘电阻值检测不低于700MΩ，绝缘手套充（压）气检测不漏气，安全带冲击试验检测的结果为安全。	

续表

√	序号	作业内容	步骤及要求	备注
	4	摆放和检查工器具	步骤3：绝缘斗内电工擦拭并外观检查绝缘斗臂车的绝缘斗和绝缘臂外观完好无损，空绝缘斗试操作运行正常（升降、伸缩、回转等）	
	5	绝缘斗内电工进绝缘斗，可携带工器具入绝缘斗	步骤1：绝缘斗内电工穿戴好绝缘防护用具进入绝缘斗，挂好安全带保险钩；地面电工将绝缘遮蔽用具和可携带的工具入绝缘斗。 步骤2：绝缘斗内电工按照“先抬臂（离支架）、再伸臂（1m线）、加旋转”的动作，操作绝缘斗进入带电作业区域，作业中禁止摘下绝缘手套，绝缘臂伸出长度确保1m标示线	

（2）操作步骤。

√	序号	作业内容	步骤及要求	备注
	1	进入带电作业区域，验电，设置绝缘遮蔽措施	步骤1：绝缘斗内电工穿戴好绝缘防护用具，经工作负责人检查合格后进入绝缘斗，挂好安全带保险钩。 步骤2：绝缘斗内电工调整绝缘斗至合适位置，使用验电器对绝缘子、横担进行验电，确认无漏电现象，汇报给工作负责人，连同现场检测的风速、湿度一并记录在工作票备注栏内。 步骤3：绝缘斗内电工调整绝缘斗至近边相导线外侧适当位置，按照“从近到远、从下到上、先带电体后接地体”的遮蔽原则，以及“近边相、中间相、远边相”的遮蔽顺序，依次对作业范围内的导线、引线、耐张线夹、绝缘子等进行绝缘遮蔽，选用绝缘吊杆法临时固定引线，绝缘遮蔽前先将绝缘吊杆固定在引线搭接处附近的主导线上	
	2	安装绝缘引流线，更换隔离开关	【方法】：（在导线处）拆除和安装线夹法更换隔离开关： 步骤1：绝缘斗内电工调整绝缘斗至隔离开关横担下方合适位置，安装绝缘引流线支架。 步骤2：绝缘斗内电工根据绝缘引流线长度，在中间相导线的适当位置（导线遮蔽罩搭接处）分别移开导线上的遮蔽罩，剥除两端挂接处导线上的绝缘层。 步骤3：绝缘斗内电工使用绝缘绳将绝缘引流线临时固定在主导线上，中间支撑在绝缘引流线支架上。 步骤4：绝缘斗内电工调整绝缘斗至合适位置，先将绝缘引流线的一端线夹与一侧主导线连接可靠后，再将绝缘引流线的另一端线夹挂接到另一侧主导线上，完成后恢复绝缘遮蔽。 步骤5：其余两相绝缘引流线的挂接按相同的方法进行，三相绝缘引流线的挂接可按先中间相相、再两边的顺序进行，或根据现场工况选择。	

续表

√	序号	作业内容	步骤及要求	备注
	2	安装绝缘引流线，更换隔离开关	步骤6：绝缘斗内电工使用电流检测仪逐相检测绝缘引流线电流，确认每一相分流的负荷电流不应小于原线路负荷电流的1/3。 步骤7：绝缘斗内电工调整绝缘斗分别至近边相隔离开关负荷侧、电源侧导线的合适位置，打开引线搭接处的绝缘毯，使用绝缘锁杆将待断开的隔离开关引线临时固定在两侧的主导线上后，拆除线夹。 步骤8：绝缘斗内电工调整工作位置后，使用绝缘锁杆将隔离开关两侧引线缓缓放下，分别固定在绝缘吊杆的横向支杆上，完成后恢复绝缘遮蔽。 步骤9：其余两相引线的拆除按相同的方法进行，三相引线的拆除可按先两边相、再中间相的顺序进行，或根据现场工况选择。 步骤10：绝缘斗内电工调整绝缘斗至隔离开关横担前方合适位置，分别断开三相隔离开关两侧引线，在地面电工的配合下完成三相隔离开关的更换工作，以及三相隔离开关两侧引线的连接工作，对新安装隔离开关进行分、合试操作后，将隔离开关置于断开位置。 步骤11：绝缘斗内电工调整绝缘斗分别至中间相隔离开关负荷侧、电源侧导线的合适位置，打开引线搭接处的绝缘毯，使用绝缘锁杆锁住中间相隔离开关引线待搭接的一端，提升至搭接处主导线上可靠固定。 步骤12：绝缘斗内电工使用线夹安装工具安装线夹，将隔离开关两侧引线分别与主导线可靠连接后撤除绝缘锁杆和绝缘吊杆，完成后恢复接续线夹处的绝缘、密封和绝缘遮蔽。 步骤13：其余两相引线的搭接按相同的方法进行，三相引线的搭接可按先中间相、再两边相的顺序进行，或根据现场工况选择。 步骤14：绝缘斗内电工使用绝缘操作杆依次合上三相隔离开关，使用电流检测仪逐相检测隔离开关引线电流，确认三相隔离开关引线通流正常，按照“先两边相、再中间相”的顺序逐相拆除绝缘引流线，逐相恢复绝缘遮蔽，完成后拆除绝缘引流线支架	
	3	拆除绝缘遮蔽，退出带电作业区域	步骤1：绝缘斗内电工向工作负责人汇报确认本项工作已完成。 步骤2：绝缘斗内电工转移绝缘斗至合适作业位置，按照“从远到近、从上到下、先接地体后带电体”的原则，以及“远边相、中间相、近边相”的顺序（与遮蔽相反），拆除绝缘遮蔽。 步骤3：绝缘斗内电工检查杆上无遗留物后，操作绝缘斗退出带电作业区域，返回地面，配合地面人员卸下绝缘斗内工具，收回绝缘斗臂车支腿（包括接地线和垫板），绝缘斗内工作结束	

（3）工作结束。

√	序号	作业内容	步骤及要求	备注
	1	清理现场	步骤 1：工作班成员整理工具、材料，清洁后装箱、装袋。 步骤 2：工作班成员清理现场：工完、料尽、场地清	
	2	召开收工会	步骤 1：点评本项工作的完成情况。 步骤 2：点评安全措施的落实情况。 步骤 3：点评作业指导书的执行情况	
	3	工作终结	步骤 1：工作负责人向值班调控人员或运维人员报告申请终结工作票，记录许可方式、工作许可人和终结报告时间，并签字确认，宣布本项工作结束。 步骤 2：工作负责人组织工作班成员撤离现场，到达班组后将作业资料分类归档	

7. 验收总结

序号	作业总结	
1	验收评价	按指导书要求完成工作
2	存在问题及处理意见	无

8. 指导书执行情况签字栏

作业地点：	日期：　　年　　月　　日
工作班组：	工作负责人（签字）：
班组成员（签字）：	

9. 附录

略。

4.7　带负荷更换柱上开关 1（绝缘手套作业法＋旁路作业法，绝缘斗臂车作业）

4.7.1　项目概述

本项目指导与风险管控仅适用于如图 4-13、图 4-14 所示的柱上开关杆（双侧无隔离开关，导线三角排列），采用绝缘手套作业法＋旁路作业法＋拆除和安装线夹法（绝缘斗臂车作业）带负荷更换柱上开关工作。生产中务必结合现场实际工况参照适用，并积极推广绝缘手套作业法融合绝缘杆作业法在绝缘斗臂车的工作绝缘斗或其他绝缘平台上的应用。

4.7.2 作业流程

绝缘手套作业法＋旁路作业法＋拆除和安装线夹法（绝缘斗臂车作业）带负荷更换柱上开关工作的作业流程，如图 4-15 所示。现场作业前，工作负责人应当检查确认作业装置和现场环境符合带电作业条件，具有配网自动化功能的柱上开关，其电压互感器确已退出运行，方可开始工作。

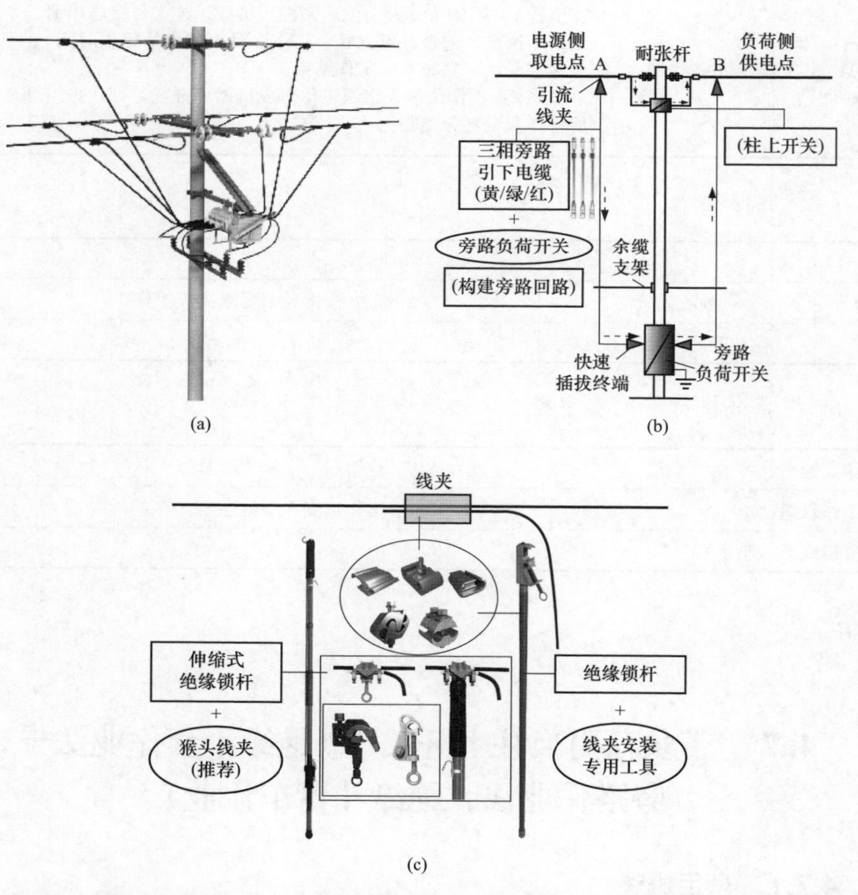

图 4-13 绝缘手套作业法＋旁路作业法＋拆除和安装线夹法（绝缘斗臂车作业）带负荷更换柱上开关工作（一）

（a）柱上开关杆杆头外形图；（b）旁路作业法示意图；（c）线夹与绝缘锁杆外形图

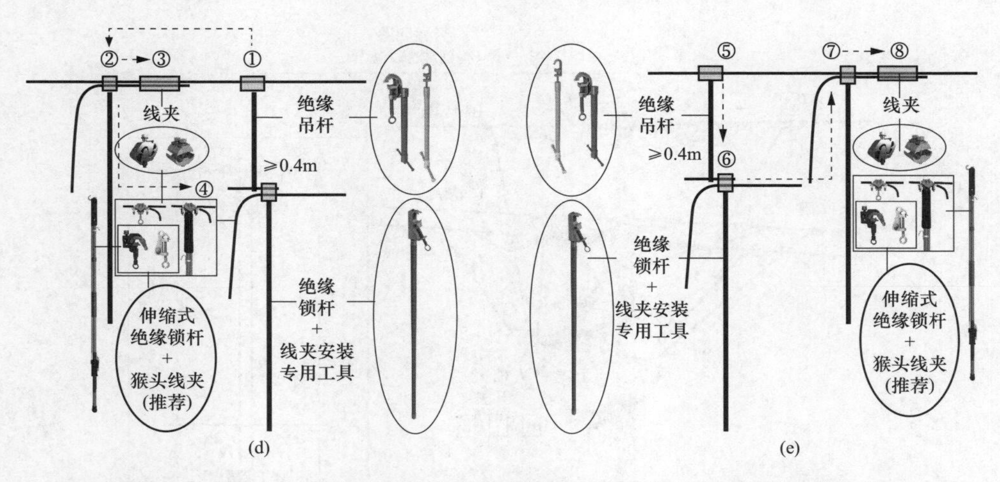

图 4-13　绝缘手套作业法＋旁路作业法＋拆除和安装线夹法（绝缘斗臂车作业）带负荷更换柱上开关工作（二）

（d）断开引线作业示意图；（e）搭接引线作业示意图

①—绝缘吊杆固定在主导线上；②—绝缘锁杆将待断引线固定；③—剪断引线或拆除线夹；④—绝缘锁杆（连同引线）固定在绝缘吊杆的横向支杆上，三相引线按相同方法完成断开操作；⑤—绝缘吊杆固定在主导线上；⑥—绝缘锁杆（连同引线）固定在绝缘吊杆的横向支杆上；⑦—绝缘锁杆将待接引线固定在导线上；⑧—安装线夹，三相引线按相同方法完成搭接操作

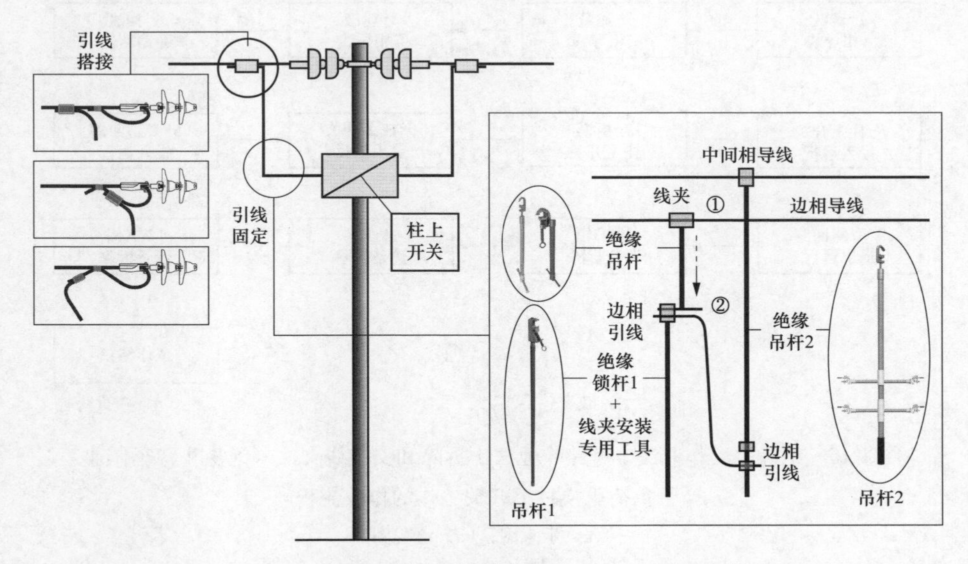

图 4-14　柱上开关杆绝缘吊杆法临时固定引线示意图

①—绝缘吊杆固定在主导线上；②—绝缘锁杆（连同引线）固定在绝缘吊杆的横向支杆上。

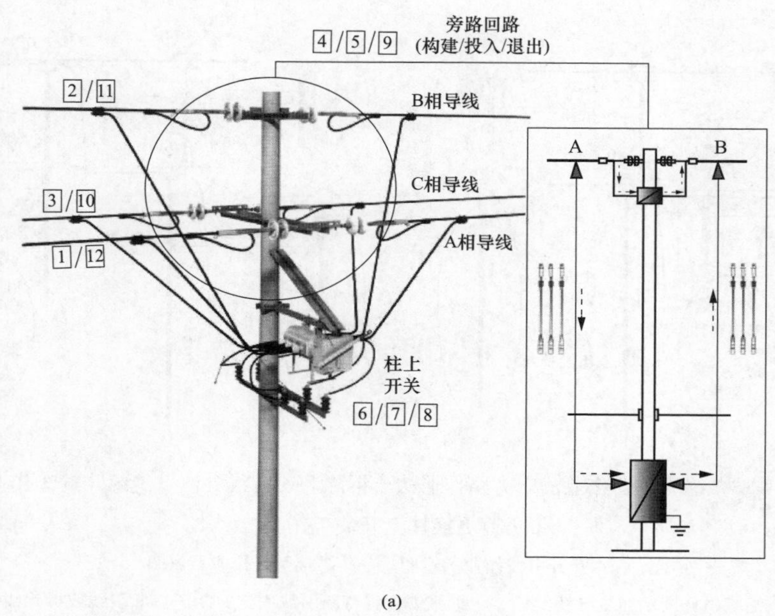

(a)

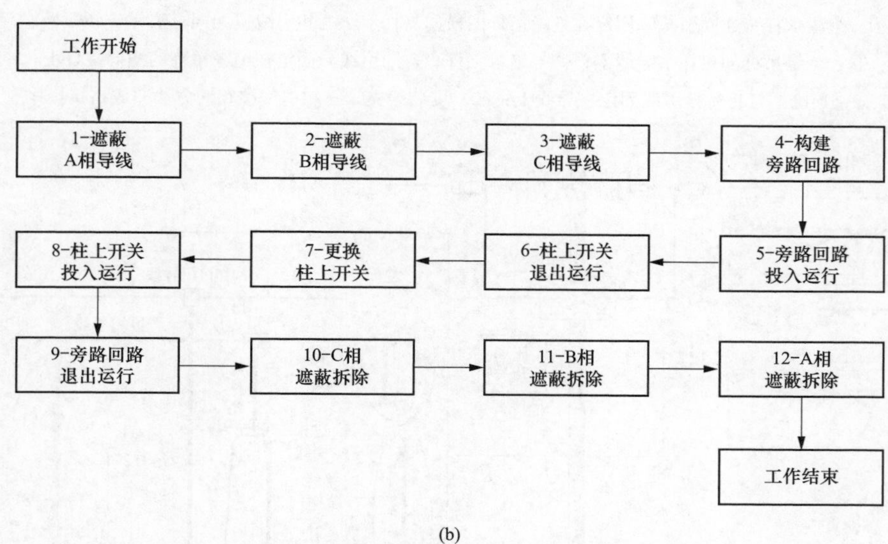

(b)

图 4-15　绝缘手套作业法＋旁路作业法＋拆除和安装线夹法（绝缘斗臂车作业）带负荷更换柱上开关工作的作业流程

（a）示意图；（b）流程图

4.7.3　作业风险管控

现场作业必须严把安全作业风险（管控）关，严格遵守以“工作票、安全

交底会、作业指导书”为依据指导其作业全过程，实现作业项目全过程风险管控。接受工作任务应当根据现场勘察记录填写、签发工作票，编制作业指导书履行审批制度；到达工作现场应当进行现场复勘，履行工作许可手续和停用重合闸工作许可后，召开现场站班会、宣读工作票履行签字确认手续，严格遵照执行作业指导书规范作业。

（1）工作负责人（或专责监护人）在工作现场必须履行工作职责和行使监护职责。

（2）进入绝缘斗内的作业人员必须穿戴个人绝缘防护用具（绝缘手套、绝缘服或绝缘披肩、绝缘安全帽以及护目镜等），使用的安全带应有良好的绝缘性能，起臂前安全带保险钩必须系挂在绝缘斗内专用挂钩上。

（3）个人绝缘防护用具使用前必须进行外观检查，绝缘手套使用前必须进行充（压）气检测，确认合格后方可使用；带电作业过程中，禁止摘下绝缘防护用具。

（4）绝缘斗臂车使用前应可靠接地；作业中的绝缘斗臂车的绝缘臂伸出的有效绝缘长度不小于 1.0m。

（5）绝缘斗内电工对带电作业中可能触及的带电体和接地体设置绝缘遮蔽（隔离）措施时，绝缘遮蔽（隔离）的范围应比作业人员活动范围增加 0.4m 以上，绝缘遮蔽用具之间的重叠部分不得小于 150mm，遮蔽措施应严密与牢固。

注：GB/T 18857—2019《配电线路带电作业技术导则》第 6.2.2 条、第 6.2.3 条规定：采用绝缘手套作业法时无论作业人员与接地体和相邻带电体的空气间隙是否满足规定的安全距离，作业前均需对人体可能触及范围内的带电体和接地体进行绝缘遮蔽。在作业范围窄小，电气设备布置密集处，为保证作业人员对相邻带电体或接地体的有效隔离，在适当位置还应装设绝缘隔板等限制作业人员的活动范围。

（6）绝缘斗内电工按照“先外侧（近边相和远边相）、后内侧（中间相）”的顺序依次进行同相绝缘遮蔽（隔离）时，应严格遵循“先带电体后接地体”的原则。

（7）绝缘斗内电工作业时严禁人体同时接触两个不同的电位体，在整个的作业过程中，包括设置（拆除）绝缘遮蔽（隔离）用具的作业中，作业工位的选择应合适，在不影响作业的前提下，人身务必与带电体和接地体保持一定的安全距离，以防绝缘斗内电工作业过程中人体串入电路。绝缘斗内双人作业时，禁止同时在不同相或不同电位作业。

（8）带电安装（拆除）安装高压旁路引下电缆前，必须确认（电源侧）旁路负荷开关处于“分闸”状态并可靠闭锁。

（9）带电安装（拆除）安装高压旁路引下电缆时，必须是在作业范围内的带电体（导线）完全绝缘遮蔽的前提下进行，起吊高压旁路引下电缆时应使用小吊臂缓慢进行。

（10）带电接入旁路引下电缆时，必须确保旁路引下电缆的相色标记“黄、绿、红”与高压架空线路的相位标记A（黄）、B（绿）、C（红）保持一致；接入的顺序是“远边相、中间相和近边相”导线，拆除的顺序相反。

（11）高压旁路引下电缆与旁路负荷开关可靠连接后，在与架空导线连接前，合上旁路负荷开关检测旁路回路绝缘电阻不应小于500MΩ；检测完毕、充分放电后，断开且确认旁路负荷开关处于“分闸”状态并可靠闭锁。

（12）在起吊高压旁路引下电缆前，应事先用绝缘毯将与架空导线连接的引流线夹遮蔽好，并在其合适位置系上长度适宜的起吊绳和防坠绳。

（13）挂接高压旁路引下电缆的引流线夹时应先挂防坠绳、再拆起吊绳；拆除引流线夹时先挂起吊绳，再拆防坠绳；拆除后的引流线夹及时用绝缘毯遮蔽好后再起吊下落。

（14）拉合旁路负荷开关应使用绝缘操作杆进行，旁路回路投入运行后应及时锁死闭锁机构；旁路回路退出运行，断开高压旁路引下电缆后应对旁路回路充分放电。

（15）绝缘斗内电工配合作业断开（搭接）引线时，应采用绝缘（双头）锁杆防止断开（搭接）的引线摆动碰及带电体，移动断开（搭接）的引线时应密切注意与带电体保持可靠的安全距离。

（16）断（接）引线以及更换柱上负荷开关时，应确保旁路回路通流正常，断开（搭接）开主线引线时严禁人体串入电路，已断开（未接入）的引线应视为带电，严禁人体同时接触两个不同的电位体。

（17）具有配网自动化功能的柱上负荷开关，其电压互感器应退出运行。在拆除有配网自动化的柱上负荷开关时，需将操动机构转至“OFF”位置，待更换完成后再行恢复“AUTO”位置。

（18）绝缘斗内电工按照“先内侧（中间相）、后外侧（近边相和远边相）”的顺序依次拆除同相绝缘遮蔽（隔离）用具时，应严格遵循“先接地体后带电体”的原则。

4.7.4　作业指导书

1. 适用范围

本指导书仅适用于如图4-13所示的采用绝缘手套作业法＋旁路作业法＋拆除和安装线夹法（绝缘斗臂车作业）带负荷更换柱上开关工作。生产中务必结合现场实际工况参照适用。

2. 引用文件

GB/T 18857—2019《配电线路带电作业技术导则》

Q/GDW 10520—2016《10kV配网不停电作业规范》

Q/GDW 10799.8—2023《国家电网有限公司电力安全工作规程　第8部分：配电部分》

3. 人员分工

本项目工作人员共计7人，人员分工为：工作负责人（兼工作监护人）1人、绝缘斗内电工4人（1号和2号绝缘斗臂车配合作业），地面电工2人。

√	序号	人员分工	人数	职责	备注
	1	工作负责人（兼工作监护人）	1	执行配电带电作业工作票，组织、指挥带电作业工作，作业中全程监护和落实作业现场安全措施	
	2	绝缘斗内电工（1号和2号绝缘斗臂车配合作业）	4	1号绝缘斗臂车绝缘斗内1号电工：负责更换柱上开关工作，绝缘斗内2号电工：配合绝缘斗内1号电工作业。 2号绝缘斗臂车绝缘斗内1号电工：负责更换柱上开关工作，绝缘斗内2号电工：配合绝缘斗内1号电工作业	
	3	地面电工	2	负责地面工作，配合绝缘斗内电工作业	

4. 工作前准备

√	序号	内容	要求	备注
	1	现场勘察	现场勘察由工作负责人组织开展，根据勘察结果确定作业方法、所需工具以及采取的措施，并填写现场勘察记录	
	2	编写作业指导书并履行审批手续	作业指导书由工作负责人组织编写，现场作业人员必须严格遵照执行作业指导书而规范作业，作业前必须履行相关审批手续	

续表

√	序号	内容	要求	备注
	3	填写、签发工作票	工作票由工作负责人按票面要求逐项填写，并由工作票签发人审核、签发后才可开展本项工作	
	4	召开班前会	工作负责人组织班组成员召开班前会，认真学习作业指导书，明确作业方法、作业步骤、人员分工和工作职责等	
	5	领用工器具和运输	领用工器具应核对电压等级和试验周期、检查外观完好无损、填写工器具出入库记录单，运输工器具应装箱入袋或放在专用工具车内	

5. 工器具配备

√	序号	名称		规格、型号	数量	备注
	1	特种车辆	绝缘斗臂车	10kV	2辆	
	2	个人防护用具	绝缘手套	10kV	6双	戴防护手套
	3		绝缘安全帽	10kV	4顶	绝缘斗内电工用
	4		绝缘披肩（绝缘服）	10kV	4件	根据现场情况选择
	5		护目镜		4个	
	6		绝缘安全带		4个	有后备保护绳
	7	绝缘遮蔽用具	导线遮蔽罩	10kV	18个	不少于配备数量
	8		引线遮蔽罩	10kV	12个	根据现场情况选用
	9		绝缘毯	10kV	28块	不少于配备数量
	10		绝缘毯夹		56个	不少于配备数量
	11	绝缘工具	绝缘传递绳	10kV	2根	
	12		绝缘锁杆	10kV	2个	同时锁定两根导线
	13		绝缘锁杆	10kV	2个	伸缩式
	14		绝缘吊杆1	10kV	6个	临时固定引线用
	15		绝缘吊杆2	10kV	2个	临时固定三相引线用
	16		绝缘操作杆	10kV	2个	拉合开关用
	17		绝缘防坠绳（起吊绳）	10kV	6根	旁路引下电缆用
	18		开关专用吊绳		1根	
	19		绝缘手工工具		1套	装拆工具
	20	旁路设备	旁路负荷开关	10kV，200A	1台	带有核相装置
	21		旁路引下电缆	10kV，200A	2组	黄、绿、红各3根
	22		余缆支架		2个	

续表

√	序号	名称		规格、型号	数量	备注
	23	检测仪器	电流检测仪	高压	1 套	
	24		绝缘测试仪	2500V 及以上	1 套	
	25		高压验电器	10kV	1 个	
	26		工频高压发生器	10kV	1 个	
	27		风速湿度仪		1 个	
	28		绝缘手套检测仪		1 个	
	29		核相工具		1 套	根据现场设备选配
	30		放电棒		1 个	带接地线
	31		接地棒		2 个	包括旁路负荷开关用
	32		接地线		2 个	包括旁路负荷开关用

6. 作业程序

(1) 开工准备。

√	序号	作业内容	步骤及要求	备注
	1	现场复勘	步骤 1：工作负责人核对线路名称和杆号正确、工作任务正确、安全措施到位，作业装置和现场环境符合带电作业条件，具有配网自动化功能的柱上开关，其电压互感器确已退出运行。 步骤 2：工作班成员确认天气良好，实测风速__级（不大于 5 级）、湿度__%（不大于 80%），符合作业条件。 步骤 3：工作负责人根据复勘结果告知工作班成员：现场具备安全作业条件，可以开展工作	
	2	停放绝缘斗臂车，设置安全围栏和警示标志	步骤 1：工作负责人指挥驾驶员将绝缘斗臂车停放到合适位置，支腿支放到垫板上，轮胎离地，支撑牢固后将车体可靠接地。 步骤 2：工作班成员依据作业空间设置硬质安全围栏，包括围栏的出口、入口。 步骤 3：工作班成员设置“从此进出”“施工现场，车辆慢行或车辆绕行”等警示标志或路障。 步骤 4：根据现场实际工况，增设临时交通疏导人员，应穿戴反光衣	
	3	工作许可，召开站班会	步骤 1：工作负责人向值班调控人员或运维人员申请工作许可和停用重合闸许可，记录许可方式、工作许可人和许可工作（联系）时间，并签字确认。 步骤 2：工作负责人召开站班会宣读工作票。 步骤 3：工作负责人确认工作班成员对工作任务、危险点预控措施和任务分工都已知晓，履行工作票签字、确认手续，记录工作开始时间	

续表

√	序号	作业内容	步骤及要求	备注
	4	摆放和检查工器具	步骤1：工作班成员将工器具分区摆放在防潮帆布上。 步骤2：工作班成员按照分工擦拭并外观检查工器具完好无损，绝缘工具的绝缘电阻值检测不低于700MΩ，绝缘手套充（压）气检测不漏气，安全带冲击试验检测的结果为安全。 步骤3：绝缘斗内电工擦拭并外观检查绝缘斗臂车的绝缘斗和绝缘臂外观完好无损，空绝缘斗试操作运行正常（升降、伸缩、回转等）	
	5	绝缘斗内电工进绝缘斗，可携带工器具入绝缘斗	步骤1：绝缘斗内电工穿戴好绝缘防护用具进入绝缘斗，挂好安全带保险钩；地面电工将绝缘遮蔽用具和可携带的工具入绝缘斗。 步骤2：绝缘斗内电工按照“先抬臂（离支架）、再伸臂（1m线）、加旋转”的动作，操作绝缘斗进入带电作业区域，作业中禁止摘下绝缘手套，绝缘臂伸出长度确保1m标示线	

（2）操作步骤。

√	序号	作业内容	步骤及要求	备注
	1	进入带电作业区域，验电，设置绝缘遮蔽措施	步骤1：绝缘斗内电工穿戴好绝缘防护用具，经工作负责人检查合格后进入绝缘斗，挂好安全带保险钩。 步骤2：绝缘斗内电工调整绝缘斗至合适位置，使用验电器对绝缘子、横担进行验电，确认无漏电现象，使用电流检测仪确认每相负荷电流不超过200A，汇报给工作负责人，连同现场检测的风速、湿度一并记录在工作票备注栏内。 步骤3：绝缘斗内电工调整绝缘斗至近边相导线外侧适当位置，按照“近边相、中间相、远边相”的遮蔽顺序，依次对作业范围内的导线、引线、耐张线夹、绝缘子等进行绝缘遮蔽。选用绝缘吊杆法临时固定引线时，绝缘遮蔽前先将绝缘吊杆1固定在引线搭接处附近的主导线上，绝缘吊杆2临时固定在耐张线夹处附近的中间相导线上	
	2	安装旁路负荷开关、旁路高压引下电缆和余缆支架	步骤1：地面电工在电杆的合适位置（离地）安装好旁路负荷开关和余缆工具，确认旁路负荷开关处于“分闸”、闭锁状态，将开关外壳可靠接地。 步骤2：地面电工在工作负责人的指挥下，先将一端安装有快速插拔终端的旁路引下电缆按与旁路负荷开关同相位（黄）A、（绿）B、（红）C可靠连接，多余的旁路引下电缆规范地挂在余缆支架上，确认连接可靠后，再将一端安装有与架空导线连接的引流线夹用绝缘毯可靠遮蔽好，在其合适位置系上长度适宜的起吊绳（防坠绳）。	

续表

√	序号	作业内容	步骤及要求	备注
	2	安装旁路负荷开关、旁路高压引下电缆和余缆支架	步骤3：地面电工按照相同的方法，将旁路负荷开关另一侧三相旁路引下电缆与旁路负荷开关同相位（黄）A、（绿）B、（红）C可靠连接，多余的旁路引下电缆规范地挂在余缆支架上，确认连接可靠后，再将一端安装有与架空导线连接的引流线夹用绝缘毯可靠遮蔽好，在其合适位置系上长度适宜的起吊绳（防坠绳）。 步骤4：地面电工确认旁路负荷开关两侧（黄、绿、红）三相旁路引下电缆相色标记正确连接无误，用绝缘操作杆合上旁路负荷开关进行绝缘检测（绝缘电阻不应小于500MΩ），检测合格后用放电棒进行充分的放电。 步骤5：地面电工使用绝缘操作杆断开旁路负荷开关，确认开关处于“分闸”状态，插上闭锁销钉，锁死闭锁机构。 步骤6：绝缘斗内电工调整绝缘斗至远边相导线外侧适当位置，在地面电工的配合下使用小吊绳将旁路引下电缆吊至导线处，移开对接重合的两根导线遮蔽罩，将旁路引下电缆的引流线夹安装（挂接）到架空导线上，并挂好防坠绳（起吊绳），完成后使用绝缘毯对导线和引流线夹进行遮蔽。如导线为绝缘导线，应先剥除导线的绝缘层，再清除连接处导线上的氧化层。 步骤7：按照相同的方法，依次将其余两相旁路引线电缆与同相位的中间相、近边相架空导线可靠连接，按照“远边相、中间相、近边相”的顺序挂接时，应确保相色标记为“黄、绿、红”的旁路引下电缆与同相位的（黄）A、（绿）B、（红）C三相导线可靠连接，相序保持一致	
	3	合上旁路负荷开关，旁路回路投入运行，柱上开关使其退出运行	步骤1：地面电工使用核相工具确认核相正确无误后，用绝缘操作杆合上旁路负荷开关，旁路回路投入运行，插上闭锁销钉，锁死闭锁机构。 步骤2：绝缘斗内电工用电流检测仪逐相测量三相旁路电缆电流，确认每一相分流的负荷电流不应小于原线路负荷电流的1/3。 步骤3：绝缘斗内电工确认旁路回路工作正常，用绝缘操作杆拉开柱上开关使其退出运行	
	4	更换柱上开关，柱上开关投入运行	【方法】：（在导线处）拆除和安装线夹法更换柱上开关： 步骤1：绝缘斗内电工调整绝缘斗分别至近边相导线外侧的合适位置，打开柱上开关两侧引线搭接处的绝缘毯，使用绝缘锁杆将待断开的柱上开关引线临时固定在主导线上，拆除线夹。 步骤2：绝缘斗内电工调整工作位置后，使用绝缘锁杆将柱上开关引线缓缓放下，临时固定在绝缘吊杆1的横向支杆上，完成后恢复绝缘遮蔽。 步骤3：其余两相引线的拆除按相同的方法进行，三相引线的拆除可按先两边相、再中间相的顺序进行，或根据现场工况选择。 步骤4：绝缘斗内电工调整绝缘斗分别至柱上开关两侧前方合适位置，断开柱上开关两侧引线，临时固定在绝缘吊杆2的横向支杆上。	

续表

√	序号	作业内容	步骤及要求	备注
	4	更换柱上开关，柱上开关投入运行	步骤5：地面电工对新安装的柱上开关进行分、合试操作后，将柱上开关置于断开位置。 步骤6：1号绝缘斗臂车绝缘斗内电工调整绝缘斗至柱上开关前方合适位置，2号绝缘斗臂车绝缘斗内电工调整绝缘斗至柱上开关的上方，在地面电工的配合下，使用绝缘斗臂车的小吊绳和开关专用吊绳将柱上开关调至安装位置，配合1号绝缘斗臂车绝缘斗内电工完成柱上开关的更换工作，以及新柱上开关两侧引线的连接工作。 步骤7：绝缘斗内电工调整绝缘斗分别至柱上开关两侧中间相导线的合适位置，打开引线搭接处的绝缘毯，使用绝缘锁杆锁住中间相柱上开关引线待搭接的一端，提升至搭接处主导线上可靠固定。 步骤8：绝缘斗内电工使用线夹安装工具安装线夹，将开关两侧引线分别与主导线可靠连接，完成后分别撤除绝缘锁杆、绝缘吊杆1和绝缘吊杆2，恢复接续线夹处的绝缘、密封和绝缘遮蔽。 步骤9：其余两相引线的搭接按相同的方法进行，三相引线的搭接可按先中间相、再两边相的顺序进行，或根据现场工况选择。 步骤10：绝缘斗内电工确认柱上开关引线连接可靠无误后，合上柱上开关使其投入运行，使用电流检测仪逐相检测柱上开关引线电流，确认通流正常	
	5	断开旁路负荷开关，旁路回路退出运行，拆除旁路回路并充分放电	步骤1：地面电工使用绝缘操作杆断开旁路负荷开关，旁路回路退出运行，插上闭锁销钉，锁死闭锁机构。 步骤2：绝缘斗内电工调整绝缘斗分别至三相导线外侧的合适位置，按照“近边相、中间相、远边相”的顺序，在地面电工的配合下，绝缘斗内电工对拆除的引流线夹使用绝缘毯遮蔽后，使用绝缘斗臂车的小吊绳将三相旁路引下电缆吊至地面盘圈回收，完成后绝缘斗内电工恢复导线搭接处的绝缘、密封和绝缘遮蔽（导线遮蔽罩恢复搭接重合）。 步骤3：地面电工使用绝缘操作杆合上旁路负荷开关，使用放电棒对旁路电缆充分放电后，拉开旁路负荷开关，断开旁路引下电缆与旁路负荷开关的连接，拆除余缆工具和旁路负荷开关	
	6	拆除绝缘遮蔽，退出带电作业区域	步骤1：绝缘斗内电工向工作负责人汇报确认本项工作已完成。 步骤2：绝缘斗内电工转移绝缘斗至合适作业位置，按照“从远到近、从上到下、先接地体后带电体”的原则，以及“远边相、中间相、近边相”的顺序（与遮蔽相反），拆除绝缘遮蔽。 步骤3：绝缘斗内电工检查杆上无遗留物后，操作绝缘斗退出带电作业区域，返回地面；配合地面人员卸下绝缘斗内工具，收回绝缘斗臂车支腿（包括接地线和垫板），绝缘斗内工作结束	

（3）工作结束。

√	序号	作业内容	步骤及要求	备注
	1	清理现场	步骤 1：工作班成员整理工具、材料，清洁后装箱、装袋。 步骤 2：工作班成员清理现场：工完、料尽、场地清	
	2	召开收工会	步骤 1：点评本项工作的完成情况。 步骤 2：点评安全措施的落实情况。 步骤 3：点评作业指导书的执行情况	
	3	工作终结	步骤 1：工作负责人向值班调控人员或运维人员报告申请终结工作票，记录许可方式、工作许可人和终结报告时间，并签字确认，宣布本项工作结束。 步骤 2：工作负责人组织工作班成员撤离现场，到达班组后将作业资料分类归档	

7. 验收总结

序号	作业总结	
1	验收评价	按指导书要求完成工作
2	存在问题及处理意见	无

8. 指导书执行情况签字栏

作业地点：	日期：　　年　　月　　日
工作班组：	工作负责人（签字）：
班组成员（签字）：	

9. 附录

略。

4.8　带负荷直线杆改耐张杆并加装柱上开关 2（绝缘手套作业法＋旁路作业法，绝缘斗臂车作业）

4.8.1　项目概述

本项目指导与风险管控仅适用于如图 4-16、图 4-17 所示的直线杆和柱上开关杆（导线三角排列），采用绝缘手套作业法＋旁路作业法＋拆除和安装线夹法（绝缘斗臂车作业）带负荷直线杆改耐张杆并加装柱上开关工作。生产中务必结合现场实际工况参照适用，并积极推广绝缘手套作业法融合绝缘杆作业法在绝缘斗臂车的工作绝缘斗或其他绝缘平台上的应用。

4.8.2 作业流程

绝缘手套作业法＋旁路作业法＋拆除和安装线夹法（绝缘斗臂车作业）带负荷直线杆改耐张杆并加装柱上开关工作的作业流程，如图 4-18 所示。现场作业前，工作负责人应当检查确认作业点和两侧的电杆根部牢固、基础牢固、导线绑扎牢固，工作负责人已检查确认作业装置和现场环境符合带电作业条件。其中，新装柱上负荷开关带有取能用电压互感器时，电源侧应串接带有明显断开点的设备，防止带负荷接引，并应闭锁其自动跳闸的回路，开关操作后应闭锁其操动机构，防止误操作，方可开始工作。

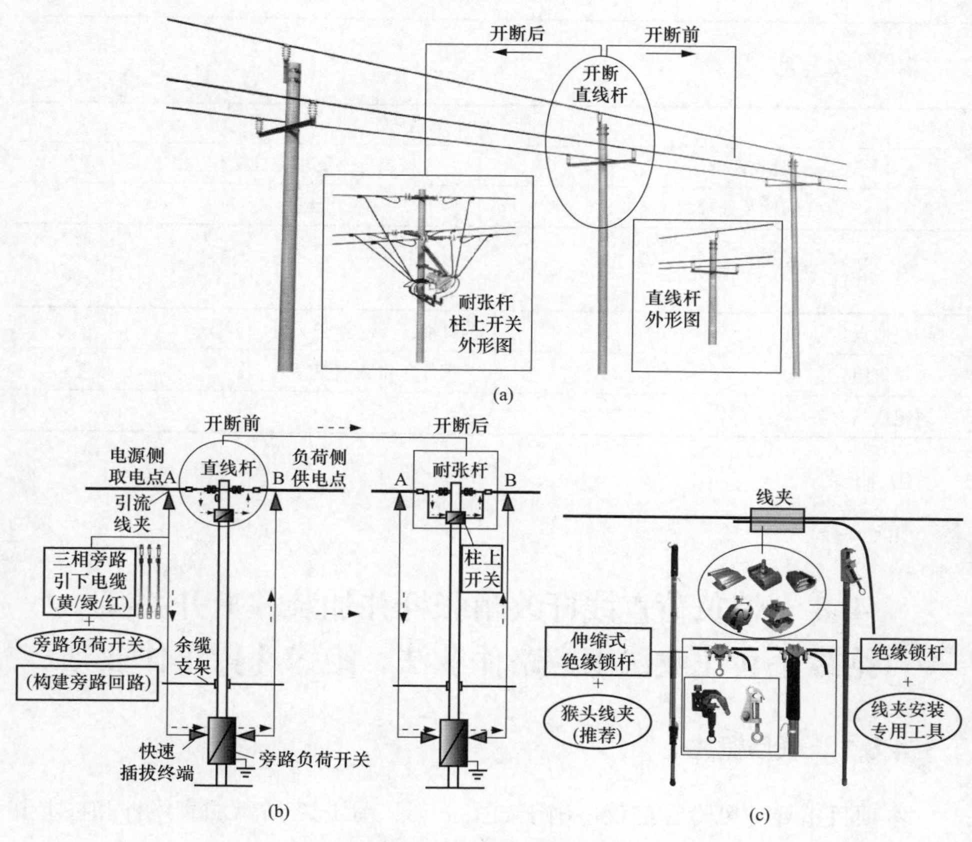

图 4-16　绝缘手套作业法（绝缘斗臂车作业）带负荷直线杆改耐张杆并加装柱上开关（一）

（a）直线杆改耐张杆并加装柱上开关示意图；（b）旁路作业法示意图；（c）线夹与绝缘锁杆外形图

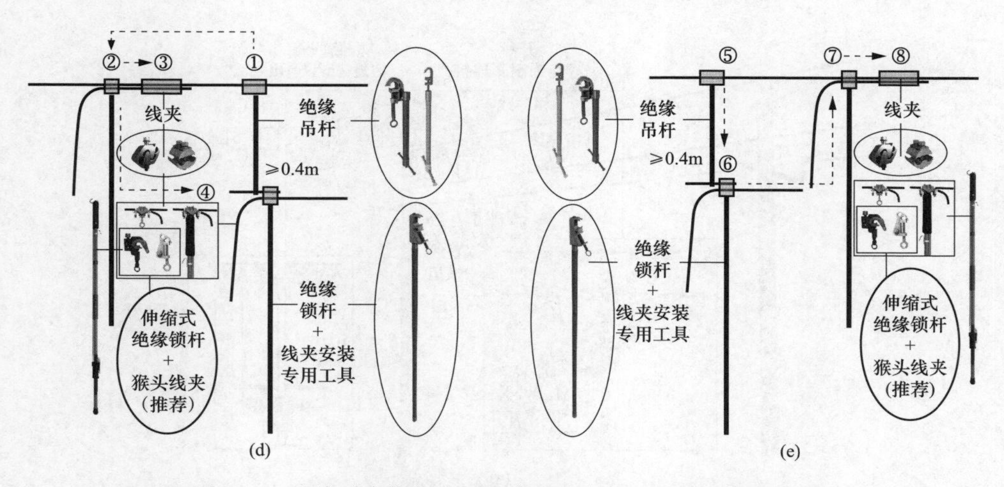

图 4-16　绝缘手套作业法（绝缘斗臂车作业）带负荷直线杆改耐张杆并加装柱上开关（二）

（d）断开引线作业示意图；（e）搭接引线作业示意图

①—绝缘吊杆固定在主导线上；②—绝缘锁杆将待断引线固定；③—剪断引线或拆除线夹；④—绝缘锁杆（连同引线）固定在绝缘吊杆的横向支杆上，三相引线按相同方法完成断开操作；⑤—绝缘吊杆固定在主导线上；⑥—绝缘锁杆（连同引线）固定在绝缘吊杆的横向支杆上；⑦—绝缘锁杆将待接引线固定在导线上；⑧—安装线夹，三相引线按相同方法完成搭接操作

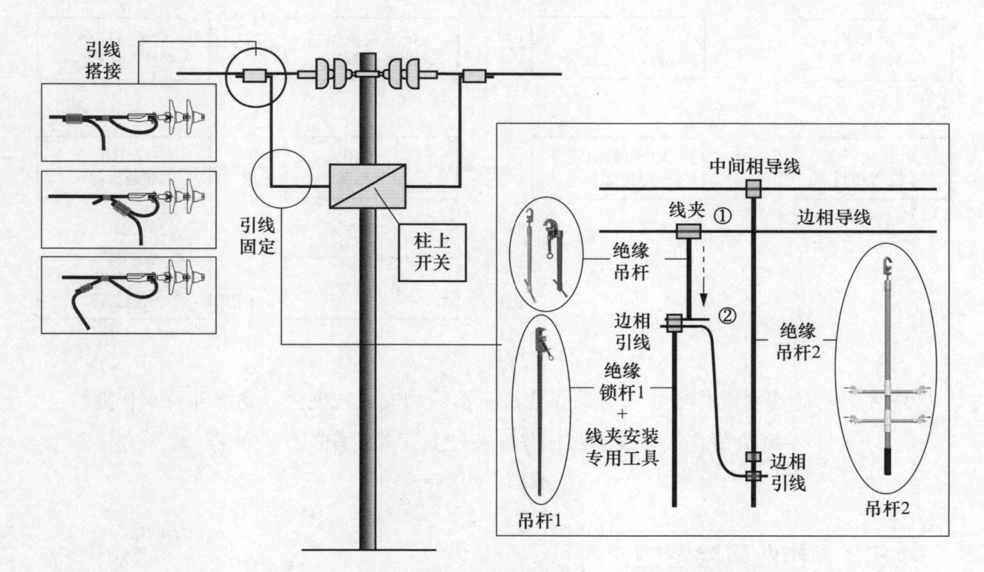

图 4-17　柱上开关杆绝缘吊杆法临时固定引线示意图

①—绝缘吊杆固定在主导线上；②—绝缘锁杆（连同引线）固定在绝缘吊杆的横向支杆上。

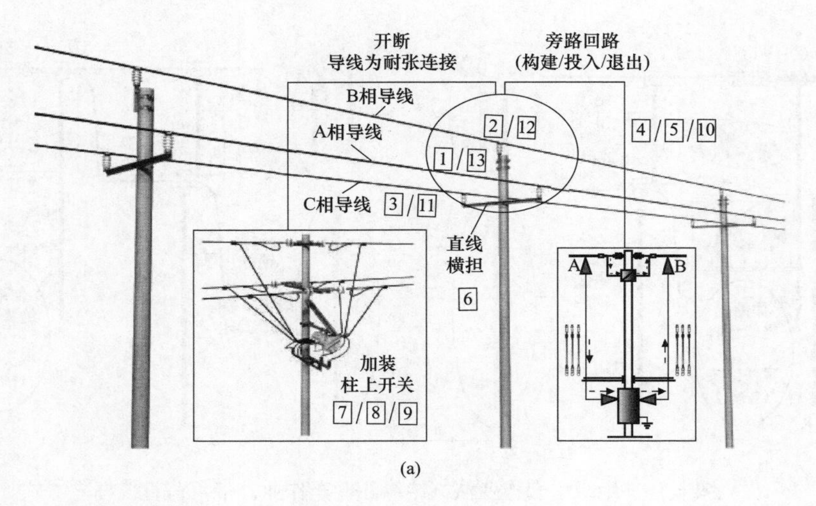

(a)

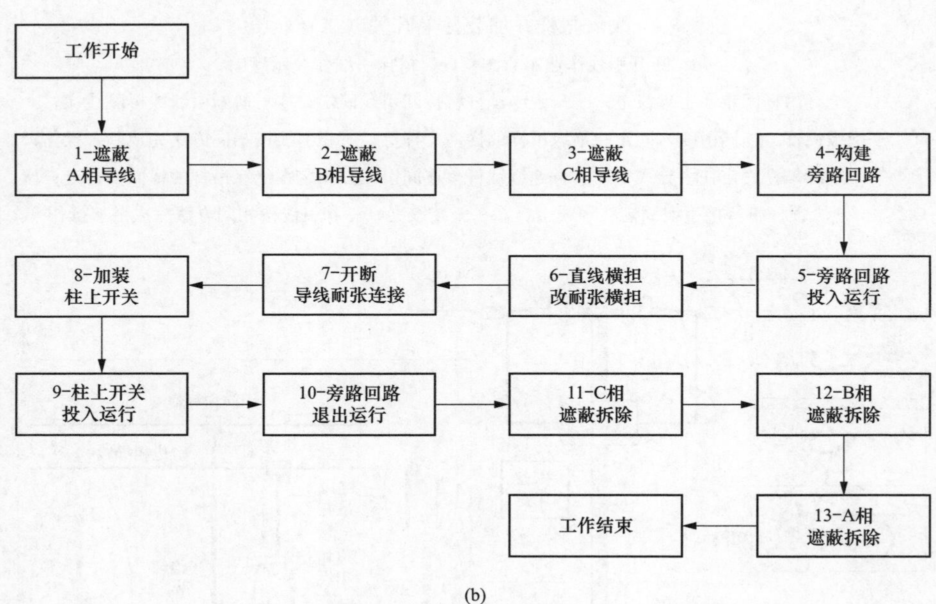

(b)

图 4-18　绝缘手套作业法＋旁路作业法＋拆除和安装线夹法（绝缘斗臂车作业）带负荷直线杆改耐张杆并加装柱上开关工作的作业流程

（a）示意图；（b）流程图

4.8.3　作业风险管控

现场作业必须严把安全作业风险（管控）关，严格遵守以“工作票、安全交底会、作业指导书”为依据指导其作业全过程，实现作业项目全过程风险管

控。接受工作任务应当根据现场勘察记录填写、签发工作票，编制作业指导书履行审批制度；到达工作现场应当进行现场复勘，履行工作许可手续和停用重合闸工作许可后，召开现场站班会、宣读工作票履行签字确认手续，严格遵照执行作业指导书规范作业。

（1）工作负责人（或专责监护人）在工作现场必须履行工作职责和行使监护职责。

（2）工作开始前，工作负责人应检查确认电杆根部牢固、基础牢固、导线绑扎牢固后，方可开始现场作业工作。

（3）进入绝缘斗内的作业人员必须穿戴个人绝缘防护用具（绝缘手套、绝缘服或绝缘披肩、绝缘安全帽以及护目镜等），使用的安全带应有良好的绝缘性能，起臂前安全带保险钩必须系挂在绝缘斗内专用挂钩上。

（4）个人绝缘防护用具使用前必须进行外观检查，绝缘手套使用前必须进行充（压）气检测，确认合格后方可使用。带电作业过程中，禁止摘下绝缘防护用具。

（5）绝缘斗臂车使用前应可靠接地。作业中的绝缘斗臂车的绝缘臂伸出的有效绝缘长度不小于1.0m。

（6）绝缘斗内电工对带电作业中可能触及的带电体和接地体设置绝缘遮蔽（隔离）措施时，绝缘遮蔽（隔离）的范围应比作业人员活动范围增加0.4m以上，绝缘遮蔽用具之间的重叠部分不得小于150mm，遮蔽措施应严密与牢固。

注：GB/T 18857—2019《配电线路带电作业技术导则》第6.2.2条、第6.2.3条规定：采用绝缘手套作业法时无论作业人员与接地体和相邻带电体的空气间隙是否满足规定的安全距离，作业前均需对人体可能触及范围内的带电体和接地体进行绝缘遮蔽。在作业范围窄小，电气设备布置密集处，为保证作业人员对相邻带电体或接地体的有效隔离，在适当位置还应装设绝缘隔板等限制作业人员的活动范围。

（7）绝缘斗内电工按照“先外侧（近边相和远边相）、后内侧（中间相）”的顺序依次进行同相绝缘遮蔽（隔离）时，应严格遵循“先带电体后接地体”的原则。

（8）绝缘斗内电工作业时严禁人体同时接触两个不同的电位体，在整个的作业过程中，包括设置（拆除）绝缘遮蔽（隔离）用具的作业中，作业工位的选择应合适，在不影响作业的前提下，人身务必与带电体和接地体保持一定的安全距离，以防绝缘斗内电工作业过程中人体串入电路。绝缘斗内双人作业时，禁止同时在不同相或不同电位作业。

（9）带电安装（拆除）安装高压旁路引下电缆前，必须确认（电源侧）旁路负荷开关处于“分闸”状态并可靠闭锁。

（10）带电安装（拆除）安装高压旁路引下电缆时，必须是在作业范围内的带电体（导线）完全绝缘遮蔽的前提下进行，起吊高压旁路引下电缆时应使用小吊臂缓慢进行。

（11）带电接入旁路引下电缆时，必须确保旁路引下电缆的相色标记“黄、绿、红”与高压架空线路的相位标记A（黄）、B（绿）、C（红）保持一致。接入的顺序是“远边相、中间相和近边相”导线，拆除的顺序相反。

（12）高压旁路引下电缆与旁路负荷开关可靠连接后，在与架空导线连接前，合上旁路负荷开关检测旁路回路绝缘电阻不应小于500MΩ；检测完毕、充分放电后，断开且确认旁路负荷开关处于“分闸”状态并可靠闭锁。

（13）在起吊高压旁路引下电缆前，应事先用绝缘毯将与架空导线连接的引流线夹遮蔽好，并在其合适位置系上长度适宜的起吊绳和防坠绳。

（14）挂接高压旁路引下电缆的引流线夹时应先挂防坠绳、再拆起吊绳；拆除引流线夹时先挂起吊绳，再拆防坠绳；拆除后的引流线夹及时用绝缘毯遮蔽好后再起吊下落。

（15）拉合旁路负荷开关应使用绝缘操作杆进行，旁路回路投入运行后应及时锁死闭锁机构。旁路回路退出运行，断开高压旁路引下电缆后应对旁路回路充分放电。

（16）绝缘斗臂车用绝缘横担安装应牢固可靠。支撑（下降）导线时，要缓缓进行，以防止导线晃动，避免造成相间短路。支撑导线过程中，应检查两侧电杆上的导线绑扎线情况。

（17）拆除（安装）绝缘子和横担时应确保作业范围的带电体完全遮蔽的前提下进行；在导线收紧后开断导线前，应加设防导线脱落的后备保护安全措施（绝缘保护绳）。紧线（开断）导线应同相同步进行。

（18）绝缘斗内电工配合作业断开（搭接）引线时，应采用绝缘（双头）锁杆防止断开（搭接）的引线摆动碰及带电体，移动断开（搭接）的引线时应密切注意与带电体保持可靠的安全距离。

（19）断（接）引线以及更换柱上负荷开关时，应确保旁路回路通流正常，断开（搭接）开主线引线时严禁人体串入电路，已断开（未接入）的引线应视为带电，严禁人体同时接触两个不同的电位体。

(20) 具有配网自动化功能的柱上负荷开关，其电压互感器应退出运行。在拆除有配网自动化的柱上负荷开关时，需将操动机构转至“OFF”位置，待更换完成后再行恢复“AUTO”位置。

(21) 绝缘斗内电工拆除绝缘遮蔽（隔离）用具的作业中，应严格遵守“先内侧（中间相）、后外侧（近边相和远边相）”的拆除原则（与遮蔽顺序相反）。

4.8.4　作业指导书

1. 适用范围

本指导书仅适用于如图 8-16 所示的采用绝缘手套作业法＋旁路作业法（绝缘斗臂车作业）＋拆除和安装线夹法带负荷直线杆改耐张杆并加装柱上开关工作。生产中务必结合现场实际工况参照适用。

2. 引用文件

GB/T 18857—2019《配电线路带电作业技术导则》

Q/GDW 10520—2016《10kV 配网不停电作业规范》

Q/GDW 10799.8—2023《国家电网有限公司电力安全工作规程　第 8 部分：配电部分》

3. 人员分工

本项目工作人员共计 7 人，人员分工为：工作负责人（兼工作监护人）1 人、绝缘斗内电工 4 人（1 号和 2 号绝缘斗臂车配合作业），杆上电工 1 人，地面电工 1 人。

√	序号	人员分工	人数	职责	备注
	1	工作负责人（兼工作监护人）	1	执行配电带电作业工作票，组织、指挥带电作业工作，作业中全程监护和落实作业现场安全措施	
	2	绝缘斗内电工（1 号和 2 号绝缘斗臂车配合作业）	4	1 号绝缘斗臂车绝缘斗内 1 号电工：负责直线杆改耐张杆并加装柱上开关工作，绝缘斗内 2 号电工：配合绝缘斗内 1 号电工作业； 2 号绝缘斗臂车绝缘斗内 1 号电工：负责直线杆改耐张杆并加装柱上开关工作，绝缘斗内 2 号电工：配合绝缘斗内 1 号电工作业	
	3	杆上电工	1	负责地面工作和杆上工作，配合绝缘斗内电工作业	
	4	地面电工	1	负责地面工作，配合绝缘斗内电工作业	

4. 工作前准备

√	序号	内容	要求	备注
	1	现场勘察	现场勘察由工作负责人组织开展，根据勘察结果确定作业方法、所需工具以及采取的措施，并填写现场勘察记录	
	2	编写作业指导书并履行审批手续	作业指导书由工作负责人组织编写，现场作业人员必须严格遵照执行作业指导书而规范作业，作业前必须履行相关审批手续	
	3	填写、签发工作票	工作票由工作负责人按票面要求逐项填写，并由工作票签发人审核、签发后才可开展本项工作	
	4	召开班前会	工作负责人组织班组成员召开班前会，认真学习作业指导书，明确作业方法、作业步骤、人员分工和工作职责等	
	5	领用工器具和运输	领用工器具应核对电压等级和试验周期、检查外观完好无损、填写工器具出入库记录单，运输工器具应装箱入袋或放在专用工具车内	

5. 工器具配备

√	序号	名称		规格、型号	数量	备注
	1	特种车辆	绝缘斗臂车	10kV	2辆	
	2	个人防护用具	绝缘手套	10kV	6双	戴防护手套
	3		绝缘安全帽	10kV	4顶	绝缘斗内电工用
	4		绝缘披肩（绝缘服）	10kV	4件	根据现场情况选择
	5		护目镜		4个	
	6		绝缘安全带		4个	有后备保护绳
	7	绝缘遮蔽用具	导线遮蔽罩	10kV	18个	不少于配备数量
	8		引线遮蔽罩	10kV	12个	根据现场情况选用
	9		耐张横担专用遮蔽罩	10kV	2个	对称装设
	10		导线端头遮蔽罩	10kV	2个	根据实际情况选用
	11		绝缘毯	10kV	30块	不少于配备数量
	12		绝缘毯夹		60个	不少于配备数量
	13	绝缘工具	绝缘传递绳	10kV	2根	
	14		绝缘锁杆	10kV	2个	同时锁定两根导线
	15		绝缘锁杆	10kV	2个	伸缩式
	16		绝缘吊杆1	10kV	6个	临时固定引线用
	17		绝缘吊杆2	10kV	2个	临时固定三相引线用
	18		绝缘操作杆	10kV	2个	拉合开关用

续表

√	序号	名称		规格、型号	数量	备注
	19	绝缘工具	绝缘防坠绳（起吊绳）	10kV	6 根	旁路引下电缆用
	20		开关专用吊绳		1 根	
	21		绝缘横担	10kV	1 个	电杆用
	22		绝缘绳	10kV	1 个	跨横担连接紧线器用
	23		绝缘紧线器	10kV	2 个	
	24		绝缘保护绳	10kV	1 根	跨横担两端连接保护
	25		绝缘手工工具		1 套	装拆工具
	26	金属工具	卡线器		4 个	紧线器和保护绳用
	27		绝缘导线断线剪		2 个	
	28		绝缘导线剥皮器		2 个	
	29	旁路设备	旁路负荷开关	10kV，200A	1 台	带有核相装置
	30		旁路引下电缆	10kV，200A	2 组	黄、绿、红各 3 根
	31		余缆支架		2 个	
	32	检测仪器	电流检测仪	高压	1 套	
	33		绝缘测试仪	2500V 及以上	1 套	
	34		高压验电器	10kV	1 个	
	35		工频高压发生器	10kV	1 个	
	36		风速湿度仪		1 个	
	37		绝缘手套检测仪		1 个	
	38		核相工具		1 套	根据现场设备选配
	39		放电棒		1 个	带接地线
	40		接地棒		2 个	包括旁路负荷开关用
	41		接地线		2 个	包括旁路负荷开关用

6. 作业程序

(1) 开工准备。

√	序号	作业内容	步骤及要求	备注
	1	现场复勘	步骤 1：工作负责人核对线路名称和杆号正确、工作任务正确、安全措施到位，作业点和两侧的电杆根部牢固、基础牢固、导线绑扎牢固，作业装置和现场环境符合带电作业条件。 注：新装柱上负荷开关带有取能用电压互感器时，电源侧应串接带有明显断开点的设备，防止带负荷接引，并应闭锁其自动跳闸的回路，开关操作后应闭锁其操动机构，防止误操作。	

续表

√	序号	作业内容	步骤及要求	备注
	1	现场复勘	工作负责人已检查确认作业装置和现场环境符合带电作业条件。 步骤2：工作班成员确认天气良好，实测风速_级（不大于5级）、湿度_%（不大于80%），符合作业条件。 步骤3：工作负责人根据复勘结果告知工作班成员：现场具备安全作业条件，可以开展工作	
	2	停放绝缘斗臂车，设置安全围栏和警示标志	步骤1：工作负责人指挥驾驶员将绝缘斗臂车停放到合适位置，支腿支放到垫板上，轮胎离地，支撑牢固后将车体可靠接地。 步骤2：工作班成员依据作业空间设置硬质安全围栏，包括围栏的出口、入口。 步骤3：工作班成员设置“从此进出”“施工现场，车辆慢行或车辆绕行”等警示标志或路障。 步骤4：根据现场实际工况，增设临时交通疏导人员，应穿戴反光衣	
	3	工作许可，召开站班会	步骤1：工作负责人向值班调控人员或运维人员申请工作许可和停用重合闸许可，记录许可方式、工作许可人和许可工作（联系）时间，并签字确认。 步骤2：工作负责人召开站班会宣读工作票。 步骤3：工作负责人确认工作班成员对工作任务、危险点预控措施和任务分工都已知晓，履行工作票签字、确认手续，记录工作开始时间	
	4	摆放和检查工器具	步骤1：工作班成员将工器具分区摆放在防潮帆布上。 步骤2：工作班成员按照分工擦拭并外观检查工器具完好无损，绝缘工具的绝缘电阻值检测不低于700MΩ，绝缘手套充（压）气检测不漏气，安全带冲击试验检测的结果为安全。 步骤3：绝缘斗内电工擦拭并外观检查绝缘斗臂车的绝缘斗和绝缘臂外观完好无损，空绝缘斗试操作运行正常（升降、伸缩、回转等）	
	5	绝缘斗内电工进绝缘斗，可携带工器具入绝缘斗	步骤1：绝缘斗内电工穿戴好绝缘防护用具进入绝缘斗，挂好安全带保险钩；地面电工将绝缘遮蔽用具和可携带的工具入绝缘斗。 步骤2：绝缘斗内电工按照“先抬臂（离支架）、再伸臂（1m线）、加旋转”的动作，操作绝缘斗进入带电作业区域，作业中禁止摘下绝缘手套，绝缘臂伸出长度确保1m标示线	

（2）操作步骤。

√	序号	作业内容	步骤及要求	备注
	1	进入带电作业区域，验电，设置绝缘遮蔽措施	步骤1：绝缘斗内电工穿戴好绝缘防护用具，经工作负责人检查合格后进入绝缘斗，挂好安全带保险钩。	

续表

√	序号	作业内容	步骤及要求	备注
	1	进入带电作业区域，验电，设置绝缘遮蔽措施	步骤 2：绝缘斗内电工调整绝缘斗至合适位置，使用验电器对绝缘子、横担进行验电，确认无漏电现象，使用电流检测仪确认每相负荷电流不超过 200A，汇报给工作负责人，连同现场检测的风速、湿度一并记录在工作票备注栏内。 步骤 3：绝缘斗内电工调整绝缘斗至近边相导线外侧适当位置，按照“从近到远、从下到上、先带电体后接地体”的遮蔽原则，以及“近边相、中间相、远边相”的遮蔽顺序，依次对作业范围内的导线、绝缘子、横担、杆顶等进行绝缘遮蔽，考虑到后续挂接旁路引下电缆的需要，横担两侧导线上的遮蔽罩至少是 2 根搭接	
	2	安装旁路负荷开关、旁路高压引下电缆和余缆支架	步骤 1：地面电工在电杆的合适位置（离地）安装好旁路负荷开关和余缆工具，确认旁路负荷开关处于“分闸”、闭锁状态，将开关外壳可靠接地。 步骤 2：地面电工在工作负责人的指挥下，先将一端安装有快速插拔终端的旁路引下电缆按与旁路负荷开关同相位（黄）A、（绿）B、（红）C 可靠连接，多余的旁路引下电缆规范地挂在余缆支架上，确认连接可靠后，再将一端安装有与架空导线连接的引流线夹用绝缘毯可靠遮蔽好，在其合适位置系上长度适宜的起吊绳（防坠绳）。 步骤 3：地面电工按照相同的方法，将旁路负荷开关另一侧三相旁路引下电缆与旁路负荷开关同相位（黄）A、（绿）B、（红）C 可靠连接，多余的旁路引下电缆规范地挂在余缆支架上，确认连接可靠后，再将一端安装有与架空导线连接的引流线夹用绝缘毯可靠遮蔽好，在其合适位置系上长度适宜的起吊绳（防坠绳）。 步骤 4：地面电工确认旁路负荷开关两侧（黄、绿、红）三相旁路引下电缆相色标记正确连接无误，用绝缘操作杆合上旁路负荷开关进行绝缘检测（绝缘电阻不应小于 500MΩ），检测合格后用放电棒进行充分的放电。 步骤 5：地面电工使用绝缘操作杆断开旁路负荷开关，确认开关处于“分闸”状态，插上闭锁销钉，锁死闭锁机构。 步骤 6：绝缘斗内电工调整绝缘斗至远边相导线外侧适当位置，在地面电工的配合下使用小吊绳将旁路引下电缆吊至导线处，移开对接重合的两根导线遮蔽罩，将旁路引下电缆的引流线夹安装（挂接）到架空导线上，并挂好防坠绳（起吊绳），完成后使用绝缘毯对导线和引流线夹进行遮蔽。如导线为绝缘导线，应先剥除导线的绝缘层，再清除连接处导线上的氧化层。 步骤 7：按照相同的方法，依次将其余两相旁路引线电缆与同相位的中间相、近边相架空导线可靠连接，按照“远边相、中间相、近边相”的顺序挂接时，应确保相色标记为“黄、绿、红”的旁路引下电缆与同相位的（黄）A、（绿）B、（红）C 三相导线可靠连接，相序保持一致	

续表

√	序号	作业内容	步骤及要求	备注
	3	合上旁路负荷开关，旁路回路投入运行	步骤1：地面电工使用核相工具确认核相正确无误后，用绝缘操作杆合上旁路负荷开关，旁路回路投入运行，插上闭锁销钉，锁死闭锁机构。 步骤2：绝缘斗内电工用电流检测仪逐相测量三相旁路电缆电流，确认每一相分流的负荷电流不应小于原线路负荷电流的1/3	
	4	支撑导线（电杆用绝缘横担法），直线横担改为耐张横担	步骤1：绝缘斗内电工在地面电工的配合下，调整绝缘斗至相间合适位置，在电杆上高出横担约0.4m的位置安装绝缘横担。 步骤2：绝缘斗内电工调整绝缘斗至近边相外侧适当位置，使用绝缘小吊绳在铅垂线上固定导线。 步骤3：绝缘斗内电工拆除绝缘子绑扎线，提升近边相导线置于绝缘横担上的固定槽内可靠固定。 步骤4：按照相同的方法将远边相导线置于绝缘横担的固定槽内并可靠固定。 步骤5：绝缘斗内电工相互配合拆除直线杆绝缘子和横担，安装耐张横担，装好耐张绝缘子和耐张线夹	
	5	开断三相导线为耐张连接	步骤1：绝缘斗内电工相互配合在耐张横担上安装耐张横担遮蔽罩，完成后恢复耐张绝缘子和耐张线夹处的绝缘遮蔽。 步骤2：绝缘斗内电工操作绝缘斗臂车小吊臂使近边相导线缓缓下降，放置到耐张横担遮蔽罩上固定槽内。 步骤3：绝缘斗内电工转移绝缘斗至近边相导线外侧合适位置，在横担两侧导线上安装好绝缘紧线器及绝缘保护绳，操作绝缘紧线器将导线收紧至便于开断状态。 步骤4：绝缘斗内电工配合使用断线剪将近边相导线剪断，将近边相两侧导线分别固定在耐张线夹内。 步骤5：绝缘斗内电工确认导线连接可靠后，拆除绝缘紧线器及绝缘保护绳。 步骤6：绝缘斗内电工在确保横担及绝缘子绝缘遮蔽到位的前提下，完成近边相导线引线的接续工作。 步骤7：绝缘斗内电工使用电流检测仪检测耐张引线电流，确认通流正常，近边相导线的开断和接续工作结束。 步骤8：开断和接续远边相导线按照相同的方法进行。 步骤9：开断中间相导线时，绝缘斗内电工操作小吊臂提升中间相导线0.4m以上，耐张绝缘子和耐张线夹安装后，将中间相导线重新降至中间相绝缘子顶槽内绑扎牢靠，绝缘斗内电工按照同样的方法开断和接续中间相导线，完成后拆除中间相绝缘子和杆顶支架，恢复杆顶绝缘遮蔽	

续表

√	序号	作业内容	步骤及要求	备注
	6	加装柱上开关	【方法】：（在导线处）拆除和安装线夹法加装柱上开关： 步骤 1：绝缘斗内电工调整绝缘斗分别至三相导线外侧合适位置，打开引线搭接处的绝缘毯，将绝缘吊杆 1 分别固定在三相引线搭接处附近的主导线上，绝缘吊杆 2 固定在耐张线夹处附近的中间相导线上，完成后恢复绝缘遮蔽。 步骤 2：地面电工对新安装的柱上开关进行分、合试操作后，将柱上开关置于断开位置。 步骤 3：1 号绝缘斗臂车绝缘斗内电工调整绝缘斗至柱上开关安装位置前方合适位置，2 号绝缘斗臂车绝缘斗内电工调整绝缘斗至柱上开关安装位置的上方，在地面电工的配合下，使用绝缘斗臂车的小吊绳和开关专用吊绳将柱上开关调至安装位置，配合 1 号绝缘斗臂车绝缘斗内电工完成柱上开关安装工作，以及柱上开关两侧引线的连接工作。 步骤 4：绝缘斗内电工调整绝缘斗分别至柱上开关两侧中间相导线的合适位置，打开引线搭接处的绝缘毯，使用绝缘锁杆锁住中间相柱上开关引线待搭接的一端，提升至搭接处主导线上可靠固定。 步骤 5：绝缘斗内电工使用线夹安装工具安装线夹，将开关两侧引线分别与主导线可靠连接，完成后分别撤除绝缘锁杆、绝缘吊杆 1 和绝缘吊杆 2，恢复接续线夹处的绝缘、密封和绝缘遮蔽。 步骤 6：其余两相引线的搭接按相同的方法进行，三相引线的搭接可按先中间相、再两边相的顺序进行，或根据现场工况选择。 步骤 7：绝缘斗内电工确认柱上开关引线连接可靠无误后，合上柱上开关使其投入运行，使用电流检测仪逐相检测柱上开关引线电流，确认通流正常	
	7	断开旁路负荷开关，旁路回路退出运行，拆除旁路回路并充分放电	步骤 1：地面电工使用绝缘操作杆断开旁路负荷开关，旁路回路退出运行，插上闭锁销钉，锁死闭锁机构。 步骤 2：绝缘斗内电工调整绝缘斗分别至三相导线外侧的合适位置，按照“近边相、中间相、远边相”的顺序，在地面电工的配合下，绝缘斗内电工对拆除的引流线夹使用绝缘毯遮蔽后，使用绝缘斗臂车的小吊绳将三相旁路引下电缆吊至地面盘圈回收，完成后绝缘斗内电工恢复导线搭接处的绝缘、密封和绝缘遮蔽（导线遮蔽罩恢复搭接重合）。 步骤 3：地面电工使用绝缘操作杆合上旁路负荷开关，使用放电棒对旁路电缆充分放电后，拉开旁路负荷开关，断开旁路引下电缆与旁路负荷开关的连接，拆除余缆工具和旁路负荷开关	

续表

√	序号	作业内容	步骤及要求	备注
	8	拆除绝缘遮蔽，退出带电作业区域	步骤1：绝缘斗内电工向工作负责人汇报确认本项工作已完成。 步骤2：绝缘斗内电工转移绝缘斗至合适作业位置，按照“从远到近、从上到下、先接地体后带电体”的原则，以及“远边相、中间相、近边相”的顺序（与遮蔽相反），拆除绝缘遮蔽。 步骤3：绝缘斗内电工检查杆上无遗留物后，操作绝缘斗退出带电作业区域，返回地面，配合地面人员卸下绝缘斗内工具，收回绝缘斗臂车支腿（包括接地线和垫板），绝缘斗内工作结束	

（3）工作结束。

√	序号	作业内容	步骤及要求	备注
	1	清理现场	步骤1：工作班成员整理工具、材料，清洁后装箱、装袋。 步骤2：工作班成员清理现场：工完、料尽、场地清	
	2	召开收工会	步骤1：点评本项工作的完成情况。 步骤2：点评安全措施的落实情况。 步骤3：点评作业指导书的执行情况	
	3	工作终结	步骤1：工作负责人向值班调控人员或运维人员报告申请终结工作票，记录许可方式、工作许可人和终结报告时间，并签字确认，宣布本项工作结束。 步骤2：工作负责人组织工作班成员撤离现场，到达班组后将作业资料分类归档	

7. 验收总结

序号	作业总结	
1	验收评价	按指导书要求完成工作
2	存在问题及处理意见	无

8. 指导书执行情况签字栏

作业地点：	日期：　年　月　日
工作班组：	工作负责人（签字）：
班组成员（签字）：	

9. 附录

略。

4.9　带负荷更换柱上开关 3（绝缘手套作业法＋旁路作业法，绝缘斗臂车作业）

4.9.1　项目概述

本项目指导与风险管控仅适用于如图 4-19 所示的柱上开关杆（双侧有隔离开关，导线三角排列），采用绝缘手套作业法＋旁路作业法（绝缘斗臂车作业）带负荷更换柱上开关工作。生产中务必结合现场实际工况参照适用。

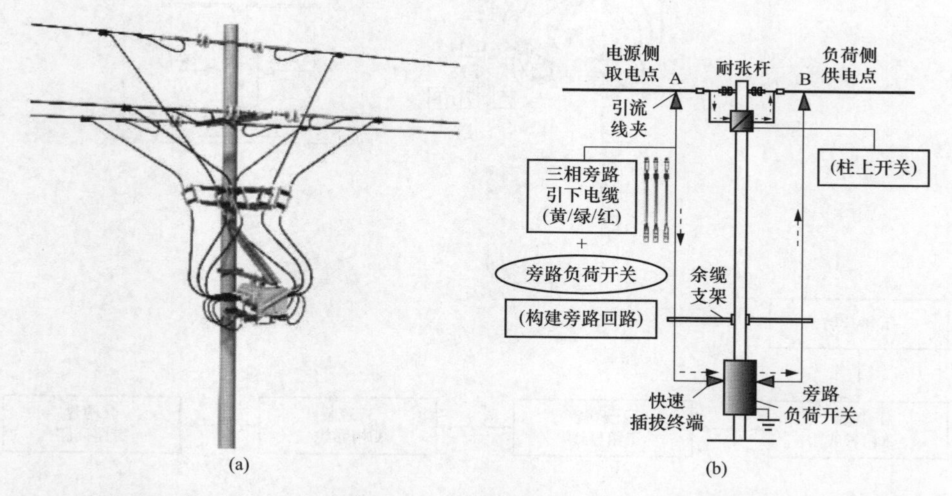

图 4-19　绝缘手套作业法＋旁路作业法（绝缘斗臂车作业）带负荷更换柱上开关工作
（a）柱上开关杆杆头外形图；（b）旁路作业法示意图

4.9.2　作业流程

绝缘手套作业法＋旁路作业法（绝缘斗臂车作业）带负荷更换柱上开关工作的作业流程，如图 4-20 所示。现场作业前，工作负责人应当检查确认作业装置和现场环境符合带电作业条件，具有配网自动化功能的柱上开关，其电压互感器确已退出运行，方可开始工作。

4.9.3　作业风险管控

现场作业必须严把安全作业风险（管控）关，严格遵守以“工作票、安全

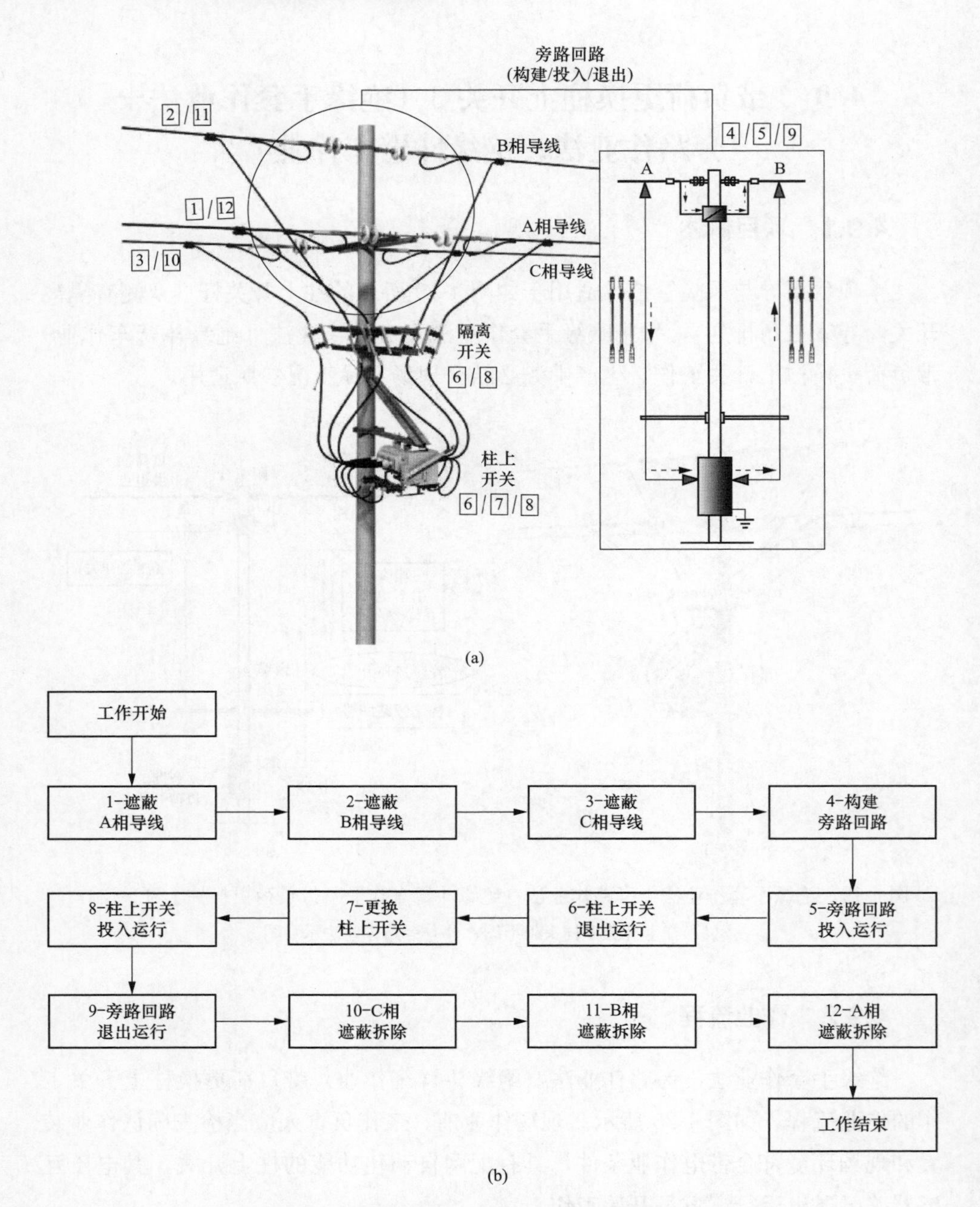

图 4-20 绝缘手套作业法＋旁路作业法（绝缘斗臂车作业）
带负荷更换柱上开关工作的作业流程图
（a）示意图；（b）流程图

交底会、作业指导书”为依据指导其作业全过程，实现作业项目全过程风险管控。接受工作任务应当根据现场勘察记录填写、签发工作票，编制作业指导书履行审批制度；到达工作现场应当进行现场复勘，履行工作许可手续和停用重合闸工作许可后，召开现场站班会、宣读工作票履行签字确认手续，严格遵照执行作业指导书规范作业。

（1）工作负责人（或专责监护人）在工作现场必须履行工作职责和行使监护职责。

（2）进入绝缘斗内的作业人员必须穿戴个人绝缘防护用具（绝缘手套、绝缘服或绝缘披肩、绝缘安全帽以及护目镜等），使用的安全带应有良好的绝缘性能，起臂前安全带保险钩必须系挂在绝缘斗内专用挂钩上。

（3）个人绝缘防护用具使用前必须进行外观检查，绝缘手套使用前必须进行充（压）气检测，确认合格后方可使用。带电作业过程中，禁止摘下绝缘防护用具。

（4）绝缘斗臂车使用前应可靠接地。作业中的绝缘斗臂车的绝缘臂伸出的有效绝缘长度不小于1.0m。

（5）绝缘斗内电工对带电作业中可能触及的带电体和接地体设置绝缘遮蔽（隔离）措施时，绝缘遮蔽（隔离）的范围应比作业人员活动范围增加0.4m以上，绝缘遮蔽用具之间的重叠部分不得小于150mm，遮蔽措施应严密与牢固。

注：GB/T 18857—2019《配电线路带电作业技术导则》第6.2.2条、第6.2.3条规定：采用绝缘手套作业法时无论作业人员与接地体和相邻带电体的空气间隙是否满足规定的安全距离，作业前均需对人体可能触及范围内的带电体和接地体进行绝缘遮蔽。在作业范围窄小，电气设备布置密集处，为保证作业人员对相邻带电体或接地体的有效隔离，在适当位置还应装设绝缘隔板等限制作业人员的活动范围。

（6）绝缘斗内电工按照“先外侧（近边相和远边相）、后内侧（中间相）”的顺序依次进行同相绝缘遮蔽（隔离）时，应严格遵循“先带电体后接地体”的原则。

（7）绝缘斗内电工作业时严禁人体同时接触两个不同的电位体，在整个的作业过程中，包括设置（拆除）绝缘遮蔽（隔离）用具的作业中，作业工位的选择应合适，在不影响作业的前提下，人身务必与带电体和接地体保持一定的安全距离，以防绝缘斗内电工作业过程中人体串入电路。绝缘斗内双人作业时，禁止同时在不同相或不同电位作业。

（8）带电安装（拆除）安装高压旁路引下电缆前，必须确认（电源侧）旁路负荷开关处于“分闸”状态并可靠闭锁。

（9）带电安装（拆除）安装高压旁路引下电缆时，必须是在作业范围内的带电体（导线）完全绝缘遮蔽的前提下进行，起吊高压旁路引下电缆时应使用小吊臂缓慢进行。

（10）带电接入旁路引下电缆时，必须确保旁路引下电缆的相色标记“黄、绿、红”与高压架空线路的相位标记A（黄）、B（绿）、C（红）保持一致。接入的顺序是“远边相、中间相和近边相”导线，拆除的顺序相反。

（11）高压旁路引下电缆与旁路负荷开关可靠连接后，在与架空导线连接前，合上旁路负荷开关检测旁路回路绝缘电阻不应小于500MΩ；检测完毕、充分放电后，断开且确认旁路负荷开关处于“分闸”状态并可靠闭锁。

（12）在起吊高压旁路引下电缆前，应事先用绝缘毯将与架空导线连接的引流线夹遮蔽好，并在其合适位置系上长度适宜的起吊绳和防坠绳。

（13）挂接高压旁路引下电缆的引流线夹时应先挂防坠绳、再拆起吊绳；拆除引流线夹时先挂起吊绳，再拆防坠绳；拆除后的引流线夹及时用绝缘毯遮蔽好后再起吊下落。

（14）拉合旁路负荷开关应使用绝缘操作杆进行，旁路回路投入运行后应及时锁死闭锁机构。旁路回路退出运行，断开高压旁路引下电缆后应对旁路回路充分放电。

（15）绝缘斗内电工配合作业断开（搭接）引线时，应采用绝缘（双头）锁杆防止断开（搭接）的引线摆动碰及带电体，移动断开（搭接）的引线时应密切注意与带电体保持可靠的安全距离。

（16）断开三相隔离开关更换柱上负荷开关时，应确保旁路回路通流正常，新柱上负荷开关投入运行前应确保三相隔离开关在闭合位置。

（17）绝缘斗内电工按照“先内侧（中间相）、后外侧（近边相和远边相）”的顺序依次拆除同相绝缘遮蔽（隔离）用具时，应严格遵循“先接地体后带电体”的原则。

4.9.4 作业指导书

1. 适用范围

本指导书仅适用于如图4-19所示的采用绝缘手套作业法＋旁路作业法（绝缘斗臂车作业）带负荷更换柱上开关工作。生产中务必结合现场实际工况参照适用。

2. 引用文件

GB/T 18857—2019《配电线路带电作业技术导则》

Q/GDW 10520-2016《10kV 配网不停电作业规范》

Q/GDW 10799.8—2023《国家电网有限公司电力安全工作规程　第 8 部分：配电部分》

3. 人员分工

本项目工作人员共计 7 人，人员分工为：工作负责人（兼工作监护人）1 人、绝缘斗内电工 4 人（1 号和 2 号绝缘斗臂车配合作业），杆上电工 1 人，地面电工 1 人。

√	序号	人员分工	人数	职责	备注
	1	工作负责人（兼工作监护人）	1	执行配电带电作业工作票，组织、指挥带电作业工作，作业中全程监护和落实作业现场安全措施	
	2	绝缘斗内电工（1 号和 2 号绝缘斗臂车配合作业）	4	1 号绝缘斗臂车绝缘斗内 1 号电工：负责直线杆改耐张杆并加装柱上开关工作，绝缘斗内 2 号电工：配合绝缘斗内 1 号电工作业； 2 号绝缘斗臂车绝缘斗内 1 号电工：负责直线杆改耐张杆并加装柱上开关工作，绝缘斗内 2 号电工：配合绝缘斗内 1 号电工作业	
	3	杆上电工	1	负责地面工作和杆上工作，配合绝缘斗内电工作业	
	4	地面电工	1	负责地面工作，配合绝缘斗内电工作业	

4. 工作前准备

√	序号	内容	要求	备注
	1	现场勘察	现场勘察由工作负责人组织开展，根据勘察结果确定作业方法、所需工具以及采取的措施，并填写现场勘察记录	
	2	编写作业指导书并履行审批手续	作业指导书由工作负责人组织编写，现场作业人员必须严格遵照执行作业指导书而规范作业，作业前必须履行相关审批手续	
	3	填写、签发工作票	工作票由工作负责人按票面要求逐项填写，并由工作票签发人审核、签发后才可开展本项工作	
	4	召开班前会	工作负责人组织班组成员召开班前会，认真学习作业指导书，明确作业方法、作业步骤、人员分工和工作职责等	
	5	领用工器具和运输	领用工器具应核对电压等级和试验周期、检查外观完好无损、填写工器具出入库记录单，运输工器具应装箱入袋或放在专用工具车内	

5. 工器具配备

√	序号	名称		规格、型号	数量	备注
	1	特种车辆	绝缘斗臂车	10kV	2辆	
	2	个人防护用具	绝缘手套	10kV	6双	戴防护手套
	3		绝缘安全帽	10kV	4顶	绝缘斗内电工用
	4		绝缘披肩（绝缘服）	10kV	4件	根据现场情况选择
	5		护目镜		4个	
	6		绝缘安全带		4个	有后备保护绳
	7	绝缘遮蔽用具	导线遮蔽罩	10kV	12个	不少于配备数量
	8		引线遮蔽罩	10kV	6个	根据现场情况选用
	9		绝缘毯	10kV	15块	不少于配备数量
	10		绝缘毯夹		30个	不少于配备数量
	11	绝缘工具	绝缘传递绳	10kV	2根	
	12		绝缘操作杆	10kV	2个	拉合开关用
	13		绝缘防坠绳（起吊绳）	10kV	6根	旁路引下电缆用
	14		开关专用吊绳		1根	
	15		绝缘手工工具		1套	装拆工具
	16	金属工具	绝缘导线剥皮器		2个	
	17	旁路设备	旁路负荷开关	10kV，200A	1台	带有核相装置
	18		旁路引下电缆	10kV，200A	2组	黄、绿、红各3根
	19		余缆支架		2个	
	20	检测仪器	电流检测仪	高压	1套	
	21		绝缘测试仪	2500V及以上	1套	
	22		高压验电器	10kV	1个	
	23		工频高压发生器	10kV	1个	
	24		风速湿度仪		1个	
	25		绝缘手套检测仪		1个	
	26		核相工具		1套	根据现场设备选配
	27		放电棒		1个	带接地线
	28		接地棒		2个	包括旁路负荷开关用
	29		接地线		2个	包括旁路负荷开关用

6. 作业程序

(1) 开工准备。

√	序号	作业内容	步骤及要求	备注
	1	现场复勘	步骤1：工作负责人核对线路名称和杆号正确、工作任务正确、安全措施到位，作业装置和现场环境符合带电作业条件，具有配网自动化功能的柱上开关，其电压互感器确已退出运行。 步骤2：工作班成员确认天气良好，实测风速__级（不大于5级）、湿度__%（不大于80%），符合作业条件。 步骤3：工作负责人根据复勘结果告知工作班成员：现场具备安全作业条件，可以开展工作	
	2	停放绝缘斗臂车，设置安全围栏和警示标志	步骤1：工作负责人指挥驾驶员将绝缘斗臂车停放到合适位置，支腿支放到垫板上，轮胎离地，支撑牢固后将车体可靠接地。 步骤2：工作班成员依据作业空间设置硬质安全围栏，包括围栏的出口、入口。 步骤3：工作班成员设置“从此进出”“施工现场，车辆慢行或车辆绕行”等警示标志或路障。 步骤4：根据现场实际工况，增设临时交通疏导人员，应穿戴反光衣	
	3	工作许可，召开站班会	步骤1：工作负责人向值班调控人员或运维人员申请工作许可和停用重合闸许可，记录许可方式、工作许可人和许可工作（联系）时间，并签字确认。 步骤2：工作负责人召开站班会宣读工作票。 步骤3：工作负责人确认工作班成员对工作任务、危险点预控措施和任务分工都已知晓，履行工作票签字、确认手续，记录工作开始时间	
	4	摆放和检查工器具	步骤1：工作班成员将工器具分区摆放在防潮帆布上。 步骤2：工作班成员按照分工擦拭并外观检查工器具完好无损，绝缘工具的绝缘电阻值检测不低于700MΩ，绝缘手套充（压）气检测不漏气，安全带冲击试验检测的结果为安全。 步骤3：绝缘斗内电工擦拭并外观检查绝缘斗臂车的绝缘斗和绝缘臂外观完好无损，空绝缘斗试操作运行正常（升降、伸缩、回转等）	
	5	绝缘斗内电工进绝缘斗，可携带工器具入绝缘斗	步骤1：绝缘斗内电工穿戴好绝缘防护用具进入绝缘斗，挂好安全带保险钩；地面电工将绝缘遮蔽用具和可携带的工具入绝缘斗。 步骤2：绝缘斗内电工按照“先抬臂（离支架）、再伸臂（1m线）、加旋转”的动作，操作绝缘斗进入带电作业区域，作业中禁止摘下绝缘手套，绝缘臂伸出长度确保1m标示线	

（2）操作步骤。

√	序号	作业内容	步骤及要求	备注
	1	进入带电作业区域，验电，设置绝缘遮蔽措施	步骤1：绝缘斗内电工穿戴好绝缘防护用具，经工作负责人检查合格后进入绝缘斗，挂好安全带保险钩。 步骤2：绝缘斗内电工调整绝缘斗至合适位置，使用验电器对绝缘子、横担进行验电，确认无漏电现象，使用电流检测仪确认每相负荷电流不超过200A，汇报给工作负责人，连同现场检测的风速、湿度一并记录在工作票备注栏内。 步骤3：绝缘斗内电工调整绝缘斗至近边相导线外侧适当位置，按照“从近到远、从下到上、先带电体后接地体”的遮蔽原则，以及“近边相、中间相、远边相”的遮蔽顺序，在三相引线搭接的导线外侧，使用导线遮蔽罩对作业范围内的导线进行绝缘遮蔽，考虑到后续挂接旁路引下电缆的需要，两侧导线上的遮蔽罩至少有2根搭接	
	2	安装旁路负荷开关、旁路高压引下电缆和余缆支架	步骤1：地面电工在电杆的合适位置（离地）安装好旁路负荷开关和余缆工具，确认旁路负荷开关处于“分闸”、闭锁状态，将开关外壳可靠接地。 步骤2：地面电工在工作负责人的指挥下，先将一端安装有快速插拔终端的旁路引下电缆按与旁路负荷开关同相位（黄）A、（绿）B、（红）C可靠连接，多余的旁路引下电缆规范地挂在余缆支架上，确认连接可靠后，再将一端安装有与架空导线连接的引流线夹用绝缘毯可靠遮蔽好，在其合适位置系上长度适宜的起吊绳（防坠绳）。 步骤3：地面电工按照相同的方法，将旁路负荷开关另一侧三相旁路引下电缆与旁路负荷开关同相位（黄）A、（绿）B、（红）C可靠连接，多余的旁路引下电缆规范地挂在余缆支架上，确认连接可靠后，再将一端安装有与架空导线连接的引流线夹用绝缘毯可靠遮蔽好，在其合适位置系上长度适宜的起吊绳（防坠绳）。 步骤4：地面电工确认旁路负荷开关两侧（黄、绿、红）三相旁路引下电缆相色标记正确连接无误，用绝缘操作杆合上旁路负荷开关进行绝缘检测（绝缘电阻不应小于500MΩ），检测合格后用放电棒进行充分的放电。 步骤5：地面电工使用绝缘操作杆断开旁路负荷开关，确认开关处于“分闸”状态，插上闭锁销钉，锁死闭锁机构。 步骤6：绝缘斗内电工调整绝缘斗至远边相导线外侧适当位置，在地面电工的配合下使用小吊绳将旁路引下电缆吊至导线处，移开对接重合的两根导线遮蔽罩，将旁路引下电缆的引流线夹安装（挂接）到架空导线上，并挂好防坠绳（起吊绳），完成后使用绝缘毯对导线和引流线夹进行遮蔽。如导线为绝缘导线，应先剥除导线的绝缘层，再清除连接处导线上的氧化层。 步骤7：按照相同的方法，依次将其余两相旁路引线电缆与同相位的中间相、近边相架空导线可靠连接，按照“远边相、中间相、近边相”的顺序挂接时，应确保相色标记为“黄、绿、红”的旁路引下电缆与同相位的（黄）A、（绿）B、（红）C三相导线可靠连接，相序保持一致	

续表

√	序号	作业内容	步骤及要求	备注
	3	合上旁路负荷开关，旁路回路投入运行，柱上开关退出运行	步骤1：地面电工使用核相工具确认核相正确无误后，用绝缘操作杆合上旁路负荷开关，旁路回路投入运行，插上闭锁销钉，锁死闭锁机构。 步骤2：绝缘斗内电工用电流检测仪逐相测量三相旁路电缆电流，确认每一相分流的负荷电流不应小于原线路负荷电流的1/3。 步骤3：绝缘斗内电工确认旁路回路工作正常，用绝缘操作杆拉开柱上开关使其退出运行。 步骤4：绝缘斗内电工调整绝缘斗分别至隔离开关外侧的合适位置，使用绝缘操作杆依次断开三相隔离开关，使用绝缘毯（包括引线遮蔽罩）对三相隔离开关的上引线进行绝缘遮蔽	
	4	更换柱上开关，柱上开关投入运行	步骤1：绝缘斗内电工调整绝缘斗分别至柱上开关两侧的合适位置，断开柱上开关两侧引线，或直接断开三相隔离开关下引线。 步骤2：地面电工对新安装的柱上开关进行分、合试操作后，将柱上开关置于断开位置。 步骤3：1号绝缘斗臂车绝缘斗内电工调整绝缘斗至柱上开关安装位置前方合适位置，2号绝缘斗臂车绝缘斗内电工调整绝缘斗至柱上开关安装位置的上方，在地面电工的配合下，使用绝缘斗臂车的小吊绳和开关专用吊绳将柱上开关调至安装位置，配合1号绝缘斗臂车绝缘斗内电工完成新柱上开关的安装工作，以及柱上开关两侧引线的连接工作。 步骤4：绝缘斗内电工调整绝缘斗分别至柱上开关两侧隔离开关的合适位置，拆除三相隔离开关上引线上的绝缘遮蔽。 步骤5：绝缘斗内电工调整工作位置守后，检测确认柱上开关引线连接可靠无误后，使用绝缘操作杆合上柱上开关两侧的三相隔离开关，合上柱上开关使其投入运行，使用电流检测仪逐相检测柱上开关引线电流，确认通流正常，更换柱上开关杆上结束	
	5	断开旁路负荷开关，旁路回路退出运行，拆除旁路回路并充分放电	步骤1：地面电工使用绝缘操作杆断开旁路负荷开关，旁路回路退出运行，插上闭锁销钉，锁死闭锁机构。 步骤2：绝缘斗内电工调整绝缘斗分别至三相导线外侧的合适位置，按照“近边相、中间相、远边相”的顺序，在地面电工的配合下，绝缘斗内电工对拆除的引流线夹使用绝缘毯遮蔽后，使用绝缘斗臂车的小吊绳将三相旁路引下电缆吊至地面盘圈回收，完成后绝缘斗内电工恢复导线搭接处的绝缘、密封和绝缘遮蔽（导线遮蔽罩恢复搭接重合）。 步骤3：地面电工使用绝缘操作杆合上旁路负荷开关，使用放电棒对旁路电缆充分放电后，拉开旁路负荷开关，断开旁路引下电缆与旁路负荷开关的连接，拆除余缆工具和旁路负荷开关	

续表

√	序号	作业内容	步骤及要求	备注
	6	拆除绝缘遮蔽，退出带电作业区域	步骤1：绝缘斗内电工向工作负责人汇报确认本项工作已完成。 步骤2：绝缘斗内电工转移绝缘斗至合适作业位置，按照“从远到近、从上到下、先接地体后带电体”的原则，以及“远边相、中间相、近边相”的顺序（与遮蔽相反），拆除绝缘遮蔽。 步骤3：绝缘斗内电工检查杆上无遗留物后，操作绝缘斗退出带电作业区域，返回地面，配合地面人员卸下绝缘斗内工具，收回绝缘斗臂车支腿（包括接地线和垫板），绝缘斗内工作结束	

（3）工作结束。

√	序号	作业内容	步骤及要求	备注
	1	清理现场	步骤1：工作班成员整理工具、材料，清洁后装箱、装袋。 步骤2：工作班成员清理现场：工完、料尽、场地清	
	2	召开收工会	步骤1：点评本项工作的完成情况。 步骤2：点评安全措施的落实情况。 步骤3：点评作业指导书的执行情况	
	3	工作终结	步骤1：工作负责人向值班调控人员或运维人员报告申请终结工作票，记录许可方式、工作许可人和终结报告时间，并签字确认，宣布本项工作结束。 步骤2：工作负责人组织工作班成员撤离现场，到达班组后将作业资料分类归档	

7. 验收总结

序号	作业总结	
1	验收评价	按指导书要求完成工作
2	存在问题及处理意见	无

8. 指导书执行情况签字栏

作业地点：	日期：　年　月　日
工作班组：	工作负责人（签字）：
班组成员（签字）：	

9. 附录

略。

4.10　带负荷更换柱上开关 4（绝缘手套作业法＋桥接施工法，绝缘斗臂车作业）

4.10.1　项目概述

本项目指导与风险管控仅适用于如图 4-21 所示的柱上开关杆（双侧无隔离开关，导线三角排列），采用绝缘手套作业法＋桥接施工法（绝缘斗臂车作业）带负荷更换柱上开关工作，桥接施工法与旁路作业法的不同之处是通过＋“桥接”工具，将“带电作业”更换柱上开关转换为“停电作业”更换柱上开关。生产中务必结合现场实际工况参照适用，并积极推广绝缘手套作业法融合绝缘杆作业法在绝缘斗臂车的工作绝缘斗或其他绝缘平台上的应用。

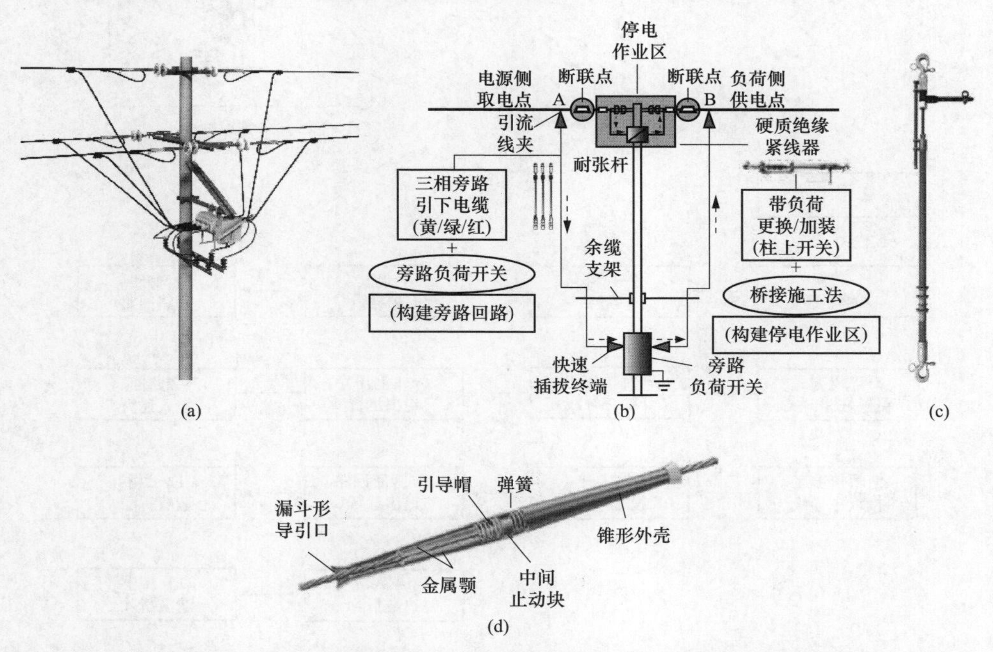

图 4-21　绝缘手套作业法＋桥接施工法（绝缘斗臂车作业）带负荷更换柱上开关工作

（a）柱上开关杆杆头外形图；（b）旁路作业法示意图；

（c）桥接工具之硬质绝缘紧线器外形图；（d）桥接工具之专用快速接头构造图

4.10.2　作业流程

绝缘手套作业法＋桥接施工法（绝缘斗臂车作业）带负荷更换柱上开关工

作的作业流程，如图 4-22 所示。现场作业前，工作负责人应当检查确认作业装

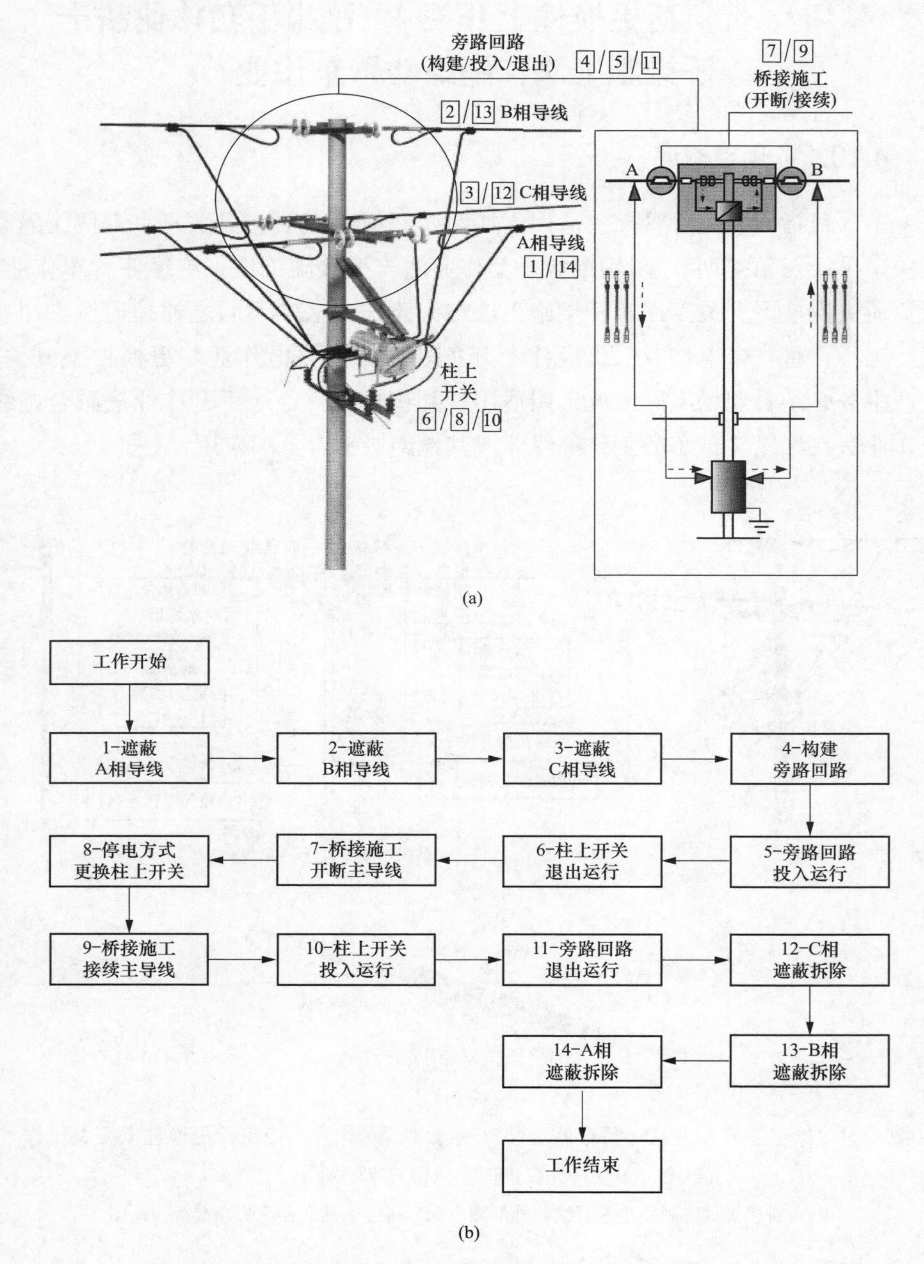

图 4-22　绝缘手套作业法＋桥接施工法（绝缘斗臂车作业）

带负荷更换柱上开关工作的作业流程

（a）示意图；（b）流程图

置和现场环境符合带电作业条件，具有配网自动化功能的柱上开关，其电压互感器退出运行，方可开始工作。

4.10.3　作业风险管控

现场作业必须严把安全作业风险（管控）关，严格遵守以“工作票、安全交底会、作业指导书”为依据指导其作业全过程，实现作业项目全过程风险管控。接受工作任务应当根据现场勘察记录填写、签发工作票，编制作业指导书履行审批制度；到达工作现场应当进行现场复勘，履行工作许可手续和停用重合闸工作许可后，召开现场站班会、宣读工作票履行签字确认手续，严格遵照执行作业指导书规范作业。

（1）工作负责人（或专责监护人）在工作现场必须履行工作职责和行使监护职责。

（2）进入绝缘斗内的作业人员必须穿戴个人绝缘防护用具（绝缘手套、绝缘服或绝缘披肩、绝缘安全帽以及护目镜等），使用的安全带应有良好的绝缘性能，起臂前安全带保险钩必须系挂在绝缘斗内专用挂钩上。

（3）个人绝缘防护用具使用前必须进行外观检查，绝缘手套使用前必须进行充（压）气检测，确认合格后方可使用。带电作业过程中，禁止摘下绝缘防护用具。

（4）绝缘斗臂车使用前应可靠接地。作业中，绝缘斗臂车的绝缘臂伸出的有效绝缘长度不小于 1.0m。

（5）绝缘斗内电工按照“先外侧（近边相和远边相）、后内侧（中间相）”的顺序，依次对作业位置处带电体（导线）设置绝缘遮蔽（隔离）措施时，绝缘遮蔽（隔离）的范围应比作业人员活动范围增加 0.4m 以上，绝缘遮蔽用具之间的重叠部分不得小于 150mm。

（6）绝缘斗内电工作业时严禁人体同时接触两个不同的电位体，在整个的作业过程中，包括设置（拆除）绝缘遮蔽（隔离）用具的作业中，作业工位的选择应合适，在不影响作业的前提下，人身务必与带电体和接地体保持一定的安全距离，以防绝缘斗内电工作业过程中人体串入电路。绝缘斗内双人作业时，禁止同时在不同相或不同电位作业。

（7）带电安装（拆除）安装高压旁路引下电缆前，必须确认（电源侧）旁路负荷开关处于“分闸”状态并可靠闭锁。

（8）带电安装（拆除）安装高压旁路引下电缆时，必须是在作业范围内的带电体（导线）完全绝缘遮蔽的前提下进行，起吊高压旁路引下电缆时应使用小吊臂缓慢进行。

（9）带电接入旁路引下电缆时，必须确保旁路引下电缆的相色标记“黄、绿、红”与高压架空线路的相位标记A（黄）、B（绿）、C（红）保持一致。接入的顺序是“远边相、中间相和近边相”导线，拆除的顺序相反。

（10）高压旁路引下电缆与旁路负荷开关可靠连接后，在与架空导线连接前，合上旁路负荷开关检测旁路回路绝缘电阻不应小于500MΩ；检测完毕、充分放电后，断开且确认旁路负荷开关处于“分闸”状态并可靠闭锁。

（11）在起吊高压旁路引下电缆前，应事先用绝缘毯将与架空导线连接的引流线夹遮蔽好，并在其合适位置系上长度适宜的起吊绳和防坠绳。

（12）挂接高压旁路引下电缆的引流线夹时应先挂防坠绳、再拆起吊绳；拆除引流线夹时先挂起吊绳，再拆防坠绳；拆除后的引流线夹及时用绝缘毯遮蔽好后再起吊下落。

（13）拉合旁路负荷开关应使用绝缘操作杆进行，旁路回路投入运行后应及时锁死闭锁机构。旁路回路退出运行，断开高压旁路引下电缆后应对旁路回路充分放电。

（14）使用硬质绝缘紧线器收紧导线时应确认紧线器两端卡线器性能完好，卡线牢固并使用绝缘保险绳作为后备保护，防止跑线。切断导线时要防止线头摆动。切断的导线端头应使用导线端头遮蔽罩。使用导线接续管进行导线承力接续时，应严格按照工艺要求施工，防止压接不良导致接头发热或承力不足。

（15）绝缘斗内电工拆除绝缘遮蔽（隔离）用具的作业中，应严格遵守“先内侧（中间相）、后外侧（近边相和远边相）”的拆除原则（与遮蔽顺序相反）。

（16）本项目为协同配合作业：依据Q/GDW 10799.8—2023《国家电网有限公司电力安全工作规程　第8部分：配电部分》（第11.2.17条）规定：带电、停电配合作业的项目，在带电、停电作业工序转换前，双方工作负责人应进行安全技术交接，并确认无误。

4.10.4　作业指导书

1. 适用范围

本指导书仅适用于如图4-21所示的采用绝缘手套作业法＋桥接施工法（绝缘斗臂车作业）＋拆除和安装线夹法带负荷更换柱上开关工作。生产中务必结合现场实际工况参照适用。

2. 引用文件

GB/T 18857—2019《配电线路带电作业技术导则》

Q/GDW 10520—2016《10kV配网不停电作业规范》

Q/GDW 10799.8—2023《国家电网有限公司电力安全工作规程 第8部分：配电部分》

3. 人员分工

本项目工作人员共计8人（不含地面配合人员和停电作业人员），人员分工为：项目总协调人1人、带电工作负责人（兼工作监护人）1人、绝缘斗内电工（1号和2号绝缘斗臂车配合作业）4人、地面电工2人，地面配合人员和停电作业人员根据现场情况确定。

√	序号	人员分工	人数	职责	备注
	1	项目总协调人	1	协调不同班组协同工作	
	2	带电工作负责人（兼工作监护人）	1	执行配电带电作业工作票，组织、指挥带电作业工作，作业中全程监护和落实作业现场安全措施	
	3	绝缘斗内电工（1号和2号绝缘斗臂车配合作业）	4	1号绝缘斗臂车绝缘斗内1号电工：负责直线杆改耐张杆并加装柱上开关工作，绝缘斗内2号电工：配合绝缘斗内1号电工作业。 2号绝缘斗臂车绝缘斗内1号电工：负责直线杆改耐张杆并加装柱上开关工作，绝缘斗内2号电工：配合绝缘斗内1号电工作业	
	4	地面电工	2	负责地面工作，配合绝缘斗内电工作业	
	5	地面配合人员和停电作业人员	若干	负责地面辅助配合工作和停电检修架空线路工作	

4. 工作前准备

√	序号	内容	要求	备注
	1	现场勘察	现场勘察由工作负责人组织开展，根据勘察结果确定作业方法、所需工具以及采取的措施，并填写现场勘察记录	
	2	编写作业指导书并履行审批手续	作业指导书由工作负责人组织编写，现场作业人员必须严格遵照执行作业指导书而规范作业，作业前必须履行相关审批手续	
	3	填写、签发工作票	工作票由工作负责人按票面要求逐项填写，并由工作票签发人审核、签发后才可开展本项工作	
	4	召开班前会	工作负责人组织班组成员召开班前会，认真学习作业指导书，明确作业方法、作业步骤、人员分工和工作职责等	
	5	领用工器具和运输	领用工器具应核对电压等级和试验周期、检查外观完好无损、填写工器具出入库记录单，运输工器具应装箱入袋或放在专用工具车内	

5. 工器具配备（不含停电作业工器具配备）

√	序号	名称		规格、型号	数量	备注
	1	特种车辆	绝缘斗臂车	10kV	2辆	
	2	个人防护用具	绝缘手套	10kV	6双	戴防护手套
	3		绝缘安全帽	10kV	4顶	绝缘斗内电工用
	4		绝缘披肩（绝缘服）	10kV	4件	根据现场情况选择
	5		护目镜		4个	
	6		绝缘安全带		4个	有后备保护镜
	7	绝缘遮蔽用具	导线遮蔽罩	10kV	18个	不少于配备数量
	8		引线遮蔽罩	10kV	6个	根据现场情况选用
	9		导线端头遮蔽罩	10kV	12个	根据现场情况选用
	10		绝缘毯	10kV	24块	不少于配备数量
	11		绝缘毯夹		48个	不少于配备数量
	12	绝缘工具	绝缘传递绳	10kV	2根	
	13		绝缘操作杆	10kV	2个	拉合开关用
	14		绝缘防坠绳（起吊绳）	10kV	6根	旁路引下电缆用
	15		开关专用吊绳		1根	
	16		硬质绝缘紧线器		6个	收紧主导线用
	17		绝缘保护绳	10kV	6根	
	18		绝缘手工工具		1套	装拆工具
	19	金属工具	卡线器		12个	绝缘保护绳用
	20		绝缘导线断线剪		2个	
	21		绝缘导线剥皮器		2个	
	22		导线接续管		6个	根据导线选择规格
	23		专用快速接头		6个	根据现场情况选用
	24	旁路设备	旁路负荷开关	10kV，200A	1台	带有核相装置
	25		旁路引下电缆	10kV，200A	2组	黄、绿、红各3根
	26		余缆支架		2个	
	27	检测仪器	电流检测仪	高压	1套	
	28		绝缘测试仪	2500V及以上	1套	
	29		高压验电器	10kV	1个	
	30		工频高压发生器	10kV	1个	
	31		风速湿度仪		1个	

续表

√	序号	名称		规格、型号	数量	备注
	32	检测仪器	绝缘手套检测仪		1个	
	33		核相工具		1套	根据现场设备选配
	34		放电棒		1个	带接地线
	35		接地棒		2个	包括旁路负荷开关用
	36		接地线		2个	包括旁路负荷开关用

6. 作业程序

（1）开工准备。

√	序号	作业内容	步骤及要求	备注
	1	现场复勘	步骤1：工作负责人核对线路名称和杆号正确、工作任务正确、安全措施到位，作业装置和现场环境符合带电作业条件。具有配网自动化功能的柱上开关，其电压互感器退出运行。 步骤2：工作班成员确认天气良好，实测风速__级（不大于5级）、湿度__%（不大于80%），符合作业条件。 步骤3：工作负责人根据复勘结果告知工作班成员：现场具备安全作业条件，可以开展工作	
	2	停放绝缘斗臂车，设置安全围栏和警示标志	步骤1：工作负责人指挥驾驶员将绝缘斗臂车停放到合适位置，支腿支放到垫板上，轮胎离地，支撑牢固后将车体可靠接地。 步骤2：工作班成员依据作业空间设置硬质安全围栏，包括围栏的出口、入口。 步骤3：工作班成员设置“从此进出”“施工现场，车辆慢行或车辆绕行”等警示标志或路障。 步骤4：根据现场实际工况，增设临时交通疏导人员，应穿戴反光衣	
	3	工作许可，召开站班会	步骤1：工作负责人向值班调控人员或运维人员申请工作许可和停用重合闸许可，记录许可方式、工作许可人和许可工作（联系）时间，并签字确认。 步骤2：工作负责人召开站班会宣读工作票。 步骤3：工作负责人确认工作班成员对工作任务、危险点预控措施和任务分工都已知晓，履行工作票签字、确认手续，记录工作开始时间	

续表

√	序号	作业内容	步骤及要求	备注
	4	摆放和检查工器具	步骤1：工作班成员将工器具分区摆放在防潮帆布上。 步骤2：工作班成员按照分工擦拭并外观检查工器具完好无损，绝缘工具的绝缘电阻值检测不低于700MΩ，绝缘手套充（压）气检测不漏气，安全带冲击试验检测的结果为安全。 步骤3：绝缘斗内电工擦拭并外观检查绝缘斗臂车的绝缘斗和绝缘臂外观完好无损，空绝缘斗试操作运行正常（升降、伸缩、回转等）	
	5	绝缘斗内电工进绝缘斗，可携带工器具入绝缘斗	步骤1：绝缘斗内电工穿戴好绝缘防护用具进入绝缘斗，挂好安全带保险钩；地面电工将绝缘遮蔽用具和可携带的工具入绝缘斗。 步骤2：绝缘斗内电工按照“先抬臂（离支架）、再伸臂（1m线）、加旋转”的动作，操作绝缘斗进入带电作业区域，作业中禁止摘下绝缘手套，绝缘臂伸出长度确保1m标示线	

（2）操作步骤。

√	序号	作业内容	步骤及要求	备注
	1	进入带电作业区域，验电，设置绝缘遮蔽措施	步骤1：绝缘斗内电工穿戴好绝缘防护用具，经工作负责人检查合格后进入绝缘斗，挂好安全带保险钩。 步骤2：绝缘斗内电工调整绝缘斗至合适位置，使用验电器对绝缘子、横担进行验电，确认无漏电现象，使用电流检测仪确认每相负荷电流不超过200A，汇报给工作负责人，连同现场检测的风速、湿度一并记录在工作票备注栏内。 步骤3：绝缘斗内电工调整绝缘斗至近边相导线外侧适当位置，按照“从近到远、从下到上、先带电体后接地体”的遮蔽原则，以及“近边相、中间相、远边相”的遮蔽顺序，在三相引线搭接的导线外侧，使用导线遮蔽罩对作业范围内的导线进行绝缘遮蔽，考虑到后续挂接旁路引下电缆和开断导线的需要，两侧导线上的遮蔽罩至少是3根搭接，遮蔽前选择好断联点的位置，便于后续开断导线拆除绝缘遮蔽	
	2	安装旁路负荷开关、旁路高压引下电缆和余缆支架	步骤1：地面电工在电杆的合适位置（离地）安装好旁路负荷开关和余缆工具，确认旁路负荷开关处于“分闸”、闭锁状态，将开关外壳可靠接地。 步骤2：地面电工在工作负责人的指挥下，先将一端安装有快速插拔终端的旁路引下电缆按与旁路负荷开关同相位（黄）A、（绿）B、（红）C可靠连接，多余的旁路引下电缆规范地挂在余缆支架上，确认连接可靠后，再将另一端安装有与架空导线连接的引流线夹用绝缘毯可靠遮蔽好，在其合适位置系上长度适宜的起吊绳（防坠绳）。	

续表

√	序号	作业内容	步骤及要求	备注
	2	安装旁路负荷开关、旁路高压引下电缆和余缆支架	步骤3：地面电工按照相同的方法，将旁路负荷开关另一侧三相旁路引下电缆与旁路负荷开关同相位（黄）A、（绿）B、（红）C可靠连接，多余的旁路引下电缆规范地挂在余缆支架上，确认连接可靠后，再将一端安装有与架空导线连接的引流线夹用绝缘毯可靠遮蔽好，在其合适位置系上长度适宜的起吊绳（防坠绳）。 步骤4：地面电工确认旁路负荷开关两侧（黄、绿、红）三相旁路引下电缆相色标记正确连接无误，用绝缘操作杆合上旁路负荷开关进行绝缘检测（绝缘电阻不应小于500MΩ），检测合格后用放电棒进行充分的放电。 步骤5：地面电工使用绝缘操作杆断开旁路负荷开关，确认开关处于“分闸”状态，插上闭锁销钉，锁死闭锁机构。 步骤6：绝缘斗内电工调整绝缘斗至远边相导线外侧适当位置，在地面电工的配合下使用小吊绳将旁路引下电缆吊至导线处，移开对接重合的两根导线遮蔽罩，将旁路引下电缆的引流线夹安装（挂接）到架空导线上，并挂好防坠绳（起吊绳），完成后使用绝缘毯对导线和引流线夹进行遮蔽。如导线为绝缘导线，应先剥除导线的绝缘层，再清除连接处导线上的氧化层。 步骤7：按照相同的方法，依次将其余两相旁路引线电缆与同相位的中间相、近边相架空导线可靠连接，按照“远边相、中间相、近边相”的顺序挂接时，应确保相色标记为“黄、绿、红”的旁路引下电缆与同相位的（黄）A、（绿）B、（红）C三相导线可靠连接，相序保持一致	
	3	合上旁路负荷开关，旁路回路投入运行，柱上开关退出运行	步骤1：地面电工使用核相工具确认核相正确无误后，用绝缘操作杆合上旁路负荷开关，旁路回路投入运行，插上闭锁销钉，锁死闭锁机构。 步骤2：绝缘斗内电工用电流检测仪逐相测量三相旁路电缆电流，确认每一相分流的负荷电流不应小于原线路负荷电流的1/3。 步骤3：绝缘斗内电工确认旁路回路工作正常，用绝缘操作杆拉开柱上开关使其退出运行	
	4	安装桥接工具，断开主导线	步骤1：绝缘斗内电工调整绝缘斗分别至近边相导线断联点（或称为桥接点）处拆除导线遮蔽罩，将硬质绝缘紧线器和绝缘保护绳安装在断联点两侧的导线上，适度收紧导线使其弯曲，操作绝缘紧线器将导线收紧至便于开断状态。 步骤2：绝缘斗内电工检查确认硬质绝缘紧线器承力无误后，用断线剪断开导线并使断头导线向上弯曲，完成后使用导线端头遮蔽罩和绝缘毯进行遮蔽。 步骤3：绝缘斗内电工按照相同的方法开断其他两相导线，开断工作完成后，退出带电作业区域，返回地面	

续表

√	序号	作业内容	步骤及要求	备注
	5	按照停电作业方式更换柱上开关	步骤1：带电工作负责人在项目总协调人的组织下，与停电工作负责人完成工作任务交接。 步骤2：停电工作负责人带领作业班组《配电线路第一种工作票》，按照停电作业方式完成柱上开关更换工作。 步骤3：停电工作负责人在项目总协调人的组织下，与带电工作负责人完成工作任务交接	
	6	使用导线接续管或专用快速接头接续主导线，柱上开关投入运行	步骤1：绝缘斗内电工获得工作负责人许可后，穿戴好绝缘防护用具，经工作负责人检查合格后进入绝缘斗，挂好安全带保险钩。 步骤2：绝缘斗内电工调整绝缘斗分别至近边相导线的断联点处，操作硬质绝缘紧线器使主导线处于接续状态，绝缘斗内电工相互配合使用导线接续管或专用快速接头、液压压接工具完成断联点两侧主导线的承力接续工作。 步骤3：绝缘斗内电工缓慢操作硬质绝缘紧线器使主导线处于松弛状态，确认导线接续管或专用快速接头承力无误后，拆除硬质绝缘紧线器及保险绳，恢复导线绝缘遮蔽。 步骤4：绝缘斗内电工按照相同的方法接续其他两相导线。 步骤5：绝缘斗内电工调整绝缘斗至合适位置，使用绝缘操作杆合上柱上开关使其投入运行，使用电流检测仪逐相检测柱上开关引线电流和主导线电流，确认通流正常	
	7	断开旁路负荷开关，旁路回路退出运行，拆除旁路回路并充分放电	步骤1：地面电工使用绝缘操作杆断开旁路负荷开关，旁路回路退出运行，插上闭锁销钉，锁死闭锁机构。 步骤2：绝缘斗内电工调整绝缘斗分别至三相导线外侧的合适位置，按照“近边相、中间相、远边相”的顺序，在地面电工的配合下，绝缘斗内电工对拆除的引流线夹使用绝缘毯遮蔽后，使用绝缘斗臂车的小吊绳将三相旁路引下电缆吊至地面盘圈回收，完成后绝缘斗内电工恢复导线搭接处的绝缘、密封和绝缘遮蔽（导线遮蔽罩恢复搭接重合）。 步骤3：地面电工使用绝缘操作杆合上旁路负荷开关，使用放电棒对旁路电缆充分放电后，拉开旁路负荷开关，断开旁路引下电缆与旁路负荷开关的连接，拆除余缆工具和旁路负荷开关	
	8	拆除绝缘遮蔽，退出带电作业区域	步骤1：绝缘斗内电工向工作负责人汇报确认本项工作已完成。 步骤2：绝缘斗内电工转移绝缘斗至合适作业位置，按照“从远到近、从上到下、先接地体后带电体”的原则，以及“远边相、中间相、近边相”的顺序（与遮蔽相反），拆除绝缘遮蔽。	

续表

√	序号	作业内容	步骤及要求	备注
	8	拆除绝缘遮蔽，退出带电作业区域	步骤 3：绝缘斗内电工检查杆上无遗留物后，操作绝缘斗退出带电作业区域，返回地面；配合地面人员卸下绝缘斗内工具，收回绝缘斗臂车支腿（包括接地线和垫板），绝缘斗内工作结束	

（3）工作结束。

√	序号	作业内容	步骤及要求	备注
	1	清理现场	步骤 1：工作班成员整理工具、材料，清洁后装箱、装袋。 步骤 2：工作班成员清理现场：工完、料尽、场地清	
	2	召开收工会	步骤 1：点评本项工作的完成情况。 步骤 2：点评安全措施的落实情况。 步骤 3：点评作业指导书的执行情况	
	3	工作终结	步骤 1：工作负责人向值班调控人员或运维人员报告申请终结工作票，记录许可方式、工作许可人和终结报告时间，并签字确认，宣布本项工作结束。 步骤 2：工作负责人组织工作班成员撤离现场，到达班组后将作业资料分类归档	

7. 验收总结

序号	作业总结	
1	验收评价	按指导书要求完成工作
2	存在问题及处理意见	无

8. 指导书执行情况签字栏

作业地点：	日期：　　年　　月　　日
工作班组：	工作负责人（签字）：
班组成员（签字）：	

9. 附录

略。

第 5 章　旁路类常用项目指导与风险管控

5.1　旁路作业检修架空线路（综合不停电作业法）

5.1.1　项目概述

本项目指导与风险管控仅适用于如图 5-1 所示的旁路作业检修架空线路（综合不停电作业法）工作，线路负荷电流不大于 200A 的工况。生产中务必结合现场实际工况参照适用。

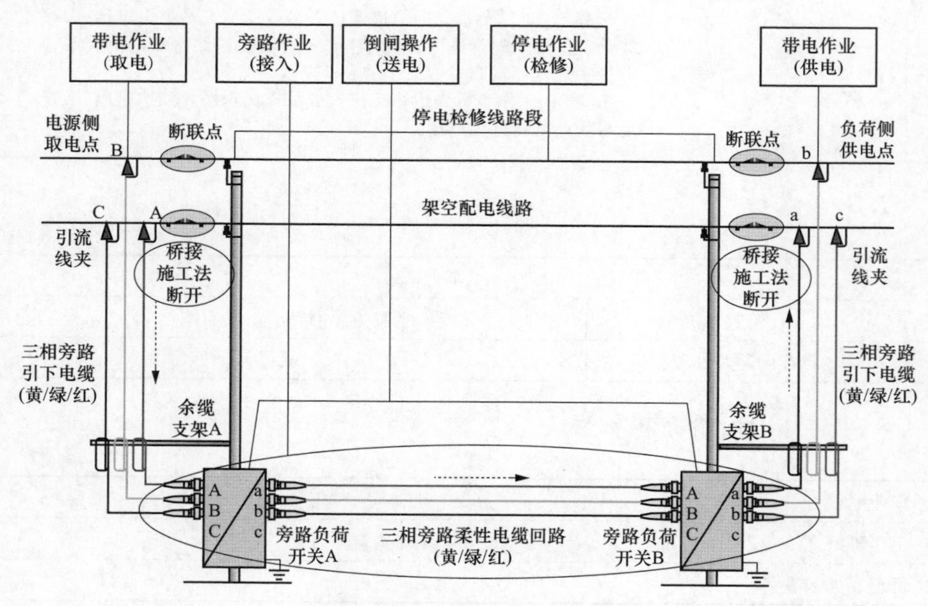

图 5-1　旁路作业检修架空线路（综合不停电作业法）工作

5.1.2　作业流程

旁路作业检修架空线路（综合不停电作业法）工作的作业流程，如图 5-2 所

示。现场作业前，工作负责人应当检查确认线路负荷电流不大于 200A，作业装置和现场环境符合带电作业和旁路作业条件，方可开始工作。

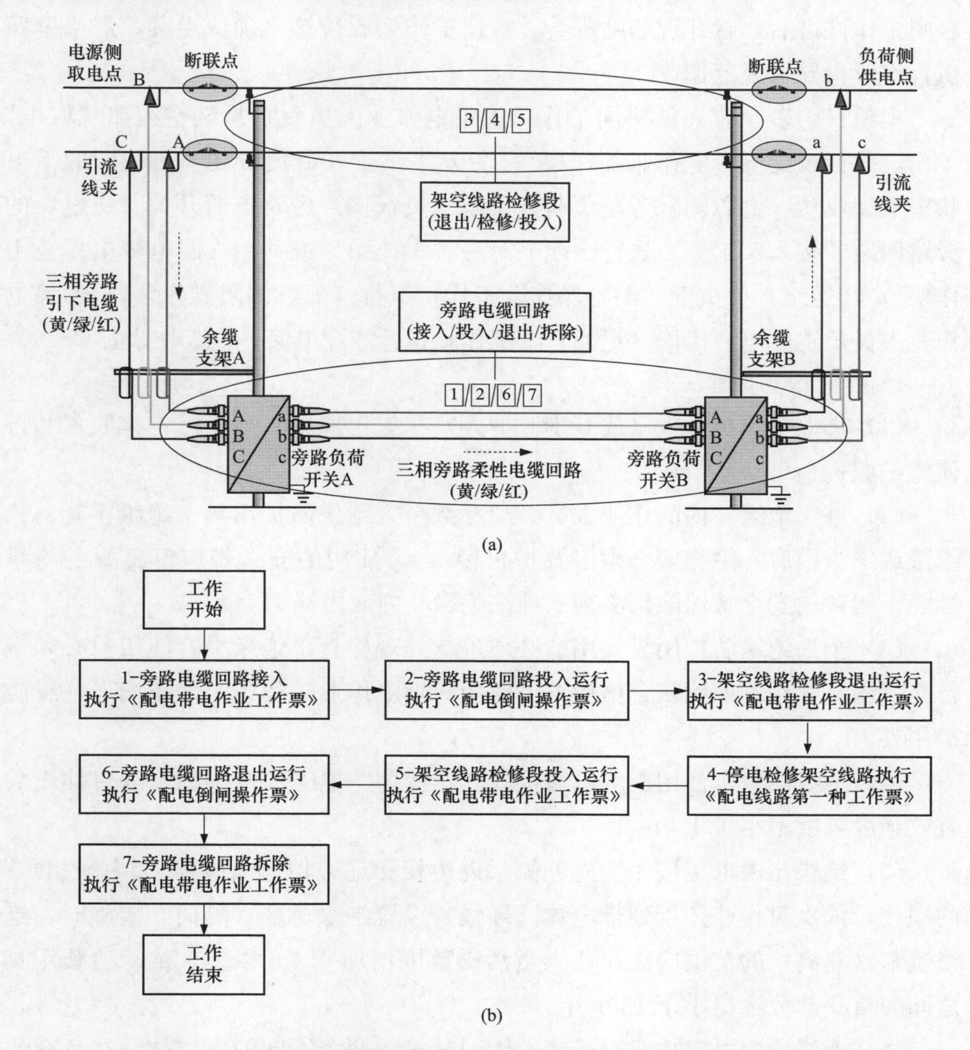

图 5-2　旁路作业检修架空线路（综合不停电作业法）工作的作业流程

（a）分项作业示意图；（b）分项作业流程图

5.1.3　作业风险管控

现场作业必须严把安全作业风险（管控）关，严格遵守以“工作票、安全交底会、作业指导书”为依据指导其作业全过程，实现作业项目全过程风险管

控。接受工作任务应当根据现场勘察记录填写、签发工作票，编制作业指导书履行审批制度；到达工作现场应当进行现场复勘，履行工作许可手续和停用重合闸工作许可后，召开现场站班会、宣读工作票履行签字确认手续，严格遵照执行作业指导书规范作业。

本项目为多专业人员协同工作：①带电作业人员负责从架空线路“取电”工作，执行《配电带电作业工作票》；②旁路作业人员负责在“可控”的无电状态下完成从（电源侧）旁路负荷开关给（负荷侧）旁路负荷开关“送电”的旁路回路“接入”工作，执行《配电第一种工作票》或共用《配电带电作业工作票》；③运维人员负责“倒闸操作”工作，执行《配电倒闸操作票》；④停电作业人员负责停电“检修（更换）”工作，执行《配电第一种工作票》。

1. 带电作业协同工作

（1）带电工作负责人（或专责监护人）在工作现场必须履行工作职责和行使监护职责。

（2）进入绝缘斗内的作业人员必须穿戴个人绝缘防护用具（绝缘手套、绝缘服或绝缘披肩、绝缘安全帽以及护目镜等），使用的安全带应有良好的绝缘性能，起臂前安全带保险钩必须系挂在绝缘斗内专用挂钩上。

（3）个人绝缘防护用具使用前必须进行外观检查，绝缘手套使用前必须进行充（压）气检测，确认合格后方可使用。带电作业过程中，禁止摘下绝缘防护用具。

（4）绝缘斗臂车使用前应可靠接地。作业中，绝缘斗臂车的绝缘臂伸出的有效绝缘长度不小于1.0m。

（5）绝缘斗内电工按照“先外侧（近边相和远边相）、后内侧（中间相）”的顺序，依次对作业位置处带电体（导线）设置绝缘遮蔽（隔离）措施时，绝缘遮蔽（隔离）的范围应比作业人员活动范围增加0.4m以上，绝缘遮蔽用具之间的重叠部分不得小于150mm。

（6）绝缘斗内电工作业时严禁人体同时接触两个不同的电位体，在整个的作业过程中，包括设置（拆除）绝缘遮蔽（隔离）用具的作业中，作业工位的选择应合适，在不影响作业的前提下，人身务必与带电体和接地体保持一定的安全距离，以防绝缘斗内电工作业过程中人体串入电路。绝缘斗内双人作业时，禁止同时在不同相或不同电位作业。

（7）带电安装（拆除）安装高压旁路引下电缆前，必须确认（电源侧和负荷侧）旁路负荷开关处于“分闸”状态并可靠闭锁。

（8）带电安装（拆除）安装高压旁路引下电缆时，必须是在作业范围内的带电体（导线）完全绝缘遮蔽的前提下进行，起吊高压旁路引下电缆时应使用小吊臂缓慢进行。

（9）带电接入旁路引下电缆时，必须确保旁路引下电缆的相色标记“黄、绿、红”与高压架空线路的相位标记A（黄）、B（绿）、C（红）保持一致。接入的顺序是“远边相、中间相和近边相”导线，拆除的顺序相反。

（10）高压旁路引下电缆与旁路负荷开关可靠连接后，在与架空导线连接前，合上旁路负荷开关检测旁路回路绝缘电阻不应小于500MΩ；检测完毕、充分放电后，断开且确认旁路负荷开关处于“分闸”状态并可靠闭锁。

（11）在起吊高压旁路引下电缆前，应事先用绝缘毯将与架空导线连接的引流线夹遮蔽好，并在其合适位置系上长度适宜的起吊绳和防坠绳。

（12）挂接高压旁路引下电缆的引流线夹时应先挂防坠绳、再拆起吊绳；拆除引流线夹时先挂起吊绳，再拆防坠绳；拆除后的引流线夹及时用绝缘毯遮蔽好后再起吊下落。

（13）拉合旁路负荷开关应使用绝缘操作杆进行，旁路回路投入运行后应及时锁死闭锁机构。旁路回路退出运行，断开高压旁路引下电缆后应对旁路回路充分放电。

（14）绝缘斗内电工拆除绝缘遮蔽（隔离）用具的作业中，应严格遵守“先内侧（中间相）、后外侧（近边相和远边相）”的拆除原则（与遮蔽顺序相反）。

（15）本项作业中的带电作业人员在电源侧和负荷侧耐张（开关）杆处完成已检修段线路接入主线路的供电（恢复）工作时，应严格按照带电作业方式进行。

（16）本项目为协同配合作业：依据Q/GDW 10799.8—2023《国家电网有限公司电力安全工作规程　第8部分：配电部分》（第11.2.17条）规定：带电、停电配合作业的项目，在带电、停电作业工序转换前，双方工作负责人应进行安全技术交接，并确认无误。

2. 旁路作业+倒闸操作协同工作

（1）电缆工作负责人（或专责监护人）在工作现场必须履行工作职责和行使监护职责。

（2）采用旁路作业方式进行架空线路检修作业时，必须确认线路负荷电流小于旁路系统额定电流（200A），旁路作业中使用的旁路负荷开关、移动箱式变压器必须满足最大负荷电流要求（200A），旁路开关外壳应可靠接地，移动箱式变压器车按接地要求可靠接地。

（3）展放旁路柔性电缆时，应在工作负责人的指挥下，由多名作业人员配合使旁路电缆离开地面整体敷设在保护槽盒内，防止旁路电缆与地面摩擦且不得受力，防止电缆出现扭曲和死弯现象。展放、接续后应进行分段绑扎固定。

（4）采用地面敷设旁路柔性电缆时，沿作业路径应设安全围栏和“止步、高压危险!”标示牌，防止旁路电缆受损或行人靠近旁路电缆；在路口应采用过街保护盒或架空敷设，如需跨越道路时应采用架空敷设方式。

（5）连接旁路设备和旁路柔性电缆前，应对旁路回路中的电缆接头、接口的绝缘部分进行清洁，并按规定要求均匀涂抹绝缘硅脂。

（6）旁路作业中使用的旁路负荷开关必须满足最大负荷电流要求（小于旁路系统额定电流 200A），旁路开关外壳应可靠接地。

（7）采用自锁定快速插拔直通接头分段连接（接续）旁路柔性电缆终端时，应逐相将旁路柔性电缆的“同相色（黄、绿、红）”快速插拔终端可靠连接，带有分支的旁路柔性电缆终端应采用自锁定快速插拔 T 型接头。接续好的终端接头放置专用铠装接头保护盒内。三相旁路柔性电缆接续完毕后应分段绑扎固定。

（8）接续好的旁路柔性电缆终端与旁路负荷开关连接时应采用快速插拔终端接头，连接应核对分相标志，保证相位色的一致：相色“黄、绿、红”与同相位的 A（黄）、B（绿）、C（红）相连。

（9）旁路系统投入运行前和恢复原线路供电前必须进行核相，确认相位正确方可投入运行。对低压用户临时转供的时候，也必须进行核相（相序）。恢复原线路接入主线路供电前必须符合送电条件。

（10）展放和接续好的旁路系统接入前进行绝缘电阻检测不应小于 500MΩ。绝缘电阻检测完毕后，以及旁路设备拆除前、电缆终端拆除后，均应进行充分放电，用绝缘放电棒放电时，绝缘放电棒（杆）的接地应良好。绝缘放电棒（杆）以及验电器的绝缘有效长度不应小于 0.7m。

（11）操作旁路设备开关、检测绝缘电阻、使用放电棒（杆）进行放电时，操作人员均应戴绝缘手套进行。

（12）旁路系统投入运行后，应每隔半小时检测一次回路的负载电流，监视其运行情况。在旁路柔性电缆运行期间，应派专人看守、巡视。在车辆繁忙地段还应与交通管理部门取得联系，以取得配合。夜间作业应有足够的照明。

（13）组装完毕并投入运行的旁路作业装备可以在雨、雪天气运行（此条建议慎重执行），但应做好安全防护。禁止在雨、雪天气进行旁路作业装备敷设、组装、回收等工作。

（14）旁路作业中需要倒闸操作，必须由运行操作人员严格按照《配电倒闸操作票》进行，操作过程必须由两人进行，一人监护一人操作，并执行唱票制。操作机械传动的断路器（开关）或隔离开关（刀闸）时应戴绝缘手套。没有机械传动的断路器（开关）、隔离开关（刀闸）和跌落式熔断器，应使用合格的绝缘棒进行操作。

5.1.4　作业指导书

1. 适用范围

本指导书仅适用于如图5-1所示的旁路作业检修架空线路（综合不停电作业法）工作，线路负荷电流不大于200A的工况，多专业人员协同完成：带电作业“取电”工作、旁路作业“接入”工作、倒闸操作“送电”工作、停电作业“更换”工作，执行《配电带电作业工作票》《配电线路第一种工作票》和《配电倒闸操作票》。生产中务必结合现场实际工况参照适用。

2. 引用文件

GB/T 18857—2019《配电线路带电作业技术导则》

GB/T 34577—2017《配电线路旁路作业技术导则》

Q/GDW 10520—2016《10kV配网不停电作业规范》

Q/GDW 10799.8—2023《国家电网有限公司电力安全工作规程　第8部分：配电部分》

3. 人员分工

本项目工作人员共计12人（不含地面配合人员和停电作业人员），人员分工为：项目总协调人1人、带电工作负责人（兼工作监护人）1人、绝缘斗内电工（1号和2号绝缘斗臂车配合作业）4人、地面电工4人，倒闸操作人员（含专责监护人）2人，地面配合人员和停电作业人员根据现场情况确定。

√	序号	人员分工	人数	职责	备注
	1	项目总协调人	1	协调不同班组协同工作	
	2	带电工作负责人（兼工作监护人）	1	组织、指挥带电作业和旁路作业工作，作业中全程监护和落实作业现场安全措施	

续表

√	序号	人员分工	人数	职责	备注
	3	绝缘斗内电工（1号和2号绝缘斗臂车配合作业）	4	1号绝缘斗臂车绝缘斗内1号电工：桥接施工法工作，绝缘斗内2号电工：配合绝缘斗内1号电工作业； 2号绝缘斗臂车绝缘斗内1号电工：桥接施工法工作，绝缘斗内2号电工：配合绝缘斗内1号电工作业	
	4	地面电工	4	带电作业地面工作和旁路作业地面工作，包括：旁路引下电缆和旁路柔性电缆的展放、连接、检测、接入、拆除、回收等工作	
	5	倒闸操作人员（含专责监护人）	2	倒闸操作工作，包括：旁路电缆回路核相、投入运行、退出运行等工作，一人监护、一人操作	
	6	地面配合人员和停电作业人员	若干	负责地面辅助配合工作和停电检修架空线路工作	

4．工作前准备

√	序号	内容	要求	备注
	1	现场勘察	现场勘察由工作负责人组织开展，根据勘察结果确定作业方法、所需工具以及采取的措施，并填写现场勘察记录	
	2	编写作业指导书并履行审批手续	作业指导书由工作负责人组织编写，现场作业人员必须严格遵照执行作业指导书而规范作业，作业前必须履行相关审批手续	
	3	填写、签发工作票	工作票由工作负责人按票面要求逐项填写，并由工作票签发人审核、签发后才可开展本项工作	
	4	召开班前会	工作负责人组织班组成员召开班前会，认真学习作业指导书，明确作业方法、作业步骤、人员分工和工作职责等	
	5	领用工器具和运输	领用工器具应核对电压等级和试验周期、检查外观完好无损、填写工器具出入库记录单，运输工器具应装箱入袋或放在专用工具车内	

5．工器具配备（不含停电作业工器具配备）

√	序号	名称		规格、型号	数量	备注
	1	特种车辆	绝缘斗臂车	10kV	2辆	
	2		旁路作业车		1辆	旁路作业设备用车
	3	个人防护用具	绝缘手套	10kV	6双	戴防护手套
	4		绝缘安全帽	10kV	4顶	绝缘斗内电工用
	5		绝缘披肩（绝缘服）	10kV	4件	根据现场情况选择

续表

√	序号	名称		规格、型号	数量	备注
	6	个人防护用具	护目镜		4 个	
	7		绝缘安全带		4 个	有后备保护绳
	8	绝缘遮蔽用具	导线遮蔽罩	10kV	12 个	不少于配备数量
	9		导线端头遮蔽罩	10kV	12 个	根据现场情况选用
	10		绝缘毯	10kV	24 块	不少于配备数量
	11		绝缘毯夹		48 个	不少于配备数量
	12	绝缘工具	绝缘传递绳	10kV	2 根	
	13		绝缘操作杆	10kV	2 个	拉合开关用
	14		绝缘防坠绳（起吊绳）	10kV	6 根	旁路引下电缆用
	15		硬质绝缘紧线器		6 个	收紧主导线用
	16		绝缘保护绳	10kV	6 根	
	17	金属工具	个人手工工具		1 套	
	18		卡线器		12 个	绝缘保护绳用
	19		绝缘导线断线剪		2 个	
	20		绝缘导线剥皮器		2 个	
	21		导线接续管		6 个	根据导线选择规格
	22		专用快速接头		6 个	根据现场情况选用
	23	旁路设备	旁路负荷开关	10kV，200A	2 台	带有核相装置
	24		旁路引下电缆	10kV，200A	4 组	黄、绿、红 3 根 1 组，15m
	25		余缆支架		4 个	
	26		旁路柔性电缆	10kV，200A	若干	黄、绿、红 3 根 1 组，50m
	27		中间连接器	10kV，200A	若干	带接头保护盒
	28		旁路电缆保护盒		若干	根据现场情况选用
	29	检测仪器	电流检测仪	高压	1 套	
	30		绝缘测试仪	2500V 及以上	1 套	
	31		高压验电器	10kV	2 个	
	32		工频高压发生器	10kV	2 个	
	33		风速湿度仪		1 个	
	34		绝缘手套检测仪		1 个	
	35		核相工具		1 套	根据现场设备选配

续表

√	序号	名称		规格、型号	数量	备注
	36	检测仪器	放电棒		2个	带接地线
	37		接地棒		2个	包括旁路负荷开关用
	38		接地线		2个	包括旁路负荷开关用

6. 作业程序

(1) 开工准备。

√	序号	作业内容	步骤及要求	备注
	1	现场复勘	步骤1：工作负责人核对线路名称和杆号正确、工作任务无误，线路负荷电流不大于200A，作业装置和现场环境符合带电作业和旁路作业条件。 步骤2：工作班成员确认天气良好，实测风速__级（不大于5级）、湿度__%（不大于80%），符合作业条件。 步骤3：工作负责人根据复勘结果告知工作班成员：现场具备安全作业条件，可以开展工作	
	2	设置安全围栏和警示标志	步骤1：工作负责人指挥驾驶员将绝缘斗臂车停放到合适位置，支腿支放到垫板上，轮胎离地，支撑牢固后将车体可靠接地。 步骤2：工作班成员依据作业空间设置硬质安全围栏，包括围栏的出口、入口。 步骤3：工作班成员设置“从此进出”“施工现场，车辆慢行或车辆绕行”等警示标志或路障。 步骤4：根据现场实际工况，增设临时交通疏导人员，应穿戴反光衣	
	3	工作许可，召开站班会	步骤1：工作负责人向值班调控人员或运维人员申请工作许可和停用重合闸许可，记录许可方式、工作许可人和许可工作（联系）时间，并签字确认。 步骤2：工作负责人召开站班会宣读工作票。 步骤3：工作负责人确认工作班成员对工作任务、危险点预控措施和任务分工都已知晓，履行工作票签字、确认手续，记录工作开始时间	
	4	摆放和检查工器具	步骤1：工作班成员将工器具分区摆放在防潮帆布上。 步骤2：工作班成员按照分工擦拭并外观检查工器具完好无损，绝缘工具的绝缘电阻值检测不低于700MΩ，绝缘手套充（压）气检测不漏气，安全带冲击试验检测的结果为安全。 步骤3：绝缘斗内电工擦拭并外观检查绝缘斗臂车的绝缘斗和绝缘臂外观完好无损，空绝缘斗试操作运行正常（升降、伸缩、回转等）	

（2）操作步骤。

√	序号	作业内容	步骤及要求	备注
	1	旁路电缆回路接入	执行《配电带电作业工作票》。 步骤1：旁路作业人员在电杆的合适位置（离地）安装好旁路负荷开关和余缆工具，旁路负荷开关置于“分闸”、闭锁位置，使用接地线将旁路负荷外壳接地。 步骤2：旁路作业人员按照“黄、绿、红”的顺序，沿作业路径分段将三相旁路电缆展放在防潮布上（包括保护盒、过街护板和跨越支架等，根据实际情况选用）。 步骤3：旁路作业人员使用快速插拔中间接头，将同相色（黄、绿、红）旁路电缆的快速插拔终端可靠连接，接续好的终端接头放置专用铠装接头保护盒内。 步骤4：旁路作业人员将三相旁路电缆快速插拔接头与旁路负荷开关的同相位快速插拔接口A（黄）、B（绿）、C（红）可靠连接。 步骤5：旁路作业人员将三相旁路引下电缆快速插拔接头与旁路负荷开关同相位快速插拔接口A（黄）、B（绿）、C（红）可靠连接，与架空导线连接的引流线夹用绝缘毯遮蔽好，并系上长度适宜的起吊绳（防坠绳）。 步骤6：运行操作人员使用绝缘操作杆“合上”电源侧旁路负荷开关＋闭锁、负荷侧旁路负荷开关＋闭锁，检测旁路电缆回路绝缘电阻不小于500MΩ，使用放电棒充分放电后，断开负荷侧旁路负荷开关＋闭锁、电源侧旁路负荷开关＋闭锁。 步骤7：带电作业人员穿戴好绝缘防护用具进入绝缘斗，挂好安全带保险钩；地面电工将绝缘遮蔽用具和可携带的工具入绝缘斗，操作绝缘斗进入带电作业区域，作业中禁止摘下绝缘手套，绝缘臂伸出长度确保1m线。 步骤8：带电作业人员按照“近边相、中间相、远边相”的顺序，使用导线遮蔽罩完成三相导线的绝缘遮蔽工作。 步骤9：带电作业人员按照“远边相、中间相、近边相”的顺序，完成三相旁路引下电缆与同相位的架空导线A（黄）、B（绿）、C（红）的“接入”工作，接入后使用绝缘毯对引流线夹处进行绝缘遮蔽，挂好防坠绳（起吊绳）。多余的电缆规范地放置在余缆支架上。 步骤10：带电作业人员获得工作负责人许可后，操作绝缘斗退出带电作业区域，返回地面	
	2	旁路电缆回路投入运行，架空线路检修段退出运行	执行《配电倒闸操作票》《配电带电作业工作票》。 步骤1：运行操作人员使用绝缘操作杆合上（电源侧）旁路负荷开关＋闭锁，在（负荷侧）旁路负荷开关处完成核相工作；确认相位无误、相序无误后，断开（电源侧）旁路负荷开关＋闭锁，核相工作结束。 步骤2：运行操作人员使用绝缘操作杆合上电源侧旁路负荷开关＋闭锁、负荷侧旁路负荷开关＋闭锁，旁路电缆回路投入运行，检测旁路电缆回路电流确认运行正常。依据GB/T 34577—2017《配电线路旁路作业技术导则》附录C的规定：一般情况下，旁路电缆分流占总电流的1/4～3/4。	

续表

√	序号	作业内容	步骤及要求	备注
	2	旁路电缆回路投入运行，架空线路检修段退出运行	步骤3：带电作业人员调整绝缘斗分别至近边相导线断联点（或称为桥接点）处拆除导线遮蔽罩，将硬质绝缘紧线器和绝缘保护绳安装在断联点两侧的导线上，适度收紧导线使其弯曲，操作绝缘紧线器将导线收紧至便于开断状态。 步骤4：带电作业人员检查确认硬质绝缘紧线器承力无误后，用断线剪断开导线并使断头导线向上弯曲，完成后使用导线端头遮蔽罩和绝缘毯进行遮蔽。 步骤5：带电作业人员按照相同的方法开断其他两相导线，开断工作完成后，退出带电作业区域，返回地面，“桥接施工法”开断导线工作结束	
	3	停电检修架空线路	办理工作任务交接，执行《配电线路第一种工作票》。 步骤1：带电工作负责人在项目总协调人的组织下，与停电工作负责人完成工作任务交接。 步骤2：停电工作负责人带领作业班组执行《配电线路第一种工作票》，按照停电作业方式完成架空线路检修工作。 步骤3：停电工作负责人在项目总协调人的组织下，与带电工作负责人完成工作任务交接	
	4	架空线路检修段接入主线路投入运行，旁路电缆回路退出运行	执行《配电带电作业工作票》《配电倒闸操作票》。 步骤1：带电作业人员获得工作负责人许可后，穿戴好绝缘防护用具，经工作负责人检查合格后进入绝缘斗，挂好安全带保险钩。 步骤2：带电作业人员调整绝缘斗分别至近边相导线的断联点处，操作硬质绝缘紧线器使主导线处于接续状态，使用导线接续管或专用快速接头、液压压接工具完成断联点两侧主导线的承力接续工作。 步骤3：带电作业人员按照相同的方法接续其他两相导线，接续工作完成后，退出带电作业区域，转移工作位置准备三相旁路引下电缆拆除工作。 步骤4：运行操作人员断开负荷侧旁路负荷开关＋闭锁、电源侧旁路负荷开关＋闭锁，旁路电缆回路退出运行，架空线路检修段接入主线路投入运行	
	5	拆除旁路电缆回路	执行《配电带电作业工作票》。 步骤1：带电作业人员按照“近边相、中间相、远边相”的顺序，拆除三相旁路引下电缆。 步骤2：带电作业人员按照“远边相、中间相、近边相”的顺序，拆除三相导线上的绝缘遮蔽。 步骤3：带电作业人员检查杆上无遗留物，退出带电作业区域，返回地面。 步骤4：旁路作业人员按照“A（黄）、B（绿）、C（红）”的顺序，拆除三相旁路电缆回路，使用放电棒充分放电后收回。 旁路作业检修架空线路工作结束	

（3）工作结束。

√	序号	作业内容	步骤及要求	备注
	1	清理现场	步骤1：工作班成员整理工具、材料，清洁后装箱、装袋。 步骤2：工作班成员清理现场：工完、料尽、场地清	
	2	召开收工会	步骤1：点评本项工作的完成情况。 步骤2：点评安全措施的落实情况。 步骤3：点评作业指导书的执行情况	
	3	工作终结	步骤1：工作负责人向值班调控人员或运维人员报告申请终结工作票，记录许可方式、工作许可人和终结报告时间，并签字确认，宣布本项工作结束。 步骤2：工作负责人组织工作班成员撤离现场，到达班组后将作业资料分类归档	

7. 验收总结

序号	作业总结	
1	验收评价	按指导书要求完成工作
2	存在问题及处理意见	无

8. 指导书执行情况签字栏

作业地点：	日期：　　年　　月　　日
工作班组：	工作负责人（签字）：
班组成员（签字）：	

9. 附录

略。

5.2　不停电更换柱上变压器（综合不停电作业法）

5.2.1　项目概述

本项目指导与风险管控仅适用于如图5-3所示的不停电更换柱上变压器（综合不停电作业法）工作，线路负荷电流不大于200A的工况。生产中务必结合现场实际工况参照适用，若旁路变压器与柱上变压器并联运行条件“不”满足：

（1）采用短时停电更换柱上变压器，是指在旁路变压器投运前、柱上变压器停运1次、用户短时停电1次，柱上变压器投运前、旁路变压器停运1次、用户短时停电1次。

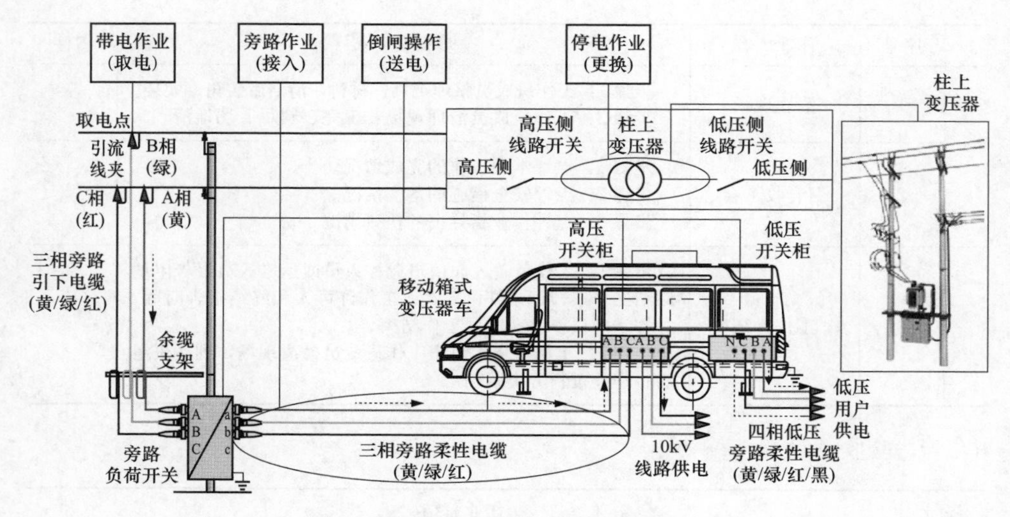

图 5-3　不停电更换柱上变压器（综合不停电作业法）工作

（2）采用不停电更换柱上变压器，是指从低压（0.4kV）发电车取电向用户连续供电所示，如图 5-4 所示，柱上变压器和 JG 柜以及低压旁路电缆用专用快速接头示意图，如图 5-5 所示。

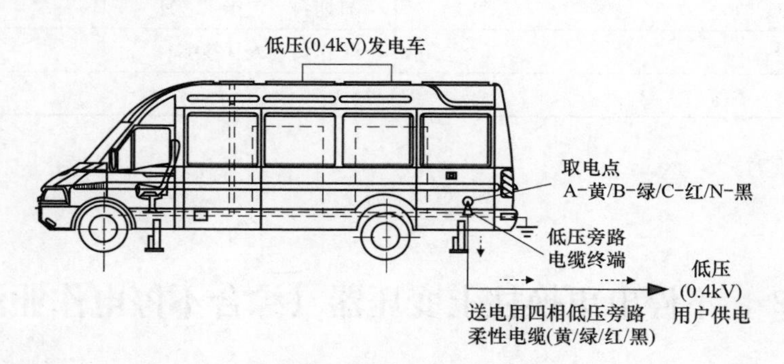

图 5-4　从低压（0.4kV）发电车取电向用户供电示意图

5.2.2　作业流程

不停电更换柱上变压器（综合不停电作业法）工作的作业流程，如图 5-6 所示。现场作业前，工作负责人应当检查确认线路负荷电流不大于 200A，作业装置和现场环境符合旁路作业条件，依据 GB/T 34577—2017《配电线路旁路作业技术导则》附录 D 的规定，已检查确认旁路变压器与柱上变压器满足并联运行条件：接线组别要求、变比要求和容量要求，方可开始工作。

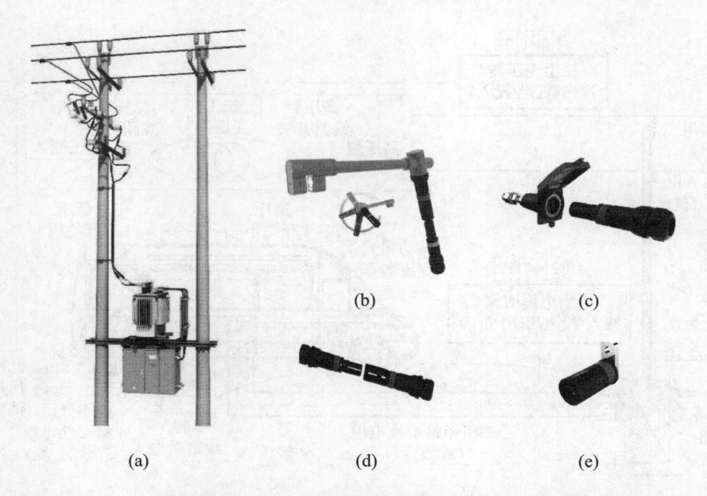

图 5-5　柱上变压器和 JG 柜以及低压旁路电缆用专用快速接头示意图

（a）变台杆组装示意图（变压器侧装，电缆引线）；（b）变台 JP 柜低压输出端母排用专用快速接头；（c）低压旁路电缆快速接入箱专用快速接头；（d）低压旁路电缆专用快速接头；（e）箱式变压器车、发电车低压输出端母排专用快速接头

5.2.3　作业风险管控

现场作业必须严把安全作业风险（管控）关，严格遵守以“工作票、安全交底会、作业指导书”为依据指导其作业全过程，实现作业项目全过程风险管控。接受工作任务应当根据现场勘察记录填写、签发工作票，编制作业指导书履行审批制度；到达工作现场应当进行现场复勘，履行工作许可手续和停用重合闸工作许可后，召开现场站班会、宣读工作票履行签字确认手续，严格遵照执行作业指导书规范作业。

本项目为多专业人员协同工作：①带电作业人员负责从架空线路“取电”工作，执行《配电带电作业工作票》；②旁路作业人员负责在“可控”的无电状态下完成给移动箱式变压器和低压用户“送电”的旁路回路“接入”工作，执行《配电第一种工作票》或共用《配电带电作业工作票》；③运行操作人员负责“倒闸操作”工作，执行《配电倒闸操作票》；④停电作业人员负责停电“更换（检修）”工作，执行《配电第一种工作票》。

1. 带电作业协同工作

（1）带电工作负责人（或专责监护人）在工作现场必须履行工作职责和行使监护职责。

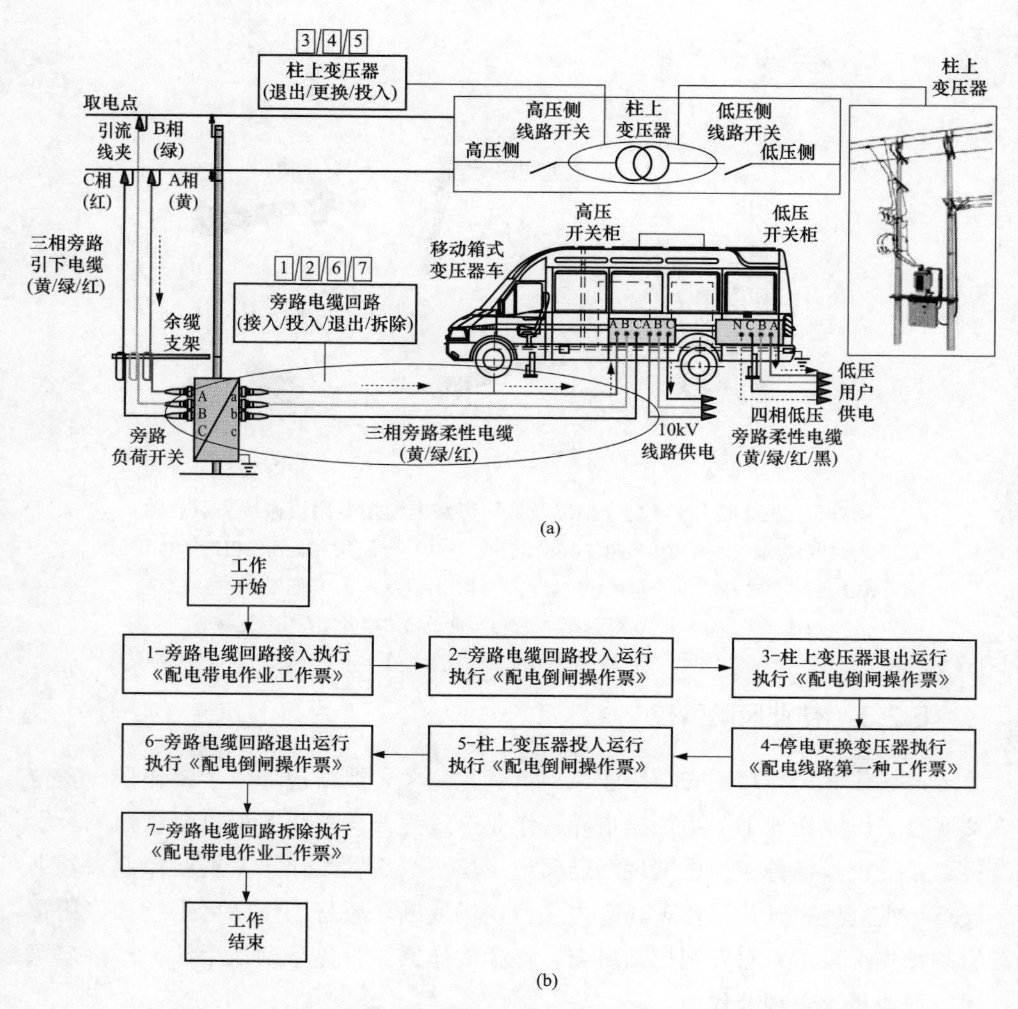

图 5-6 不停电更换柱上变压器（综合不停电作业法）工作的作业流程

（a）分项作业示意图；（b）分项作业流程图

（2）进入绝缘斗内的作业人员必须穿戴个人绝缘防护用具（绝缘手套、绝缘服或绝缘披肩、绝缘安全帽以及护目镜等），使用的安全带应有良好的绝缘性能，起臂前安全带保险钩必须系挂在绝缘斗内专用挂钩上。

（3）个人绝缘防护用具使用前必须进行外观检查，绝缘手套使用前必须进行充（压）气检测，确认合格后方可使用。带电作业过程中，禁止摘下绝缘防护用具。

（4）绝缘斗臂车使用前应可靠接地。作业中，绝缘斗臂车的绝缘臂伸出的有效绝缘长度不小于 1.0m。

(5) 绝缘斗内电工按照“先外侧（近边相和远边相）、后内侧（中间相）”的顺序，依次对作业位置处带电体（导线）设置绝缘遮蔽（隔离）措施时，绝缘遮蔽（隔离）的范围应比作业人员活动范围增加 0.4m 以上，绝缘遮蔽用具之间的重叠部分不得小于 150mm。

(6) 绝缘斗内电工作业时严禁人体同时接触两个不同的电位体，在整个的作业过程中，包括设置（拆除）绝缘遮蔽（隔离）用具的作业中，作业工位的选择应合适，在不影响作业的前提下，人身务必与带电体和接地体保持一定的安全距离，以防绝缘斗内电工作业过程中人体串入电路。绝缘斗内双人作业时，禁止同时在不同相或不同电位作业。

(7) 带电安装（拆除）安装高压旁路引下电缆前，必须确认（电源侧）旁路负荷开关处于“分闸”状态并可靠闭锁。

(8) 带电安装（拆除）安装高压旁路引下电缆时，必须是在作业范围内的带电体（导线）完全绝缘遮蔽的前提下进行，起吊高压旁路引下电缆时应使用小吊臂缓慢进行。

(9) 带电接入旁路引下电缆时，必须确保旁路引下电缆的相色标记“黄、绿、红”与高压架空线路的相位标记 A（黄）、B（绿）、C（红）保持一致。接入的顺序是“远边相、中间相和近边相”导线，拆除的顺序相反。

(10) 高压旁路引下电缆与旁路负荷开关可靠连接后，在与架空导线连接前，合上旁路负荷开关检测旁路回路绝缘电阻不应小于 500MΩ；检测完毕、充分放电后，断开且确认旁路负荷开关处于“分闸”状态并可靠闭锁。

(11) 在起吊高压旁路引下电缆前，应事先用绝缘毯将与架空导线连接的引流线夹遮蔽好，并在其合适位置系上长度适宜的起吊绳和防坠绳。

(12) 挂接高压旁路引下电缆的引流线夹时应先挂防坠绳、再拆起吊绳；拆除引流线夹时先挂起吊绳，再拆防坠绳；拆除后的引流线夹及时用绝缘毯遮蔽好后再起吊下落。

(13) 拉合旁路负荷开关应使用绝缘操作杆进行，旁路回路投入运行后应及时锁死闭锁机构。旁路回路退出运行，断开高压旁路引下电缆后应对旁路回路充分放电。

(14) 绝缘斗内电工拆除绝缘遮蔽（隔离）用具的作业中，应严格遵守“先内侧（中间相）、后外侧（近边相和远边相）”的拆除原则（与遮蔽顺序相反）。

（15）本项目为协同配合作业：Q/GDW 10799.8—2023《国家电网有限公司电力安全工作规程 第8部分：配电部分》（第11.2.17条）规定：带电、停电配合作业的项目，在带电、停电作业工序转换前，双方工作负责人应进行安全技术交接，并确认无误。

2. 旁路作业十倒闸操作协同工作

（1）电缆工作负责人（或专责监护人）在工作现场必须履行工作职责和行使监护职责。

（2）采用旁路作业方式进行柱上变压器更换作业时，必须确认线路负荷电流小于旁路系统额定电流（200A），旁路作业中使用的旁路负荷开关、移动箱式变压器必须满足最大负荷电流要求（200A），旁路开关外壳应可靠接地，移动箱式变压器车按接地要求可靠接地。

（3）展放旁路柔性电缆时，应在工作负责人的指挥下，由多名作业人员配合使旁路电缆离开地面整体敷设在保护槽盒内，防止旁路电缆与地面摩擦且不得受力，防止电缆出现扭曲和死弯现象。展放、接续后应进行分段绑扎固定。

（4）采用地面敷设旁路柔性电缆时，沿作业路径应设安全围栏和“止步、高压危险！”标示牌，防止旁路电缆受损或行人靠近旁路电缆；在路口应采用过街保护盒或架空敷设，如需跨越道路时应采用架空敷设方式。

（5）连接旁路设备和旁路柔性电缆前，应对旁路回路中的电缆接头、接口的绝缘部分进行清洁，并按规定要求均匀涂抹绝缘硅脂。

（6）采用自锁定快速插拔直通接头分段连接（接续）旁路柔性电缆终端时，应逐相将旁路柔性电缆的“同相色（黄、绿、红）”快速插拔终端可靠连接，带有分支的旁路柔性电缆终端应采用自锁定快速插拔T型接头。接续好的终端接头放置专用铠装接头保护盒内。三相旁路柔性电缆接续完毕后应分段绑扎固定。

（7）接续好的旁路柔性电缆终端与旁路负荷开关、移动箱式变压器连接时应采用快速插拔终端接头，连接应核对分相标志，保证相位色的一致：相色“黄、绿、红”与同相位的A（黄）、B（绿）、C（红）相连。

（8）展放和接续好的旁路系统接入前进行绝缘电阻检测不应小于500MΩ。绝缘电阻检测完毕后，以及旁路设备拆除前、电缆终端拆除后，均应进行充分放电，用绝缘放电棒放电时，绝缘放电棒（杆）的接地应良好。绝缘放电棒（杆）以及验电器的绝缘有效长度不应小于0.7m。

（9）旁路系统投入运行前和恢复原线路供电前必须进行核相，确认相位正确方可投入运行。对低压用户临时转供的时候，也必须进行核相（相序）。

（10）操作旁路设备开关、检测绝缘电阻、使用放电棒（杆）进行放电时以及使用验电器进行验电时，操作人员均应戴绝缘手套进行。

（11）旁路系统投入运行后，应每隔半小时检测一次回路的负载电流，监视其运行情况。在旁路柔性电缆运行期间，应派专人看守、巡视。在车辆繁忙地段还应与交通管理部门取得联系，以取得配合。夜间作业应有足够的照明。

（12）组装完毕并投入运行的旁路作业装备可以在雨、雪天气运行（此条建议慎重执行），但应做好安全防护。禁止在雨、雪天气进行旁路作业装备敷设、组装、回收等工作。

（13）旁路作业中需要倒闸操作，必须由运行操作人员严格按照《配电倒闸操作票》进行，操作过程必须由两人进行，一人监护一人操作，并执行唱票制。操作机械传动的断路器（开关）或隔离开关（刀闸）时应戴绝缘手套。没有机械传动的断路器（开关）、隔离开关（刀闸）和跌落式熔断器，应使用合格的绝缘棒进行操作。

5.2.4　作业指导书

1. 适用范围

本指导书仅适用于如图5-3所示的不停电更换柱上变压器（综合不停电作业法）工作，线路负荷电流不大于200A、旁路变压器与柱上变压器满足并联运行条件的工况，多专业人员协同完成：带电作业“取电”工作、旁路作业“接入”工作、倒闸操作“送电”工作、停电作业“更换”工作，执行《配电带电作业工作票》和《配电倒闸操作票》。生产中务必结合现场实际工况参照适用。

2. 引用文件

GB/T 18857—2019《配电线路带电作业技术导则》

GB/T 34577—2017《配电线路旁路作业技术导则》

Q/GDW 10520—2016《10kV配网不停电作业规范》

Q/GDW 10799.8—2023《国家电网有限公司电力安全工作规程　第8部分：配电部分》

3. 人员分工

本项目工作人员共计8人（不含地面配合人员和停电作业人员），人员分工为：项目总协调人1人、带电工作负责人（兼工作监护人）1人、绝缘斗内电工2人、地面电工2人，倒闸操作人员（含专责监护人）2人，地面配合人员和停电作业人员根据现场情况确定。

√	序号	人员分工	人数	职责	备注
	1	项目总协调人	1	协调不同班组协同工作	
	2	带电工作负责人（兼工作监护人）	1	组织、指挥带电作业工作，作业中全程监护和落实作业现场安全措施	
	3	绝缘斗内电工	2	绝缘斗内1号电工：旁路引下电缆接入和拆除等工作。 绝缘斗内2号电工：配合绝缘斗内1号电工作业	
	4	地面电工	2	带电作业地面工作和旁路作业地面工作，包括：旁路引下电缆和旁路柔性电缆的展放、连接、检测、接入、拆除、回收等工作。	
	5	倒闸操作人员（含专责监护人）	2	倒闸操作工作，包括：旁路电缆回路核相、投入运行、退出运行等工作，一人监护、一人操作	
	6	地面配合人员和停电作业人员	若干	地面辅助配合工作和停电更换柱上变压器工作	

4. 工作前准备

√	序号	内容	要求	备注
	1	现场勘察	现场勘察由工作负责人组织开展，根据勘察结果确定作业方法、所需工具以及采取的措施，并填写现场勘察记录	
	2	编写作业指导书并履行审批手续	作业指导书由工作负责人组织编写，现场作业人员必须严格遵照执行作业指导书而规范作业，作业前必须履行相关审批手续	
	3	填写、签发工作票	工作票由工作负责人按票面要求逐项填写，并由工作票签发人审核、签发后才可开展本项工作	
	4	召开班前会	工作负责人组织班组成员召开班前会，认真学习作业指导书，明确作业方法、作业步骤、人员分工和工作职责等	
	5	领用工器具和运输	领用工器具应核对电压等级和试验周期、检查外观完好无损、填写工器具出入库记录单，运输工器具应装箱入袋或放在专用工具车内	

5. 工器具配备（不含停电作业工器具配备）

√	序号	名称		规格、型号	数量	备注
	1	特种车辆	绝缘斗臂车	10kV	1 辆	
	2		移动箱式变压器车	10kV/0.4kV	1 辆	配套高低压电缆
	3		低压发电车	0.4kV	1 辆	配套低压电缆（备用）
	4	个人防护用具	绝缘手套	10kV	4 双	戴防护手套
	5		绝缘安全帽	10kV	2 顶	绝缘斗内电工用
	6		绝缘披肩（绝缘服）	10kV	2 件	根据现场情况选择
	7		护目镜		2 个	
	8		绝缘安全带		2 个	有后备保护绳
	9	绝缘遮蔽用具	导线遮蔽罩	10kV	6 个	不少于配备数量
	10		绝缘毯	10kV	6 块	不少于配备数量
	11		绝缘毯夹		12 个	不少于配备数量
	12	绝缘工具	绝缘传递绳	10kV	2 根	
	13		绝缘操作杆	10kV	2 个	拉合开关用
	14		绝缘防坠绳（起吊绳）	10kV	3 根	旁路引下电缆用
	15	金属工具	个人手工工具		1 套	
	16		绝缘导线剥皮器		1 个	
	17	旁路设备	旁路负荷开关	10kV，200A	1 台	带有核相装置（选用）
	18		旁路引下电缆	10kV，200A	1 组	黄、绿、红 3 根 1 组，15m
	19		余缆支架		1 个	
	20		旁路柔性电缆	10kV，200A	1 组	黄、绿、红 3 根 1 组，50m
	21		低压旁路电缆	400V	1 组	黄、绿、红、黑 4 根 1 组（配套专用接头）
	22		旁路电缆保护盒		若干	根据现场情况选用
	23	检测仪器	电流检测仪	高压	1 套	
	24		绝缘测试仪	2500V 及以上	1 套	
	25		高压验电器	10kV	1 个	

续表

√	序号	名称		规格、型号	数量	备注
	26	检测仪器	工频高压发生器	10kV	1个	
	27		风速湿度仪		1个	
	28		绝缘手套检测仪		1个	
	29		核相工具		1套	根据现场设备选配
	30		放电棒		1个	带接地线
	31		接地棒		2个	包括旁路负荷开关用
	32		接地线		2个	包括旁路负荷开关用

6. 作业程序

(1) 开工准备。

√	序号	作业内容	步骤及要求	备注
	1	现场复勘	步骤1：工作负责人核对线路、设备名称正确、工作任务无误、安全措施到位，线路负荷电流不大于200A，作业装置和现场环境符合带电作业和旁路作业条件，依据GB/T 34577—2017《配电线路旁路作业技术导则》附录D的规定，已检查确认旁路变压器与柱上变压器满足并联运行条件：接线组别要求、变比要求和容量要求。 步骤2：工作班成员确认天气良好，实测风速__级（不大于5级）、湿度__%（不大于80%），符合作业条件。 步骤3：工作负责人根据复勘结果告知工作班成员：现场具备安全作业条件，可以开展工作	
	2	设置安全围栏和警示标志	步骤1：工作负责人指挥驾驶员将绝缘斗臂车停放到合适位置，支腿支放到垫板上，轮胎离地，支撑牢固后将车体可靠接地。 步骤2：工作负责人指挥驾驶员将移动箱式变压器车停放到合适位置，将车体接地和保护接地。 步骤3：工作班成员依据作业空间设置硬质安全围栏，包括围栏的出口、入口。 步骤4：工作班成员设置“从此进出”“施工现场，车辆慢行或车辆绕行”等警示标志或路障。 步骤5：根据现场实际工况，增设临时交通疏导人员，应穿戴反光衣	
	3	工作许可，召开站班会	步骤1：工作负责人向值班调控人员或运维人员申请工作许可和停用重合闸许可，记录许可方式、工作许可人和许可工作（联系）时间，并签字确认。 步骤2：工作负责人召开站班会宣读工作票。 步骤3：工作负责人确认工作班成员对工作任务、危险点预控措施和任务分工都已知晓，履行工作票签字、确认手续，记录工作开始时间	

续表

√	序号	作业内容	步骤及要求	备注
	4	摆放和检查工器具	步骤1：工作班成员将工器具分区摆放在防潮帆布上。 步骤2：工作班成员按照分工擦拭并外观检查工器具完好无损，绝缘工具的绝缘电阻值检测不低于700MΩ，绝缘手套充（压）气检测不漏气，安全带冲击试验检测确认安全。 步骤3：绝缘斗内电工对绝缘斗臂车的绝缘斗和绝缘臂外观检查完好无损，空绝缘斗试操作（包括升降、伸缩、回转等），确认绝缘斗臂车工作正常	

（2）操作步骤。

√	序号	作业内容	步骤及要求	备注
	1	旁路电缆回路接入	执行《配电带电作业工作票》。 步骤1：旁路作业人员在电杆的合适位置（离地）安装好旁路负荷开关和余缆工具，旁路负荷开关置于“分闸”、闭锁位置，使用接地线将旁路负荷开关外壳接地、移动箱式变压器车车体接地和保护接地。 步骤2：旁路作业人员按照“黄、绿、红”的顺序，分段将三相旁路电缆展放在防潮布上或保护盒内（根据实际情况选用）。 步骤3：旁路作业人员将三相旁路电缆快速插拔接头与旁路负荷开关的同相位快速插拔接口A（黄）、B（绿）、C（红）可靠连接。 步骤4：旁路作业人员将三相旁路引下电缆与旁路负荷开关同相位快速插拔接口A（黄）、B（绿）、C（红）可靠连接，与架空导线连接的引流线夹用绝缘毯遮蔽好，并系上长度适宜的起吊绳（防坠绳）。 步骤5：运行操作人员使用绝缘操作杆合上旁路负荷开关+闭锁，检测旁路电缆回路绝缘电阻不小于500MΩ，使用放电棒对三相旁路电缆充分放电后，断开旁路负荷开关+闭锁。 步骤6：运行操作人员检查确认移动箱式变压器车车体接地和工作接地、低压柜开关处于断开位置、高压柜的进线间隔开关、出线间隔开关以及变压器间隔开关处于断开位置。 步骤7：旁路作业人员将三相旁路电缆快速插拔接头与移动箱式变压器车的同相位高压输入端快速插拔接口A（黄）、B（绿）、C（红）可靠连接。 步骤8：旁路作业人员将三相四线低压旁路电缆专用接头与移动箱式变压器车的同相位低压输入端接口“（黄）A、B（绿）、C（红）、N（黑）”可靠连接。 步骤9：带电作业人员穿戴好绝缘防护用具进入绝缘斗，挂好安全带保险钩；地面电工将绝缘遮蔽用具和可携带的工具入绝缘斗，操作绝缘斗进入带电作业区域，作业中禁止摘下绝缘手套，绝缘臂伸出长度确保1m线。 步骤10：带电作业人员按照“近边相、中间相、远边相”的顺序，使用导线遮蔽罩完成三相导线的绝缘遮蔽工作。	

续表

√	序号	作业内容	步骤及要求	备注
	1	旁路电缆回路接入	步骤11：带电作业人员按照“远边相、中间相、近边相”的顺序，完成三相旁路引下电缆与同相位的架空导线A（黄）、B（绿）、C（红）的“接入”工作，接入后使用绝缘毯对引流线夹处进行绝缘遮蔽，挂好防坠绳（起吊绳），旁路作业人员将多余的电缆规范地放置在余缆支架上。 步骤12：带电作业人员退出带电作业区域，返回地面。 步骤13：带电作业人员使用低压旁路电缆专用接头与JP柜（低压综合配电箱）同相位的接头A（黄）、B（绿）、C（红）、N（黑）可靠连接	
	2	旁路回路电缆投入运行，柱上变压器退出运行	执行《配电倒闸操作票》。 步骤1：运行操作人员检查确认三相旁路电缆连接“相色”正确无误。 步骤2：运行操作人员断开柱上变压器的低压侧出线开关、高压跌落式熔断器，待更换的柱上变压器退出运行。 步骤3：运行操作人员合上旁路负荷开关，旁路电缆回路投入运行。 步骤4：运行操作人员合上移动箱式变压器车的高压进线间隔开关、变压器间隔开关、低压开关，移动箱式变压器车投入运行。 步骤5：运行操作人员每隔半小时检测1次旁路电缆回路电流，确认移动箱式变压器运行正常	
	3	停电更换柱上变压器	办理工作任务交接，执行《配电线路第一种工作票》。 步骤1：带电工作负责人在项目总协调人的组织下，与停电工作负责人完成工作任务交接。 步骤2：停电工作负责人带领作业班组执行《配电线路第一种工作票》，按照停电作业方式完成柱上变压器更换工作。 步骤3：停电工作负责人在项目总协调人的组织下，与带电工作负责人完成工作任务交接	
	4	柱上变压器投入运行，旁路电缆回路退出运行	执行《配电倒闸操作票》。 步骤1：运行操作人员确认相序连接无误，依次合上柱上变压器的高压跌落式熔断器、低压侧出线开关，新更换的变压器投入运行，检测电流确认运行正常。 步骤2：运行操作人员断开移动箱式变压器车的低压开关、高压开关，移动箱式变压器车退出运行。 步骤3：运行操作人员断开旁路负荷开关，旁路电缆回路退出运行	
	5	拆除旁路电缆回路	执行《配电带电作业工作票》。 步骤1：带电作业人员按照“近边相、中间相、远边相”的顺序，拆除三相旁路引下电缆。 步骤2：带电作业人员按照“远边相、中间相、近边相”的顺序，拆除三相导线上的绝缘遮蔽。 步骤3：带电作业人员检查杆上无遗留物，退出带电作业区域，返回地面。	

续表

√	序号	作业内容	步骤及要求	备注
	5	拆除旁路电缆回路	步骤4：旁路作业人员按照"（黄）A、（绿）B、（红）C、（黑）N"的顺序，拆除三相四线低压旁路电缆回路，使用放电棒充分放电后收回。 步骤5：旁路作业人员按照"A（黄）、B（绿）、C（红）"的顺序，拆除三相旁路电缆回路，使用放电棒充分放电后收回。 旁路作业更换10kV柱上变压器工作结束	

（3）工作结束。

√	序号	作业内容	步骤及要求	备注
	1	清理现场	步骤1：工作班成员整理工具、材料，清洁后装箱、装袋。 步骤2：工作班成员清理现场：工完、料尽、场地清	
	2	召开收工会	步骤1：点评本项工作的完成情况。 步骤2：点评安全措施的落实情况。 步骤3：点评作业指导书的执行情况	
	3	工作终结	步骤1：工作负责人向值班调控人员或运维人员报告申请终结工作票，记录许可方式、工作许可人和终结报告时间，并签字确认，宣布本项工作结束。 步骤2：工作负责人组织工作班成员撤离现场，到达班组后将作业资料分类归档	

7. 验收总结

序号	作业总结	
1	验收评价	按指导书要求完成工作
2	存在问题及处理意见	无

8. 指导书执行情况签字栏

作业地点：	日期：　　年　　月　　日
工作班组：	工作负责人（签字）：
班组成员（签字）：	

9. 附录

略。

5.3 旁路作业检修电缆线路（综合不停电作业法）

5.3.1 项目概述

本项目指导与风险管控仅适用于如图 5-7 所示的旁路作业检修电缆线路（综合不停电作业法）工作，线路负荷电流不大于 200A 的工况。生产中务必结合现场实际工况参照适用。

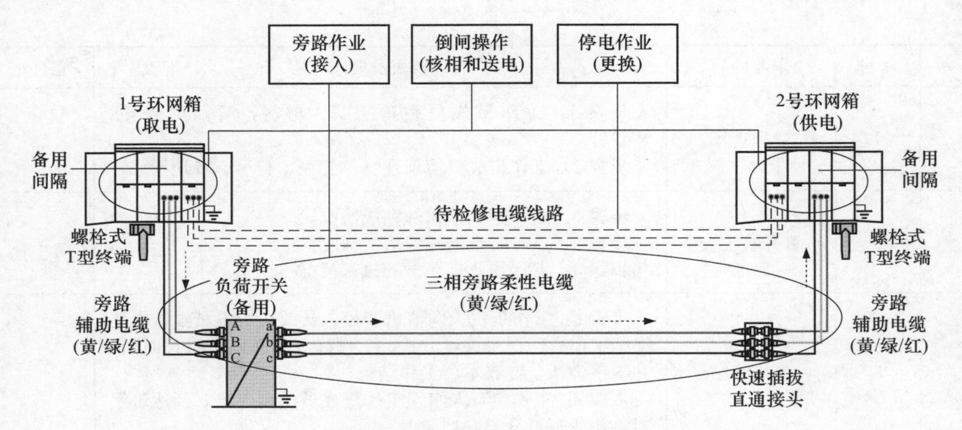

图 5-7 旁路作业检修电缆线路（综合不停电作业法）工作

5.3.2 作业流程

旁路作业检修电缆线路（综合不停电作业法）工作的作业流程，如图 5-8 所示。现场作业前，工作负责人应当检查确认线路负荷电流不大于 200A，作业装置和现场环境符合旁路作业条件，方可开始工作。

5.3.3 作业风险管控

现场作业必须严把安全作业风险（管控）关，严格遵守以“工作票、安全交底会、作业指导书”为依据指导其作业全过程，实现作业项目全过程风险管控。接受工作任务应当根据现场勘察记录填写、签发工作票，编制作业指导书履行审批制度；到达工作现场应当进行现场复勘，履行工作许可手续和停用重合闸工作许可后，召开现场站班会、宣读工作票履行签字确认手续，严格遵照执行作业指导书规范作业。

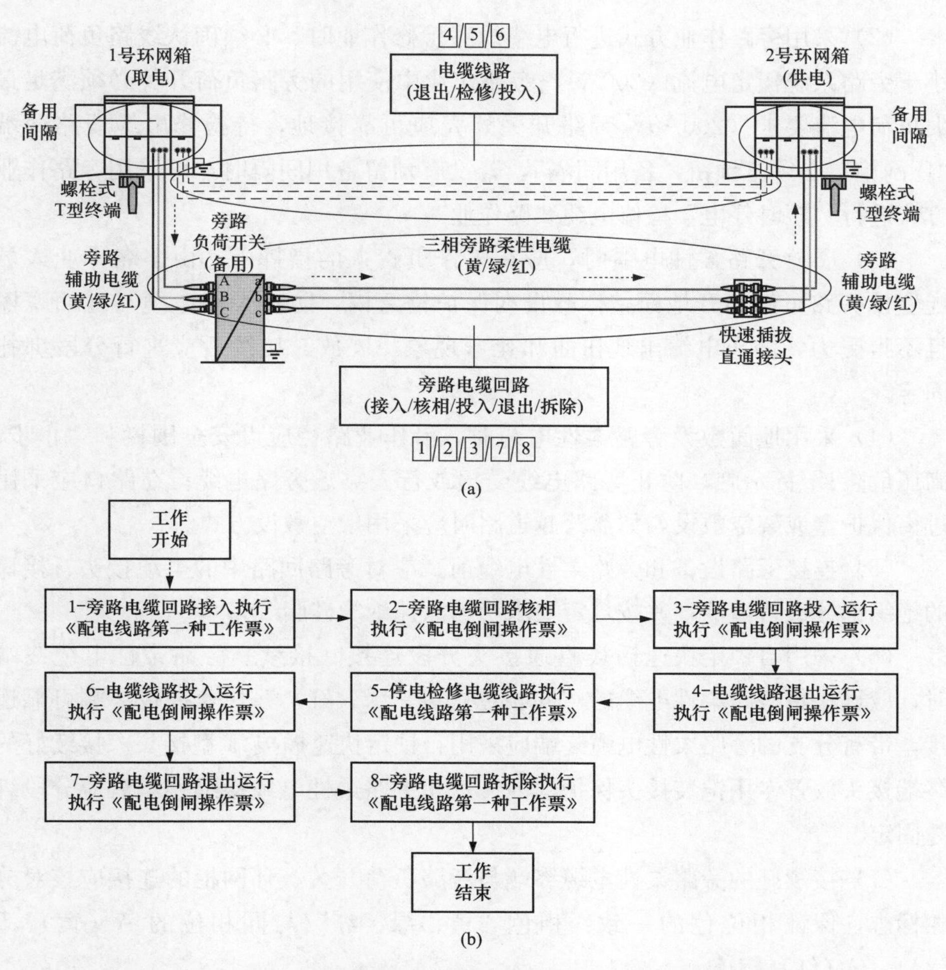

图 5-8　旁路作业检修电缆线路（综合不停电作业法）工作的作业流程

（a）分项作业示意图；（b）分项作业流程图

本项目为多专业人员协同工作：①旁路作业人员负责在“可控”的无电状态下完成从取电环网柜给供电环网柜“送电”的旁路回路“接入”工作，执行《配电第一种工作票》；②运行操作人员负责“倒闸操作”工作，执行《配电倒闸操作票》；③停电作业人员负责停电“检修（更换）”工作，执行《配电第一种工作票》。

本项目旁路作业＋倒闸操作风险管控如下：

（1）电缆工作负责人（或专责监护人）在工作现场必须履行工作职责和行使监护职责。

（2）采用旁路作业方式进行电缆线路检修作业时，必须确认线路负荷电流小于旁路系统额定电流（200A），旁路作业中使用的旁路负荷开关必须满足最大负荷电流要求（200A），旁路开关外壳应可靠接地，待检修电缆线路两端“环网柜”必须有预留“备用间隔”，若没有预留备用间隔时，可采用旁路作业方式进行“短时停电”检修电缆线路作业。

（3）展放旁路柔性电缆时，应在工作负责人的指挥下，由多名作业人员配合使旁路电缆离开地面整体敷设在保护槽盒内，防止旁路电缆与地面摩擦且不得受力，防止电缆出现扭曲和死弯现象。展放、接续后应进行分段绑扎固定。

（4）采用地面敷设旁路柔性电缆时，沿作业路径应设安全围栏和“止步、高压危险!”标示牌，防止旁路电缆受损或行人靠近旁路电缆；在路口应采用过街保护盒或架空敷设，如需跨越道路时应采用架空敷设方式。

（5）连接旁路设备和旁路柔性电缆前，应对旁路回路中的电缆接头、接口的绝缘部分进行清洁，并按规定要求均匀涂抹绝缘硅脂。

（6）采用自锁定快速插拔直通接头分段连接（接续）旁路柔性电缆终端时，应逐相将旁路柔性电缆的“同相色（黄、绿、红）”快速插拔终端可靠连接，带有分支的旁路柔性电缆终端应采用自锁定快速插拔T型接头。接续好的终端接头放置专用铠装接头保护盒内。三相旁路柔性电缆接续完毕后应分段绑扎固定。

（7）接续好的旁路柔性电缆终端与旁路负荷开关、环网柜的连接应核对分相标志，保证相位色的一致：相色“黄、绿、红”与同相位的A（黄）、B（绿）、C（红）相连。

（8）旁路系统投入运行前必须进行核相，确认相位色正确，方可投入运行。

（9）接续好的旁路柔性电缆，应将旁路柔性电缆屏蔽层在两终端处引出并可靠接地，接地线的截面积不宜小于25mm^2。

（10）旁路系统接入环网柜前，应核对开关编号及状态，应确认环网柜备用间隔开关及旁路负荷开关均在断开状态。

（11）打开环网柜门前应检查环网箱箱体接地装置的完整性，在接入旁路柔性电缆终端前，应对环网箱开关间隔出线侧进行验电。

（12）展放和接续好的旁路系统接入前进行绝缘电阻检测不应小于500MΩ。绝缘电阻检测完毕后，以及旁路设备拆除前、电缆终端拆除后，均应进行充分放电，用绝缘放电棒放电时，绝缘放电棒（杆）的接地应良好。绝缘放电棒

（杆）以及验电器的绝缘有效长度不应小于 0.7m。

（13）采用螺栓式（T 型）旁路电缆终端与（欧式）环网柜上的套管连接时，应首先确认环网柜柜体可靠接地，接入的间隔开关在断开位置，验电后安装旁路电缆终端时应保持旁路电缆终端与套管在同一轴线上，将终端推入到位，使导体可靠连接并用螺栓紧固，再用绝缘堵头塞住。

（14）操作旁路设备开关、检测绝缘电阻、使用放电棒（杆）进行放电时，操作人员均应戴绝缘手套进行。

（15）旁路系统投入运行后，应每隔半小时检测一次回路的负载电流，监视其运行情况。在旁路柔性电缆运行期间，应派专人看守、巡视。在车辆繁忙地段还应与交通管理部门取得联系，以取得配合。夜间作业应有足够的照明。

（16）组装完毕并投入运行的旁路作业装备可以在雨、雪天气运行（此条建议慎重执行），但应做好安全防护。禁止在雨、雪天气进行旁路作业装备敷设、组装、回收等工作。

（17）旁路作业中需要倒闸操作，必须由运行操作人员严格按照《配电倒闸操作票》进行，操作过程必须由两人进行，一人监护一人操作，并执行唱票制。操作机械传动的断路器（开关）或隔离开关（刀闸）时应戴绝缘手套。没有机械传动的断路器（开关）、隔离开关（刀闸）和跌落式熔断器，应使用合格的绝缘棒进行操作。

5.3.4　作业指导书

1. 适用范围

本指导书仅适用于如图 5-7 所示的旁路作业检修电缆线路（综合不停电作业法）工作，线路负荷电流不大于 200A 的工况，多专业人员协同完成：旁路作业“接入”工作、倒闸操作“送电”工作，执行《配电线路第一种工作票》和《配电倒闸操作票》。生产中务必结合现场实际工况参照适用。

2. 引用文件

GB/T 34577—2017《配电线路旁路作业技术导则》

Q/GDW 10520—2016《10kV 配网不停电作业规范》

Q/GDW 10799.8—2023《国家电网有限公司电力安全工作规程　第 8 部分：配电部分》

3. 人员分工

本项目工作人员共计 6 人（不含地面配合人员和停电作业人员），人员分工为：项目总协调人1人、电缆工作负责人（兼工作监护人）1人、地面电工2人，倒闸操作人员（含专责监护人）2人，地面配合人员和停电作业人员根据现场情况确定。

√	序号	人员分工	人数	职责	备注
	1	项目总协调人	1	协调不同班组协同工作	
	2	电缆工作负责人（兼工作监护人）	1	组织、指挥旁路作业工作，作业中全程监护和落实作业现场安全措施	
	3	地面电工	2	旁路作业地面工作，包括：旁路电缆的展放、连接、检测、接入、拆除、回收等工作	
	4	倒闸操作人员（含专责监护人）	2	倒闸操作工作，包括：旁路电缆回路核相、投入运行、退出运行等工作，一人监护、一人操作	
	5	地面配合人员和停电作业人员	若干	负责地面辅助配合工作和停电检修电缆线路工作	

4．工作前准备

√	序号	内容	要求	备注
	1	现场勘察	现场勘察由工作负责人组织开展，根据勘察结果确定作业方法、所需工具以及采取的措施，并填写现场勘察记录	
	2	编写作业指导书并履行审批手续	作业指导书由工作负责人组织编写，现场作业人员必须严格遵照执行作业指导书而规范作业，作业前必须履行相关审批手续	
	3	填写、签发工作票	工作票由工作负责人按票面要求逐项填写，并由工作票签发人审核、签发后才可开展本项工作	
	4	召开班前会	工作负责人组织班组成员召开班前会，认真学习作业指导书，明确作业方法、作业步骤、人员分工和工作职责等	
	5	领用工器具和运输	领用工器具应核对电压等级和试验周期、检查外观完好无损、填写工器具出入库记录单，运输工器具应装箱入袋或放在专用工具车内	

5．工器具配备（不含停电作业工器具配备）

√	序号	名称		规格、型号	数量	备注
	1	特种车辆	旁路作业车		1辆	旁路作业设备用车
	2	个人防护用具	绝缘手套	10kV	2双	戴防护手套
	3	绝缘遮蔽用具	绝缘毯	10kV	6块	不少于配备数量

续表

√	序号	名称		规格、型号	数量	备注
	4	绝缘工具	绝缘操作杆	10kV	1个	拉合开关
	5	金属工具	个人手工工具		1套	
	6	旁路设备	旁路负荷开关	10kV，200A	1台	带有核相装置（备用）
	7		旁路柔性电缆	10kV，200A	若干	黄、绿、红3根1组，50m
	8		中间连接器	10kV，200A	若干	带接头保护盒
	9		旁路电缆保护盒		若干	根据现场情况选用
	10	检测仪器	电流检测仪	高压	1套	
	11		绝缘测试仪	2500V及以上	1套	
	12		高压验电器	10kV	2个	
	13		工频高压发生器	10kV	2个	
	14		风速湿度仪		1个	
	15		绝缘手套检测仪		1个	
	16		核相工具		1套	根据现场设备选配
	17		放电棒		1个	带接地线
	18		接地棒		2个	包括旁路负荷开关用
	19		接地线		2个	包括旁路负荷开关用

6. 作业程序

(1) 开工准备。

√	序号	作业内容	步骤及要求	备注
	1	现场复勘	步骤1：工作负责人核对线路、设备名称正确、工作任务无误、安全措施到位，线路负荷电流不大于200A，作业装置和现场环境符合旁路作业条件。 步骤2：工作班成员确认天气良好，实测风速__级（不大于5级）、湿度__%（不大于80%），符合作业条件。 步骤3：工作负责人根据复勘结果告知工作班成员：现场具备安全作业条件，可以开展工作	
	2	设置安全围栏和警示标志	步骤1：工作负责人指挥驾驶员将旁路作业车停放到合适位置。 步骤2：工作班成员依据作业空间设置硬质安全围栏，包括围栏的出口、入口。 步骤3：工作班成员设置“从此进出”“施工现场，车辆慢行或车辆绕行”等警示标志或路障。	

续表

√	序号	作业内容	步骤及要求	备注
	2	设置安全围栏和警示标志	步骤4：根据现场实际工况，增设临时交通疏导人员，应穿戴反光衣	
	3	工作许可，召开站班会	步骤1：工作负责人向值班调控人员或运维人员申请工作许可和停用重合闸许可，记录许可方式、工作许可人和许可工作（联系）时间，并签字确认。 步骤2：工作负责人召开站班会宣读工作票。 步骤3：工作负责人确认工作班成员对工作任务、危险点预控措施和任务分工都已知晓，履行工作票签字、确认手续，记录工作开始时间	
	4	摆放和检查工器具	步骤1：工作班成员将工器具分区摆放在防潮帆布上。 步骤2：地面电工外观检查工器具完好无损，绝缘手套充（压）气检测确认不漏气，绝缘工具检测绝缘电阻值不低于700MΩ	

（2）操作步骤。

√	序号	作业内容	步骤及要求	备注
	1	旁路电缆回路接入	执行《配电线路第一种工作票》。 步骤1：旁路作业人员按照“黄、绿、红”的顺序，分段将三相旁路电缆展放在防潮布上或保护盒内（根据实际情况选用），放置旁路负荷开关（备用），置于“分闸”、闭锁位置，使用接地线将旁路负荷开关外壳接地。 步骤2：旁路作业人员使用快速插拔中间接头，将同相色（黄、绿、红）旁路电缆的快速插拔终端可靠连接，接续好的终端接头放置专用铠装接头保护盒内，与取（供）电环网箱备用间隔连接的螺栓式（T型）终端接头规范地放置在绝缘毯上。 步骤3：运行操作人员检测旁路电缆回路绝缘电阻不小于500MΩ，使用放电棒对三相旁路电缆充分放电。 步骤4：运行操作人员断开取电环网箱的备用间隔开关，合上接地开关，打开柜门，使用验电器验电确认间隔三相输入端螺栓接头无电后，将螺栓式（T型）终端接头与取电环网箱备用间隔上的同相位高压输入端螺栓接口A（黄）、B（绿）、C（红）可靠连接，三相旁路电缆屏蔽层接地，合上柜门，断开接地开关。 步骤5：运行操作人员断开供电环网箱的备用间隔开关，合上接地开关，打开柜门，使用验电器验电确认间隔三相输入端螺栓接头无电后，将螺栓式（T型）终端接头与供电环网箱备用间隔上的同相位高压输入端螺栓接口A（黄）、B（绿）、C（红）可靠连接，三相旁路电缆屏蔽层接地，合上柜门，断开接地开关	

续表

√	序号	作业内容	步骤及要求	备注
	2	旁路电缆回路核相	执行《配电倒闸操作票》。 步骤1：运行操作人员断开“供电”环网箱备用间隔接地开关、合上“供电”环网箱备用间隔开关，在“取电”环网箱备用间隔面板上的带电指示器（二次核相孔L1、L2、L3）处“核相”，或合上“取（供）电”环网箱备用间隔开关，在旁路负荷开关（配用）处核相。 步骤2：运行操作人员确认相位无误后，断开取电环网箱备用间隔开关，核相工作结束	
	3	旁路回路电缆投入运行，电缆线路段退出运行	执行《配电倒闸操作票》。 步骤1：运行操作人员按照“先送电源侧，后送负荷侧”的顺序： （1）断开取电环网箱备用间隔的接地开关、合上取电环网箱备用间隔开关； （2）断开供电环网箱备用间隔的接地开关、合上供电环网箱备用间隔开关，旁路回路投入运行。 步骤2：运行操作人员检测确认旁路回路通流正常后，按照“先断负荷侧，后断电源侧”的顺序： （1）断开供电环网箱“进线”间隔开关，合上供电环网箱“进线”间隔接地开关； （2）断开取电环网箱“出线”间隔开关，合上取电电环网箱“进线”间隔开关接地，电缆线路段退出运行，旁路回路“供电”工作开始。 步骤3：运行操作人员每隔半小时检测1次旁路回路电流监视其运行情况，确认旁路回路电缆运行正常	
	4	停电检修电缆线路工作	办理工作任务交接，执行《配电线路第一种工作票》。 步骤1：电缆工作负责人在项目总协调人的组织下，与停电工作负责人完成工作任务交接。 步骤2：停电工作负责人带领作业班组执行《配电线路第一种工作票》，按照停电作业方式完成电缆线路检修和接入环网箱工作。 步骤3：停电工作负责人在项目总协调人的组织下，与电缆工作负责人完成工作任务交接	
	5	电缆线路投入运行，旁路电缆回路退出运行	执行《配电倒闸操作票》。 步骤1：运行操作人员按照“先送电源侧，后送负荷侧”的顺序： （1）断开取电环网箱“出线”间隔接地开关，合上取电环网箱“出线”间隔开关； （2）断开供电环网箱“进线”间隔接地开关，合上供电环网箱“进线”间隔开关，电缆线路投入运行。 步骤2：运行操作人员按照“先断负荷侧，后断电源侧”的顺序： （1）断开供电环网箱间隔开关，合上供电环网箱间隔接地开关； （2）断开取电环网箱间隔开关，合上取电电环网箱间隔开关接地，旁路电缆回路退出运行	

续表

√	序号	作业内容	步骤及要求	备注
	6	拆除旁路电缆回路	步骤 1：旁路作业人员按照“A（黄）、B（绿）、C（红）”的顺序，拆除三相旁路电缆回路。 步骤 2：旁路作业人员使用放电棒对三相旁路电缆回路充分放电后收回。 旁路作业检修电缆线路工作结束	

（3）工作结束。

√	序号	作业内容	步骤及要求	备注
	1	清理现场	步骤 1：工作班成员整理工具、材料，清洁后装箱、装袋。 步骤 2：工作班成员清理现场：工完、料尽、场地清	
	2	召开收工会	步骤 1：点评本项工作的完成情况。 步骤 2：点评安全措施的落实情况。 步骤 3：点评作业指导书的执行情况	
	3	工作终结	步骤 1：工作负责人向值班调控人员或运维人员报告申请终结工作票，记录许可方式、工作许可人和终结报告时间，并签字确认，宣布本项工作结束。 步骤 2：工作负责人组织工作班成员撤离现场，到达班组后将作业资料分类归档	

7. 验收总结

序号	作业总结	
1	验收评价	按指导书要求完成工作
2	存在问题及处理意见	无

8. 指导书执行情况签字栏

作业地点：	日期：　　年　　月　　日
工作班组：	工作负责人（签字）：
班组成员（签字）：	

9. 附录

略。

5.4 旁路作业检修环网箱（综合不停电作业法）

5.4.1 项目概述

本项目指导与风险管控仅适用于如图 5-9 所示的旁路作业检修环网箱（综

合不停电作业法）工作，线路负荷电流不大于 200A 的工况。生产中务必结合现场实际工况参照适用。

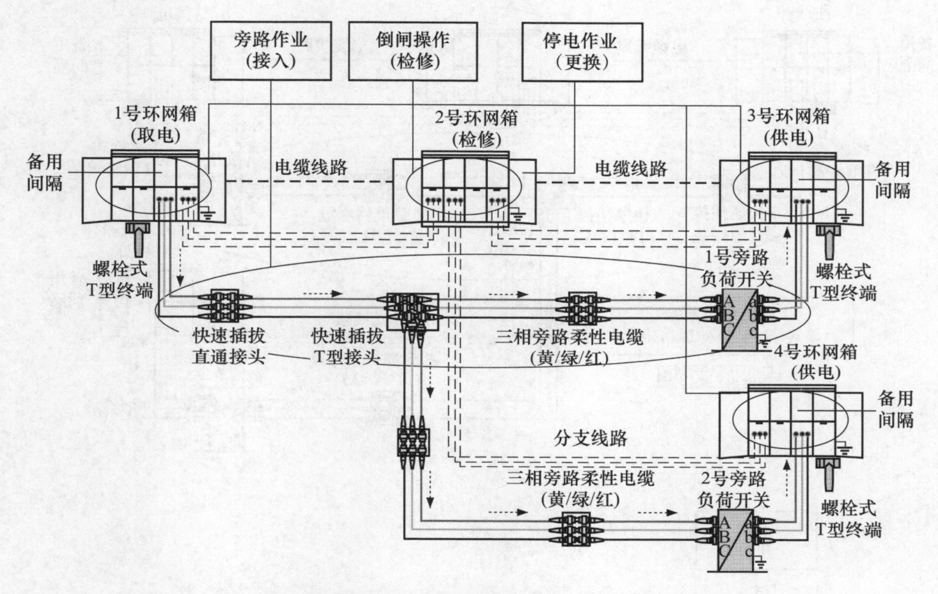

图 5-9　旁路作业检修环网箱（综合不停电作业法）

5.4.2　作业流程

旁路作业检修环网箱（综合不停电作业法）工作的作业流程，如图 5-10 所示。现场作业前，工作负责人应当检查确认线路负荷电流不大于 200A，作业装置和现场环境符合旁路作业条件，方可开始工作。

5.4.3　作业风险管控

现场作业必须严把安全作业风险（管控）关，严格遵守以“工作票、安全交底会、作业指导书”为依据指导其作业全过程，实现作业项目全过程风险管控。接受工作任务应当根据现场勘察记录填写、签发工作票，编制作业指导书履行审批制度；到达工作现场应当进行现场复勘，履行工作许可手续和停用重合闸工作许可后，召开现场站班会、宣读工作票履行签字确认手续，严格遵照执行作业指导书规范作业。

本项目为多专业人员协同工作：①旁路作业人员负责在“可控”的无电状态下完成从取电环网柜给供电环网柜“送电”的旁路回路“接入”工作，执行

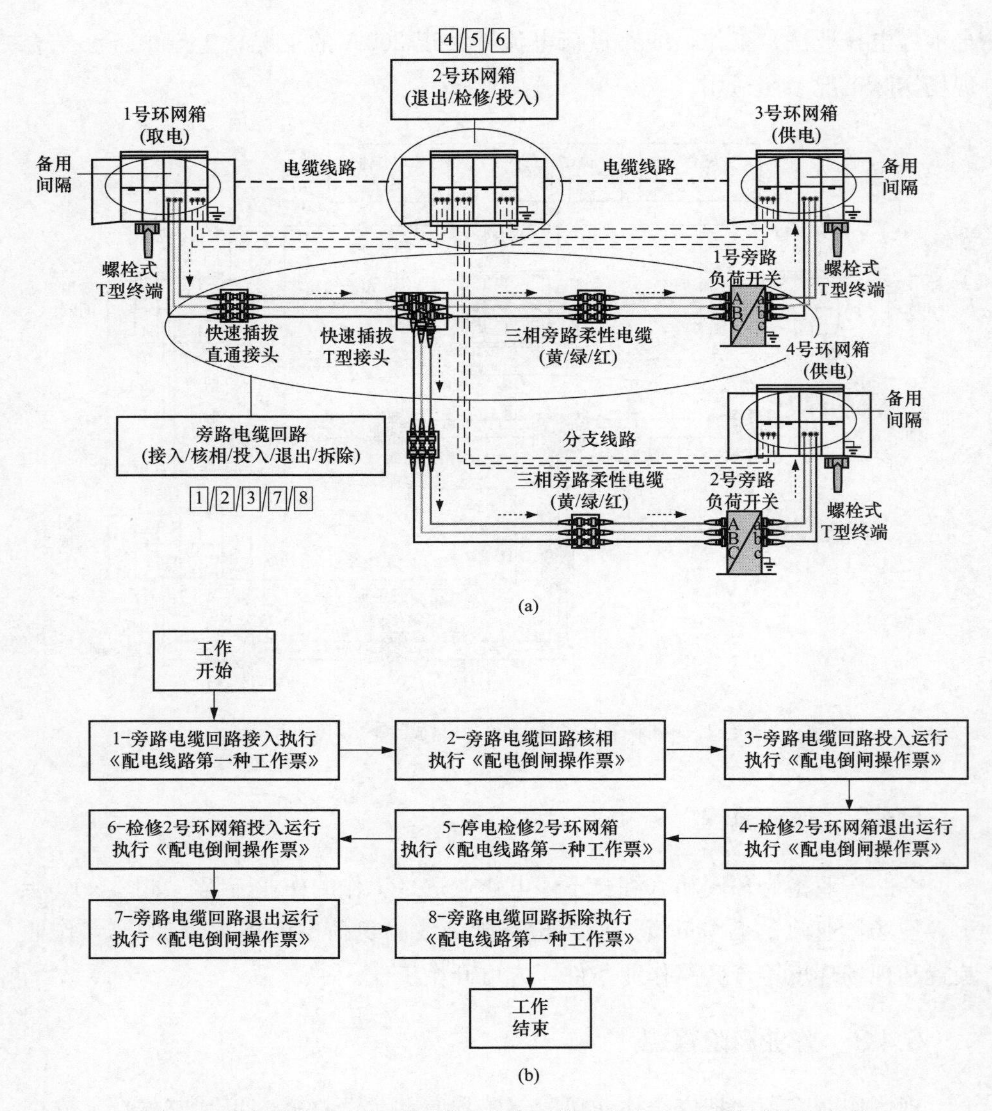

图 5-10　旁路作业检修环网箱（综合不停电作业法）工作的作业流程

(a) 分项作业示意图；(b) 分项作业流程图

《配电第一种工作票》；②运行操作人员负责“倒闸操作”工作，执行《配电倒闸操作票》；③停电作业人员负责停电“检修（更换）”工作，执行《配电第一种工作票》。

本项目旁路作业＋倒闸操作风险管控如下：

（1）电缆工作负责人（或专责监护人）在工作现场必须履行工作职责和行

使监护职责。

（2）采用旁路作业方式进行环网柜检修作业时，必须确认线路负荷电流小于旁路系统额定电流（200A），旁路作业中使用的旁路负荷开关必须满足最大负荷电流要求（200A），旁路开关外壳应可靠接地，待检修环网柜和送电侧、受电测、供电侧环网柜必须有预留“备用间隔”。

（3）展放旁路柔性电缆时，应在工作负责人的指挥下，由多名作业人员配合使旁路电缆离开地面整体敷设在保护槽盒内，防止旁路电缆与地面摩擦且不得受力，防止电缆出现扭曲和死弯现象。展放、接续后应进行分段绑扎固定。

（4）采用地面敷设旁路柔性电缆时，沿作业路径应设安全围栏和“止步、高压危险！”标示牌，防止旁路电缆受损或行人靠近旁路电缆；在路口应采用过街保护盒或架空敷设，如需跨越道路时应采用架空敷设方式。

（5）连接旁路设备和旁路柔性电缆前，应对旁路回路中的电缆接头、接口的绝缘部分进行清洁，并按规定要求均匀涂抹绝缘硅脂。

（6）采用自锁定快速插拔直通接头分段连接（接续）旁路柔性电缆终端时，应逐相将旁路柔性电缆的“同相色（黄、绿、红）”快速插拔终端可靠连接，带有分支的旁路柔性电缆终端应采用自锁定快速插拔T型接头。接续好的终端接头放置专用铠装接头保护盒内。三相旁路柔性电缆接续完毕后应分段绑扎固定。

（7）接续好的旁路柔性电缆终端与旁路负荷开关、环网柜的连接应核对分相标志，保证相位色的一致：相色“黄、绿、红”与同相位的A（黄）、B（绿）、C（红）相连。

（8）旁路系统投入运行前必须进行核相，确认相位色正确，方可投入运行。

（9）接续好的旁路柔性电缆，应将旁路柔性电缆屏蔽层在两终端处引出并可靠接地，接地线的截面积不宜小于25mm^2。

（10）旁路系统接入环网柜前，应核对开关编号及状态，应确认环网柜的备用间隔开关及旁路负荷开关均在断开状态。

（11）打开环网柜门前应检查环网箱箱体接地装置的完整性，在接入旁路柔性电缆终端前，应对环网箱开关间隔出线侧进行验电。

（12）展放和接续好的旁路系统接入前进行绝缘电阻检测不应小于500MΩ。绝缘电阻检测完毕后，以及旁路设备拆除前、电缆终端拆除后，均应进行充分放电，用绝缘放电棒放电时，绝缘放电棒（杆）的接地应良好。绝缘放电棒

（杆）以及验电器的绝缘有效长度不应小于0.7m。

（13）采用螺栓式（T型）旁路电缆终端与（欧式）环网柜上的套管连接时，应首先确认环网柜柜体可靠接地，接入的间隔开关在断开位置，验电后安装旁路电缆终端时应保持旁路电缆终端与套管在同一轴线上，将终端推入到位，使导体可靠连接并用螺栓紧固，再用绝缘堵头塞住。

（14）操作旁路设备开关、检测绝缘电阻、使用放电棒（杆）进行放电时，操作人员均应戴绝缘手套进行。

（15）旁路系统投入运行后，应每隔半小时检测一次回路的负载电流，监视其运行情况。在旁路柔性电缆运行期间，应派专人看守、巡视。在车辆繁忙地段还应与交通管理部门取得联系，以取得配合。夜间作业应有足够的照明。

（16）组装完毕并投入运行的旁路作业装备可以在雨、雪天气运行（此条建议慎重执行），但应做好安全防护。禁止在雨、雪天气进行旁路作业装备敷设、组装、回收等工作。

（17）旁路作业中需要倒闸操作，必须由运行操作人员严格按照《配电倒闸操作票》进行，操作过程必须由两人进行，一人监护一人操作，并执行唱票制。操作机械传动的断路器（开关）或隔离开关（刀闸）时应戴绝缘手套。没有机械传动的断路器（开关）、隔离开关（刀闸）和跌落式熔断器，应使用合格的绝缘棒进行操作。

5.4.4 作业指导书

1. 适用范围

本指导书仅适用于如图5-9所示的旁路作业检修环网箱（综合不停电作业法）工作，线路负荷电流不大于200A的工况，多专业人员协同完成：旁路作业“接入”工作、倒闸操作“送电”工作，执行《配电线路第一种工作票》和《配电倒闸操作票》。生产中务必结合现场实际工况参照适用。

2. 引用文件

GB/T 34577—2017《配电线路旁路作业技术导则》

Q/GDW 10520—2016《10kV配网不停电作业规范》

Q/GDW 10799.8—2023《国家电网有限公司电力安全工作规程　第8部分：配电部分》

3. 人员分工

本项目工作人员共计8人（不含地面配合人员和停电作业人员），人员分

工为：项目总协调人1人、电缆工作负责人（兼工作监护人）1人、地面电工4人，倒闸操作人员（含专责监护人）2人，地面配合人员和停电作业人员根据现场情况确定。

√	序号	人员分工	人数	职责	备注
	1	项目总协调人	1	协调不同班组协同工作	
	2	电缆工作负责人（兼工作监护人）	1	组织、指挥旁路作业工作，作业中全程监护和落实作业现场安全措施	
	3	地面电工	4	旁路作业地面工作，包括：旁路电缆的展放、连接、检测、接入、拆除、回收等工作	
	4	倒闸操作人员（含专责监护人）	2	倒闸操作工作，包括：旁路电缆回路核相、投入运行、退出运行等工作，一人监护、一人操作	
	5	地面配合人员和停电作业人员	若干	负责地面辅助配合工作和停电检修环网箱工作	

4. 工作前准备

√	序号	内容	要求	备注
	1	现场勘察	现场勘察由工作负责人组织开展，根据勘察结果确定作业方法、所需工具以及采取的措施，并填写现场勘察记录	
	2	编写作业指导书并履行审批手续	作业指导书由工作负责人组织编写，现场作业人员必须严格遵照执行作业指导书而规范作业，作业前必须履行相关审批手续	
	3	填写、签发工作票	工作票由工作负责人按票面要求逐项填写，并由工作票签发人审核、签发后才可开展本项工作	
	4	召开班前会	工作负责人组织班组成员召开班前会，认真学习作业指导书，明确作业方法、作业步骤、人员分工和工作职责等	
	5	领用工器具和运输	领用工器具应核对电压等级和试验周期、检查外观完好无损、填写工器具出入库记录单，运输工器具应装箱入袋或放在专用工具车内	

5. 工器具配备（不含停电作业工器具配备）

√	序号	名称		规格、型号	数量	备注
	1	特种车辆	旁路作业车		1辆	旁路作业设备用车
	2	个人防护用具	绝缘手套	10kV	3	戴防护手套
	3	绝缘遮蔽用具	绝缘毯	10kV	9	不少于配备数量

续表

√	序号	名称		规格、型号	数量	备注
	4	绝缘工具	绝缘操作杆	10kV	2个	拉合开关
	5	金属工具	个人手工工具		2套	
	6	旁路设备	旁路负荷开关	10kV，200A	2台	带有核相装置（备用）
	7		旁路柔性电缆	10kV，200A	若干	黄、绿、红3根1组，50m
	8		中间（分支）连接器	10kV，200A	若干	带接头保护盒
	9		旁路电缆保护盒		若干	根据现场情况选用
	10	检测仪器	电流检测仪	高压	1套	
	11		绝缘测试仪	2500V及以上	1套	
	12		高压验电器	10kV	3个	
	13		工频高压发生器	10kV	3个	
	14		风速湿度仪		1个	
	15		绝缘手套检测仪		1个	
	16		核相工具		1套	根据现场设备选配
	17		放电棒		1个	带接地线
	18		接地棒		2个	包括旁路负荷开关用
	19		接地线		2个	包括旁路负荷开关用

6. 作业程序

（1）开工准备。

√	序号	作业内容	步骤及要求	备注
	1	现场复勘	步骤1：工作负责人核对线路、设备名称正确、工作任务无误、安全措施到位，线路负荷电流不大于200A，作业装置和现场环境符合旁路作业条件。 步骤2：工作班成员确认天气良好，实测风速__级（不大于5级）、湿度__%（不大于80%），符合作业条件。 步骤3：工作负责人根据复勘结果告知工作班成员：现场具备安全作业条件，可以开展工作	
	2	设置安全围栏和警示标志	步骤1：工作负责人指挥驾驶员将旁路作业车停放到合适位置。 步骤2：工作班成员依据作业空间设置硬质安全围栏，包括围栏的出口、入口。 步骤3：工作班成员设置“从此进出”“施工现场，车辆慢行或车辆绕行”等警示标志或路障。	

续表

√	序号	作业内容	步骤及要求	备注
	2	设置安全围栏和警示标志	步骤4：根据现场实际工况，增设临时交通疏导人员，应穿戴反光衣	
	3	工作许可，召开站班会	步骤1：工作负责人向值班调控人员或运维人员申请工作许可和停用重合闸许可，记录许可方式、工作许可人和许可工作（联系）时间，并签字确认。 步骤2：工作负责人召开站班会宣读工作票。 步骤3：工作负责人确认工作班成员对工作任务、危险点预控措施和任务分工都已知晓，履行工作票签字、确认手续，记录工作开始时间	
	4	摆放和检查工器具	步骤1：工作班成员将工器具分区摆放在防潮帆布上。 步骤2：地面电工外观检查工器具完好无损，绝缘手套充（压）气检测确认不漏气，绝缘工具检测绝缘电阻值不低于700MΩ	

（2）操作步骤。

√	序号	作业内容	步骤及要求	备注
	1	旁路电缆回路接入	执行《配电线路第一种工作票》： 步骤1：旁路作业人员按照“黄、绿、红”的顺序，分段将三相旁路电缆展放在防潮布上或保护盒内（根据实际情况选用），放置1号和2号旁路负荷开关（备用），分别置于“分闸”、闭锁位置，使用接地线将旁路负荷开关外壳接地。 步骤2：旁路作业人员将同相色（黄、绿、红）旁路电缆的快速插拔终端可靠连接，以及与1号和2号旁路负荷开关的同相位快速插拔接口A（黄）、B（绿）、C（红）连接，接续好的终端接头放置在专用铠装接头保护盒内，与取（供）电环网箱备用间隔连接的螺栓式（T型）终端接头规范地放置在绝缘毯上。 步骤3：运行操作人员使用绝缘操作杆合上1号和2号旁路负荷开关，检测旁路电缆回路绝缘电阻不小于500MΩ，使用放电棒充分放电后，将旁路负荷开关置于“分闸”、闭锁位置。 步骤4：运行操作人员断开1号取电环网箱的备用间隔开关、合上接地开关，打开柜门，使用验电器验电确认无电后，将螺栓式（T型）终端接头与1号取电环网箱备用间隔上的同相位高压输入端螺栓接头A（黄）、B（绿）、C（红）可靠连接，三相旁路电缆屏蔽层可靠接地，合上柜门，断开接地开关。 步骤5：运行操作人员断开3号供电环网箱的备用间隔开关、合上接地开关，打开柜门，使用验电器验电确认无电后，将螺栓式（T型）终端接头与3号供电环网箱备用间隔上的同相位高压输入端螺栓接头A（黄）、B（绿）、C（红）可靠连接，三相旁路电缆屏蔽层可靠接地，合上柜门，断开接地开关。	

续表

√	序号	作业内容	步骤及要求	备注
	1	旁路电缆回路接入	步骤6：运行操作人员断开4号供电环网箱的备用间隔开关、合上接地开关，打开柜门，使用验电器验电确认无电后，将螺栓式（T型）终端接头与4号供电环网箱备用间隔上的同相位高压输入端螺栓接头A（黄）、B（绿）、C（红）可靠连接，三相旁路电缆屏蔽层可靠接地，合上柜门，断开接地开关	
	2	旁路电缆回路“核相”	【方法1】：执行《配电倒闸操作票》，旁路负荷开关“核相装置”处核相： 步骤1：运行操作人员检查确认1号和2号旁路负荷开关处于“分闸”、闭锁位置。 步骤2：运行操作人员断开1号取电环网箱备用间隔接地开关，合上1号取电环网箱备用间隔开关。 步骤3：运行操作人员断开3号供电环网箱备用间隔接地开关，合上3号供电环网箱备用间隔开关。 步骤4：运行操作人员在1号旁路负荷开关两侧进行核相，完成1号和3号环网箱之间的旁路电缆回路“核相”工作。 步骤5：运行操作人员断开3号供电环网箱备用间隔开关，合上3号供电环网箱备用间隔接地开关。 步骤6：运行操作人员断开4号供电环网箱备用间隔接地开关，合上4号供电环网箱备用间隔开关。 步骤7：运行操作人员在2号旁路负荷开关两侧进行核相，完成1号和4号环网箱之间的旁路电缆回路“核相”工作。 步骤8：运行操作人员确认相位正确无误： （1）使用绝缘操作杆断开2号旁路负荷开关+闭锁。 （2）断开4号供电环网箱备用间隔开关，合上4号供电环网箱备用间隔接地开关。 （3）断开1号取电环网箱备用间隔开关，合上1号区电环网箱备用间隔接地开关，旁路负荷开关“核相装置”处核相工作结束。 【方法2】：执行《配电倒闸操作票》，环网箱备用间隔“二次核相孔”处核相： 步骤1：运行操作人员使用绝缘操作杆合上1号旁路负荷开关+闭锁。 步骤2：运行操作人员断开3号供电环网箱备用间隔接地开关，合上3号供电环网箱备用间隔开关。 步骤3：运行操作人员使用万用表在1号环网箱备用间隔面板上的带电指示器（二次核相孔L1、L2、L3）处“核相”，完成1号和3号环网箱之间的旁路电缆回路“核相”工作。 步骤4：运行操作人员使用绝缘操作杆断开1号旁路负荷开关+闭锁，合上2号旁路负荷开关+闭锁。 步骤5：运行操作人员断开3号供电环网箱备用间隔开关，合上3号供电环网箱备用间隔接地开关。 步骤6：运行操作人员断开4号供电环网箱备用间隔接地开关，合上4号供电环网箱备用间隔开关。	

续表

√	序号	作业内容	步骤及要求	备注
	2	旁路电缆回路“核相”	步骤7：运行操作人员使用万用表在1号取电环网箱备用间隔面板上的带电指示器（二次核相孔L1、L2、L3）处“核相”，完成1号和4号环网箱之间的旁路电缆回路“核相”工作。 步骤8：运行操作人员确认相位正确无误： （1）使用绝缘操作杆断开1号和2号旁路负荷开关+闭锁。 （2）断开4号供电环网箱备用间隔开关，合上4号供电环网箱备用间隔接地开关，环网箱备用间隔“二次核相孔”核相工作结束	
	3	旁路电缆回路投入运行，检修环网箱退出运行	执行《配电倒闸操作票》： 步骤1：运行操作人员按照“先送电源侧，后送负荷侧”的顺序： （1）断开1号取电环网箱备用间隔接地开关，合上1号取电环网箱备用间隔开关。 （2）使用绝缘操作杆合上1号旁路负荷开关+闭锁； （3）断开3号供电环网箱备用间隔接地开关，合上3号供电环网箱备用间隔开关，1号环网箱与3号环网箱间的“旁路电缆回路”投入运行； （4）使用绝缘操作杆合上2号旁路负荷开关+闭锁； （5）断开4号供电环网箱备用间隔接地开关，合上4号供电环网箱备用间隔开关，1号环网箱与4号环网箱间的“旁路电缆回路”投入运行。 步骤2：运行操作人员检测确认旁路电缆回路通流正常后，按照“先断负荷侧，后断电源侧”的顺序进行倒闸操作： （1）断开3号供电环网箱“进线”间隔开关，合上3号供电环网箱“进线”间隔接地开关。 （2）断开4号供电环网箱“进线”间隔开关，合上4号供电环网箱“进线”间隔接地开关。 （3）断开2号环网箱上至3号供电环网箱的“进线”间隔开关，合上2号环网箱上至3号供电环网箱的“进线”间隔接地开关。 （4）断开2号环网箱上至4号供电环网箱的“进线”间隔开关，合上2号环网箱上至4号供电环网箱的“进线”间隔接地开关。 （5）断开2号环网箱上至1号供电环网箱的“进线”间隔开关，合上2号环网箱上至1号供电环网箱的“进线”间隔接地开关。 （6）断开1号环网箱上至2号供电环网箱的“进线”间隔开关，合上1号环网箱上至2号供电环网箱的“进线”间隔接地开关，检修环网箱退出运行。 步骤3：运行操作人员每隔半小时检测1次旁路回路电流，确认旁路供电回路运行正常	
	4	停电检修环网箱工作	办理工作任务交接，执行《配电线路第一种工作票》： 步骤1：电缆工作负责人在项目总协调人的组织下，与停电工作负责人完成工作任务交接。	

续表

√	序号	作业内容	步骤及要求	备注
	4	停电检修环网箱工作	步骤2：停电工作负责人带领作业班组执行《配电线路第一种工作票》，按照停电作业方式完成环网箱检修和电缆线路接入环网箱工作。 步骤3：停电工作负责人在项目总协调人的组织下，与电缆工作负责人完成工作任务交接	
	5	环网箱投入运行	执行《配电倒闸操作票》，运行操作人员按照“先送电源侧，后送负荷侧”的顺序进行倒闸操作： 步骤1：断开1号环网箱上至2号供电环网箱的“进线”间隔接地开关，合上1号环网箱上至2号供电环网箱的“进线”间隔开关。 步骤2：断开2号环网箱上至1号供电环网箱的“进线”间隔接地开关，合上2号环网箱上至1号供电环网箱的“进线”间隔开关。 步骤3：断开2号环网箱上至3号供电环网箱的“进线”间隔接地开关，合上2号环网箱上至3号供电环网箱的“进线”间隔开关。 步骤4：断开2号环网箱上至4号供电环网箱的“进线”间隔接地开关，合上2号环网箱上至4号供电环网箱的“进线”间隔开关，检修环网箱投入运行	
	6	旁路电缆回路退出运行	执行《配电倒闸操作票》，运行操作人员按照“先断负荷侧，后断电源侧”的顺序进行倒闸操作： 步骤1：运行操作人员断开4号供电环网箱备用间隔开关，合上4号供电环网箱备用间隔接地开关。 步骤2：运行操作人员使用绝缘操作杆断开2号旁路负荷开关。 步骤3：运行操作人员断开3号供电环网箱备用间隔开关，合上3号供电环网箱备用间隔接地开关。 步骤4：运行操作人员使用绝缘操作杆断开2号旁路负荷开关。 步骤5：运行操作人员断开1号供电环网箱备用间隔开关，合上1号供电环网箱备用间隔接地开关，旁路电缆回路退出运行，旁路回路供电工作结束	
	7	拆除旁路电缆回路	步骤1：旁路作业人员按照“A（黄）、B（绿）、C（红）”的顺序，拆除三相旁路电缆回路。 步骤2：旁路作业人员使用放电棒对三相旁路电缆回路充分放电后收回。 旁路作业检修电缆线路工作结束	

（3）工作结束。

√	序号	作业内容	步骤及要求	备注
	1	清理现场	步骤1：工作班成员整理工具、材料，清洁后装箱、装袋。 步骤2：工作班成员清理现场：工完、料尽、场地清	

续表

√	序号	作业内容	步骤及要求	备注
	2	召开收工会	步骤1：点评本项工作的完成情况。 步骤2：点评安全措施的落实情况。 步骤3：点评作业指导书的执行情况	
	3	工作终结	步骤1：工作负责人向值班调控人员或运维人员报告申请终结工作票，记录许可方式、工作许可人和终结报告时间，并签字确认，宣布本项工作结束。 步骤2：工作负责人组织工作班成员撤离现场，到达班组后将作业资料分类归档	

7. 验收总结

序号	作业总结	
1	验收评价	按指导书要求完成工作
2	存在问题及处理意见	无

8. 指导书执行情况签字栏

作业地点：	日期：　年　月　日
工作班组：	工作负责人（签字）：
班组成员（签字）：	

9. 附录

略。

第 6 章　临时取电类项目作业图解

6.1　从架空线路临时取电给移动箱式变压器供电（综合不停电作业法）

6.1.1　项目概述

本项目指导与风险管控仅适用于如图 6-1 所示的从架空线路临时取电给移动箱式变压器供电（综合不停电作业法）工作，线路负荷电流不大于 200A 的工况。生产中务必结合现场实际工况参照适用。

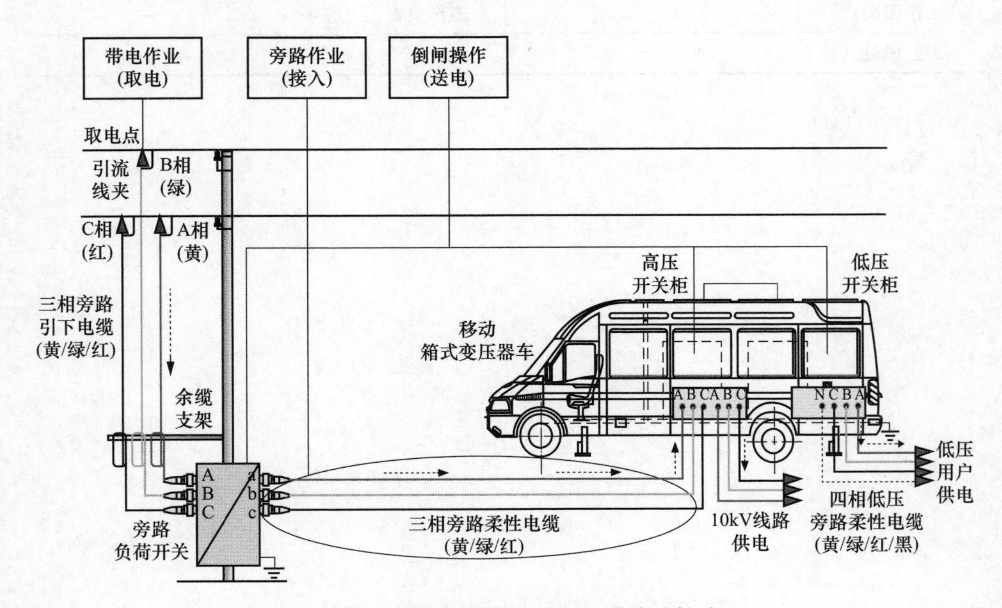

图 6-1　从架空线路临时取电给移动箱式变压器供电（综合不停电作业法）工作

6.1.2　作业流程

从 10kV 架空线路临时取电给移动箱式变压器供电（综合不停电作业法）工作的作业流程，如图 6-2 所示。现场作业前，工作负责人应当检查确认线路负荷电流不大于 200A，作业装置和现场环境符合带电作业和旁路作业条件，方可开始工作。

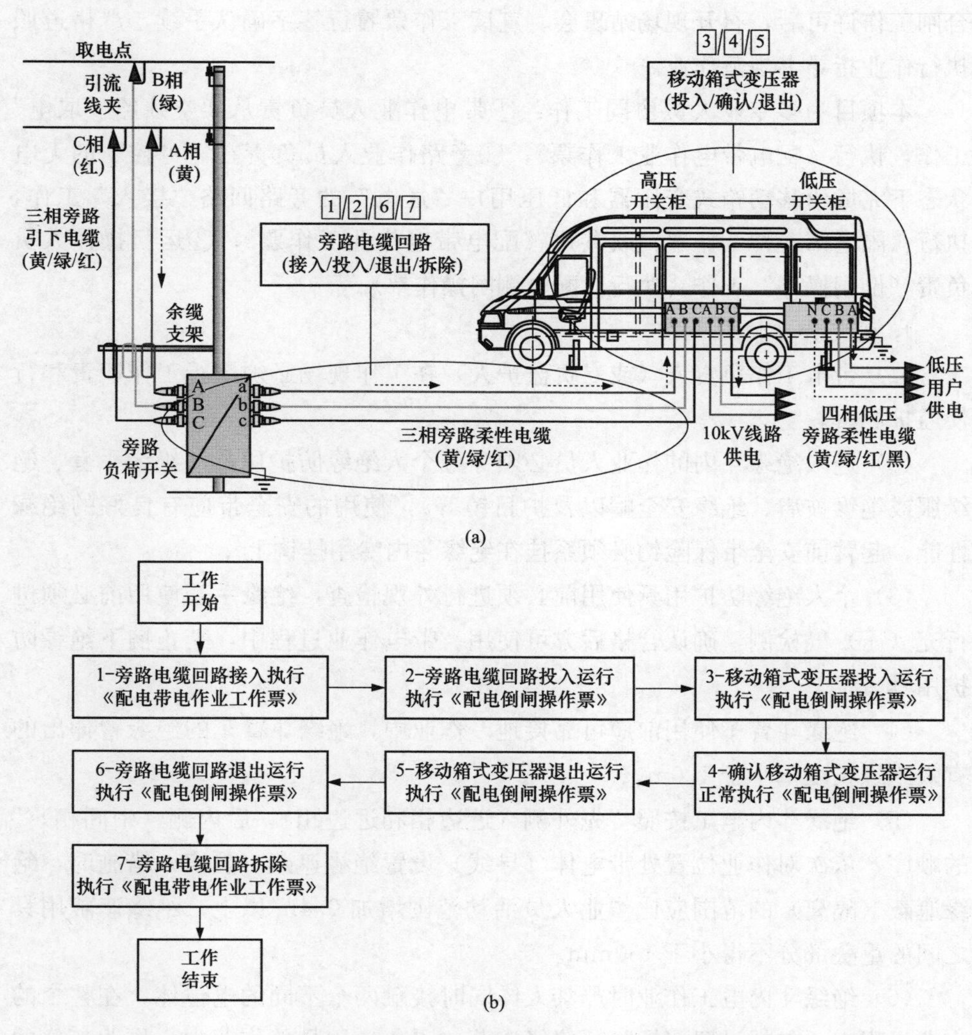

图 6-2　从架空线路临时取电给移动箱式变压器供电（综合不停电作业法）工作的作业流程

（a）分项作业示意图；（b）分项作业流程图

6.1.3 作业风险管控

现场作业必须严把安全作业风险（管控）关，严格遵守以“工作票、安全交底会、作业指导书”为依据指导其作业全过程，实现作业项目全过程风险管控。接受工作任务应当根据现场勘察记录填写、签发工作票，编制作业指导书履行审批制度；到达工作现场应当进行现场复勘，履行工作许可手续和停用重合闸工作许可后，召开现场站班会、宣读工作票履行签字确认手续，严格遵照执行作业指导书规范作业。

本项目为多专业人员协同工作：①带电作业人员负责从架空线路“取电”工作，执行《配电带电作业工作票》；②旁路作业人员负责在“可控”的无电状态下完成给移动箱式变压器和低压用户“送电”的旁路回路“接入”工作，执行《配电第一种工作票》或共用《配电带电作业工作票》；③运行操作人员负责“倒闸操作”工作，执行《配电倒闸操作票》。

1. 带电作业协同工作

（1）带电工作负责人（或专责监护人）在工作现场必须履行工作职责和行使监护职责。

（2）进入绝缘斗内的作业人员必须穿戴个人绝缘防护用具（绝缘手套、绝缘服或绝缘披肩、绝缘安全帽以及护目镜等），使用的安全带应有良好的绝缘性能，起臂前安全带保险钩必须系挂在绝缘斗内专用挂钩上。

（3）个人绝缘防护用具使用前必须进行外观检查，绝缘手套使用前必须进行充（压）气检测，确认合格后方可使用。带电作业过程中，禁止摘下绝缘防护用具。

（4）绝缘斗臂车使用前应可靠接地。作业中，绝缘斗臂车的绝缘臂伸出的有效绝缘长度不小于1.0m。

（5）绝缘斗内电工按照“先外侧（近边相和远边相）、后内侧（中间相）”的顺序，依次对作业位置处带电体（导线）设置绝缘遮蔽（隔离）措施时，绝缘遮蔽（隔离）的范围应比作业人员活动范围增加0.4m以上，绝缘遮蔽用具之间的重叠部分不得小于150mm。

（6）绝缘斗内电工作业时严禁人体同时接触两个不同的电位体，在整个的作业过程中，包括设置（拆除）绝缘遮蔽（隔离）用具的作业中，作业工位的选择应合适，在不影响作业的前提下，人身务必与带电体和接地体保持一定的安全距离，以防绝缘斗内电工作业过程中人体串入电路。绝缘斗内双人作业

时，禁止同时在不同相或不同电位作业。

(7) 带电安装（拆除）安装高压旁路引下电缆前，必须确认（电源侧）旁路负荷开关处于“分闸”状态并可靠闭锁。

(8) 带电安装（拆除）安装高压旁路引下电缆时，必须是在作业范围内的带电体（导线）完全绝缘遮蔽的前提下进行，起吊高压旁路引下电缆时应使用小吊臂缓慢进行。

(9) 带电接入旁路引下电缆时，必须确保旁路引下电缆的相色标记“黄、绿、红”与高压架空线路的相位标记A（黄）、B（绿）、C（红）保持一致。接入的顺序是“远边相、中间相和近边相”导线，拆除的顺序相反。

(10) 高压旁路引下电缆与旁路负荷开关可靠连接后，在与架空导线连接前，合上旁路负荷开关检测旁路回路绝缘电阻不应小于500MΩ；检测完毕、充分放电后，断开且确认旁路负荷开关处于“分闸”状态并可靠闭锁。

(11) 在起吊高压旁路引下电缆前，应事先用绝缘毯将与架空导线连接的引流线夹遮蔽好，并在其合适位置系上长度适宜的起吊绳和防坠绳。

(12) 挂接高压旁路引下电缆的引流线夹时应先挂防坠绳、再拆起吊绳；拆除引流线夹时先挂起吊绳，再拆防坠绳；拆除后的引流线夹及时用绝缘毯遮蔽好后再起吊下落。

(13) 拉合旁路负荷开关应使用绝缘操作杆进行，旁路回路投入运行后应及时锁死闭锁机构。旁路回路退出运行，断开高压旁路引下电缆后应对旁路回路充分放电。

(14) 绝缘斗内电工拆除绝缘遮蔽（隔离）用具的作业中，应严格遵守“先内侧（中间相）、后外侧（近边相和远边相）”的拆除原则（与遮蔽顺序相反）。

(15) 本项作业中的带电作业人员接入低压电缆工作，也应严格按照带电作业方式进行。

(16) 本项目为协同配合作业：依据Q/GDW 10799.8—2023《国家电网有限公司电力安全工作规程　第8部分：配电部分》（第11.2.17条）规定：带电、停电配合作业的项目，在带电、停电作业工序转换前，双方工作负责人应进行安全技术交接，并确认无误。

2. 旁路作业+倒闸操作协同工作

(1) 电缆工作负责人（或专责监护人）在工作现场必须履行工作职责和行使监护职责。

（2）采用旁路作业方式进行从架空线路临时取电给移动箱式变压器供电时，必须确认线路负荷电流小于旁路系统额定电流（200A），旁路作业中使用的旁路负荷开关、移动箱式变压器必须满足最大负荷电流要求（200A），旁路开关外壳应可靠接地，移动箱式变压器车按接地要求可靠接地。

（3）展放旁路柔性电缆时，应在工作负责人的指挥下，由多名作业人员配合使旁路电缆离开地面整体敷设在保护槽盒内，防止旁路电缆与地面摩擦且不得受力，防止电缆出现扭曲和死弯现象。展放、接续后应进行分段绑扎固定。

（4）采用地面敷设旁路柔性电缆时，沿作业路径应设安全围栏和“止步、高压危险！”标示牌，防止旁路电缆受损或行人靠近旁路电缆；在路口应采用过街保护盒或架空敷设，如需跨越道路时应采用架空敷设方式。

（5）连接旁路设备和旁路柔性电缆前，应对旁路回路中的电缆接头、接口的绝缘部分进行清洁，并按规定要求均匀涂抹绝缘硅脂。

（6）采用自锁定快速插拔直通接头分段连接（接续）旁路柔性电缆终端时，应逐相将旁路柔性电缆的“同相色（黄、绿、红）”快速插拔终端可靠连接，带有分支的旁路柔性电缆终端应采用自锁定快速插拔T型接头。接续好的终端接头放置专用铠装接头保护盒内。三相旁路柔性电缆接续完毕后应分段绑扎固定。

（7）接续好的旁路柔性电缆终端与旁路负荷开关、移动箱式变压器连接时应采用快速插拔终端接头，连接应核对分相标志，保证相位色的一致：相色“黄、绿、红”与同相位的A（黄）、B（绿）、C（红）相连。

（8）旁路系统投入运行前必须进行核相，确认相位正确，方可投入运行。对低压用户临时转供的时候，也必须进行核相（相序）。

（9）展放和接续好的旁路系统接入前进行绝缘电阻检测不应小于500MΩ。绝缘电阻检测完毕后，以及旁路设备拆除前、电缆终端拆除后，均应进行充分放电，用绝缘放电棒放电时，绝缘放电棒（杆）的接地应良好。绝缘放电棒（杆）以及验电器的绝缘有效长度不应小于0.7m。

（10）操作旁路设备开关、检测绝缘电阻、使用放电棒（杆）进行放电时，操作人员均应戴绝缘手套进行。

（11）旁路系统投入运行后，应每隔半小时检测一次回路的负载电流，监视其运行情况。在旁路柔性电缆运行期间，应派专人看守、巡视。在车辆繁忙地段还应与交通管理部门取得联系，以取得配合。夜间作业应有足够的照明。

(12)组装完毕并投入运行的旁路作业装备可以在雨、雪天气运行(此条建议慎重执行),但应做好安全防护。禁止在雨、雪天气进行旁路作业装备敷设、组装、回收等工作。

(13)旁路作业中需要倒闸操作,必须由运行操作人员严格按照《配电倒闸操作票》进行,操作过程必须由两人进行,一人监护一人操作,并执行唱票制。操作机械传动的断路器(开关)或隔离开关(刀闸)时应戴绝缘手套。没有机械传动的断路器(开关)、隔离开关(刀闸)和跌落式熔断器,应使用合格的绝缘棒进行操作。

6.1.4 作业指导书

1. 适用范围

本指导书仅适用于如图6-1所示的从架空线路临时取电给移动箱式变压器供电(综合不停电作业法)工作,线路负荷电流不大于200A,多专业人员协同完成:带电作业“取电”工作、旁路作业“接入”工作、倒闸操作“送电”工作,执行《配电带电作业工作票》和《配电倒闸操作票》。生产中务必结合现场实际工况参照适用。

2. 引用文件

GB/T 18857—2019《配电线路带电作业技术导则》

GB/T 34577—2017《配电线路旁路作业技术导则》

Q/GDW 10520—2016《10kV配网不停电作业规范》

Q/GDW 10799.8—2023《国家电网有限公司电力安全工作规程 第8部分:配电部分》

3. 人员分工

本项目工作人员共计8人(不含地面配合人员和停电作业人员),人员分工为:项目总协调人1人、带电工作负责人(兼工作监护人)1人、绝缘斗内电工2人、地面电工2人,倒闸操作人员(含专责监护人)2人,地面配合人员和停电作业人员根据现场情况确定。

√	序号	人员分工	人数	职责	备注
	1	项目总协调人	1	协调不同班组协同工作	
	2	带电工作负责人(兼工作监护人)	1	组织、指挥带电作业工作,作业中全程监护和落实作业现场安全措施	

续表

√	序号	人员分工	人数	职责	备注
	3	绝缘斗内电工	2	绝缘斗内1号电工：旁路引下电缆接入和拆除等工作。 绝缘斗内2号电工：配合绝缘斗内1号电工作业	
	4	地面电工	2	带电作业地面工作和旁路作业地面工作，包括：旁路引下电缆和旁路柔性电缆的展放、连接、检测、接入、拆除、回收等工作	
	5	倒闸操作人员（含专责监护人）	2	倒闸操作工作，包括：旁路电缆回路核相、投入运行、退出运行等工作，一人监护、一人操作	
	6	地面配合人员和停电作业人员	若干	地面辅助配合工作和停电从架空线路临时取电给移动箱式变压器供电工作	

4. 工作前准备

√	序号	内容	要求	备注
	1	现场勘察	现场勘察由工作负责人组织开展，根据勘察结果确定作业方法、所需工具以及采取的措施，并填写现场勘察记录	
	2	编写作业指导书并履行审批手续	作业指导书由工作负责人组织编写，现场作业人员必须严格遵照执行作业指导书而规范作业，作业前必须履行相关审批手续	
	3	填写、签发工作票	工作票由工作负责人按票面要求逐项填写，并由工作票签发人审核、签发后才可开展本项工作	
	4	召开班前会	工作负责人组织班组成员召开班前会，认真学习作业指导书，明确作业方法、作业步骤、人员分工和工作职责等	
	5	领用工器具和运输	领用工器具应核对电压等级和试验周期、检查外观完好无损、填写工器具出入库记录单，运输工器具应装箱入袋或放在专用工具车内	

5. 工器具配备（不含停电作业工器具配备）

√	序号	名称		规格、型号	数量	备注
	1	特种车辆	绝缘斗臂车	10kV	1辆	
	2		移动箱式变压器车	10kV/0.4kV	1辆	配套高低压电缆
	3	个人防护用具	绝缘手套	10kV	4双	戴防护手套
	4		绝缘安全帽	10kV	2顶	绝缘斗内电工用
	5		绝缘披肩（绝缘服）	10kV	2件	根据现场情况选择
	6		护目镜		2个	
	7		绝缘安全带		2个	有后备保护绳

续表

√	序号	名称		规格、型号	数量	备注
	8	绝缘遮蔽用具	导线遮蔽罩	10kV	6 个	不少于配备数量
	9		绝缘毯	10kV	6 块	不少于配备数量
	10		绝缘毯夹		12 个	不少于配备数量
	11	绝缘工具	绝缘传递绳	10kV	2 根	
	12		绝缘操作杆	10kV	2 个	拉合开关用
	13		绝缘防坠绳（起吊绳）	10kV	3 根	旁路引下电缆用
	14	金属工具	个人手工工具		1 套	
	15		绝缘导线剥皮器		1 个	
	16	旁路设备	旁路负荷开关	10kV，200A	1 台	
	17		旁路引下电缆	10kV，200A	1 组	黄、绿、红 3 根 1 组，15m
	18		余缆支架		1 个	
	19		旁路柔性电缆	10kV，200A	1 组	黄、绿、红 3 根 1 组，50m
	20		低压旁路电缆	400V	1 组	黄、绿、红、黑 4 根 1 组（配套专用接头）
	21		旁路电缆保护盒		若干	根据现场情况选用
	22	检测仪器	电流检测仪	高压	1 套	
	23		绝缘测试仪	2500V 及以上	1 套	
	24		高压验电器	10kV	1 个	
	25		工频高压发生器	10kV	1 个	
	26		风速湿度仪		1 个	
	27		绝缘手套检测仪		1 个	
	28		核相工具		1 套	根据现场设备选配
	29		放电棒		1 个	带接地线
	30		接地棒		2 个	包括旁路负荷开关用
	31		接地线		2 个	包括旁路负荷开关用

6. 作业程序

（1）开工准备。

√	序号	作业内容	步骤及要求	备注
	1	现场复勘	步骤1：工作负责人核对线路、设备名称正确、工作任务无误、安全措施到位，线路负荷电流不大于200A，作业装置和现场环境符合带电作业和旁路作业条件。 步骤2：工作班成员确认天气良好，实测风速__级（不大于5级）、湿度__%（不大于80%），符合作业条件。 步骤3：工作负责人根据复勘结果告知工作班成员：现场具备安全作业条件，可以开展工作	
	2	设置安全围栏和警示标志	步骤1：工作负责人指挥驾驶员将绝缘斗臂车停放到合适位置，支腿支放到垫板上，轮胎离地，支撑牢固后将车体可靠接地。 步骤2：工作负责人指挥驾驶员将移动箱式变压器车停放到合适位置，将车体接地和保护接地。 步骤3：工作班成员依据作业空间设置硬质安全围栏，包括围栏的出口、入口。 步骤4：工作班成员设置“从此进出”“施工现场，车辆慢行或车辆绕行”等警示标志或路障。 步骤5：根据现场实际工况，增设临时交通疏导人员，应穿戴反光衣	
	3	工作许可，召开站班会	步骤1：工作负责人向值班调控人员或运维人员申请工作许可和停用重合闸许可，记录许可方式、工作许可人和许可工作（联系）时间，并签字确认。 步骤2：工作负责人召开站班会宣读工作票。 步骤3：工作负责人确认工作班成员对工作任务、危险点预控措施和任务分工都已知晓，履行工作票签字、确认手续，记录工作开始时间	
	4	摆放和检查工器具	步骤1：工作班成员将工器具分区摆放在防潮帆布上。 步骤2：工作班成员按照分工擦拭并外观检查工器具完好无损，绝缘工具的绝缘电阻值检测不低于700MΩ，绝缘手套充（压）气检测不漏气，安全带冲击试验检测确认安全。 步骤3：绝缘斗内电工对绝缘斗臂车的绝缘斗和绝缘臂外观检查完好无损，空绝缘斗试操作（包括升降、伸缩、回转等），确认绝缘斗臂车工作正常	

（2）操作步骤。

√	序号	作业内容	步骤及要求	备注
	1	旁路电缆回路接入	执行《配电带电作业工作票》： 步骤1：旁路作业人员在电杆的合适位置（离地）安装好旁路负荷开关和余缆工具，将旁路负荷开关置于“分闸”、闭锁位置，使用接地线将旁路负荷开关外壳接地。 步骤2：旁路作业人员按照“黄、绿、红”的顺序，分段将三相旁路电缆展放在防潮布上或保护盒内（根据实际情况选用）。 步骤3：旁路作业人员将三相旁路电缆快速插拔接头与旁路负荷开关的同相位快速插拔接口A（黄）、B（绿）、C（红）可靠连接。	

续表

√	序号	作业内容	步骤及要求	备注
	1	旁路电缆回路接入	步骤4：旁路作业人员将三相旁路引下电缆与旁路负荷开关同相位快速插拔接口A（黄）、B（绿）、C（红）可靠连接，与架空导线连接的引流线夹用绝缘毯遮蔽好，并系上长度适宜的起吊绳（防坠绳）。 步骤5：运行操作人员使用绝缘操作杆合上旁路负荷开关+闭锁，检测旁路电缆回路绝缘电阻不小于500MΩ，使用放电棒对三相旁路电缆充分放电后，断开旁路负荷开关+闭锁。 步骤6：运行操作人员检查确认移动箱式变压器车车体接地和工作接地、低压柜开关处于断开位置、高压柜的进线间隔开关、出线间隔开关以及变压器间隔开关处于断开位置。 步骤7：旁路作业人员将三相旁路电缆快速插拔接头与移动箱式变压器车的同相位快速插拔接口A（黄）、B（绿）、C（红）可靠连接。 步骤8：旁路作业人员将三相四线低压旁路电缆专用接头与移动箱式变压器车的同相位低压输入端接口（黄）A、B（绿）、C（红）、N（黑）可靠连接。 步骤9：带电作业人员穿戴好绝缘防护用具进入绝缘斗，挂好安全带保险钩；地面电工将绝缘遮蔽用具和可携带的工具入绝缘斗，操作绝缘斗进入带电作业区域，作业中禁止摘下绝缘手套，绝缘臂伸出长度确保1m线。 步骤10：带电作业人员按照“近边相、中间相、远边相”的顺序，使用导线遮蔽罩完成三相导线的绝缘遮蔽工作。 步骤11：带电作业人员按照“远边相、中间相、近边相”的顺序，完成三相旁路引下电缆与同相位的架空导线A（黄）、B（绿）、C（红）的“接入”工作，接入后使用绝缘毯对引流线夹处进行绝缘遮蔽，挂好防坠绳（起吊绳），旁路作业人员将多余的电缆规范地放置在余缆支架上。 步骤12：带电作业人员退出带电作业区域，返回地面。 步骤13：旁路人员使用低压旁路电缆专用接头与JP柜（低压综合配电箱）同相位的A（黄）、B（绿）、C（红）、N（黑）接头可靠连接	
	2	旁路电缆回路投入运行，移动箱式变压器投入运行	运行操作人员执行《配电倒闸操作票》： 步骤1：运行操作人员检查确认三相旁路电缆连接“相色”正确无误。 步骤2：运行操作人员断开柱上变压器的低压侧出线开关、高压跌落式熔断器，待更换的柱上变压器退出运行。 步骤3：运行操作人员合上旁路负荷开关+闭锁，旁路电缆回路投入运行。 步骤4：行操作人员合上移动箱式变压器车的高压进线间隔开关、变压器间隔开关、低压开关，移动箱式变压器投入运行。 步骤5：运行操作人员每隔半小时检测1次旁路电缆回路电流，确认移动箱式变压器运行正常	

续表

√	序号	作业内容	步骤及要求	备注
	3	移动箱式变压器退出运行，旁路电缆回路退出运行	执行《配电倒闸操作票》： 步骤1：运行操作人员断开移动箱式变压器车的低压开关、变压器间隔开关、高压间隔开关，移动箱式变压器退出运行。 步骤2：运行操作人员断开旁路负荷开关+闭锁，旁路电缆回路退出运行	
	4	拆除旁路电缆回路	步骤1：带电作业人员按照“近边相、中间相、远边相”的顺序，拆除三相旁路引下电缆。 步骤2：带电作业人员按照“远边相、中间相、近边相”的顺序，拆除三相导线上的绝缘遮蔽。 步骤3：带电作业人员检查杆上无遗留物，退出带电作业区域，返回地面。 步骤4：旁路作业人员按照“(黄) A、B (绿)、C (红)、N (黑)”的顺序，拆除三相四线低压旁路电缆回路，使用放电棒充分放电后收回。 步骤5：旁路作业人员按照“A (黄)、B (绿)、C (红)”的顺序，拆除三相旁路电缆回路，使用放电棒三相旁路电缆回路充分放电后收回	

(3) 工作结束。

√	序号	作业内容	步骤及要求	备注
	1	清理现场	步骤1：工作班成员整理工具、材料，清洁后装箱、装袋。 步骤2：工作班成员清理现场：工完、料尽、场地清	
	2	召开收工会	步骤1：点评本项工作的完成情况。 步骤2：点评安全措施的落实情况。 步骤3：点评作业指导书的执行情况	
	3	工作终结	步骤1：工作负责人向值班调控人员或运维人员报告申请终结工作票，记录许可方式、工作许可人和终结报告时间，并签字确认，宣布本项工作结束。 步骤2：工作负责人组织工作班成员撤离现场，到达班组后将作业资料分类归档	

7. 验收总结

序号	作业总结	
1	验收评价	按指导书要求完成工作
2	存在问题及处理意见	无

8. 指导书执行情况签字栏

作业地点：	日期：　　年　　月　　日
工作班组：	工作负责人（签字）：
班组成员（签字）：	

9. 附录

略。

6.2　从架空线路临时取电给环网箱供电（综合不停电作业法）

6.2.1　项目概述

本项目指导与风险管控仅适用于如图 6-3 所示的从架空线路临时取电给环网箱供电（综合不停电作业法）工作，线路负荷电流不大于 200A 的工况。生产中务必结合现场实际工况参照适用。

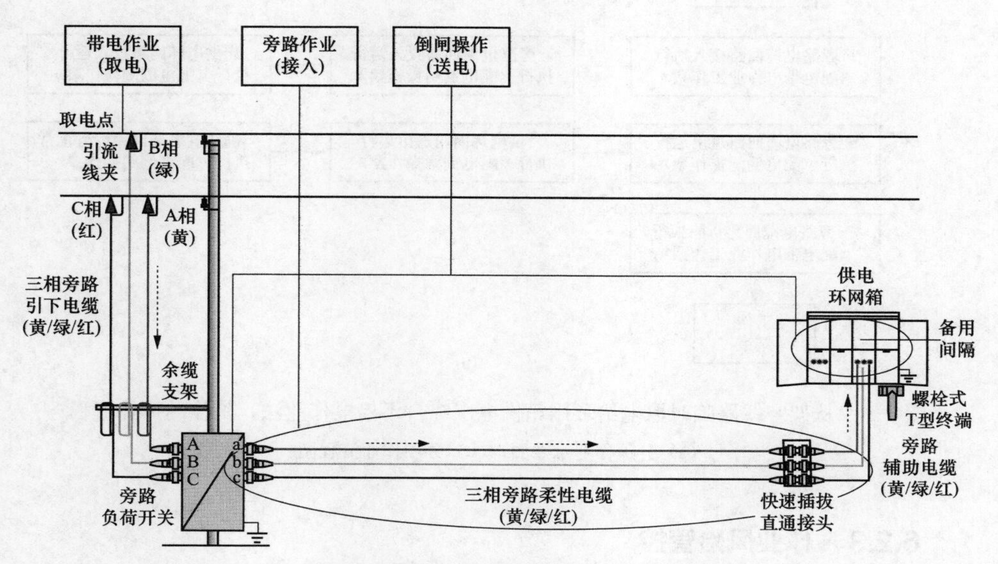

图 6-3　从架空线路临时取电给环网箱供电（综合不停电作业法）工作

6.2.2　作业流程

从架空线路临时取电给环网箱供电（综合不停电作业法）工作的作业流

程，如图 6-4 所示。现场作业前，工作负责人应当检查确认线路负荷电流不大于 200A，作业装置和现场环境符合带电作业和旁路作业条件，方可开始工作。

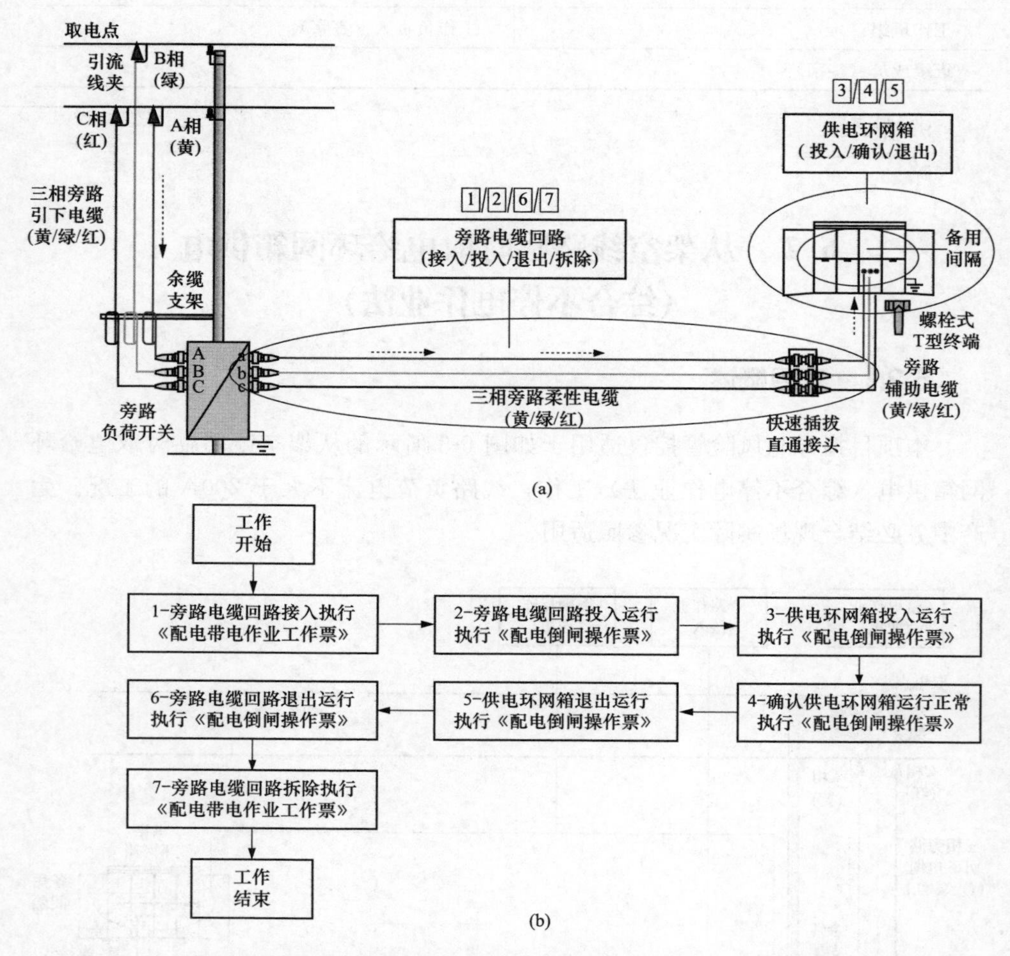

图 6-4　从架空线路临时取电给环网箱供电（综合不停电作业法）工作的作业流程

（a）分项作业示意图；（b）分项作业流程图

6.2.3　作业风险管控

现场作业必须严把安全作业风险（管控）关，严格遵守以“工作票、安全交底会、作业指导书”为依据指导其作业全过程，实现作业项目全过程风险管控。接受工作任务应当根据现场勘察记录填写、签发工作票，编制作业指导书履行审批制度；到达工作现场应当进行现场复勘，履行工作许可手续和停用重合闸工作许可后，召开现场站班会、宣读工作票履行签字确认手续，严格遵照执行作业指导书规范作业。

本项目为多专业人员协同工作：①带电作业人员负责从架空线路“取电”工作，执行《配电带电作业工作票》；②旁路作业人员负责在“可控”的无电状态下完成给待供电环网柜“送电”的旁路回路“接入”工作，执行《配电第一种工作票》或共用《配电带电作业工作票》；③运行操作人员负责“倒闸操作”工作，执行《配电倒闸操作票》。

1. 带电作业协同工作

（1）带电工作负责人（或专责监护人）在工作现场必须履行工作职责和行使监护职责。

（2）进入绝缘斗内的作业人员必须穿戴个人绝缘防护用具（绝缘手套、绝缘服或绝缘披肩、绝缘安全帽以及护目镜等），使用的安全带应有良好的绝缘性能，起臂前安全带保险钩必须系挂在绝缘斗内专用挂钩上。

（3）个人绝缘防护用具使用前必须进行外观检查，绝缘手套使用前必须进行充（压）气检测，确认合格后方可使用；带电作业过程中，禁止摘下绝缘防护用具。

（4）绝缘斗臂车使用前应可靠接地；作业中，绝缘斗臂车的绝缘臂伸出的有效绝缘长度不小于1.0m。

（5）绝缘斗内电工按照“先外侧（近边相和远边相）、后内侧（中间相）”的顺序，依次对作业位置处带电体（导线）设置绝缘遮蔽（隔离）措施时，绝缘遮蔽（隔离）的范围应比作业人员活动范围增加0.4m以上，绝缘遮蔽用具之间的重叠部分不得小于150mm。

（6）绝缘斗内电工作业时严禁人体同时接触两个不同的电位体，在整个的作业过程中，包括设置（拆除）绝缘遮蔽（隔离）用具的作业中，作业工位的选择应合适，在不影响作业的前提下，人身务必与带电体和接地体保持一定的安全距离，以防绝缘斗内电工作业过程中人体串入电路；绝缘斗内双人作业时，禁止同时在不同相或不同电位作业。

（7）带电安装（拆除）安装高压旁路引下电缆前，必须确认（电源侧）旁路负荷开关处于“分闸”状态并可靠闭锁。

（8）带电安装（拆除）安装高压旁路引下电缆时，必须是在作业范围内的带电体（导线）完全绝缘遮蔽的前提下进行，起吊高压旁路引下电缆时应使用小吊臂缓慢进行。

(9) 带电接入旁路引下电缆时，必须确保旁路引下电缆的相色标记“黄、绿、红”与高压架空线路的相位标记A（黄）、B（绿）、C（红）保持一致；接入的顺序是“远边相、中间相和近边相”导线，拆除的顺序相反。

(10) 高压旁路引下电缆与旁路负荷开关可靠连接后，在与架空导线连接前，合上旁路负荷开关检测旁路回路绝缘电阻不应小于500MΩ；检测完毕、充分放电后，断开且确认旁路负荷开关处于“分闸”状态并可靠闭锁。

(11) 在起吊高压旁路引下电缆前，应事先用绝缘毯将与架空导线连接的引流线夹遮蔽好，并在其合适位置系上长度适宜的起吊绳和防坠绳。

(12) 挂接高压旁路引下电缆的引流线夹时应先挂防坠绳、再拆起吊绳；拆除引流线夹时先挂起吊绳，再拆防坠绳；拆除后的引流线夹及时用绝缘毯遮蔽好后再起吊下落。

(13) 拉合旁路负荷开关应使用绝缘操作杆进行，旁路回路投入运行后应及时锁死闭锁机构。旁路回路退出运行，断开高压旁路引下电缆后应对旁路回路充分放电。

(14) 绝缘斗内电工拆除绝缘遮蔽（隔离）用具的作业中，应严格遵守“先内侧（中间相）、后外侧（近边相和远边相）”的拆除原则（与遮蔽顺序相反）。

(15) 本项目为协同配合作业：依据Q/GDW 10799.8—2023《国家电网有限公司电力安全工作规程　第8部分：配电部分》（第11.2.17条）规定：带电、停电配合作业的项目，在带电、停电作业工序转换前，双方工作负责人应进行安全技术交接，并确认无误。

2. 旁路作业十倒闸操作协同工作

(1) 电缆工作负责人（或专责监护人）在工作现场必须履行工作职责和行使监护职责。

(2) 采用旁路作业方式进行从架空线路临时取电给环网柜供电时，必须确认线路负荷电流小于旁路系统额定电流（200A），旁路作业中使用的旁路负荷开关必须满足最大负荷电流要求（200A），旁路开关外壳应可靠接地，待供电的环网柜必须有预留“备用间隔”。

(3) 展放旁路柔性电缆时，应在工作负责人的指挥下，由多名作业人员配合使旁路电缆离开地面整体敷设在保护槽盒内，防止旁路电缆与地面摩擦且不得受力，防止电缆出现扭曲和死弯现象。展放、接续后应进行分段绑扎固定。

（4）采用地面敷设旁路柔性电缆时，沿作业路径应设安全围栏和“止步、高压危险!”标示牌，防止旁路电缆受损或行人靠近旁路电缆；在路口应采用过街保护盒或架空敷设，如需跨越道路时应采用架空敷设方式。

（5）连接旁路设备和旁路柔性电缆前，应对旁路回路中的电缆接头、接口的绝缘部分进行清洁，并按规定要求均匀涂抹绝缘硅脂。

（6）采用自锁定快速插拔直通接头分段连接（接续）旁路柔性电缆终端时，应逐相将旁路柔性电缆的“同相色（黄、绿、红）”快速插拔终端可靠连接，带有分支的旁路柔性电缆终端应采用自锁定快速插拔 T 型接头；接续好的终端接头放置专用铠装接头保护盒内。三相旁路柔性电缆接续完毕后应分段绑扎固定。

（7）接续好的旁路柔性电缆终端与旁路负荷开关、环网柜的连接应核对分相标志，保证相位色的一致：相色“黄、绿、红”与同相位的 A（黄）、B（绿）、C（红）相连。

（8）旁路系统投入运行前必须进行核相，确认相位色正确，方可投入运行。

（9）接续好的旁路柔性电缆，应将旁路柔性电缆屏蔽层在两终端处引出并可靠接地，接地线的截面积不宜小于 $25mm^2$。

（10）采用旁路作业方式进行电缆线路不停电作业前，应核对开关编号及状态，应确认环网柜备用间隔开关及旁路符合开关均在断开状态。

（11）打开环网柜门前应检查环网箱箱体接地装置的完整性，在接入旁路柔性电缆终端前，应对环网柜开关间隔出线侧进行验电。

（12）展放和接续好的旁路系统接入前进行绝缘电阻检测不应小于 500MΩ；绝缘电阻检测完毕后，以及旁路设备拆除前、电缆终端拆除后，均应进行充分放电，用绝缘放电棒放电时，绝缘放电棒（杆）的接地应良好；绝缘放电棒（杆）以及验电器的绝缘有效长度不应小于 0.7m。

（13）采用螺栓式（T 型）旁路电缆终端与（欧式）环网柜上的套管连接时，应首先确认环网柜柜体可靠接地，接入的间隔开关在断开位置，验电后安装旁路电缆终端时应保持旁路电缆终端与套管在同一轴线上，将终端推入到位，使导体可靠连接并用螺栓紧固，再用绝缘堵头塞住。

（14）操作旁路设备开关、检测绝缘电阻、使用放电棒（杆）进行放电时，操作人员均应戴绝缘手套进行。

（15）旁路系统投入运行后，应每隔半小时检测一次回路的负载电流，监视其运行情况。在旁路柔性电缆运行期间，应派专人看守、巡视；在车辆繁忙地段还应与交通管理部门取得联系，以取得配合。夜间作业应有足够的照明。

(16) 组装完毕并投入运行的旁路作业装备可以在雨、雪天气运行（此条建议慎重执行），但应做好安全防护；禁止在雨、雪天气进行旁路作业装备敷设、组装、回收等工作。

(17) 旁路作业中需要倒闸操作，必须由运行操作人员严格按照《配电倒闸操作票》进行，操作过程必须由两人进行，一人监护一人操作，并执行唱票制；操作机械传动的断路器（开关）或隔离开关（刀闸）时应戴绝缘手套。没有机械传动的断路器（开关）、隔离开关（刀闸）和跌落式熔断器，应使用合格的绝缘棒进行操作。

(18) 本项目为协同配合作业：依据 Q/GDW 10799.8—2023《国家电网有限公司电力安全工作规程　第 8 部分：配电部分》（第 11.2.17 条）规定：带电、停电配合作业的项目，在带电、停电作业工序转换前，双方工作负责人应进行安全技术交接，并确认无误。

6.2.4　作业指导书

1. 适用范围

本指导书仅适用于如图 6-3 所示的从架空线路临时取电给环网箱供电（综合不停电作业法）工作，线路负荷电流不大于 200A，多专业人员协同完成：带电作业“取电”工作、旁路作业“接入”工作、倒闸操作“送电”工作，执行《配电带电作业工作票》和《配电倒闸操作票》。生产中务必结合现场实际工况参照适用。

2. 引用文件

GB/T 18857—2019《配电线路带电作业技术导则》

GB/T 34577—2017《配电线路旁路作业技术导则》

Q/GDW 10520—2016《10kV 配网不停电作业规范》

Q/GDW 10799.8—2023《国家电网有限公司电力安全工作规程　第 8 部分：配电部分》

3. 人员分工

本项目工作人员共计 8 人（不含地面配合人员和停电作业人员），人员分工为：项目总协调人 1 人、带电工作负责人（兼工作监护人）1 人、绝缘斗内电工 2 人、地面电工 2 人，倒闸操作人员（含专责监护人）2 人，地面配合人员和停电作业人员根据现场情况确定。

√	序号	人员分工	人数	职责	备注
	1	项目总协调人	1	协调不同班组协同工作	
	2	带电工作负责人（兼工作监护人）	1	组织、指挥带电作业工作，作业中全程监护和落实作业现场安全措施	
	3	绝缘斗内电工	2	绝缘斗内1号电工：旁路引下电缆接入和拆除等工作。 绝缘斗内2号电工：配合绝缘斗内1号电工作业	
	4	地面电工	2	带电作业地面工作和旁路作业地面工作，包括：旁路引下电缆和旁路柔性电缆的展放、连接、检测、接入、拆除、回收等工作	
	5	倒闸操作人员（含专责监护人）	2	倒闸操作工作，包括：旁路电缆回路核相、投入运行、退出运行等工作，一人监护、一人操作	
	6	地面配合人员和停电作业人员	若干	地面辅助配合工作和停电从架空线路临时取电给环网箱供电工作	

4. 工作前准备

√	序号	内容	要求	备注
	1	现场勘察	现场勘察由工作负责人组织开展，根据勘察结果确定作业方法、所需工具以及采取的措施，并填写现场勘察记录	
	2	编写作业指导书并履行审批手续	作业指导书由工作负责人组织编写，现场作业人员必须严格遵照执行作业指导书而规范作业，作业前必须履行相关审批手续	
	3	填写、签发工作票	工作票由工作负责人按票面要求逐项填写，并由工作票签发人审核、签发后才可开展本项工作	
	4	召开班前会	工作负责人组织班组成员召开班前会，认真学习作业指导书，明确作业方法、作业步骤、人员分工和工作职责等	
	5	领用工器具和运输	领用工器具应核对电压等级和试验周期、检查外观完好无损、填写工器具出入库记录单，运输工器具应装箱入袋或放在专用工具车内	

5. 工器具配备（不含停电作业工器具配备）

√	序号	名称		规格、型号	数量	备注
	1	特种车辆	绝缘斗臂车	10kV	1辆	
	2	个人防护用具	绝缘手套	10kV	4双	戴防护手套
	3		绝缘安全帽	10kV	2顶	绝缘斗内电工用

续表

√	序号	名称		规格、型号	数量	备注
	4	个人防护用具	绝缘披肩（绝缘服）	10kV	2件	根据现场情况选择
	5		护目镜		2个	
	6		绝缘安全带		2个	有后备保护绳
	7	绝缘遮蔽用具	导线遮蔽罩	10kV	6个	不少于配备数量
	8		绝缘毯	10kV	6块	不少于配备数量
	9		绝缘毯夹		12个	不少于配备数量
	10	绝缘工具	绝缘传递绳	10kV	2根	
	11		绝缘操作杆	10kV	2个	拉合开关用
	12		绝缘防坠绳（起吊绳）	10kV	3根	旁路引下电缆用
	13	金属工具	个人手工工具		1套	
	14		绝缘导线剥皮器		1个	
	15	旁路设备	旁路负荷开关	10kV，200A	1台	
	16		旁路引下电缆	10kV，200A	1组	黄、绿、红3根1组，15m
	17		余缆支架		1个	
	18		旁路柔性电缆	10kV，200A	若干	黄、绿、红3根1组，50m
	19		旁路电缆保护盒		若干	根据现场情况选用
	20	检测仪器	电流检测仪	高压	1套	
	21		绝缘测试仪	2500V及以上	1套	
	22		高压验电器	10kV	1个	
	23		工频高压发生器	10kV	1个	
	24		风速湿度仪		1个	
	25		绝缘手套检测仪		1个	
	26		核相工具		1套	根据现场设备选配
	27		放电棒		1个	带接地线
	28		接地棒		2个	包括旁路负荷开关用
	29		接地线		2个	包括旁路负荷开关用

6. 作业程序

（1）开工准备。

√	序号	作业内容	步骤及要求	备注
	1	现场复勘	步骤1：工作负责人核对线路、设备名称正确、工作任务无误、安全措施到位，线路负荷电流不大于200A，作业装置和现场环境符合带电作业和旁路作业条件。 步骤2：工作班成员确认天气良好，实测风速__级（不大于5级）、湿度__%（不大于80%），符合作业条件。 步骤3：工作负责人根据复勘结果告知工作班成员：现场具备安全作业条件，可以开展工作	
	2	设置安全围栏和警示标志	步骤1：工作负责人指挥驾驶员将绝缘斗臂车停放到合适位置，支腿支放到垫板上，轮胎离地，支撑牢固后将车体可靠接地。 步骤2：工作班成员依据作业空间设置硬质安全围栏，包括围栏的出口、入口。 步骤3：工作班成员设置“从此进出”“施工现场，车辆慢行或车辆绕行”等警示标志或路障。 步骤4：根据现场实际工况，增设临时交通疏导人员，应穿戴反光衣	
	3	工作许可，召开站班会	步骤1：工作负责人向值班调控人员或运维人员申请工作许可和停用重合闸许可，记录许可方式、工作许可人和许可工作（联系）时间，并签字确认。 步骤2：工作负责人召开站班会宣读工作票。 步骤3：工作负责人确认工作班成员对工作任务、危险点预控措施和任务分工都已知晓，履行工作票签字、确认手续，记录工作开始时间	
	4	摆放和检查工器具	步骤1：工作班成员将工器具分区摆放在防潮帆布上。 步骤2：工作班成员按照分工擦拭并外观检查工器具完好无损，绝缘工具的绝缘电阻值检测不低于700MΩ，绝缘手套充（压）气检测不漏气，安全带冲击试验检测确认安全。 步骤3：绝缘斗内电工对绝缘斗臂车的绝缘斗和绝缘臂外观检查完好无损，空绝缘斗试操作（包括升降、伸缩、回转等），确认绝缘斗臂车工作正常	

（2）操作步骤。

√	序号	作业内容	步骤及要求	备注
	1	旁路电缆回路接入	执行《配电带电作业工作票》。 步骤1：旁路作业人员在电杆的合适位置（离地）安装好旁路负荷开关和余缆工具，将旁路负荷开关置于“分闸”、闭锁位置，使用接地线将旁路负荷开关外壳接地。 步骤2：旁路作业人员按照“黄、绿、红”的顺序，分段将三相旁路电缆展放在防潮布上或保护盒内（根据实际情况选用）。 步骤3：旁路作业人员使用快速插拔中间接头，将同相色（黄、绿、红）旁路电缆的快速插拔终端可靠连接，接续好的终端接头放置专用铠装接头保护盒内，与供电环网箱备用间隔连接的螺栓式（T型）终端接头规范地放置在绝缘毯上。	

续表

√	序号	作业内容	步骤及要求	备注
	1	旁路电缆回路接入	步骤4：旁路作业人员将三相旁路电缆快速插拔接头与旁路负荷开关的同相位快速插拔接口按照“A（黄）、B（绿）、C（红）”的顺序可靠连接。 步骤5：旁路作业人员将三相旁路引下电缆快速插拔接头与旁路负荷开关同相位快速插拔接口按照“A（黄）、B（绿）、C（红）”的顺序可靠连接，与架空导线连接的引流线夹用绝缘毯遮蔽好，并系上长度适宜的起吊绳（防坠绳）。 步骤6：运行操作人员合上旁路负荷开关+闭锁，检测旁路电缆回路绝缘电阻不小于500MΩ，使用放电棒对三相旁路电缆充分放电后，断开旁路负荷开关+闭锁。 步骤7：运行操作人员断开供电环网箱的备用间隔开关、合上接地开关，打开柜门，使用验电器验电确认无电后，将螺栓式（T型）终端接头与供电环网箱备用间隔上的同相位高压输入端螺栓接头按照“A（黄）、B（绿）、C（红）”的顺序可靠连接，三相旁路电缆屏蔽层可靠接地，合上柜门，断开接地开关。 步骤8：带电作业人员穿戴好绝缘防护用具进入绝缘斗，挂好安全带保险钩；地面电工将绝缘遮蔽用具和可携带的工具入绝缘斗，操作绝缘斗进入带电作业区域，作业中禁止摘下绝缘手套，绝缘臂伸出长度确保1m线。 步骤9：带电作业人员按照“近边相、中间相、远边相”的顺序，使用导线遮蔽罩完成三相导线的绝缘遮蔽工作。 步骤10：带电作业人员按照“远边相、中间相、近边相”的顺序，完成三相旁路引下电缆与同相位的架空导线A（黄）、B（绿）、C（红）的“接入”工作，接入后使用绝缘毯对引流线夹处进行绝缘遮蔽，挂好防坠绳（起吊绳），旁路作业人员将多余的电缆规范地放置在余缆支架上。 步骤11：带电作业人员退出带电作业区域，返回地面	
	2	旁路电缆回路投入运行，供电环网箱投入运行	执行《配电倒闸操作票》： 步骤1：运行操作人员检查确认三相旁路电缆连接“相色”正确无误。 步骤2：运行操作人员合上旁路负荷开关+闭锁，旁路电缆回路退出运行。 步骤3：运行操作人员断开供电环网箱备用间隔接地开关，合上供电环网箱备用间隔开关，旁路电缆回路投入运行，供电环网箱投入运行。 步骤4：每隔半小时检测1次旁路回路电流，确认供电环网箱工作正常	
	3	供电环网箱退出运行，旁路电缆回路退出运行	执行《配电倒闸操作票》： 步骤1：运行操作人员断开供电环网箱备用间隔开关，合上供电环网箱备用间隔接地开关，供电环网箱退出运行。 步骤2：运行操作人员断开旁路负荷开关+闭锁，旁路电缆回路退出运行	

续表

√	序号	作业内容	步骤及要求	备注
	4	拆除旁路电缆回路	步骤1：带电作业人员按照“近边相、中间相、远边相”的顺序，拆除三相旁路引下电缆。 步骤2：带电作业人员按照“远边相、中间相、近边相”的顺序，拆除三相导线上的绝缘遮蔽。 步骤3：带电作业人员检查杆上无遗留物，退出带电作业区域，返回地面。 步骤4：旁路作业人员按照“A（黄）、B（绿）、C（红）”的顺序，拆除三相旁路电缆回路，使用放电棒充分放电后收回。 从架空线路临时取电给环网箱供电工作结束	

（3）工作结束。

√	序号	作业内容	步骤及要求	备注
	1	清理现场	步骤1：工作班成员整理工具、材料，清洁后装箱、装袋。 步骤2：工作班成员清理现场：工完、料尽、场地清	
	2	召开收工会	步骤1：点评本项工作的完成情况。 步骤2：点评安全措施的落实情况。 步骤3：点评作业指导书的执行情况	
	3	工作终结	步骤1：工作负责人向值班调控人员或运维人员报告申请终结工作票，记录许可方式、工作许可人和终结报告时间，并签字确认，宣布本项工作结束。 步骤2：工作负责人组织工作班成员撤离现场，到达班组后将作业资料分类归档	

7. 验收总结

序号	作业总结	
1	验收评价	按指导书要求完成工作
2	存在问题及处理意见	无

8. 指导书执行情况签字栏

作业地点：	日期：　　年　　月　　日
工作班组：	工作负责人（签字）：
班组成员（签字）：	

9. 附录

略。

6.3 从环网箱临时取电给移动箱式变压器供电（综合不停电作业法）

6.3.1 项目概述

本项目指导与风险管控仅适用于如图 6-5 所示的从环网箱临时取电给移动箱式变压器供电（综合不停电作业法）工作，线路负荷电流不大于 200A 的工况。生产中务必结合现场实际工况参照适用。

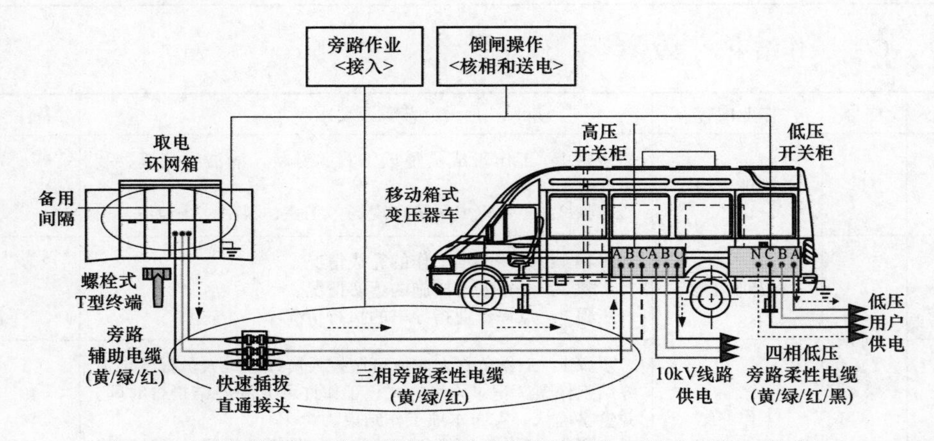

图 6-5　从环网箱临时取电给移动箱式变压器供电（综合不停电作业法）

6.3.2 作业流程

从环网箱临时取电给移动箱式变压器供电（综合不停电作业法）工作的作业流程，如图 6-6 所示。现场作业前，工作负责人应当检查确认线路负荷电流不大于 200A，作业装置和现场环境符合带电作业和旁路作业条件，方可开始工作。

6.3.3 作业风险管控

现场作业必须严把安全作业风险（管控）关，严格遵守以“工作票、安全交底会、作业指导书”为依据指导其作业全过程，实现作业项目全过程风险管控。接受工作任务应当根据现场勘察记录填写、签发工作票，编制作业指导书履行审批制度；到达工作现场应当进行现场复勘，履行工作许可手续和停用重合闸工作许可后，召开现场站班会、宣读工作票履行签字确认手续，严格遵照执行作业指导书规范作业。

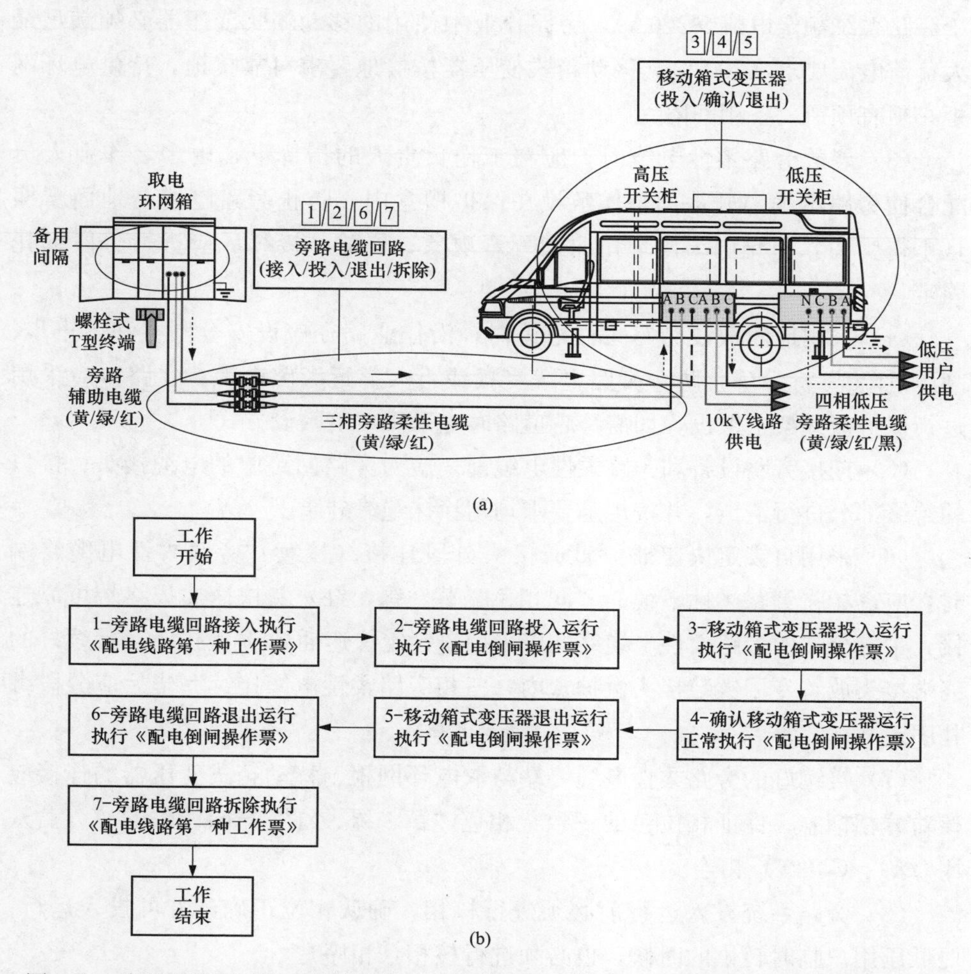

图 6-6　从环网箱临时取电给移动箱式变压器供电（综合不停电作业法）工作的作业流程
(a) 分项作业示意图；(b) 分项作业流程图

本项目为多专业人员协同工作：①旁路作业人员负责在“可控”的无电状态下完成从取电环网柜给移动箱式变压器和低压用户“送电”的旁路回路“接入”工作，执行《配电第一种工作票》；②运行操作人员负责“倒闸操作”工作，执行《配电倒闸操作票》。

本项目旁路作业＋倒闸操作风险管控如下：

(1) 电缆工作负责人（或专责监护人）在工作现场必须履行工作职责和行使监护职责。

（2）采用旁路作业方式进行环网柜检修作业时，必须确认线路负荷电流小于旁路系统额定电流（200A），旁路作业中使用的移动箱式变压器必须满足最大负荷电流要求（200A），移动箱式变压器按接地要求可靠接地，待供电环网柜必须有预留“备用间隔”。

（3）展放旁路柔性电缆时，应在工作负责人的指挥下，由多名作业人员配合使旁路电缆离开地面整体敷设在保护槽盒内，防止旁路电缆与地面摩擦且不得受力，防止电缆出现扭曲和死弯现象；展放、接续后应进行分段绑扎固定。

（4）采用地面敷设旁路柔性电缆时，沿作业路径应设安全围栏和“止步、高压危险!”标示牌，防止旁路电缆受损或行人靠近旁路电缆；在路口应采用过街保护盒或架空敷设，如需跨越道路时应采用架空敷设方式。

（5）连接旁路设备和旁路柔性电缆前，应对旁路回路中的电缆接头、接口的绝缘部分进行清洁，并按规定要求均匀涂抹绝缘硅脂。

（6）采用自锁定快速插拔直通接头分段连接（接续）旁路柔性电缆终端时，应逐相将旁路柔性电缆的“同相色（黄、绿、红）”快速插拔终端可靠连接，带有分支的旁路柔性电缆终端应采用自锁定快速插拔T型接头；接续好的终端接头放置专用铠装接头保护盒内；三相旁路柔性电缆接续完毕后应分段绑扎固定。

（7）接续好的旁路柔性电缆终端与取电环网柜、移动箱式变压器的连接应核对分相标志，保证相位色的一致：相色“黄、绿、红”与同相位的A（黄）、B（绿）、C（红）相连。

（8）旁路系统投入运行前必须进行核相，确认相位正确，方可投入运行；对低压用户临时转供的时候，也必须进行核相（相序）。

（9）接续好的旁路柔性电缆，应将旁路柔性电缆屏蔽层引线在取电环网柜处引出并可靠接地，接地线的截面积不宜小于$25mm^2$。

（10）采用旁路作业方式进行取电和供电前，应核对开关编号及状态，应确认环网柜备用间隔开关及旁路符合开关均在断开状态。

（11）打开环网柜门前应检查环网箱箱体接地装置的完整性，在接入旁路柔性电缆终端前，应对环网柜开关间隔出线侧进行验电。

（12）展放和接续好的旁路系统接入前进行绝缘电阻检测不应小于500MΩ。绝缘电阻检测完毕后，以及旁路设备拆除前、电缆终端拆除后，均应进行充分放电，用绝缘放电棒放电时，绝缘放电棒（杆）的接地应良好。绝缘放电棒

（杆）以及验电器的绝缘有效长度不应小于0.7m。

（13）采用螺栓式（T型）旁路电缆终端与（欧式）环网柜上的套管连接时，应首先确认环网柜柜体可靠接地，接入的间隔开关在断开位置，验电后安装旁路电缆终端时应保持旁路电缆终端与套管在同一轴线上，将终端推入到位，使导体可靠连接并用螺栓紧固，再用绝缘堵头塞住。

（14）操作旁路设备开关、检测绝缘电阻、使用放电棒（杆）进行放电时，操作人员均应戴绝缘手套进行。

（15）旁路系统投入运行后，应每隔半小时检测一次回路的负载电流，监视其运行情况。在旁路柔性电缆运行期间，应派专人看守、巡视；在车辆繁忙地段还应与交通管理部门取得联系，以取得配合。夜间作业应有足够的照明。

（16）组装完毕并投入运行的旁路作业装备可以在雨、雪天气运行（此条建议慎重执行），但应做好安全防护；禁止在雨、雪天气进行旁路作业装备敷设、组装、回收等工作。

（17）旁路作业中需要倒闸操作，必须由运行操作人员严格按照《配电倒闸操作票》进行，操作过程必须由两人进行，一人监护一人操作，并执行唱票制；操作机械传动的断路器（开关）或隔离开关（刀闸）时应戴绝缘手套。没有机械传动的断路器（开关）、隔离开关（刀闸）和跌落式熔断器，应使用合格的绝缘棒进行操作。

6.3.4　作业指导书编写

1. 适用范围

本指导书仅适用于如图6-5所示的从环网箱临时取电给移动箱式变压器供电（综合不停电作业法）工作，线路负荷电流不大于200A的工况，多专业人员协同完成：旁路作业“接入”工作、倒闸操作“送电”工作，执行《配电线路第一种工作票》和《配电倒闸操作票》。生产中务必结合现场实际工况参照适用。

2. 引用文件

GB/T 34577—2017《配电线路旁路作业技术导则》

Q/GDW 10799.8—2023《国家电网有限公司电力安全工作规程　第8部分：配电部分》

Q/GDW 10520—2016《10kV配网不停电作业规范》

3. 人员分工

本项目工作人员共计6人（不含地面配合人员和停电作业人员），人员分

工为：项目总协调人1人、电缆工作负责人（兼工作监护人）1人、地面电工2人，倒闸操作人员（含专责监护人）2人，地面配合人员和停电作业人员根据现场情况确定。

√	序号	人员分工	人数	职责	备注
	1	项目总协调人	1	协调不同班组协同工作	
	2	电缆工作负责人（兼工作监护人）	1	组织、指挥旁路作业工作，作业中全程监护和落实作业现场安全措施	
	3	地面电工	2	旁路作业地面工作，包括：旁路电缆的展放、连接、检测、接入、拆除、回收等工作	
	4	倒闸操作人员（含专责监护人）	2	倒闸操作工作，包括：旁路电缆回路核相、投入运行、退出运行等工作，一人监护、一人操作	
	5	地面配合人员和停电作业人员	若干	负责地面辅助配合工作和停电检修电缆线路工作	

4．工作前准备

√	序号	内容	要求	备注
	1	现场勘察	现场勘察由工作负责人组织开展，根据勘察结果确定作业方法、所需工具以及采取的措施，并填写现场勘察记录	
	2	编写作业指导书并履行审批手续	作业指导书由工作负责人组织编写，现场作业人员必须严格遵照执行作业指导书而规范作业，作业前必须履行相关审批手续	
	3	填写、签发工作票	工作票由工作负责人按票面要求逐项填写，并由工作票签发人审核、签发后才可开展本项工作	
	4	召开班前会	工作负责人组织班组成员召开班前会，认真学习作业指导书，明确作业方法、作业步骤、人员分工和工作职责等	
	5	领用工器具和运输	领用工器具应核对电压等级和试验周期、检查外观完好无损、填写工器具出入库记录单，运输工器具应装箱入袋或放在专用工具车内	

5．工器具配备（不含停电作业工器具配备）

√	序号	名称		规格、型号	数量	备注
	1	特种车辆	移动箱式变压器车	10kV/0.4kV	1辆	配套高低压电缆
	2		旁路作业车		1辆	旁路作业设备用车
	3	个人防护用具	绝缘手套	10kV	2双	戴防护手套

续表

√	序号	名称		规格、型号	数量	备注
	4	绝缘遮蔽用具	绝缘毯	10kV	6块	不少于配备数量
	5	金属工具	个人手工工具		1套	
	6	旁路设备	旁路柔性电缆	10kV，200A	若干	黄、绿、红3根1组，50m
	7		中间连接器	10kV，200A	若干	带接头保护盒
	8		旁路电缆保护盒		若干	根据现场情况选用
	9	检测仪器	电流检测仪	高压	1套	
	10		绝缘测试仪	2500V及以上	1套	
	11		高压验电器	10kV	1个	
	12		工频高压发生器	10kV	1个	
	13		风速湿度仪		1个	
	14		绝缘手套检测仪		1个	
	15		核相工具		1套	根据现场设备选配
	16		放电棒		1个	带接地线
	17		接地棒		1个	
	18		接地线		1个	

6. 作业程序

(1) 开工准备。

√	序号	作业内容	步骤及要求	备注
	1	现场复勘	步骤1：工作负责人核对线路、设备名称正确、工作任务无误、安全措施到位，线路负荷电流不大于200A，作业装置和现场环境符合旁路作业条件。 步骤2：工作班成员确认天气良好，实测风速__级（不大于5级）、湿度__%（不大于80%），符合作业条件。 步骤3：工作负责人根据复勘结果告知工作班成员：现场具备安全作业条件，可以开展工作	
	2	设置安全围栏和警示标志	步骤1：工作负责人指挥驾驶员将移动箱式变压器车停放到合适位置，将车体接地和保护接地。 步骤2：工作负责人指挥驾驶员将旁路作业车停放到合适位置。 步骤3：工作班成员依据作业空间设置硬质安全围栏，包括围栏的出口、入口。 步骤4：工作班成员设置“从此进出”“施工现场，车辆慢行或车辆绕行”等警示标志或路障。 步骤5：根据现场实际工况，增设临时交通疏导人员，应穿戴反光衣	

续表

√	序号	作业内容	步骤及要求	备注
	3	工作许可，召开站班会	步骤1：工作负责人向值班调控人员或运维人员申请工作许可和停用重合闸许可，记录许可方式、工作许可人和许可工作（联系）时间，并签字确认。 步骤2：工作负责人召开站班会宣读工作票。 步骤3：工作负责人确认工作班成员对工作任务、危险点预控措施和任务分工都已知晓，履行工作票签字、确认手续，记录工作开始时间	
	4	摆放和检查工器具	步骤1：工作班成员将工器具分区摆放在防潮帆布上。 步骤2：地面电工外观检查工器具完好无损，绝缘手套充（压）气检测确认不漏气	

（2）操作步骤。

√	序号	作业内容	步骤及要求	备注
	1	旁路电缆回路接入	执行《配电线路第一种工作票》： 步骤1：旁路作业人员按照"黄、绿、红"的顺序，分段将三相旁路电缆展放在防潮布上或保护盒内（根据实际情况选用）。 步骤2：旁路作业人员使用快速插拔中间接头，将同相色（黄、绿、红）旁路电缆的快速插拔终端可靠连接，接续好的终端接头放置专用铠装接头保护盒内，与取电环网箱备用间隔连接的螺栓式（T型）终端接头和与移动箱式变压器车连接的插拔终端规范地放置在绝缘毯上。 步骤3：运行操作人员检测旁路电缆回路绝缘电阻不小于500MΩ，使用放电棒对三相旁路电缆充分放电。 步骤4：运行操作人员检查确认移动箱式变压器车车体接地和工作接地、低压柜开关处于断开位置、高压柜的进线间隔开关、出线间隔开关以及变压器间隔开关处于断开位置。 步骤5：旁路作业人员将三相旁路电缆快速插拔接头与移动箱式变压器车的同相位高压输入端快速插拔接口A（黄）、B（绿）、C（红）可靠连接。 步骤6：旁路作业人员将三相四线低压旁路电缆专用接头与移动箱式变压器车的同相位低压输入端接头"（黄）A、B（绿）、C（红）、N（黑）"可靠连接。 步骤7：运行操作人员断开取电环网箱的备用间隔开关、合上接地开关，打开柜门，使用验电器验电确认无电后，将螺栓式（T型）终端接头与取电环网箱备用间隔上的同相位高压输入端螺栓接头A（黄）、B（绿）、C（红）可靠连接，三相旁路电缆屏蔽层可靠接地，合上柜门，断开接地开关	
	2	旁路电缆回路投入运行，移动箱式变压器投入运行	执行《配电倒闸操作票》： 步骤1：运行操作人员断开取电环网箱备用间隔接地开关，合上取电环网箱备用间隔开关，旁路电缆回路投入运行。	

续表

√	序号	作业内容	步骤及要求	备注
	2	旁路电缆回路投入运行，移动箱式变压器投入运行	步骤2：行操作人员合上移动箱式变压器车的高压进线间隔开关、变压器间隔开关、低压开关，移动箱式变压器车投入运行。 步骤3：运行操作人员每隔半小时检测1次旁路回路电流，确认移动箱式变压器运行正常	
	3	移动箱式变压器退出运行，旁路电缆回路退出运行	执行《配电倒闸操作票》： 步骤1：运行操作人员断开移动箱式变压器车的低压开关、变压器间隔开关、高压间隔开关，移动箱式变压器车退出运行。 步骤2：运行操作人员断开取电环网箱备用间隔开关、合上取电环网箱备用间隔接地开关，旁路电缆回路退出运行，移动箱式变压器供电工作结束	
	4	拆除旁路电缆回路	步骤1：旁路作业人员按照“（黄）A、B（绿）、C（红）、N（黑）”的顺序，拆除三相四线低压旁路电缆回路。 步骤2：旁路作业人员使用放电棒对三相四线低压旁路电缆回路充分放电后收回。 步骤3：旁路作业人员按照“A（黄）、B（绿）、C（红）”的顺序，拆除三相旁路电缆回路。 步骤4：旁路作业人员使用放电棒对三相旁路电缆回路充分放电后收回。 从环网箱临时取电给移动箱式变压器供电工作结束	

（3）工作结束。

√	序号	作业内容	步骤及要求	备注
	1	清理现场	步骤1：工作班成员整理工具、材料，清洁后装箱、装袋。 步骤2：工作班成员清理现场：工完、料尽、场地清	
	2	召开收工会	步骤1：点评本项工作的完成情况。 步骤2：点评安全措施的落实情况。 步骤3：点评作业指导书的执行情况	
	3	工作终结	步骤1：工作负责人向值班调控人员或运维人员报告申请终结工作票，记录许可方式、工作许可人和终结报告时间，并签字确认，宣布本项工作结束。 步骤2：工作负责人组织工作班成员撤离现场，到达班组后将作业资料分类归档	

7. 验收总结

序号	作业总结	
1	验收评价	按指导书要求完成工作
2	存在问题及处理意见	无

8. 指导书执行情况签字栏

作业地点：	日期：　　年　　月　　日
工作班组：	工作负责人（签字）：
班组成员（签字）：	

9. 附录

略。

6.4 从环网箱临时取电给环网箱供电（综合不停电作业法）

6.4.1 项目概述

本项目指导与风险管控仅适用于如图 6-7 所示的从环网箱临时取电给环网箱供电（综合不停电作业法）工作，线路负荷电流不大于 200A 的工况。生产中务必结合现场实际工况参照适用。

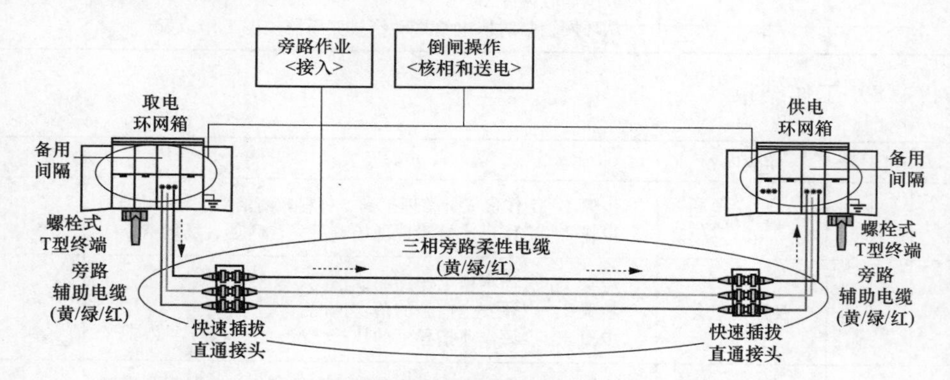

图 6-7　从环网箱临时取电给环网箱供电（综合不停电作业法）

6.4.2 作业流程

从环网箱临时取电给环网箱供电（综合不停电作业法）工作的作业流程，如图 6-8 所示。现场作业前，工作负责人应当检查确认线路负荷电流不大于 200A，作业装置和现场环境符合带电作业和旁路作业条件，方可开始工作。

6.4.3 作业风险管控

现场作业必须严把安全作业风险（管控）关，严格遵守以“工作票、安全

交底会、作业指导书”为依据指导其作业全过程，实现作业项目全过程风险管控。接受工作任务应当根据现场勘察记录填写、签发工作票，编制作业指导书履行审批制度；到达工作现场应当进行现场复勘，履行工作许可手续和停用重合闸工作许可后，召开现场站班会、宣读工作票履行签字确认手续，严格遵照执行作业指导书规范作业。

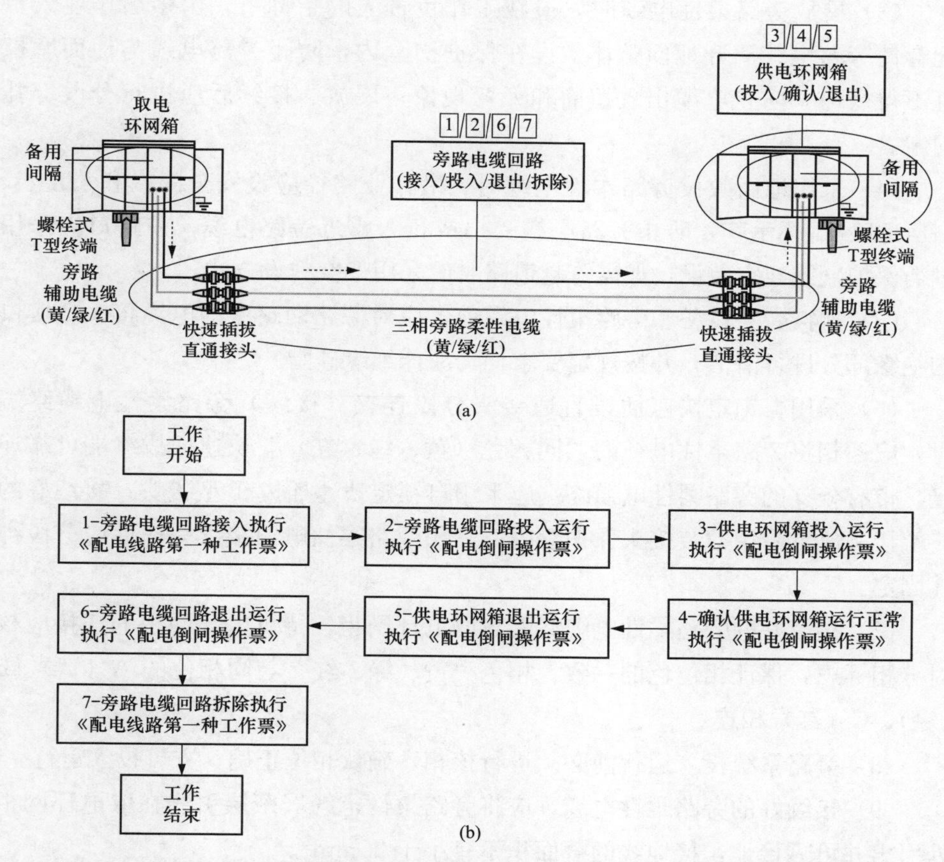

图 6-8　从环网箱临时取电给环网箱供电（综合不停电作业法）工作的作业流程

（a）分项作业示意图；（b）分项作业图

本项目为多专业人员协同工作：①旁路作业人员负责在“可控”的无电状态下完成从取电环网柜给供电环网柜“送电”的旁路回路“接入”工作，执行《配电第一种工作票》；②运行操作人员负责“倒闸操作”工作，执行《配电倒闸操作票》。

本项目旁路作业＋倒闸操作风险管控如下：

（1）电缆工作负责人（或专责监护人）在工作现场必须履行工作职责和行使监护职责。

（2）采用旁路作业方式进行环网柜检修作业时，必须确认线路负荷电流小于旁路系统额定电流（200A），取电环网柜和待供电环网柜必须均有预留“备用间隔”。

（3）展放旁路柔性电缆时，应在工作负责人的指挥下，由多名作业人员配合使旁路电缆离开地面整体敷设在保护槽盒内，防止旁路电缆与地面摩擦且不得受力，防止电缆出现扭曲和死弯现象；展放、接续后应进行分段绑扎固定。

（4）采用地面敷设旁路柔性电缆时，沿作业路径应设安全围栏和“止步、高压危险！”标示牌，防止旁路电缆受损或行人靠近旁路电缆；在路口应采用过街保护盒或架空敷设，如需跨越道路时应采用架空敷设方式。

（5）连接旁路设备和旁路柔性电缆前，应对旁路回路中的电缆接头、接口的绝缘部分进行清洁，并按规定要求均匀涂抹绝缘硅脂。

（6）采用自锁定快速插拔直通接头分段连接（接续）旁路柔性电缆终端时，应逐相将旁路柔性电缆的“同相色（黄、绿、红）”快速插拔终端可靠连接，带有分支的旁路柔性电缆终端应采用自锁定快速插拔T型接头；接续好的终端接头放置专用铠装接头保护盒内；三相旁路柔性电缆接续完毕后应分段绑扎固定。

（7）接续好的旁路柔性电缆终端与取电环网柜、待供电环网柜的连接应核对分相标志，保证相位色的一致：相色“黄、绿、红”与同相位的A（黄）、B（绿）、C（红）相连。

（8）旁路系统投入运行前必须进行核相，确认相位正确，方可投入运行。

（9）接续好的旁路柔性电缆，应将旁路柔性电缆屏蔽层引线在取电环网柜处引出并可靠接地，接地线的截面积不宜小于25mm^2。

（10）采用旁路作业方式进行取电和供电前，应核对开关编号及状态，应确认取电环网柜和待供电环网柜的备用间隔开关均在断开状态。

（11）打开环网柜门前应检查环网箱箱体接地装置的完整性，在接入旁路柔性电缆终端前，应对环网柜开关间隔出线侧进行验电。

（12）展放和接续好的旁路系统接入前进行绝缘电阻检测不应小于500MΩ；绝缘电阻检测完毕后，以及旁路设备拆除前、电缆终端拆除后，均应进行充分放电，用绝缘放电棒放电时，绝缘放电棒（杆）的接地应良好；绝缘放电棒

（杆）以及验电器的绝缘有效长度不应小于0.7m。

（13）采用螺栓式（T型）旁路电缆终端与（欧式）环网柜上的套管连接时，应首先确认环网柜柜体可靠接地，接入的间隔开关在断开位置，验电后安装旁路电缆终端时应保持旁路电缆终端与套管在同一轴线上，将终端推入到位，使导体可靠连接并用螺栓紧固，再用绝缘堵头塞住。

（14）操作旁路设备开关、检测绝缘电阻、使用放电棒（杆）进行放电时，操作人员均应戴绝缘手套进行。

（15）旁路系统投入运行后，应每隔半小时检测一次回路的负载电流，监视其运行情况。在旁路柔性电缆运行期间，应派专人看守、巡视。在车辆繁忙地段还应与交通管理部门取得联系，以取得配合。夜间作业应有足够的照明。

（16）组装完毕并投入运行的旁路作业装备可以在雨、雪天气运行（此条建议慎重执行），但应做好安全防护；禁止在雨、雪天气进行旁路作业装备敷设、组装、回收等工作。

（17）旁路作业中需要倒闸操作，必须由运行操作人员严格按照《配电倒闸操作票》进行，操作过程必须由两人进行，一人监护一人操作，并执行唱票制。操作机械传动的断路器（开关）或隔离开关（刀闸）时应戴绝缘手套；没有机械传动的断路器（开关）、隔离开关（刀闸）和跌落式熔断器，应使用合格的绝缘棒进行操作。

6.4.4　作业指导书

1. 适用范围

本指导书仅适用于如图6-7所示的从环网箱临时取电给环网箱供电（综合不停电作业法）工作，线路负荷电流不大于200A的工况，多专业人员协同完成：旁路作业“接入”工作、倒闸操作“送电”工作，执行《配电线路第一种工作票》和《配电倒闸操作票》。生产中务必结合现场实际工况参照适用。

2. 引用文件

GB/T 34577—2017《配电线路旁路作业技术导则》

Q/GDW 10520—2016《10kV配网不停电作业规范》

Q/GDW 10799.8—2023《国家电网有限公司电力安全工作规程　第8部分：配电部分》

3. 人员分工

本项目工作人员共计6人（不含地面配合人员和停电作业人员），人员分

工为：项目总协调人1人、电缆工作负责人（兼工作监护人）1人、地面电工2人，倒闸操作人员（含专责监护人）2人，地面配合人员和停电作业人员根据现场情况确定。

√	序号	人员分工	人数	职责	备注
	1	项目总协调人	1	协调不同班组协同工作	
	2	电缆工作负责人（兼工作监护人）	1	组织、指挥旁路作业工作，作业中全程监护和落实作业现场安全措施	
	3	地面电工	2	旁路作业地面工作，包括：旁路电缆的展放、连接、检测、接入、拆除、回收等工作	
	4	倒闸操作人员（含专责监护人）	2	倒闸操作工作，包括：旁路电缆回路核相、投入运行、退出运行等工作，一人监护、一人操作	
	5	地面配合人员和停电作业人员	若干	负责地面辅助配合工作和停电检修电缆线路工作	

4. 工作前准备

√	序号	内容	要求	备注
	1	现场勘察	现场勘察由工作负责人组织开展，根据勘察结果确定作业方法、所需工具以及采取的措施，并填写现场勘察记录	
	2	编写作业指导书并履行审批手续	作业指导书由工作负责人组织编写，现场作业人员必须严格遵照执行作业指导书而规范作业，作业前必须履行相关审批手续	
	3	填写、签发工作票	工作票由工作负责人按票面要求逐项填写，并由工作票签发人审核、签发后才可开展本项工作	
	4	召开班前会	工作负责人组织班组成员召开班前会，认真学习作业指导书，明确作业方法、作业步骤、人员分工和工作职责等	
	5	领用工器具和运输	领用工器具应核对电压等级和试验周期、检查外观完好无损、填写工器具出入库记录单，运输工器具应装箱入袋或放在专用工具车内	

5. 工器具配备（不含停电作业工器具配备）

√	序号	名称		规格、型号	数量	备注
	1	特种车辆	旁路作业车		1辆	旁路作业设备用车
	2	个人防护用具	绝缘手套	10kV	2双	戴防护手套
	3	绝缘遮蔽用具	绝缘毯	10kV	6块	不少于配备数量

续表

√	序号	名称		规格、型号	数量	备注
	4	金属工具	个人手工工具		1套	
	5	旁路设备	旁路柔性电缆	10kV，200A	若干	黄、绿、红3根1组，50m
	6		中间连接器	10kV，200A	若干	带接头保护盒
	7		旁路电缆保护盒		若干	根据现场情况选用
	8	检测仪器	电流检测仪	高压	1套	
	9		绝缘测试仪	2500V及以上	1套	
	10		高压验电器	10kV	2个	
	11		工频高压发生器	10kV	2个	
	12		风速湿度仪		1个	
	13		绝缘手套检测仪		1个	
	14		核相工具		1套	根据现场设备选配
	15		放电棒		1个	带接地线
	16		接地棒		1个	
	17		接地线		1个	

6. 作业程序

(1) 开工准备。

√	序号	作业内容	步骤及要求	备注
	1	现场复勘	步骤1：工作负责人核对线路、设备名称正确、工作任务无误、安全措施到位，线路负荷电流不大于200A，作业装置和现场环境符合旁路作业条件。 步骤2：工作班成员确认天气良好，实测风速__级（不大于5级）、湿度__%（不大于80%），符合作业条件。 步骤3：工作负责人根据复勘结果告知工作班成员：现场具备安全作业条件，可以开展工作	
	2	设置安全围栏和警示标志	步骤1：工作负责人指挥驾驶员将旁路作业车停放到合适位置。 步骤2：工作班成员依据作业空间设置硬质安全围栏，包括围栏的出口、入口。 步骤3：工作班成员设置“从此进出”“施工现场，车辆慢行或车辆绕行”等警示标志或路障。 步骤4：根据现场实际工况，增设临时交通疏导人员，应穿戴反光衣	

续表

√	序号	作业内容	步骤及要求	备注
	3	工作许可，召开站班会	步骤1：工作负责人向值班调控人员或运维人员申请工作许可和停用重合闸许可，记录许可方式、工作许可人和许可工作（联系）时间，并签字确认。 步骤2：工作负责人召开站班会宣读工作票。 步骤3：工作负责人确认工作班成员对工作任务、危险点预控措施和任务分工都已知晓，履行工作票签字、确认手续，记录工作开始时间	
	4	摆放和检查工器具	步骤1：工作班成员将工器具分区摆放在防潮帆布上。 步骤2：地面电工外观检查工器具完好无损，绝缘手套充（压）气检测确认不漏气	

（2）操作步骤。

√	序号	作业内容	步骤及要求	备注
	1	旁路电缆回路接入	执行《配电线路第一种工作票》： 步骤1：旁路作业人员按照“黄、绿、红”的顺序，分段将三相旁路电缆展放在防潮布上或保护盒内（根据实际情况选用）。 步骤2：旁路作业人员使用快速插拔中间接头，将同相色（黄、绿、红）旁路柔性电缆的快速插拔终端可靠连接，接续好的终端接头放置专用铠装接头保护盒内，与取（供）电环网箱备用间隔连接的螺栓式（T型）终端接头规范地放置在绝缘毯上。 步骤3：运行操作人员检测旁路电缆回路绝缘电阻不小于500MΩ，使用放电棒对三相旁路电缆充分放电后。 步骤4：运行操作人员断开取电环网箱的备用间隔开关、合上接地开关，打开柜门，使用验电器验电确认无电后，将螺栓式（T型）终端接头与取电环网箱备用间隔上的同相位高压输入端螺栓接头按照“A（黄）、B（绿）、C（红）”的顺序可靠连接，三相旁路电缆屏蔽层可靠接地，合上柜门，断开接地开关。 步骤5：运行操作人员断开供电环网箱的备用间隔开关、合上接地开关，打开柜门，使用验电器验电确认无电后，将螺栓式（T型）终端接头与供电环网箱备用间隔上的同相位高压输入端螺栓接头按照“A（黄）、B（绿）、C（红）”的顺序可靠连接，三相旁路电缆屏蔽层可靠接地，合上柜门，断开接地开关	
	2	旁路电缆回路投入运行，供电环网箱投入运行	执行《配电倒闸操作票》，运行操作人员按照“先送电源侧，后送负荷侧”的顺序进行倒闸操作： 步骤1：运行操作人员断开取电环网箱备用间隔接地开关、合上取电环网箱备用间隔开关，旁路回路投入运行。	

续表

√	序号	作业内容	步骤及要求	备注
	2	旁路电缆回路投入运行，供电环网箱投入运行	步骤2：运行操作人员断开供电环网箱备用间隔接地开关、合上供电环网箱备用间隔开关，供电环网箱投入运行。 步骤3：运行操作人员每隔半小时检测1次旁路回路电流监视其运行情况，确认供电环网箱运行正常	
	3	供电环网箱退出运行，旁路电缆回路退出运行	执行《配电倒闸操作票》，运行操作人员按照“先断负荷侧，后断电源侧”的顺序进行倒闸操作： 步骤1：运行操作人员断开供电环网箱备用间隔开关、合上供电环网箱备用间隔接地开关，供电环网箱退出运行。 步骤2：运行操作人员断开取电环网箱备用间隔开关、合上取电环网箱备用间隔接地开关，旁路电缆回路退出运行	
	4	拆除旁路电缆回路	步骤1：旁路作业人员按照“A（黄）、B（绿）、C（红）”的顺序，拆除三相旁路电缆回路。 步骤2：旁路作业人员使用放电棒对三相旁路电缆回路充分放电后收回。 从环网箱临时取电给环网箱供电工作结束	

（3）工作结束。

√	序号	作业内容	步骤及要求	备注
	1	清理现场	步骤1：工作班成员整理工具、材料，清洁后装箱、装袋。 步骤2：工作班成员清理现场：工完、料尽、场地清	
	2	召开收工会	步骤1：点评本项工作的完成情况。 步骤2：点评安全措施的落实情况。 步骤3：点评作业指导书的执行情况	
	3	工作终结	步骤1：工作负责人向值班调控人员或运维人员报告申请终结工作票，记录许可方式、工作许可人和终结报告时间，并签字确认，宣布本项工作结束。 步骤2：工作负责人组织工作班成员撤离现场，到达班组后将作业资料分类归档	

7. 验收总结

序号	作业总结	
1	验收评价	按指导书要求完成工作
2	存在问题及处理意见	无

8. 指导书执行情况签字栏

作业地点：	日期：　　年　　月　　日
工作班组：	工作负责人（签字）：
班组成员（签字）：	

9. 附录

略。

第 7 章　消缺及装拆附件类常用项目指导与风险管控

7.1　普通消缺及装拆附件类项目（绝缘杆作业法，登杆作业）

7.1.1　项目概述

本项目指导与风险管控仅适用于如图 7-1 所示的 10kV 配网架空线路，采用绝缘杆作业法（登杆作业）带电普通消缺及装拆附件工作，包括：修剪树枝、清除异物、扶正绝缘子、拆除退役设备，加装或拆除接触设备套管、故障指示器、驱鸟器等。生产中务必结合现场实际工况参照适用，并积极推广绝缘手套作业法融合绝缘杆作业法在绝缘斗臂车的工作绝缘斗或其他绝缘平台上的应用。

(a)　　(b)

图 7-1　绝缘杆作业法（登杆作业）带电普通消缺及装拆附件工作

(a) 主线路；(b) 分支线路

7.1.2　作业风险管控

现场作业必须严把安全作业风险（管控）关，严格遵守以“工作票、安全

交底会、作业指导书”为依据指导其作业全过程，实现作业项目全过程风险管控。接受工作任务应当根据现场勘察记录填写、签发工作票，编制作业指导书履行审批制度；到达工作现场应当进行现场复勘，履行工作许可手续和停用重合闸工作许可后，召开现场站班会、宣读工作票履行签字确认手续，严格遵照执行作业指导书规范作业。

（1）杆上电工登杆作业应正确使用有后备保护绳的安全带，到达安全作业工位后，应将个人使用的后备保护绳安全可靠地固定在电杆合适位置上。

（2）杆上电工在电杆或横担上悬挂（拆除）绝缘传递绳时，应使用绝缘操作杆在确保安全作业距离的前提下进行。

（3）采用绝缘杆作业法（登杆）作业时，杆上电工应根据作业现场的实际工况正确穿戴绝缘防护用具，做好人身安全防护工作。

（4）个人绝缘防护用具使用前必须进行外观检查，绝缘手套使用前必须进行充（压）气检测，确认合格后方可使用。带电作业过程中，禁止摘下绝缘防护用具。

（5）杆上作业人员伸展身体各部位有可能同时触及不同电位（带电体和接地体）的设备时，或作业中不能有效保证人体与带电体最小 0.4m 的安全距离时，作业前必须对带电体进行绝缘遮蔽（隔离），遮蔽用具之间的重叠部分不得小于 150mm。

（6）杆上电工作业过程中，包括设置（拆除）绝缘遮蔽（隔离）用具的作业中，站位选择应合适，在不影响作业的前提下，应确保人体远离带电体，手持绝缘操作杆的有效绝缘长度不小于 0.7m。

7.1.3 作业指导书

1. 适用范围

本指导书仅适用于如图 7-1 所示的采用绝缘杆作业法（登杆作业）带电普通消缺及装拆附件工作，包括：修剪树枝、清除异物、扶正绝缘子、拆除退役设备，加装或拆除接触设备套管、故障指示器、驱鸟器等，并积极推广绝缘手套作业法融合绝缘杆作业法（俗称短杆作业）在绝缘斗臂车的工作绝缘斗或其他绝缘平台如绝缘脚手架上的应用。

2. 引用文件

GB/T 18857—2019《配电线路带电作业技术导则》

Q/GDW 10520—2016《10kV 配网不停电作业规范》

Q/GDW 10799.8—2023《国家电网有限公司电力安全工作规程　第 8 部

分：配电部分》

3. 人员分工

本作业项目工作人员共计 4 人，人员分工为：工作负责人（兼工作监护人）1 人、杆上电工 2 人、地面电工 1 人。

√	序号	人员分工	人数	职责	备注
	1	工作负责人（兼工作监护人）	1	执行配电带电作业工作票，组织、指挥带电作业工作，作业中全程监护和落实作业现场安全措施	
	2	杆上电工	2	杆上 1 号电工：负责普通消缺及装拆附件工作。杆上 2 号辅助电工：配合杆上 1 号电工作业	
	3	地面电工	1	负责地面工作，配合杆上电工作业	

4. 工作前准备

√	序号	内容	要求	备注
	1	现场勘察	现场勘察由工作负责人组织开展，根据勘察结果确定作业方法、所需工具以及采取的措施，并填写现场勘察记录	
	2	编写作业指导书并履行审批手续	作业指导书由工作负责人组织编写，现场作业人员必须严格遵照执行作业指导书而规范作业，作业前必须履行相关审批手续	
	3	填写、签发工作票	工作票由工作负责人按票面要求逐项填写，并由工作票签发人审核、签发后才可开展本项工作	
	4	召开班前会	工作负责人组织班组成员召开班前会，认真学习作业指导书，明确作业方法、作业步骤、人员分工和工作职责等	
	5	领用工器具和运输	领用工器具应核对电压等级和试验周期、检查外观完好无损、填写工器具出入库记录单，运输工器具应装箱入袋或放在专用工具车内	

5. 工器具配备

√	序号	名称		规格、型号	数量	备注
	1	个人防护用具	绝缘手套	10kV	2 双	戴防护手套
	2		绝缘安全帽	10kV	2 顶	杆上电工用
	3		绝缘披肩（绝缘服）	10kV	2 件	根据现场情况选择
	4		护目镜		2 个	
	5		绝缘安全带		2 个	有后备保护绳

续表

√	序号	名称		规格、型号	数量	备注
	6	绝缘遮蔽用具	导线遮蔽罩	10kV	若干	根据现场情况选择
	7		绝缘子遮蔽罩	10kV	若干	根据现场情况选择
	8	绝缘工具	绝缘滑车	10kV	1个	绝缘传递绳用
	9		绝缘绳套	10kV	1个	挂滑车用
	10		绝缘传递绳	10kV	1根	
	11		绝缘锁杆	10kV	1个	同时锁定两根导线
	12		绝缘锁杆	10kV	1个	伸缩式
	13		绝缘绳	10kV	1根	根据现场情况配备
	14		绝缘操作杆	10kV	1个	根据现场情况配备
	15		普通消缺专用工具	10kV	1套	根据现场情况配备
	16		设备套管安装工具	10kV	1套	根据现场情况配备
	17		故障指示器安装工具	10kV	1套	根据现场情况配备
	18		驱鸟器安装工具	10kV	1套	根据现场情况配备
	19	金属工具	脚扣	水泥杆用	2双	
	20	检测仪器	绝缘测试仪	2500V及以上	1套	
	21		高压验电器	10kV	1个	
	22		工频高压发生器	10kV	1个	
	23		风速湿度仪		1个	
	24		绝缘手套检测仪		1个	

6. 作业程序

(1) 开工准备。

√	序号	作业内容	步骤及要求	备注
	1	现场复勘	步骤1：工作负责人核对线路人称和杆号正确、工作任务正确、安全措施到位，作业装置和现场环境符合带电作业条件。 步骤2：工作班成员确认天气良好，实测风速_级（不大于5级）、湿度_%（不大于80%），符合作业条件。 步骤3：工作负责人根据复勘结果告知工作班成员：现场具备安全作业条件，可以开展工作	
	2	设置安全围栏和警示标志	步骤1：工作班成员依据作业空间设置硬质安全围栏，包括围栏的出口、入口。 步骤2：工作班成员设置“从此进出”“施工现场，车辆慢行或车辆绕行”等警示标志或路障。 步骤3：根据现场实际工况，增设临时交通疏导人员，应穿戴反光衣	

续表

√	序号	作业内容	步骤及要求	备注
	3	工作许可，召开站班会	步骤 1：工作负责人向值班调控人员或运维人员申请工作许可和停用重合闸许可，记录许可方式、工作许可人和许可工作（联系）时间，并签字确认。 步骤 2：工作负责人召开站班会宣读工作票。 步骤 3：工作负责人确认工作班成员对工作任务、危险点预控措施和任务分工都已知晓，履行工作票签字、确认手续，记录工作开始时间	
	4	摆放和检查工器具	步骤 1：工作班成员将防潮帆布放置在合适位置。 步骤 2：工作班成员将个人防护用具、绝缘遮蔽用具、检测仪器、金属工具、材料等分区摆放在防潮帆布上。 步骤 3：杆上电工对绝缘安全帽、绝缘披肩或绝缘服、绝缘手套擦拭并外观检查完好无损，绝缘手套进行充（压）气检测确认不漏气。 步骤 4：地面电工配合杆上电工擦拭并外观检查绝缘工具外观完好无损，使用绝缘测试仪分段检测绝缘电阻值不低于 700MΩ。 步骤 5：杆上电工对脚扣、安全带进行外观检查和人体冲击试验，确认完好无损	

（2）操作步骤。

√	序号	作业内容	步骤及要求	备注
	1	工作开始，进入带电作业区域，验电	步骤 1：获得工作负责人许可后，杆上电工穿戴好绝缘防护服，携带绝缘传递绳登杆至合适位置，将个人使用的后备保护绳（二防绳）系挂在电杆合适位置上。 步骤 2：杆上电工使用验电器对绝缘子、横担进行验电，确认无漏电现象，连同现场检测的风速、湿度一并记录在工作票备注栏内。 步骤 3：杆上电工在确保安全距离的前提下，使用绝缘操作杆挂好绝缘传递绳。 步骤 4：杆上电工根据现场实际情况，使用绝缘操作杆按照“从近到远、从下到上、先带电体后接地体”的遮蔽原则，对不能满足安全距离的带电体和接地体进行绝缘遮蔽	
	2	修剪树枝	步骤 1：杆上电工判断树枝离带电体的安全距离是否满足要求，无法满足时需采取有效的绝缘遮蔽隔离措施。 步骤 2：杆上电工使用修剪刀修剪树枝，树枝高出导线的，应用绝缘绳固定需修剪的树枝，或使之倒向远离线路的方向。 步骤 3：地面电工配合将修剪的树枝放至地面	
	3	清除异物	步骤 1：杆上电工判断拆除异物时的安全距离是否满足要求，无法满足时需采取有效的绝缘遮蔽隔离措施。 步骤 2：杆上电工拆除异物时，需站在上风侧，需采取措施防止异物落下伤人等。	

续表

√	序号	作业内容	步骤及要求	备注
	3	清除异物	步骤 3：地面电工配合将异物放至地面	
	4	扶正绝缘子	步骤 1：杆上电工判断扶正绝缘子时的安全距离是否满足要求，对不能满足安全距离的带电体及接地体进行绝缘遮蔽。 步骤 2：作业人员使用绝缘套筒操作杆紧固绝缘子螺母。 步骤 3：作业完成后取下绝缘套筒操作杆。 步骤 4：扶正绝缘子可按先易后难的原则进行。 步骤 5：检查杆上无遗留物，作业人员返回地面	
	5	拆除退役设备	步骤 1：杆上电工判断拆除废旧设备离带电体的安全距离是否满足要求，无法满足时需采取有效的绝缘遮蔽隔离措施。 步骤 2：杆上电工拆除废旧设备时，需采取措施防止废旧设备落下伤人等。 步骤 3：地面电工配合将拆除废旧设备放至地面	
	6	加装接触设备套管	步骤 1：杆上电工判断安装绝缘套管时的安全距离是否满足要求，无法满足时需采取有效的绝缘遮蔽隔离措施。 步骤 2：使用绝缘操作杆将绝缘套管安装工具安装到内边相导线上。 步骤 3：1 号电工使用绝缘夹钳将绝缘套管安装到绝缘套管安装工具的导入槽上。 步骤 4：2 号电工使用另一把绝缘夹钳推动绝缘套管到相应导线上，绝缘套管之间应紧密连接，使用绝缘夹钳将绝缘套管开口向下。 步骤 5：其余两相按相同方法进行。 步骤 6：绝缘套管安装完毕后，拆除绝缘套管安装工具。 步骤 7：安装绝缘套管可按先易后难的原则进行	
	7	拆除接触设备套管	步骤 1：杆上电工判断拆除绝缘套管时的安全距离是否满足要求，无法满足时需采取有效的绝缘遮蔽隔离措施。 步骤 2：使用绝缘操作杆将绝缘套管安装工具安装到中相导线上。 步骤 3：1 号电工使用绝缘夹钳将绝缘套管开口向上，拉到绝缘套管安装工具的导入槽上。 步骤 4：2 号电工使用另一把绝缘夹钳拽动绝缘套管到绝缘套管安装工具的导入槽上，使绝缘套管顺绝缘套管安装工具的导入槽导出。 步骤 5：其余两相按相同方法进行。 步骤 6：绝缘套管拆除完毕后，拆除绝缘套管安装工具。 步骤 7：拆除绝缘套管可按先难后易的原则进行	
	8	加装故障指示器	步骤 1：杆上电工判断安装故障指示器时的安全距离是否满足要求，无法满足时需采取有效的绝缘遮蔽隔离措施。 步骤 2：作业人员使用安装好故障指示器的故障指示器安装工具，垂直于导线向上推动安装工具将故障指示器安装到相应的导线上。	

续表

√	序号	作业内容	步骤及要求	备注
	8	加装故障指示器	步骤 3：故障指示器安装完毕后，撤下故障指示器安装工具。 步骤 4：其余两相按相同方法进行	
	9	拆除故障指示器	步骤 1：杆上电工判断拆除故障指示器时的安全距离是否满足要求，无法满足时需采取有效的绝缘遮蔽隔离措施。 步骤 2：作业人员使用故障指示器安装工具，垂直于导线向上推动安装工具，将其锁定到故障指示器上，并确认锁定牢固。 步骤 3：垂直向下拉动安装工具将故障指示器脱离导线。 步骤 4：其余两相按相同方法进行	
	10	加装驱鸟器	步骤 1：杆上电工判断安装驱鸟器时的安全距离是否满足要求，无法满足时需采取有效的绝缘遮蔽隔离措施。 步骤 2：作业人员使用驱鸟器的安装工具，将驱鸟器安装到横担的预定位置上，撤下安装工具。驱鸟器螺栓应预留横担厚度距离。 步骤 3：使用绝缘套筒操作杆旋紧驱鸟器两螺栓。 步骤 4：按相同方法完成其余驱鸟器的安装	
	11	拆除驱鸟器	步骤 1：作业人员使用绝缘套筒操作杆旋松驱鸟器上的两个固定螺栓。 步骤 2：作业人员使用驱鸟器的安装工具，锁定待拆除的驱鸟器，拆除驱鸟器。 步骤 3：按相同方法完成其余驱鸟器的拆除工作	
	12	工作完成，拆除绝缘遮蔽，退出带电作业区域	步骤 1：杆上电工向工作负责人汇报确认本项工作已完成。 步骤 2：杆上电工按照“从远到近、从上到下、先接地体后带电体”的原则拆除绝缘遮蔽。 步骤 3：检查杆上无遗留物，杆上电工返回地面，工作结束	

（3）工作结束。

√	序号	作业内容	步骤及要求	备注
	1	清理现场	步骤 1：工作班成员整理工具、材料，清洁后装箱、装袋。 步骤 2：工作班成员清理现场：工完、料尽、场地清	
	2	召开收工会	步骤 1：点评本项工作的完成情况。 步骤 2：点评安全措施的落实情况。 步骤 3：点评作业指导书的执行情况	

续表

√	序号	作业内容	步骤及要求	备注
	3	工作终结	步骤1：工作负责人向值班调控人员或运维人员报告申请终结工作票，记录许可方式、工作许可人和终结报告时间，并签字确认，宣布本项工作结束。 步骤2：工作负责人组织工作班成员撤离现场，到达班组后将作业资料分类归档	

7. 验收总结

序号	作业总结	
1	验收评价	按指导书要求完成工作
2	存在问题及处理意见	无

8. 指导书执行情况签字栏

作业地点：	日期：　年　月　日
工作班组：	工作负责人（签字）：
班组成员（签字）：	

9. 附录

略。

7.2　普通消缺及装拆附件类项目（绝缘手套作业法，绝缘斗臂车作业）

7.2.1　项目概述

本项目指导与风险管控仅适用于如图7-1所示的10kV配网架空线路，采用绝缘手套作业法（绝缘斗臂车作业）带电普通消缺及装拆附件工作，包括：清除异物、扶正绝缘子、修补导线及调节导线弧垂、处理绝缘导线异响、拆除退役设备、更换拉线、拆除非承力拉线、加装接地环、加装或拆除接触设备套管、故障指示器、驱鸟器等。生产中务必结合现场实际工况参照适用。

7.2.2　作业风险管控

现场作业必须严把安全作业风险（管控）关，严格遵守以“工作票、安全

交底会、作业指导书”为依据指导其作业全过程，实现作业项目全过程风险管控。接受工作任务应当根据现场勘察记录填写、签发工作票，编制作业指导书履行审批制度；到达工作现场应当进行现场复勘，履行工作许可手续和停用重合闸工作许可后，召开现场站班会、宣读工作票履行签字确认手续，严格遵照执行作业指导书规范作业。

（1）进入绝缘斗内的作业人员必须穿戴个人绝缘防护用具（绝缘手套、绝缘服或绝缘披肩、绝缘安全帽以及护目镜等），使用的安全带应有良好的绝缘性能，起臂前安全带保险钩必须系挂在绝缘斗内专用挂钩上。

（2）带电作业过程中，禁止摘下绝缘防护用具。

（3）绝缘斗臂车使用前应可靠接地；对于伸缩臂式和混合式的绝缘斗臂车，作业中的绝缘臂伸出的有效绝缘长度不应小于1.0m。禁止绝缘斗超载工作和超载起吊。

（4）绝缘斗内双人作业时，禁止在不同相或不同电位同时作业。

（5）GB/T 18857—2019《配电线路带电作业技术导则》第6.2.2条、第6.2.3条规定：采用绝缘手套作业法时无论作业人员与接地体和相邻带电体的空气间隙是否满足规定的安全距离，作业前均需对人体可能触及范围内的带电体和接地体进行绝缘遮蔽。在作业范围窄小，电气设备布置密集处，为保证作业人员对相邻带电体或接地体的有效隔离，在适当位置还应装设绝缘隔板等限制作业人员的活动范围。

（6）绝缘斗内作业人员按照“先外侧（近边相和远边相）、后内侧（中间相）”的顺序依次进行同相绝缘遮蔽（隔离）时，应严格遵循“先带电体后接地体”的原则。

（7）缘遮蔽（隔离）的范围应比作业人员活动范围增加0.4m以上，绝缘遮蔽用具之间的重叠部分不得小于150mm，遮蔽措施应严密与牢固。

（8）绝缘斗内人员作业时严禁人体同时接触两个不同的电位体，包括设置（拆除）绝缘遮蔽（隔离）用具的作业中，作业工位的选择应合适，在不影响作业的前提下，人身务必与带电体和接地体保持一定的安全距离，以防绝缘斗内人员作业过程中人体串入电路。

（9）绝缘斗内作业人员按照“先内侧（中间相）、后外侧（近边相和远边相）”的顺序依次拆除同相绝缘遮蔽（隔离）用具时，应严格遵循“先接地体后带电体”的原则。

7.2.3 作业指导书

1. 适用范围

本指导书仅适用于如图 7-2 所示的采用绝缘手套作业法（绝缘斗臂车作业）带电普通消缺及装拆附件工作，包括：清除异物、扶正绝缘子、修补导线及调节导线弧垂、处理绝缘导线异响、拆除退役设备、更换拉线、拆除非承力拉线、加装接地环、加装或拆除接触设备套管、故障指示器、驱鸟器等。生产中务必结合现场实际工况参照适用。

2. 引用文件

GB/T 18857—2019《配电线路带电作业技术导则》

Q/GDW 10520—2016《10kV 配网不停电作业规范》

Q/GDW 10799.8—2023《国家电网有限公司电力安全工作规程　第 8 部分：配电部分》

3. 人员分工

本作业项目工作人员共计 4 人人员分工为：工作负责人（兼工作监护人）1 人、斗内电工 2 人、地面电工 1 人。

√	序号	人员分工	人数	职责	备注
	1	工作负责人（兼工作监护人）	1	执行配电带电作业工作票，组织、指挥带电作业工作，作业中全程监护和落实作业现场安全措施	
	2	斗内电工	2	斗内 1 号电工：负责普通消缺及装拆附件工作。 斗内 2 号辅助电工：配合斗内 1 号电工作业	
	3	地面电工	1	负责地面工作，配合斗内电工作业	

4. 工作前准备

√	序号	内容	要求	备注
	1	现场勘察	现场勘察由工作负责人组织开展，根据勘察结果确定作业方法、所需工具以及采取的措施，并填写现场勘察记录	
	2	编写作业指导书并履行审批手续	作业指导书由工作负责人组织编写，现场作业人员必须严格遵照执行作业指导书而规范作业，作业前必须履行相关审批手续	
	3	填写、签发工作票	工作票由工作负责人按票面要求逐项填写，并由工作票签发人审核、签发后才可开展本项工作	

续表

√	序号	内容	要求	备注
	4	召开班前会	工作负责人组织班组成员召开班前会，认真学习作业指导书，明确作业方法、作业步骤、人员分工和工作职责等	
	5	领用工器具和运输	领用工器具应核对电压等级和试验周期、检查外观完好无损、填写工器具出入库记录单，运输工器具应装箱入袋或放在专用工具车内	

5. 工器具配备（包括 10kV 绝缘斗臂车 1 辆）

√	序号	名称		规格、型号	数量	备注
	1	个人防护用具	绝缘手套	10kV	2 双	戴防护手套
	2		绝缘安全帽	10kV	2 顶	杆上电工用
	3		绝缘披肩（绝缘服）	10kV	2 件	根据现场情况选择
	4		护目镜		2 个	
	5		绝缘安全带		2 个	有后备保护绳
	6	绝缘遮蔽用具	导线遮蔽罩	10kV	若干	根据现场情况选择
	7		引线遮蔽罩	10kV	若干	根据现场情况选择
	8		绝缘毯	10kV	若干	根据现场情况选择
	9		绝缘毯夹	10kV	若干	根据现场情况选择
	10	绝缘工具	绝缘传递绳	10kV	1 根	ϕ12×15m
	11		绝缘锁杆	10kV	1 个	同时锁定两根导线
	12		绝缘锁杆	10kV	1 个	伸缩式
	13		绝缘绳	10kV	1 根	根据现场情况配备
	14		绝缘操作杆	10kV	1 个	根据现场情况配备
	15		普通消缺专用工具	10kV	1 套	根据现场情况配备
	16		装拆附件安装工具	10kV	1 套	根据现场情况配备
	17	金属工具	普通消缺工具		1 套	根据现场情况配备
	18		装拆附件工具		1 套	根据现场情况配备
	19	检测仪器	绝缘测试仪	2500V 及以上	1 套	
	20		高压验电器	10kV	1 个	
	21		工频高压发生器	10kV	1 个	
	22		风速湿度仪		1 个	
	23		绝缘手套检测仪		1 个	

6. 作业程序

(1) 开工准备。

√	序号	作业内容	步骤及要求	备注
	1	现场复勘	步骤1：工作负责人核对线路人称和杆号正确、工作任务正确、安全措施到位，作业装置和现场环境符合带电作业条件。 步骤2：工作班成员确认天气良好，实测风速__级（不大于5级）、湿度__%（不大于80%），符合作业条件。 步骤3：工作负责人根据复勘结果告知工作班成员：现场具备安全作业条件，可以开展工作	
	2	停放绝缘斗臂车，设置安全围栏和警示标志	步骤1：工作负责人指挥驾驶员将绝缘斗臂车停放到合适位置，绝缘斗内电工将支腿支放到垫板上，检查确认轮胎离地、支撑牢固，使用接地线和接地棒将绝缘斗臂车可靠接地。 步骤2：工作班成员依据作业空间设置硬质安全围栏，包括围栏的出口、入口。 步骤3：工作班成员设置"从此进出""施工现场，车辆慢行或车辆绕行"等警示标志或路障。 步骤4：根据现场实际工况，增设临时交通疏导人员，应穿戴反光衣	
	3	工作许可，召开站班会	步骤1：工作负责人向值班调控人员或运维人员申请工作许可和停用重合闸许可，记录许可方式、工作许可人和许可工作（联系）时间，并签字确认。 步骤2：工作负责人召开站班会宣读工作票。 步骤3：工作负责人确认工作班成员对工作任务、危险点预控措施和任务分工都已知晓，履行工作票签字、确认手续，记录工作开始时间	
	4	摆放和检查工器具	步骤1：工作班成员将防潮帆布放置在合适位置。 步骤2：工作班成员将个人防护用具、绝缘遮蔽用具、绝缘工具、检测仪器以及金属工具与材料分区摆放在防潮帆布上。 步骤3：绝缘斗内电工对绝缘安全帽、绝缘披肩或绝缘服、绝缘手套擦拭并外观检查完好无损，绝缘手套进行充（压）气检测确认不漏气。 步骤4：地面电工配合绝缘斗内电工擦拭并外观检查绝缘工具外观完好无损，使用绝缘测试仪分段检测绝缘电阻值不低于700MΩ。 步骤5：绝缘斗内电工对安全带进行外观检查和人体冲击试验，确认完好无损。 步骤6：绝缘斗内电工对绝缘斗臂车的绝缘斗和绝缘臂外观检查完好无损，空绝缘斗试操作（包括升降、伸缩、回转等），确认绝缘斗臂车工作正常	
	5	绝缘斗内电工进绝缘斗，可携带工器具入绝缘斗	步骤1：绝缘斗内电工穿戴好绝缘防护用具，经工作负责人检查合格后进入绝缘斗，挂好安全带保险钩。	

续表

√	序号	作业内容	步骤及要求	备注
	5	绝缘斗内电工进绝缘斗，可携带工器具入绝缘斗	步骤 2：地面电工将绝缘遮蔽用具和可携带的绝缘工具入绝缘斗，绝缘毯叠放在绝缘斗的边缘上并用毯夹固定。 步骤 3：绝缘斗内 2 号电工获得工作负责人许可后，可结合“先抬臂（离支架）、再伸臂（1m 线）、加旋转”等动作，操作绝缘斗进入带电作业区域，作业中禁止摘下绝缘手套，绝缘臂伸出长度确保 1m 线	

（2）操作步骤。

√	序号	作业内容	步骤及要求	备注
	1	清除异物	步骤 1：绝缘斗内电工将绝缘斗调整至近边相导线适当位置，按照“从近到远、从下到上、先带电体后接地体”的遮蔽原则对作业范围内的所有带电体和接地体进行绝缘遮蔽，其余两相绝缘遮蔽按照相同方法进行。 步骤 2：绝缘斗内电工拆除异物时，需站在上风侧，应采取措施防止异物落下伤人等。 步骤 3：地面电工配合将异物放至地面。 步骤 4：工作结束后按照“从远到近、从上到下、先接地体后带电体”拆除遮蔽的原则拆除绝缘遮蔽隔离措施，绝缘斗退出有电工作区域，作业人员返回地面	
	2	扶正绝缘子	步骤 1：绝缘斗内电工将绝缘斗调整至近边相导线适当位置，按照“从近到远、从下到上、先带电体后接地体”的遮蔽原则对作业范围内的所有带电体和接地体进行绝缘遮蔽。 步骤 2：绝缘斗内电工扶正绝缘子，紧固绝缘子螺栓。 步骤 3：如需扶正中间相绝缘子，则两边相和中间相不能满足安全距离带电体和接地体均需进行绝缘遮蔽。 步骤 4：工作结束后，按照“从远到近、从上到下、先接地体后带电体”拆除遮蔽的原则拆除绝缘遮蔽隔离措施，绝缘斗退出有电工作区域，作业人员返回地面	
	3	修补导线	步骤 1：绝缘斗内电工将绝缘斗调整至导线修补点附近适当位置，观察导线损伤情况并汇报工作负责人，由工作负责人决定修补方案。 步骤 2：绝缘斗内电工按照“从近到远、从下到上、先带电体后接地体”的遮蔽原则对作业范围内的所有带电体和接地体进行绝缘遮蔽。 步骤 3：绝缘斗内电工按照工作负责人所列方案对损伤导线进行修补。 步骤 4：导线修补工作结束后，按照“从远到近、从上到下、先接地体后带电体”的原则拆除绝缘遮蔽，绝缘斗退出有电工作区域，作业人员返回地面	

续表

√	序号	作业内容	步骤及要求	备注
	4	调节导线弧垂	步骤1：绝缘斗内电工将绝缘斗调整至近边相导线适当位置，按照“从近到远、从下到上、先带电体后接地体”的遮蔽原则对作业范围内的所有带电体和接地体进行绝缘遮蔽，其余两相绝缘遮蔽按照相同方法进行。 步骤2：绝缘斗内电工将绝缘斗调整到近边相导线外侧适当位置，将绝缘绳套安装在耐张横担上，安装绝缘紧线器，收紧导线，并安装防止跑线的后备保护绳。 步骤3：绝缘斗内电工视导线弧垂大小调整耐张线夹内的导线。 步骤4：其余两相调节导线弧垂工作按相同方法进行。 步骤5：工作结束后，按照“从远到近、从上到下、先接地体后带电体”的原则拆除绝缘遮蔽，绝缘斗退出有电工作区域，作业人员返回地面	
	5	处理绝缘导线异响	1. 绝缘导线对耐张线夹放电异响： 步骤1：绝缘斗内电工穿戴好绝缘防护用具，进入绝缘斗，挂好安全带保险钩。 步骤2：绝缘斗内电工将绝缘斗调整到适当位置，判断放电异响位置，并进行验电。 步骤3：绝缘斗内电工操作绝缘斗臂车定位于距缺陷部位合适位置。 步骤4：绝缘斗内电工使用验电器对线路中的耐张绝缘子、横担等进行验电。 步骤5：若检测出耐张绝缘子带电，则应在缺陷电杆电源侧寻找可断、接引流线处，进行带电断引流线作业，再对此缺陷杆进行停电处理。 步骤6：若检测出悬式绝缘子不带电，耐张线夹带电，绝缘斗内电工将耳朵贴在绝缘杆另一端，根据异响强弱判定缺陷具体位置。 步骤7：绝缘斗内电工将绝缘斗调整至近边相导线适当位置，按照“从近到远、从下到上、先带电体后接地体”的遮蔽原则对作业范围内的所有带电体和接地体进行绝缘遮蔽，其余两相绝缘遮蔽按照相同方法进行。 步骤8：绝缘斗内电工以最小范围分别打开横担遮蔽和缺陷相导线遮蔽，安装好绝缘紧线器并收紧使导线不承载，同时安装好绝缘保险绳，迅速恢复遮蔽。 步骤9：绝缘斗内电工确认绝缘紧线器承力无误后，打开耐张线夹处绝缘遮蔽，拆除耐张线夹与导线固定的紧固螺栓。 步骤10：绝缘斗内电工观察缺陷情况，使用绝缘自黏带对导线绝缘破损缺陷部位进行包缠，使导线恢复绝缘性能。 步骤11：将恢复绝缘性能的导线与耐张线夹可靠固定，并检查确认缺陷已消除，迅速恢复遮蔽。 步骤12：绝缘斗内电工操作绝缘紧线器使悬式绝缘子逐渐承力，确认无误后，取下绝缘紧线器和绝缘保险绳，迅速恢复遮蔽。 步骤13：绝缘斗内电工采用上述方法对其他缺陷相进行处理。	

续表

√	序号	作业内容	步骤及要求	备注
	5	处理绝缘导线异响	2. 绝缘导线对柱式绝缘子放电异响： 步骤 1：绝缘斗内电工穿戴好绝缘防护用具，进入绝缘斗，挂好安全带保险钩。 步骤 2：绝缘斗内电工操作绝缘斗臂车定位于距缺陷部位合适位置。 步骤 3：绝缘斗内电工使用验电器对线路中的柱式绝缘子、横担进行验电。 步骤 4：若检测出柱式绝缘子带电，则应在缺陷电杆电源侧寻找可断、接引流线处，进行带电断引流线作业，再对此缺陷杆进行停电处理。 步骤 5：绝缘斗内电工将绝缘斗调整至近边相导线适当位置，按照“从近到远、从下到上、先带电体后接地体”的遮蔽原则对作业范围内的所有带电体和接地体进行绝缘遮蔽，其余两相绝缘遮蔽按照相同方法进行。 步骤 6：将缺陷相导线遮蔽罩旋转，使开口朝上，使用绝缘斗臂车上小吊吊住导线并确认可靠。 步骤 7：取下绝缘子遮蔽罩，使用绝缘毯对柱式绝缘子底部接地体进行绝缘遮蔽。 步骤 8：拆除绝缘子绑扎线后，操作绝缘小吊臂起吊导线脱离柱式绝缘子至 0.4m 的安全距离以外。 步骤 9：利用绝缘自黏带对导线绝缘破损部分进行包缠，使导线恢复绝缘性能。 步骤 10：操作绝缘小吊臂，将恢复绝缘性能的导线降落至绝缘子顶部线槽内可靠固定，并检查确认缺陷已消除，迅速恢复遮蔽。 步骤 11：绝缘斗内电工采用上述方法对其他缺陷相进行处理。 3. 隔离开关引线端子处： 步骤 1：绝缘斗内电工穿戴好绝缘防护用具，进入绝缘斗，挂好安全带保险钩。 步骤 2：绝缘斗内电工操作绝缘斗臂车定位于距缺陷部位合适位置。 步骤 3：观察连接点是否有较为明显的烧灼痕迹，结合测温仪，综合判断缺陷具体情况及位置。 步骤 4：检查隔离开关处于断开状态。 步骤 5：绝缘斗内电工将绝缘斗调整至近边相导线适当位置，按照“从近到远、从下到上、先带电体后接地体”的遮蔽原则对作业范围内的所有带电体和接地体进行绝缘遮蔽，其余两相绝缘遮蔽按照相同方法进行。 步骤 6：绝缘斗内电工移动工作绝缘斗至隔离开关下方，使用绝缘操作杆拉开隔离开关。 步骤 7：打开该相隔离开关引流线与主导线连接点的绝缘遮蔽，拆除引流线与主导线的连接并将引流线可靠固定后，迅速恢复绝缘遮蔽。 步骤 8：打开缺陷点紧固螺栓，根据缺陷点烧灼实际情况，对应采取紧固螺栓、更换本相引流线或隔离开关工作并恢复绝缘遮蔽。	

续表

√	序号	作业内容	步骤及要求	备注
	5	处理绝缘导线异响	步骤9：将隔离开关引流线与主导线搭接好后，检查确认缺陷已消除，对导线搭接点进行绝缘密封后并迅速恢复遮蔽，使用绝缘操作杆合上隔离开关。 步骤10：绝缘斗内电工采用上述方法对其他缺陷相进行处理。 4. 处理引流线线夹连接点不良引发异响缺陷： 步骤1：观察连接点是否有较为明显的烧灼痕迹，结合测温仪，综合判断缺陷情况及具体位置，断开引流线下方所带全部负荷。 步骤2：绝缘斗内电工将绝缘斗调整至近边相导线适当位置，按照“从近到远、从下到上、先带电体后接地体”的遮蔽原则对作业范围内的所有带电体和接地体进行绝缘遮蔽，其余两相绝缘遮蔽按照相同方法进行。 步骤3：绝缘斗内电工移动工作绝缘斗至缺陷相，打开缺陷相引流线与主导线连接点的绝缘遮蔽，拆除引流线与主导线的连接并将引流线可靠固定。 步骤4：分别检查连接点两侧导线连接面烧灼情况，根据实际缺陷情况进行处理。 步骤5：使用新的线夹重新进行引流线与主导线的搭接工作，检查确认缺陷已消除，对导线搭接点进行绝缘密封后并迅速恢复遮蔽。 步骤6：绝缘斗内电工采用上述方法对其他缺陷相进行处理	
	6	拆除退役设备	步骤1：绝缘斗内电工将绝缘斗调整至近边相导线适当位置，按照“从近到远、从下到上、先带电体后接地体”的遮蔽原则对作业范围内的所有带电体和接地体进行绝缘遮蔽，其余两相绝缘遮蔽按照相同方法进行。 步骤2：绝缘斗内电工拆除退役设备时，需采取措施防止退役设备落下伤人等。 步骤3：地面电工配合将退役设备放至地面。 步骤4：工作结束后按照“从远到近、从上到下、先接地体后带电体”的原则拆除绝缘遮蔽，绝缘斗退出有电工作区域，作业人员返回地面	
	7	更换拉线	步骤1：绝缘斗内电工穿戴好绝缘防护用具，进入绝缘斗，挂好安全带保险钩。 步骤2：绝缘斗内电工将绝缘斗调整至适当位置，对绝缘子、横担等设备进行验电，确认无漏电现象。 步骤3：绝缘斗内电工按照“从近到远、从下到上、先带电体后接地体”的遮蔽原则对作业范围内的所有带电体和接地体进行绝缘遮蔽。 步骤4：绝缘斗内电工打开需要更换拉线抱箍位置的绝缘遮蔽。 步骤5：地面电工使用绝缘绳将新的拉线抱箍和拉线分别传递给绝缘斗内电工。传递拉线时地面电工用绝缘绳控制拉线方向。	

续表

√	序号	作业内容	步骤及要求	备注
	7	更换拉线	步骤 6：绝缘斗内电工在旧抱箍下方安装新拉线抱箍和拉线，安装好后立即恢复绝缘遮蔽。 步骤 7：绝缘斗内电工操作绝缘斗至安全区域。 步骤 8：施工配合人员站在绝缘垫上，使用紧线器收紧拉线，并进行新拉线 UT 楔形线夹的制作。 步骤 9：施工配合人员检查新拉线受力无问题后拆除新拉线上的紧线器。 步骤 10：施工配合人员站在绝缘垫上，使用紧线器收紧旧拉线，缓慢松开旧拉线 UT 线夹螺栓，使拉线不承力。 步骤 11：绝缘斗内电工操作绝缘斗至旧拉线抱箍处，打开绝缘遮蔽，拆除旧拉线及抱箍，并使用绝缘传递绳将旧拉线和拉线抱箍分别传递至地面。传递拉线时地面电工用绝缘绳控制拉线方向。 步骤 12：施工配合人员拆除旧拉线的紧线器。 步骤 13：绝缘斗内电工检查拉线与带电体安全距离及杆上施工质量满足要求	
	8	拆除非承力拉线	步骤 1：绝缘斗内电工穿戴好绝缘防护用具，进入绝缘斗，挂好安全带保险钩。 步骤 2：绝缘斗内电工将绝缘斗调整至内边相导线外侧适当位置，对绝缘子、横担进行验电，确认无漏电现象。 步骤 3：绝缘斗内电工按照“从近到远、从下到上、先带电体后接地体”的遮蔽原则对作业范围内的所有带电体和接地体进行绝缘遮蔽。 步骤 4：施工配合人员站在绝缘垫上，使用紧线器收紧拉线。 步骤 5：确认拉线不受力后，拆除下楔形线夹与拉线棍的连接，缓慢放松紧线器。 步骤 6：绝缘斗内电工操作工作绝缘斗至工作位置，打开拉线抱箍与楔形线夹连接处的绝缘遮蔽。绝缘斗内电工拆除拉线抱箍与上楔形线夹的连接后立即恢复拉线抱箍遮蔽。 步骤 7：绝缘斗内电工使用绝缘传递绳将拉线传至地面，拆除拉线抱箍。 步骤 8：工作结束后，按照“从远到近、从上到下、先接地体后带电体”的原则拆除杆上绝缘遮蔽，绝缘斗退出有电工作区域，作业人员返回地面	
	9	加装接地环	步骤 1：绝缘斗内电工将绝缘斗调整至近边相导线下，按照“从近到远、从下到上、先带电体后接地体”的遮蔽原则对作业范围内的所有带电体和接地体进行绝缘遮蔽。 步骤 2：其余两相绝缘遮蔽按照相同方法进行。 步骤 3：绝缘斗内电工将绝缘斗调整到中间相导线下侧，安装验电接地环。 步骤 4：其余两相验电接地环安装工作按相同方法进行（应先中间相、后远边相、最后近边相顺序，也可视现场实际情况由远到近依次进行）。 步骤 5：工作结束后，按照“从远到近、从上到下、先接地体后带电体”的原则拆除绝缘遮蔽，绝缘斗退出有电工作区域，作业人员返回地面	

续表

√	序号	作业内容	步骤及要求	备注
	10	加装接触设备套管	步骤1：绝缘斗内电工将绝缘斗调整至近边相导线适当位置，按照“从近到远、从下到上、先带电体后接地体”的遮蔽原则对作业范围内的所有带电体和接地体进行绝缘遮蔽，其余两相绝缘遮蔽按照相同方法进行。 步骤2：绝缘斗内电工将绝缘套管安装到相应导线上，绝缘套管之间应紧密连接，绝缘套管开口向下。 步骤3：其余两相按相同方法进行。 步骤4：工作结束后，按照“从远到近、从上到下、先接地体后带电体”的原则拆除绝缘遮蔽，绝缘斗退出有电工作区域，作业人员返回地面	
	11	拆除接触设备套管	步骤1：绝缘斗内电工将绝缘斗调整至近边相导线适当位置，按照“从近到远、从下到上、先带电体后接地体”的遮蔽原则对作业范围内的所有带电体和接地体进行绝缘遮蔽，其余两相绝缘遮蔽按照相同方法进行。 步骤2：绝缘斗内电工将绝缘斗调整至中间相适当位置，将绝缘套管开口向上，拉到绝缘套管安装工具的导入槽上，拆除中间相导线上绝缘套管。 步骤3：其余两相按相同方法进行。拆除绝缘套管可按照先中间相、再远边相、最后近边相的顺序进行。 步骤4：工作结束后，按照“从远到近、从上到下、先接地体后带电体”的原则拆除绝缘遮蔽，绝缘斗退出有电工作区域，作业人员返回地面	
	12	加装故障指示器	步骤1：绝缘斗内电工将绝缘斗调整至近边相导线下，按照“从近到远、从下到上、先带电体后接地体”的遮蔽原则对作业范围内的所有带电体和接地体进行绝缘遮蔽。 步骤2：其余两相绝缘遮蔽按照相同方法进行。 步骤3：绝缘斗内电工将绝缘斗调整到中间相导线下侧，将故障指示器安装在导线上，安装完毕后拆除中间相绝缘遮蔽措施。其余两相按相同方法进行。 步骤4：加装故障指示器应先中间相、再远边相、最后近边相顺序，也可视现场实际情况由远到近依次进行。 步骤5：工作结束后，按照“从远到近、从上到下、先接地体后带电体”的原则拆除绝缘遮蔽，绝缘斗退出有电工作区域，作业人员返回地面	
	13	拆除故障指示器	步骤1：绝缘斗内电工将绝缘斗调整至近边相导线下，按照“从近到远、从下到上、先带电体后接地体”的遮蔽原则对作业范围内的所有带电体和接地体进行绝缘遮蔽。 步骤2：其余两相绝缘遮蔽按照相同方法进行。 步骤3：绝缘斗内电工将绝缘斗调整到中间相导线下侧，将故障指示器拆除，拆除完毕后拆除中间相绝缘遮蔽措施。其余两相按相同方法进行。 步骤4：拆除故障指示器应先中间相、再远边相、最后近边相顺序，也可视现场实际情况由远到近依次进行。	

续表

√	序号	作业内容	步骤及要求	备注
	13	拆除故障指示器	步骤5：工作结束后按照“从远到近、从上到下、先接地体后带电体”的原则拆除绝缘遮蔽。绝缘斗退出有电工作区域，作业人员返回地面	
	14	加装驱鸟器	步骤1：绝缘斗内电工将绝缘斗调整至近边相导线下，按照“从近到远、从下到上、先带电体后接地体”的遮蔽原则对作业范围内的所有带电体和接地体进行绝缘遮蔽。 步骤2：其余两相绝缘遮蔽按照相同方法进行。 步骤3：绝缘斗内电工将绝缘斗调整到需安装驱鸟器的横担处，将驱鸟器安装到横担上，并紧固螺栓。 步骤4：加装驱鸟器应按照先远后近的顺序，也可视现场实际情况由近到远依次进行。 步骤5：工作结束后，按照“从远到近、从上到下、先接地体后带电体”的原则拆除绝缘遮蔽，绝缘斗退出有电工作区域，作业人员返回地面	
	15	拆除驱鸟器	步骤1：绝缘斗内电工将绝缘斗调整至近边相导线下，按照“从近到远、从下到上、先带电体后接地体”的遮蔽原则对作业范围内的所有带电体和接地体进行绝缘遮蔽。 步骤2：其余两相绝缘遮蔽按照相同方法进行。 步骤3：绝缘斗内电工将绝缘斗调整到需拆除驱鸟器的横担处，将驱鸟器螺栓松开，将驱鸟器取下。 步骤4：拆除驱鸟器应按照先远后近的顺序，也可视现场实际情况由近到远依次进行。 步骤5：工作结束后，按照“从远到近、从上到下、先接地体后带电体”的原则拆除绝缘遮蔽，绝缘斗退出有电工作区域，作业人员返回地面	

（3）工作结束。

√	序号	作业内容	步骤及要求	备注
	1	清理现场	步骤1：工作班成员整理工具、材料，清洁后装箱、装袋。 步骤2：工作班成员清理现场：工完、料尽、场地清	
	2	召开收工会	步骤1：点评本项工作的完成情况。 步骤2：点评安全措施的落实情况。 步骤3：点评作业指导书的执行情况	
	3	工作终结	步骤1：工作负责人向值班调控人员或运维人员报告申请终结工作票，记录许可方式、工作许可人和终结报告时间，并签字确认，宣布本项工作结束。 步骤2：工作负责人组织工作班成员撤离现场，到达班组后将作业资料分类归档	

7. 验收总结

序号	作业总结	
1	验收评价	按指导书要求完成工作
2	存在问题及处理意见	无

8. 指导书执行情况签字栏

作业地点：	日期：　　年　　月　　日
工作班组：	工作负责人（签字）：
班组成员（签字）：	

9. 附录

略。

参　考　文　献

［1］ 郑州电力高等专科学校（国网河南省电力公司技能培训中心）. 配网不停电作业技术与应用［M］. 北京：中国电力出版社，2022.

［2］ 陈德俊，胡建勋. 图解配网不停电作业［M］. 北京：中国电力出版社，2022.

［3］ 国家电网公司配网不停电作业（河南）实训基地. 10kV 配网不停电作业专项技能提升 培训教材［M］. 北京：中国电力出版社，2018.

［4］ 国家电网公司配网不停电作业（河南）实训基地. 10kV 配网不停电作业专项技能提升 培训题库［M］. 北京：中国电力出版社，2018.

［5］ 国家电网有限公司运维检修部. 10kV 配网不停电作业规范［M］. 北京：中国电力出版社，2016.

［6］ 国家电网有限公司. 国家电网公司配网工程典型设计　10kV 架空线路分册. 北京：中国电力出版社，2016.

［7］ 国家电网有限公司. 国家电网公司配网工程典型设计　10kV 配电变台分册. 北京：中国电力出版社，2016.